中国建筑概论

ZHONGGUO JIANZHU GAILUN

主　编　郭海萍　罗　能　吉志伟
副主编　张国华　孔庆梅　魏丽丽

中国水利水电出版社
www.waterpub.com.cn

内 容 提 要

　　本书以时间为线索介绍了中国古代建筑、近代建筑、现代建筑的发展情况,并对中国建筑的设计、材料和构造进行了阐述,全书语言简明扼要,逻辑清楚,并配有大量的图片,对理论内容进行了补充说明,可以为广大中国建筑的研究者和爱好者提供一条研究和了解中国建筑情况的新途径。

图书在版编目(CIP)数据

　　中国建筑概论 / 郭海萍, 罗能, 吉志伟主编. -- 北京 : 中国水利水电出版社, 2014.6(2022.10重印)
　　ISBN 978-7-5170-2189-6

　　Ⅰ. ①中… Ⅱ. ①郭… ②罗… ③吉… Ⅲ. ①建筑艺术—中国 Ⅳ. ①TU-862

　　中国版本图书馆CIP数据核字(2014)第136908号

策划编辑:杨庆川　责任编辑:杨元泓　封面设计:马静静

书　　名	中国建筑概论
作　　者	主 编 郭海萍 罗 能 吉志伟
	副主编 张国华 孔庆梅 魏丽丽
出版发行	中国水利水电出版社
	(北京市海淀区玉渊潭南路1号D座 100038)
	网址:www.waterpub.com.cn
	E-mail:mchannel@263.net(万水)
	sales@mwr.gov.cn
	电话:(010)68545888(营销中心)、82562819(万水)
经　　售	北京科水图书销售有限公司
	电话:(010)63202643、68545874
	全国各地新华书店和相关出版物销售网点
排　　版	北京鑫海胜蓝数码科技有限公司
印　　刷	三河市人民印务有限公司
规　　格	184mm×260mm 16开本 25印张 640千字
版　　次	2014年10月第1版 2022年10月第2次印刷
印　　数	3001-4001册
定　　价	86.00元

凡购买我社图书,如有缺页、倒页、脱页的,本社发行部负责调换

前　言

建筑为人所造，供人所用。大凡有意识地为人们的生活和生产活动提供固定场所和空间条件的一切建造过程和建造物都可称之为"建筑"。建筑是凝固的历史，是时代的一面镜子，它以独特的艺术语言反映出了一个时代、一个民族的审美追求。因此，了解建筑有助于我们了解一个民族的历史文化。

在世界古代历史上，曾经有过大约七个主要的建筑体系，其中有些或早已中断或流传不广，例如古代埃及、西亚、印度和古代美洲建筑等，其成就和影响有限。只有古代欧洲建筑、中国建筑、伊斯兰建筑被公认为最具世界影响的三大建筑体系，这其中又以中国建筑和欧洲建筑延续时代最长、流域最广，也具有更为辉煌的建筑技术和艺术成就。特别是中国古代建筑，经过数千年的发展，从材料结构到装修装饰、从个体形式到群体组合乃至城市的布局，都形成了自己的特色，对古代东亚、东南亚的建筑产生了很大的影响，甚至形成了以中国古代建筑为核心的东亚建筑群。鸦片战争之后，中国的历史由古代走向了近代，受政治环境等诸多因素的影响，这个时期的中国建筑为之一变，在很大程度上受到了西方文化以及建筑思想的影响。随着社会的不断进步，人们的生活方式不断发生着变化，建筑在中国也出现了诸多的变化，紧紧跟随着世界建筑发展的潮流，同时又结合自己的本国特色，在不断地进行创新。可以说，中国建筑是中国文化中最具独特魅力的部分，是中国文化的标志和象征。在漫长的历史发展过程中，中国建筑无论是在结构上还是在形式风格上，始终是承前启后、一脉相承、保持着一贯完整的建筑体系，具有独特的风格和鲜明的特征，在世界建筑体系中独树一帜。

为了能够让广大的读者了解中国建筑的发展情况，我们编写了《中国建筑概论》一书。本书共有九章：第一章为概述，主要对建筑的基本概念和基本属性进行了阐述。第二章至第四章主要对中国古代建筑的情况进行了阐述，包括中国古代建筑的发展、中国古代建筑的基本形式和中国古代建筑的装修与装饰，其中，中国古代建筑的发展以时间为线索，概述了中国古代不同历史时期的建筑情况；中国古典建筑的基本形式主要对硬山式建筑、悬山式建筑、歇山式建筑和攒尖式建筑进行了介绍；中国古代建筑的装修与装饰则主要对中国古代建筑的装修与装饰问题进行了探讨。第五章和第六章分别概述了中国近代建筑的发展和中国现代建筑的发展，并结合具体的建筑勾勒出了中国近代、现代建筑的发展情况。第七章至第九章分别对中国建筑的设计、中国建筑的材料和中国建筑的构造问题进行了深入分析。本书理论明确、结构清晰，配有大量的图片，相信本书的出版能够使广大读者更加深入地了解中国建筑，从而为中国建筑的继续发展尽一点绵薄之力。

本书在编写的过程中参阅了大量有关中国建筑方面的著作，同时也引用了许多专家和学者的研究成果，在此表示诚挚的谢意！由于时间仓促，编者水平有限，错误和不当之处在所难免，恳请广大读者在使用中多提宝贵意见，以便本书日后的修改与完善。

编者

2014 年 4 月

目　　录

第一章 概　述

　　建筑是科学技术与艺术的统一,既具有使用价值,又体现着艺术思想。与音乐、绘画、雕塑等其他艺术不同,建筑需要消耗大量的人力、物力和财力,即受材料、技术和经济条件的制约较其他艺术严重得多。因此,建筑的产生和发展与社会的生产方式、思想意识、民族的文化传统以及风俗习惯等密切相关,同时也为地理气候等自然条件所制约。了解建筑的相关知识,有助于我们加深对建筑的理解。

第一节　建筑的基本概念

一、建筑的定义

　　建筑是建筑物与构筑物的统称。建筑物指供人们在其中生产、生活或从事其活动的房屋或场所,如住宅、医院、学校、体育馆和影剧院等;构筑物则指人们不能直接在其内生产、生活的建筑,如水塔、烟囱、桥梁、堤坝等。无论是建筑物还是构筑物,都是为了满足一定功能,运用一定物质材料和技术手段,依据科学规律和美学原则而建造的相对稳定的人造空间。

二、建筑的基本要素

　　建筑构成的基本要素包括建筑功能、建筑技术和建筑形象,一般统称为"建筑三要素"。

(一)建筑功能

　　建筑功能是人们对建筑的具体使用要求,体现的是建筑的实用性,如生产性建筑应满足不同的生产要求,学校建筑以满足教学活动要求为目的,住宅建筑应满足人们的居住要求,园林建筑供人游览、休息和观赏,纪念碑可以满足人们的精神生活要求等。对建筑功能的要求,是建筑的最基本要求,也是决定建筑性质、类型的主要因素。人们对建筑功能的要求不是一成不变的,随着社会生产力的发展,人类的生产、生活和社会等活动不断改革和发展,将对建筑功能产生更高的要求。

(二)建筑技术

　　建筑技术是建造房屋的手段,是建筑发展的重要因素。它包括建筑材料、建筑结构、建筑施工和建筑设备等方面的内容。建筑材料是构成建筑的物质基础,建筑结构通过一定的技术手段,

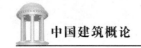

运用建筑材料构成的建筑骨架,形成了建筑物空间的实体;新型建筑材料是新型建筑结构产生的物质基础,推动着结构理论和施工技术的发展。建筑施工是建筑得以实现的重要手段,建筑设备是保证建筑达到某些功能要求的技术条件。

(三)建筑形象

建筑形象是指建筑的艺术形象,是建筑内外观的具体表现,它是考虑建筑功能、建筑技术、自然条件和社会文化等诸多因素的综合艺术体现,包括空间组合、建筑造型和细部处理等,用以反映建筑物的性质、时代风采、民族风格和地方特色等。建筑形象可以给人某种精神享受和艺术感染力,满足人们精神方面的要求,如宏伟庄严、朴素亲切、生动活泼等。

需要注意的是,建筑功能、建筑技术和建筑形象三要素是辩证统一的,它们相互制约、互不可分,在一个优秀的建筑作品中,这三者应该是和谐统一的。在这三个基本构成要求中,满足功能要求是建筑的首要目的;材料、结构、设备等物质技术条件是达到建筑目的的手段;而建筑形象则是建筑功能、技术和艺术内容的综合表现。在这三者之中,功能常常是主导的,对技术和建筑形象起决定作用;物质技术条件是实现建筑的手段,因而建筑功能和建筑形象在一定程度上受到它的制约;建筑形象也不完全是被动的;在同样的条件下,根据同样的功能和艺术要求,使用同样的建筑材料和结构,也可创造出不同的建筑形象,达到不同的美学要求。

三、建筑的影响因素

古往今来,建筑不断地发展变化,受诸多因素影响,主要是政治、经济、文化、科学技术和自然条件等。

(一)政治因素

不同的政治背景下,有着不同的建筑形式。

1. 封建王朝的建筑

封建王朝,皇权至上、世袭罔替的政治,就决定了皇宫都有高厚的宫墙,庄重而富丽的宫殿,强烈的轴线,高台大屋等,借以彰显皇权的正统与神圣。

2. 资本主义社会的建筑

资本主义社会提倡自由、民主、平等、博爱,因此就产生了市政建筑,并附有市政广场(便于民众集会)的建筑形式。

(二)经济因素

不同的经济基础,也造就了形式迥异的建筑。同为民宅,山西的乔家大院和一般居民住房就有天壤之别。同为高等学校的教学楼,受投资多寡的影响,其建筑造型也有着明显的差异。因此,可以说经济因素也是影响建筑的一个重要因素。

（三）科学技术因素

在科学技术不发达时代只能建一些低层建筑。随着科技的发展，人们由原始状态依靠天然的树木、洞穴，发展到兴建立木为柱，以土坯、砖石为墙，树皮、草、瓦为顶的建筑。后来，伴随着钢材、钢筋混凝土和玻璃等新建筑材料的问世，以及计算理论、计算手段（由算盘、计算尺发展到现在的计算机）的提高，建筑逐渐出现了多层、高层、超高层，才最终形成了今天这种大空间、大跨度的建筑形式。

（四）文化因素

不同的文化背景和哲学理念，也决定了不同的建筑形式。

1. 儒家文化对建筑的影响

在北京，由于受儒家尊卑长幼思想的影响，因此产生了四合院的民居形式。北京四合院多为一进院、二进院、三进院，由正房、厢房、倒座组成，正房供年长者使用，厢房是晚辈的居室，倒座是下人栖身的场所，长幼有序，尊卑分明。

2. 宗教文化对建筑的影响

受宗教对神灵、上帝的信仰与崇拜的影响，宗教建筑的室外造型多高耸向上，室内空间多神秘而压抑。

3. 地域文化对建筑的影响

不同的地域文化会使得建筑的风格出现明显的差异，如同为清真寺，不同地区的清真寺，因受所在地域建筑文化的影响，其建筑造型就大相径庭。印度的清真寺大多为圆顶形，有明显的印度建筑色彩；而在伊拉克的清真寺则以萨珊式样、古代迦勒底式样和亚述式样为基础。

四、建筑的分类与等级划分

（一）建筑的分类

根据不同的标准，建筑可以分为不同的类别。

1. 按建筑的使用性质划分

按照建筑的使用性质的不同，可以将建筑分为民用建筑、工业建筑和农业建筑。

（1）民用建筑

民用建筑是指非生产性建筑，包括居住建筑和公用建筑。

①居住建筑

居住建筑指供人们集体和家庭生活起居用的建筑物，如住宅、宿舍和公寓等。

②公共建筑

公共建筑指供人们进行各种社会活动的建筑物，根据使用功能特点可将其分为不同类型，主

要分类见表1-1。

表 1-1 公共建筑的分类

类型	举例	类型	举例
商业建筑	商店、商场等	托幼建筑	托儿所、幼儿园等
行政办公建筑	写字楼、办公楼等	交通建筑	火车站、地铁站、航空港、水上客运站等
旅馆建筑	旅馆、宾馆等	展览建筑	展览馆、博物馆等
医疗建筑	门诊所、医院、疗养院等	观演建筑	电影院、剧院、音乐厅、杂技场等
文教建筑	学校、图书馆等	通信广播建筑	广播电视台、电信楼、邮电楼等
体育建筑	体育馆、体育场等	纪念性建筑	纪念堂等
科研建筑	各种实验楼等	园林建筑	动物园、公园、植物园等

(2)工业建筑

工业建筑是指为工业生产服务的各类生产性建筑,如生产车间、辅助车间、动力车间和仓储建筑等。其形式包括单层工业厂房、多层工业厂房和单、多层混合的工业厂房。

(3)农业建筑

农业建筑是指供农业、牧业生产和加工服务的建筑,如农机修理站、温室、畜牧饲养场、粮仓、水产品养殖场等。

2. 按照建筑的规模划分

按照建筑规模的不同,可以将建筑划分为大量性建筑和大型性建筑。

(1)大量性建筑

大量性建筑,指单体建筑规模不大,但兴建数量多的建筑,如住宅、学校、中小型办公楼、商店、医院等。

(2)大型性建筑

大型性建筑,指单体建筑规模大、投资大、影响大的建筑,如大型体育馆、博物馆、大型火车站、航空港等。

3. 按照建筑物的层数或总高度划分

层数是建筑物的一项重要控制指标,但必须结合建筑物总高度综合考虑。对不同的建筑物一般可按以下标准分类。

(1)住宅建筑的分类

住宅建筑中,1~3层为低层建筑,4~6层为多层建筑,7~9层为中高层建筑,10层及以上为高层建筑。

(2)公共建筑及综合性建筑的分类

公共建筑及综合性建筑中,总高度不超过24m为多层建筑,总高度超过24m为高层建筑。

(3)超高层建筑的分类

当建筑总高度超过 100m 时,不论是住宅建筑或公共建筑均为超高层建筑。

4. 按照主要承重结构材料划分

按照主要承重结构材料的不同,可以将建筑分为砖木结构建筑、砖混结构建筑、钢筋混凝土结构建筑、钢结构建筑和其他结构建筑。

(1)砖木结构建筑

砖木结构建筑,指砖或石材砌筑墙体,木屋顶、木楼板的建筑。

(2)砖混结构建筑

砖混结构建筑,指砖(石材、砌块)砌筑墙体,钢筋混凝土楼板和屋顶的建筑。

(3)钢筋混凝土结构建筑

钢筋混凝土结构建筑,指钢筋混凝土柱、梁、板承重的建筑。

(4)钢结构建筑

钢结构建筑,指全部用钢柱、钢梁或屋架承重的建筑。

(5)其他结构建筑

其他结构建筑,指充气建筑、塑料建筑等。

(二)建筑的等级划分

建筑的等级一般是以耐久等级、耐水等级、抗震等级和防水等级为标准进行划分的。

1. 建筑的耐久等级

建筑的耐久等级是根据建筑物的使用年限来进行划分的。影响建筑使用年限的因素主要是建筑的结构体系和结构构件的选材。建筑的耐久等级是决定建筑投资、建筑设计和选用建筑材料的重要依据。

建筑的耐久等级划分情况见表 1-2。

表 1-2 建筑的耐久等级

建筑等级	耐久年限	适用建筑物的性质
一	100 年以上	重要建筑与高层建筑
二	50～100 年	一般性建筑
三	25～50 年	次要建筑
四	15 年以下	临时性建筑

2. 建筑的耐火等级

建筑的耐火等级是由建筑构件的燃烧性能和耐火极限决定的。

构件的燃烧性能指的是构件在空气中受到火烧或高温作用时的不同反应。按照构件的燃烧性能的不同可以将构件分为非燃烧体、难燃烧体和燃烧体,见表 1-3。

表 1-3 构件的燃烧性能

类型	内涵	举例
非燃烧体	在空气中受到火烧或高温作用时不起火、不微燃和不碳化	金属、混凝土和砖石等
难燃烧体	在空气中受到火烧或高温作用时难燃烧、难碳化,离开火源后燃烧或微燃立即停止	石膏板和经防火处理的木材等
燃烧体	在空气中受到火烧或高温作用时立即起火燃烧,离开火源后仍继续燃烧或微燃	未经处理的木材和普通胶合板等

构件的耐火极限是指构件受到火的作用时起,到失去支持能力或完全破坏,或失去隔火能力作用时为止的这段时间,用小时(h)表示。失去支持能力是指构件自身垮塌或解体,如楼板、梁等受弯承重构件,当挠曲速率发生突变就是失去支持力的象征;完全破坏是指具有分隔作用的构件如楼板、隔墙等,在试验中出现穿透裂缝或较大的孔隙;失去隔火能力是指具有分隔作用的构件,在试验中背火面测点测得的不包括背火面起始温度的平均温升达 140℃,或背火面测温点中任意一点的温升达到 180℃,或不考虑起始温度的情况下背火面任一测点的温度达 220℃。当建筑构件出现失去支持能力或完全破坏,或失去隔火能力作用时,就认为其达到了耐火极限。

在同一建筑物中,相同材料的构件根据其位置和作用的不同,其要求的耐火极限也不相同。

(1)多层建筑的耐火等级

多层建筑的耐火等级分为四级,建筑物中部分建筑构件的燃烧性能和耐火极限,如表 1-4 所示。

表 1-4 多层建筑中部分建筑构件的燃烧性能和耐火等级

构件名称		耐火等级			
		一级	二级	三级	四级
墙	防火墙	不燃烧体 4.00	不燃烧体 4.00	不燃烧体 4.00	不燃烧体 4.00
	承重墙、楼梯间、电梯井的墙	不燃烧体 3.00	不燃烧体 2.00	不燃烧体 2.50	难燃烧体 0.50
	非承重外墙、疏散走道两侧的隔墙	不燃烧体 1.00	不燃烧体 1.00	不燃烧体 0.50	难燃烧体 0.2.5
	房间隔墙	不燃烧体 0.75	不燃烧体 0.50	难燃烧体 0.50	难燃烧体 0.25
柱	点承多层的柱	不燃烧体 3.00	不燃烧体 2.50	不燃烧体 2.50	难燃烧体 0.50
	支承单层的柱	不燃烧体 2.50	不燃烧体 2.00	不燃烧体 2.00	燃烧体
梁		不燃烧体 2.00	不燃烧体 1.50	不燃烧体 1.00	难燃烧体 0.50
楼板		不燃烧体 1.50	不燃烧体 1.00	不燃烧体 0.50	难燃烧体 0.50
屋顶承重构件		不燃烧体 1.50	不燃烧体 0.50	燃烧体	燃烧体
疏散楼梯		不燃烧体 1.50	不燃烧体 1.00	不燃烧体 1.00	燃烧体
吊顶(包括吊顶格栅)		不燃烧体 0.25	难燃烧体 0.25	难燃烧体 0.15	燃烧体

（2）高层民用建筑的耐火等级

《高层民用建筑设计防火规范》（GB 50045—95）规定，通常一类高层民用建筑的耐火等级为一级；二类高层民用建筑应不低于二级；与高层民用建筑相连，高度不超过24m的裙房应不低于二级；地下室为一级。高层民用建筑物中部分建筑构件的燃烧性能和耐火极限，可见表1-5所示。

表1-5 高层民用建筑构件的燃烧性能和耐火等级

构件名称		耐火等级	
		一级	二级
墙	防火墙	不燃烧体3.00	不燃烧体3.00
	承重墙、楼梯间、电梯井和住宅单元之间的墙	不燃烧体2.00	不燃烧体2.00
	非承重外墙、疏散走道两侧的隔墙	不燃烧体1.00	不燃烧体1.00
	房间隔墙	不燃烧体0.75	不燃烧体0.50
柱		不燃烧体3.00	不燃烧体2.50
梁		不燃烧体2.00	不燃烧体1.50
楼板、疏散楼梯和屋顶承重构件		不燃烧体1.50	不燃烧体1.00
吊顶（包括吊顶格栅）		不燃烧体0.25	难燃烧体0.25

3. 建筑物的抗震等级

抗震等级是设计部门依据国家有关规定，在进行建筑设计时按"建筑物重要性分类与设防标准"，并根据烈度、结构类型和房屋高度等条件而确定的。一般来说，甲类、乙类建筑的抗震设防烈度为6～8度时，应符合该地区抗震设防烈度提高一度的要求；当该地区的设防烈度为9度时，应符合比9度抗震设防更高的要求。丙类建筑震设防烈度除6度外，应允许按本地区抗震设防烈度降低一度的要求采取抗震构造措施，按建筑类别及场地调整后用于确定抗震等级烈度，按调整后的抗震等级烈度。

4. 建筑物的防水等级

建筑物的防水等级主要根据建筑物的性质、重要程度、使用功能要求、建筑结构特点和防水层耐用年限来确定。在划分防水等级时要综合考虑以下几种情况：（1）渗漏后会造成巨大损失，甚至人身伤亡；（2）渗漏后会造成重大的经济损失；（3）渗漏后会造成一般经济损失；（4）渗漏后会影响美观。

依据上述原则，建筑物的防水等级共分为四级。各级要求及适用范围如表1-6所示。

表 1-6 防水等级的要求及适用范围

防水等级	防水要求	适用范围
一级	使用 25 年。不允许渗水,结构表面无湿渍。要三道或三道以上防水设防,宜选用合成高分子防水卷材、高聚物改性沥青防水卷材、金属板材、合成高分子防水涂料、细石防水混凝土等材料	人员长期停留的场所;因少量湿渍会使物品变质、失效的储物场所;严重影响设备正常运转和危及工程安全运营的部位;极重要的战备工程
二级	使用 15 年。不允许漏水,结构表面可有少量湿渍。要两道防水设防,宜选用高聚物改性沥青防水卷材、合成高分子防水卷材、金属板材、合成高分子防水涂料、高聚物改性沥青防水涂料、细石防水混凝土、平瓦、油毡瓦等材料	人员经常停留的场所;因少量湿渍不会使物品变质、失效的储物场所;基本不影响设备正常运转和工程安全运营的部位;重要的战备工程
三级	使用 10 年。可少量漏水点,不得有线流和漏泥砂。要一道防水设防,宜选用高聚物改性沥青防水卷材、合成高分子防水卷材、三毡四油沥青防水卷材、金属板材、高聚物改性沥青防水涂料、合成高分子防水涂料、细石防水混凝土、平瓦、油毡等材料	人员临时活动场所;一般战备工程
四级	使用 5 年。用于临时性的建筑。要一道防水设防,可选用二毡三油沥青防水卷材、高聚物改性沥青防水涂料等材料	对渗漏无严格要求的工程

屋面防水等级按《屋面工程质量验收规范》(GB 50207—2002)的规定分为Ⅰ、Ⅱ、Ⅲ、Ⅳ级,一般的工业与民用建筑,普通住宅、办公楼、学校、旅馆等,合理使用年限一般为 10 年。

五、建筑的相关术语与制图标准

(一)建筑的相关术语

1. 开间

横向墙、横向柱(主梁)列间的距离叫开间(梁柱结构称柱距),如图 1-1(a)所示。

2. 进深

纵向墙、纵向柱列(连系梁)间的距离叫进深(梁柱结构称跨度),如图 1-1(b)所示。
开间、进深尺寸的大小要符合建筑模数。

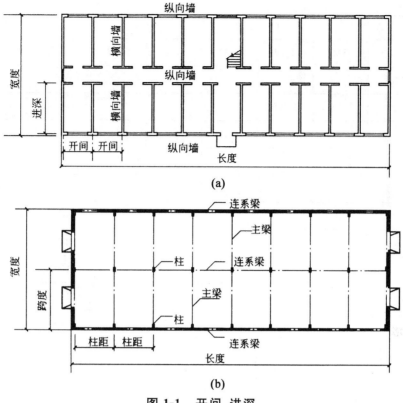

图 1-1 开间、进深

3. 建筑模数

为了提高建筑工业化的水平,国家制定了《建筑统一模数制》。规定了建筑的开间(柱距)、进深(跨度)、层高、门窗洞口、建筑构配件、建筑制品等尺寸都应该符合模数要求。

(1)基本模数:规定基本模数=100mm,以 M 表示。

(2)扩大模数:扩大模数是基本模数的倍数,规定为 $3M$=300mm、$6M$=600mm、$15M$=1 500mm、$30M$=3 000mm、$60M$=6 000mm 等。一般民用建筑的开间、进深等多采用 $3M$。

(3)分模数:分模数共三个,$1/10M$=10mm、$1/5M$=20mm、$1/2M$=50mm,多用于结构构件。

模数数列应按表 1-7 采用。

表 1-7 模数数列 (mm)

基本模数	扩大模数						分模数		
1M	3M	6M	12M	15M	30M	60M	1/10M	1/5M	1/2M
100	300	600	1 200	1 500	3 000	6 000	10	20	50
100	300						10		
200	600	600						20	20

基本模数	扩大模数						分模数		
1M	3M	6M	12M	15M	30M	60M	1/10M	1/5M	1/2M
300	900						30		
400	1 200	1 200	1 200				40	40	
500	1 500			1 500			50		50
600	1 800	1 800					60	60	
700	2 100						70		
800	2 400	2 400	2 400				80	80	
900	2 700						90		
1 000	3 000	3 000		3 000	3 000		100	100	100
1 100	3 300						110		
1 200	3 600	3 600	3 600				120	120	
1 300	3 900						130		
1 400	4 200	4 200					140	140	
1 500	4 500			4 500			150		150
1 600	4 800	4 800	4 800				160	160	
1 700	5 100						170		
1 800	5 400	5 400					180	180	
1 900	5 700						190		
2 000	6 000	6 000	6 000	6 000	6 000	6 000	200	200	200
2 100	6 300						220		
2 200	6 600	6 600					240		
2 300	6 900								250
2 400	7 200	7 200	7 200				260		
2 500	7 500			7 500			280		
2 600		7 800					300		300
2 700		8 400	8 400				320		
2 800		9 000		9 000	9 000		340		

注:引自《建筑模数协调统一标准》(GBJ 2—86)

4. 比例

建筑物的比例,系指建筑物各部分本身三维尺寸大小及各部分之间大小的相互比较关系,如建筑立面的高与宽,门窗的高与宽,窗与窗之间大小的比较,窗与墙面大小之间的比较等。它可以用数字来表达。公元前 6 世纪,古希腊"毕达哥拉斯"学派将数运用于美学,认为最完美的长宽比,是 1：1.618,这就是著名黄金分割,如图 1-2 所示。

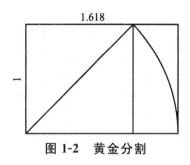

图 1-2　黄金分割

5. 尺度

建筑物的尺度是度量建筑物在感观上大小的"标尺"。此"标尺"是建筑物的基本组成部分,如台基、栏杆、柱式、门窗和屋顶等。改变它们在建筑物中的大小比例,会导致建筑物感观上的大小变化。在建筑设计中,一般都采用正常的构件尺度,使建筑物的实际大小尽量与感观上的大小相符合。

图 1-3(a)的建筑基本组成部分为正常尺度,而图 1-3(b)的台基、门窗、等尺度加以放大,加上象征屋顶部分的外檐装修,六层楼感觉像是三层楼,这就是尺度所起的作用。

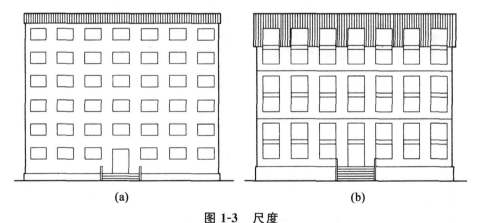

(a)　　　　　　　　　　　　　　　　(b)

图 1-3　尺度

(a)正常尺度立面效果;(b)放大构件尺度的立面效果

6. 定位轴线

定位轴线是确定建筑结构承重构件(墙、柱、主梁等)位置的线,在建筑图上它由点画线和直径 8mm 的圆圈组成。一栋建筑有许多条定位轴线,为方便施工,轴线要进行编号。按照《国家制图标准》规定,编号由左下角开始向右,用阿拉伯数字依序标注;向上用大写拉丁字母依序标注,但 I、O、Z 三个字母不参与编号(因与阿拉伯数字之 1、0、2 易混淆)。插入轴(辅助轴线)用分数表示(图 1-4)。

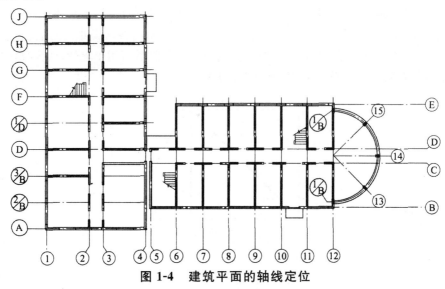

图 1-4　建筑平面的轴线定位

7. 建筑高度

建筑高度指建筑物室外设计地面到坡屋面建筑物檐口的距离,平屋面(包括有女儿墙的平屋面)到其屋面面层的距离(图 1-5)。

图 1-5　建筑高度

8. 层高和净高

层高是指楼层地面间的高度,净高是指房间顶部最低点到楼地面的距离(图 1-6)。

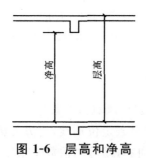

图 1-6　层高和净高

（二）建筑的制图标准

保证制图质量，提高制图效率，做到图面清晰、简明，符合设计、施工、存档的要求，建设部发布了统一制图标准。

1. 图幅

制图标准规定，图纸基本幅面的规格分为 0、1、2、3、4 号共五种，各号图纸的规格见表 1-8。表中基本幅面代号如图 1-7 所示。

表 1-8 图纸基本幅面 （mm）

基本幅面	0	1	2	3	4
$b \times l$	841×1 189	594×841	420×594	297×420	297×210
c	10	5			
a	25				

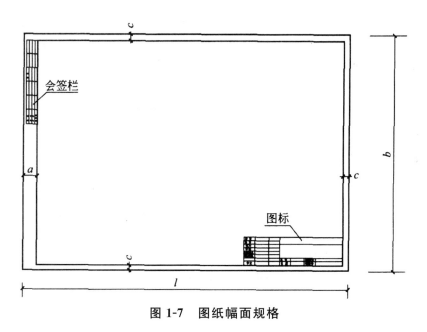

图 1-7 图纸幅面规格

为尽可能减少图纸规格使图纸划一，在施工图中应以一种宽度的图纸为主。特殊情况下可将 0、1、2、3 号图纸加长。

2. 尺寸标注

尺寸注法由尺寸界线、尺寸线、尺寸起止点和尺寸数字组成，尺寸数字注于水平尺寸线的上侧，垂直尺寸线的左侧（图 1-8）。

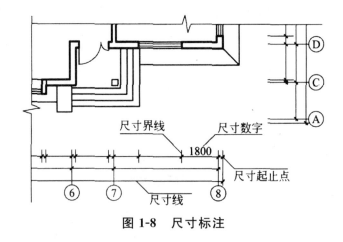

图 1-8　尺寸标注

标志尺寸：是指建筑构配件的定位尺寸。

3. 符号标注

（1）标高

标高是以某一高度为基本高程，来标定待定处的标高，有绝对标高和相对标高两种。我国规定我国领域的大地标高均以山东青岛的黄海平均海面高度为零点（国家测绘局在青岛海滨设置了一个"国家零点标志"），以此为标准所标注的系列标高称"绝对标高"。

相对标高是以建筑物首层地坪为零点（±0.000）表达房屋各个部位的上下顶面（楼地面、门窗洞口、女儿墙顶面等）的高度，称为相对标高。用标高符号表示，如图 1-9（a）所示，标高数字以米为单位，高于地面标高的为正标高，否则为负标高。

绝对标高，以填实三角形表示之，如图 1-9（b）所示。

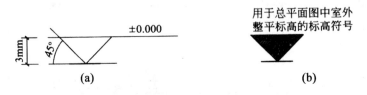

图 1-9　标高符号

(a)相对标高符号；(b)绝对标高符号

（2）详图索引及详图

标志为满足施工的要求，施工图中要绘制许多详图。详图与基本图（平、立、剖面图）的关系就要靠详图索引及详图标志来表示，其标注方式如图 1-10 所示。

（3）剖切符号

剖切符号用 6～10mm 的粗实线短划标志绘制在首层建筑平面图中，以标明建筑剖面图及断面详图剖切的位置。所示剖面图的编号用阿拉伯数字标注在剖视方向一侧，所示断面详图的编号用大写拉丁字母标注在剖视方向一侧（图 1-11）。

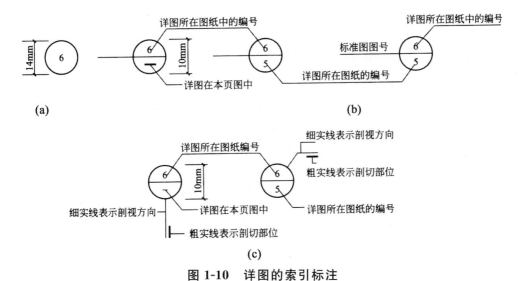

图 1-10　详图的索引标注

(a)详图标志;(b)局部放大的详图示意标志;(c)局部剖面的详索引

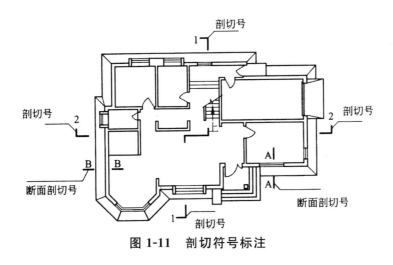

图 1-11　剖切符号标注

4. 指北针

　　为说明建筑物的朝向,在总平面图、首层建筑平面图中绘制指北针。制图标准规定,指北针由直径 24mm 的圆圈和尾宽 3mm 的箭头组成,箭头前端指北(图 1-12)。

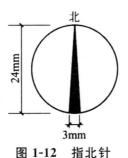

图 1-12　指北针

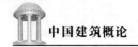

5. 风玫瑰图

风玫瑰图(图 1-13)是根据某一地区多年平均统计的各个方向吹风次数的百分数值,按一定比例绘制的。一般多用 8 个或 16 个罗盘方位表示。

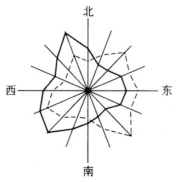

图 1-13　风玫瑰图

风玫瑰图上所表示的风的吹向,是指从外面吹向中心的。实线和虚线分别表示冬夏的吹风情况。

第二节　建筑的基本属性

一、建筑的时空性

(一)建筑的时间性

建筑的时间性主要表现在以下几方面。

1. 建筑的存在具有时间性

建筑都会随着时间的流逝而破损、倒塌、消失,或者随着历史的变迁而更迭。尽管有些建筑非常"长寿",似乎是"永恒"的,如古埃及的金字塔、古希腊的神庙等,它们都已经存在数千年了,但是,今天的这些古建筑,在形象上已经与刚建成的时候不尽相同的,换句话说,它们事实上已经刻上了时间的印记。比如那些希腊神庙,很多都已经倒塌了,剩下的那几座也已相当残破了。又如古代的两河流域,即今之伊拉克一带,这里文明发祥很早,最早建于此的是古巴比伦王国,但那时的建筑现在早已无存,后来这里被北方民族所占,亚述帝国在此建都,著名的萨尔贡二世王宫造得相当雄伟,宫内还建有观象台,但此宫如今也早已荡然无存了。后来,这里又建立了新巴比伦王国。著名的世界古代七大奇迹之一的"空中花园"(其实是建造在山顶上的花园)后来也消失了。新巴比伦城建造得很豪华,特别是它的城门,称得上是雄伟庄观,但如今也早已无踪影。

2. 建筑的审美具有时间性

人们对于建筑的审美观点会随着时间的变化而发生改变。有些建筑(指形式),当初曾轰动一时,但过了三年五载,人们就对它不怎么感兴趣了。例如 20 世纪 50 年代,为配合我国建国 10 周年,在北京建造了 10 座重要的建筑,称"十大建筑",曾轰动一时,但如今当我们去看这些建筑,已经无法感受到当年的激动了。又如江南水乡民居,在古代的人看来,当然也是美的,所谓"小桥流水人家",但对今天来说,它的实用性降低了,审美性增加了,人们已经把它升格为绘画式的或是摄影艺术式的美学对象了。再如佛塔的形式,古代对它的审美基本上是从宗教出发的,但今天我们欣赏佛塔,就转化为从它的形式美出发了。

3. 建筑的使用功能具有时间性

随着时间的发展,建筑的使用功能会发生变化,如伊斯坦布尔的圣索菲亚大教堂,建成于 537 年,当时是一座东正教堂。后来,东罗马帝国被奥斯曼帝国所灭,这座教堂变成了伊斯兰教的清真寺。第二次世界大战以后,这里变成了博物馆,成为了文物(属中世纪七大奇迹之一)。又如北京的故宫,过去是明、清两朝的皇宫,今天则成了博物馆。还有,上海南京西路上的美术馆,最早是外国人开设的跑马总会,后来改为上海市图书馆,如今又变成了美术馆。这种随着时间的变化而改变使用功能的建筑,在建筑历史上不胜枚举。

(二)建筑的空间性

建筑是空间的存在,是实体和空间的统一,我们所用的建筑物,用的虽然是它的空的部分,实的部分只是它的外壳,但如果没有这个"实"的外壳,"空"的部分也就不复存在了。例如,用墙或其他的实物材料把所需的空间围合起来,就构成了房间,又如用屋顶、楼板或其他材料的实体置于所需空间之上(当然须用支撑物将它固定住),其下部就形成了建筑空间。

二、建筑的工程技术性

建筑的工程技术性包括建筑结构与材料,建筑物理,建筑构造,建筑设备,建筑施工和经济等。随着人类社会的不断进步,人类的关于建筑的工程技术也在不断地提高。原始人最开始寻找的是天然洞穴,但是后来就开始对洞穴进行改造,再后来就是按照自己的需求来进行建造。我国陕西西安的半坡村发掘出了原始社会的遗址,据考古分析,这些建筑就是原始人利用自然材料(土、木、石等),按自己的生活活动的需要而构筑成的。斜坡的屋顶既不会倒塌,又可以排雨水,屋顶上开有小口,可以排气和烟,也可以采光,但雨水却进不来(在侧面开口),室内地面的中间略凹,据研究,这里是个火坑,可以取暖和烧烤食物;出入时做门,可以开闭,这样就有利于使用,既方便出入,又能防敌、兽的侵袭。伴随着科学技术的发展,建筑的材料、技术等都在不断地提高,从而使得建筑的工程技术性沿着更高的方向发展着。

三、建筑的历史性和时代性

(一)建筑的历史性

不同历史时期的建筑形态也有较大的差异。例如,古罗马时期与中世纪,建筑形象明显不同,古罗马建筑的门窗是圆拱形的,中世纪建筑的门窗则多为尖拱形的,即哥特式,后来,文艺复兴时期建筑的门窗虽也是圆拱形,但它与古罗马的又有所不同,形态更为丰富,内涵也更多,到了近现代,门窗的变化更是明显(图1-14)。它们的形式各不相同,但细想起来,却都是有关联的,而且这种关联是连续变化的,又是"螺旋形"发展的。从古罗马的半圆拱到尖拱,又回到半圆拱,这一循环就表示了一个大的历史时期(即西方古代)的终结,然后进入到一个新的历史时期,即近现代。

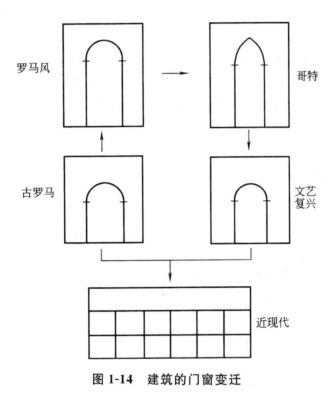

罗马风　　哥特

古罗马　　文艺复兴

近现代

图 1-14　建筑的门窗变迁

又如中国的斗栱,唐代的比较硕大、粗犷,到了宋代就比较小巧了,到了明清时,就更加小巧精致了。再如中国住宅建筑的形式,也在随着历史的变化而不断发展着。19~20世纪,中国主要出现了三种住宅类型,如图1-15所示,从中我们可以看出中国住宅的变迁情况。

(二)建筑的时代性

时代引起了社会的进步,从而导致生产力的迅猛发展以及生产方式的巨大变革,其中,科学技术是这个变革中最能动的部分。从建筑的发展来看,建筑与时代的关系是密不可分的。现代建筑与古代建筑有明显的区别。一般来说,现代建筑更能反映出时代特征,这种特征就形式的变化来说,其节奏是相当快的。例如从建筑流派上来说,就仅从19世纪80年代到20世纪30年代,就有芝加哥学派、维也纳分离派、工艺美术运动、新建筑运动、表现主义、风格派、未来派、现代主义等,正如当时的一位建筑师所说,一种风格还来不及理解就已经过时了!从19世纪末到20世纪末这100年,建筑的时代性之明显,可想而知。

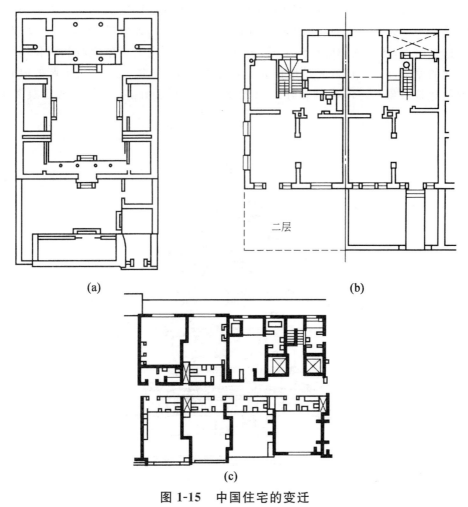

(a)　　　　　　　　　　　　　　　　　(b)

(c)

图 1-15　中国住宅的变迁

（a）古代的四合院住宅；（b）近代大城市的里弄住宅；（c）现代公寓式住宅

四、建筑的民族性和地域性

（一）建筑的民族性

不同的民族有不同的建筑形式。民族的前身是部落或氏族，是一个社会集合，在这个社会集合中，有自己的政治、经济结构，有自己的生产能力，也有自己的宗教、伦理体系，还有自己的文化艺术和民俗风情等。建筑是一种空间形态，满足着诸民族各自的活动要求，同时表现着诸民族的形象，因此建筑的民族性可以从建筑的宗教特征和伦理特征体现出来。

1. 建筑的宗教特征

建筑的宗教特征是十分明显的，因为各种宗教建筑实质上都表现着它的教义。例如西方天主教哥特式教堂建筑、东正教的圆尖顶式建筑以及伊斯兰教建筑、佛教建筑等，着重表现的是民族的特征。需要指出的是,即使是同一种宗教,在不同的民族文化的影响下,其宗教建筑也会显示出一些不同来。例如我国的楼阁式佛塔(图1-16)与印度塔(图1-17),就存在着明显的不同。这是因为,佛教从印度传到中国,经过东汉和魏晋南北朝的吸收和消化,就改变了许多印度佛教的原型,合于国情,大量地加入了许多世俗的、与传统礼教相协调的内容,因此也改变了佛教建筑形象。与印度佛教建筑给人以遁世之感相比,我国的佛教建筑多了些民间情态。

图1-16 中国的楼阁式佛塔

图1-17 印度塔

2. 建筑的伦理特征

很多的建筑都会体现出当时的伦理系统。在中国,这种伦理性体现得更为明显。例如,在中国的封建社会时期,建筑物的高度代表着封建的等级制度,北京从没有很高的建筑物,这是因为故宫的太和殿代表着"至高无上",平民的房屋不能高过它。又如建筑上的色彩,《礼记》中记载:

"楹,天子丹,诸侯黝,大夫苍,士黈。"意思是说,建筑中的柱子颜色是分等级的,不同的颜色代表屋主人的不同的身份。皇帝用的房子,其柱子用红色;诸侯用的房子,其柱子用黑色;大夫(一般的官职)用的房子,其柱子用蓝色;士的等级最低,其柱子用土黄色(在殷周时期,士是最低级的贵族阶层)。建筑物的形态也会体现出一定的伦理性,如北京传统民居,胡同里面的那些四合院式的建筑,外面封闭,内向开窗,一个院子,满足了传统家族组织的生活活动需求(包括物质的和精神的各种活动),这种家族制,从社会形态上说是一个"细胞",整个国家由许多这种"细胞"有机地组合而成,而"国"在结构上又是"家"的放大。所以,北京故宫的建筑布局在形式上与北京四合院民居相似。

(二)建筑的地域性

建筑的地域性是指不同地区,由于气候、地理等条件的不同,建筑材料的不同以及当地民族风情的不同,从而使得建筑形式也不相同。从整体上来看,建筑的地域性之所以会存在是由客观和主观两个方面的原因造成的。

1. 建筑地域性的客观原因

(1)气候

气候的不同会使建筑为满足实用性的要求而呈现出不同的形态。在我国,我国的东北、西北和华北地区,气候都比较寒冷,所以房子造得比较厚重;江南和南方诸地,气候温和湿润,则建筑轻巧而开敞。图1-18是北方建筑的典型式样,图1-19是南方建筑的典型式样。有些地区雨水稀少,则建筑物的屋顶做得比较平缓,如甘肃、陕西及东北的一些地方,建筑的屋顶做得比较平,称屯顶。又如欧洲北部的一些传统建筑,由于那里多雪,所以屋顶做得比较尖,这样雪就不容易积厚。

图1-18　北方建筑的典型样式

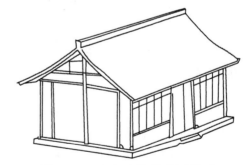
图1-19　南方建筑的典型样式

(2)地貌

地貌是指地面的形态,如地形的高低、土质的软硬、地面面积的大小等。地貌差异也会对建筑形式产生较大的影响。在我国,浙江、皖南、江西诸地,往往利用地形的高低,创造出形式多样的建筑。人们凭着自己的聪明才智,对高低不平的地形巧妙地进行处理,不但争得了更多的空间,而且造型别致,图1-20就是这种建筑的一个剖面图,上面是房间,下面是街道。

我国的江南指的是苏、浙两省,太湖流域和钱塘江两岸,这些地方是水网地带,有"水乡泽国"之称。水把地分割成一小块一小块的,互相之间用桥相连。这里的水,除了供人们饮用和洗濯外,还作为主要交通干道使用,水路和陆路并用,桥就成了立体交叉之物。因此,江南水乡小镇,其建筑的形式多是前门为路,后门外面是河,水陆并行,也很富有情趣,如图1-21所示。

图 1-20　依山而建的建筑剖面图

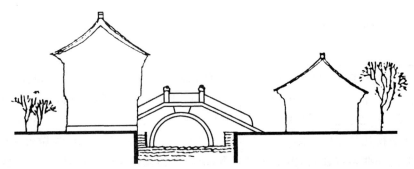

图 1-21　依水而建的建筑剖面图

（3）生态

生态是指生物体的生存条件和生活习性，同时也指许多生物共存于这个区域中，相互之间的"相生、相克"的关系。对人来说，生活在一个环境之中，该环境存在的各种生物体或多或少地都会对人产生影响，如何能够因地制宜，克服对人有害，达到对人有利的目的是建筑需要解决的问题之一。在我国，广西、贵州、云南的很多地方，民居的建筑形式为"干阑"式，即把建筑物架起来，用木或竹做梁、柱，上铺楼面板，上面住人，其下部空间用于一般的杂物堆放，或关牲口，或者什么也不用，让它空着。这样既避免了蛇、虫来犯，又能防止潮气侵入室内。可以说，这些地方的建筑的形式正是当地的生态决定的。

（4）自然资源

世界上的建筑，其形式各种各样，丰富多彩，其中，材料的不同也是原因之一，而材料的使用与当地自然资源的情况是分不开的。例如，在古埃及，无论是著名的金字塔还是太阳神庙，都用石材筑成，而古罗马则因可供建筑用的大型石材比较少，火山灰多，所以，他们凭借自己的聪明才智，发明了用火山灰粘结而成的整石，同时，由于这些块材不能做得太大，不能做成梁，所以他们又发明了拱券形式，这不仅解决了建筑材料的问题，而且也使建筑形式更多样，也更美。

2. 建筑地域性的主观原因

人们聚合起来，形成自己的社会形态、文化艺术和风俗习惯等，这些都会形成建筑的地方性差异,但是在某些情况下,人们会根据自己的主观意愿对建筑进行改造。例如,我国清代皇帝对江南的风土人情和建筑形态都十分钦羡,因此,康熙、乾隆皇帝在数次南巡中见到江南建筑绚美无比,遂命工匠在北方陆续建造起许多仿江南的建筑和园林,如北京颐和园的昆明湖对杭州的西湖进行了模仿,其中的万寿山后面的沿河一带,即模仿了当时江南水乡的市井形态建成了苏州街。又如颐和园东部的谐趣园模仿了无锡的寄畅园。需要指出的是,这种模仿建成的建筑与被模仿的建筑之间还是存在差别的,如颐和园昆明湖上的西堤六桥,其堤和桥的形态本想模仿杭州西湖的苏堤六桥,但这两者的形式和风格却很不相同:西湖六桥形态自然,颐和园的六座桥富有皇家气。这种不同,一方面是由于地域的差异(一南一北),另一方面是人文的差异(一个重民间,一个重宫廷)。再如承德的避暑山庄,其中许多景观都追求江南的自然形态,就连取名也都带有江南文化气质,如"烟波致爽""云山胜地""月色江声""金莲映日"等。其中有座楼名叫烟雨楼,更是试图模仿浙江嘉兴的南湖烟雨楼,但两者建筑风格的差异却很大,有着明显的不同。

五、建筑的艺术性

建筑的艺术性多指建筑形式,或建筑造型。世界上很多的著名建筑都体现出了其艺术性,给人们带来了美感。如巴黎圣母院的正立面,美在整体和各部分之间的比例恰当,北京天坛祈年殿(图1-22),美在它外轮廓的完整性;悉尼歌剧院,美在它的形态组合之美,华盛顿国家美术馆东馆美在其形体的切割、组合与对位。

图 1-22 北京天坛祈年殿

一般来说,建筑要遵循变化与统一、均衡与稳定、比例与尺度、节奏与韵律、虚实与层次等原则,正是在这些原则的指引下,建筑才有了艺术性。例如苏州的拙政园中的远香堂、倚玉轩、玉兰堂、留听阁、倒影楼、听雨轩、玲珑馆、海棠春坞、绣绮亭、绿漪亭、见山楼等,虽然形式各异,但风格统一,体现出了变化与统一的建筑艺术法则。

第二章　中国古代建筑的发展

中国古代建筑自成体系、著称于世,内涵丰富、博大精深,已经成为东方建筑文化的代表,在世界建筑史上占有重要位置。中国古代建筑源远流长,从河姆渡遗址到半坡村遗址,可以考证的实物已经可以追溯至七千多年前。先秦时期的建筑经历了从简单到复杂的漫长岁月,秦汉以来,随着国家的统一、生产的发展以及经济实力的不断提升,建筑的规模和技术都得到了显著发展,及至盛唐及明清时期,中国古代建筑的发展更是高峰迭起、异彩纷呈,无论是从规划设计到施工制作,还是从构造做法到用料选色,都达到了登封造极的地步,中国古代建筑以其独特的风姿和美感在世界建筑体系中独树一帜。

第一节　先秦时期的建筑

一、原始社会时期的建筑

人类之始,我们的祖先为防风雨、抗严寒、御酷暑、避虫蛇猛兽的袭击,创造出建筑的原始形态。距今 50 万年前,为中国的旧石器时代初期,原始人群曾利用天然崖洞作为居住住所。到旧石器时代后期,即距今约 5 万年以前,中国原始社会开始进入母系氏族公社时期。中华民族的祖先就在黄土地层上挖掘洞穴,作为居住之所。新石器时代,黄河中游的氏族部落,在利用黄土层为壁体的土穴上,用木架和草泥建造简单的穴居和浅穴居,逐步发展为地面上的房屋,形成聚落。在南方某些低洼或沼泽地区,还从巢居逐步发展出桩基和木材架空的干阑构造。新石器时代仰韶文化的西安半坡遗址等可以看出当时的聚居点已经是有规划的形式。因此可以认为,在原始社会时期,中国建筑已经开始萌芽。

(一)穴居

1. 天然洞穴

在最近 40 年内,发现若干旧石器时代人类的居住遗迹。距今约 50 万年前的北京周口店中国猿人——北京人所居住的天然山洞,就是其中最早的一处。这时的人类刚刚从自然中独立出来,还不具有建造能力,只有利用天然洞穴。《易·系辞》曰:“上古穴居而野处。”在生产力水平低下的状况下，天然洞穴显然首先成为最宜居住的"家"。从早期人类的北京周口店、山顶洞穴居遗址开始，原始人居住的天然岩洞在辽宁、贵州、广州、湖北、江西、江苏、浙江等地都有发展，可见穴居是当时的主要居住方式，它满足了原始人对生存的最低要求。

中国猿人大约是几十人结成一群的原始人群，依靠狩猎和采集树籽果实为生。他们居住的洞穴在周口店附近的龙骨山东侧，东临小河。河的两岸是他们的主要猎场，河滩的砾石和山中出产的燧石、石英是他们制作石器的原料。他们在洞里躲避风雨，用火来御寒、烧熟食物和抵御野兽。根据洞内的堆集层可知原始人群曾经长时间在这里居住。

在山西垣曲、广东韶关和湖北长阳曾经发现旧石器时代中期"古人"所居住的山洞。距今约5万年以前旧石器时代晚期的"新人"居住的山洞，则有广西的柳江、来宾，北京周口店龙骨山的山顶洞等处。山顶洞的洞口向东，长约12m，宽约8m，内分两部分：近洞口较高处是住人的地方，洞深处的低凹部分除曾作住处外，后来还埋葬死人。这时候，中国原始社会已经进入母系氏族公社时期了。

穴居方式虽早已退出历史舞台，但作为一定时期内、特定地理环境下的产物，对我们祖先的生存发展起到了重要作用，同时，鲜明的地方特色也构成了这样独特的人文景观。至今在黄土高原依然有人在使用这类生土建筑，这也说明了它对环境的极端适应。

2. 人工洞穴

进入氏族社会以后，穴居依然是氏族部落主要的居住方式，只不过人工洞穴取代了天然洞穴，且形式日渐多样，更加适合人类的活动。根据穴居下部凿入地下而形成的空间实体的程度不同，人工穴居可粗分为原始横穴、深袋穴和半穴居三种类别（表2-1）。穴居的发展经历了从原始横穴、深袋穴、袋形半穴居、直壁半穴居最后上升到地面建筑的演进过程。这个过程在母系氏族公社时期已经完成。

表 2-1　人工穴居的三种形态

原始横穴		宁夏海原林子梁遗址 F13 利用坡地削出崖壁，横挖窑室。居住面呈马蹄形，面积约 25m²，顶部为穹窿顶，入口作简拱门洞。椭圆形灶面长径达 2.2m，穴壁有密集的松明灯孔。此穴应是集体活动场所
深袋穴		河南偃师汤泉沟遗址 H6 可能是居住空间或窖藏，穴形呈袋状，穴深超过一人高度。据穴底、穴壁的洞迹，可知设有兼作登梯和支柱的梯架，顶盖复原采用斜架橡木，覆茅草、树叶的低级茅茨

续表

半穴居	圆形		洛阳孙旗屯半穴居遗址 穴口内收,呈袋形半穴,穴底有火台,无柱洞痕迹,未施中心柱,穴顶当系斜椽向心构架,据穴内堆积,顶盖可能用树枝、茅草铺装
	方形、长方形		西安半坡遗址 F21 穴直壁,深约 50~100cm,属直壁半穴居。据穴底柱洞,复原为四根栽柱,上加四根大叉手,构成方锥形顶盖。穴底、穴壁抹面经烧烤防潮,入口门道设大叉手雨篷
	吕字形		西安客省庄龙山文化半穴居遗址 平面为吕字形,呈双室相连的套间式半穴居。内室与外室均有烧火面,外室设有窖穴,供家庭储藏,套间的布置反映出以父系小家庭为单位的住居生活。穴内设窖的做法,是私有观念的展露

在黄河流域有广阔而丰厚的黄土层,便于挖作洞穴,因此,原始社会晚期,竖穴上覆盖草顶的穴居成为这一区域氏族部落广泛采用的一种居住方式。山西还发现了"地坑式"窑洞遗址,即先在地面上挖出下沉式天井院,再在院壁上横向挖出窑洞,这是至今在河南等地仍被使用的一种窑洞。

穴居的形式在仰韶文化和龙山文化中体现为利用植物和泥土构成,虽说是简陋之极,但这都表现出了人的创造力,也可以说是人创造的产物。随着原始人营建经验的不断积累和技术提高,穴居从横穴逐步发展到半穴居,最后又被地面建筑所代替。

(二)巢居

巢居就是利用天然的树干为柱,在相邻的几棵大树之间,悬空架起横木,并用藤葛捆扎固定之,然后铺以树枝、树叶、树皮、茅草等物,营建成如鸟巢状的一种掩蔽所。它是人类在树上居住的一种最古老的居住形式,是西南地带比较特有的原始人群居住住所。

有关巢居的考古材料几尽朽灭,但从一些形象资料再结合文献记载仍可窥其一斑。20世纪60年代,在云南佤族地区的沧源崖画的第Ⅱ地点、第Ⅳ地点、第Ⅴ地点均发现有房屋建筑的图形。其中,第Ⅴ地点的房屋即为一树屋,其形状近似于长方形,屋顶微拱,底部除树干外,另有六根左右的树枝或柱子作为支撑,此外,还有一根长木自地面斜搭于树屋的一侧,也是作为上下之用的简易木梯。夏之乾先生依据一些民族的"树葬"习俗对"树居"及其演进进行详细考察后认为,树葬的葬式和结构有鸟巢式、树架式、树屋式、地架式等几种类型,而不同的类型都是远古人类巢居在葬俗中的反映。

要注意的是,树居和严格意义上的"巢居"是有一定差别的。严格意义上的"巢居"专指在树上营造鸟巢状或类似鸟巢状的一种居住形式而言,它是树居的最古老的一种。但从"巢居"发展演进过程而言,各种不同的树居形式又是巢居发展序列中的一个重要环节。最初的"巢居"应为一棵树上构巢,即独木槽巢,然后再发展到由相邻的几棵树上构巢,即多木槽巢。然而,无论是独木槽巢还是多木槽巢,其最大特点就是简单、粗糙、狭小,虽可防止巨兽虫蛇的侵袭,又兼具防潮、取暖的功能,但是防风、遮雨的功能性差,于是,随着人们生产力的发展和生活技术的提高,这种简单的居住形式再也不能满足人们的生活需要了,相应的也就在树上构建既可挡风又可避雨的较复杂的窝棚式"树屋",并慢慢地由"构屋高树"向地面建筑演进。

二、奴隶社会时期的建筑

夏代的建立——中国第一个王朝,标志着中国跨入了"文明时代",进入了奴隶社会。奴隶制在中国经历了 1 600 多年,大约从战国开始,过渡到封建社会。本时期是中国木构架建筑体系的奠定期。夯土技术已达到成熟阶段;木构榫卯已十分精巧;梁柱构架已在柱间用阑额,柱上用斗,开启运用斗栱之滥觞;组群空间的庭院式布局已经形成,既有体现"门堂之制"的廊院,也出现了纵深串联的合院。中国木构架建筑体系的许多特点,均已初见端倪。

(一)夏代时期的建筑

公元前 21 世纪,夏代的建立,标志着原始社会的解体,奴隶社会的开始。

夏代是我国有文献记载的最早的奴隶社会朝代,夏代已使用青铜器。这一时期,人类已开始了与大自然积极的斗争,据文献记载,夏代曾兴建城池、宫殿。夏的活动范围主要在黄河中下游一带,统治中心在现今嵩山附近的豫西和山西的西南部一带。有关夏代的建筑考古资料发现不多,对夏代建筑所知甚微。至今所发现最大的夏代建筑考古遗址,是两座相连的城堡遗址,它位于河南嵩山南麓王城岗,据推测它是夏代初期遗址,东城已被大水冲毁,西城平面近似方形,近 $90m^2$,由鹅卵石夯筑而成。

1. 夏代的都城

原始社会晚期已出现城垣,主要用于防避野兽侵害和其他部族侵袭。进入奴隶社会后,城垣的性质起了变化,"筑城以卫君,造郭以守民",城起着保护国君、看守国人的职能。文献记载夏代从禹开始,曾先后在阳城、斟鄩、安邑等地建都。现在河南登封王城岗发掘出一座距今约四千年的城堡遗址,可能就是夏代初期的阳城。在山西夏县东下冯村发现一座相当于夏代的城址,其地理位置与夏都安邑颇吻合。河南偃师二里头遗址的所在地,也有学者认为是夏都之一的斟鄩,其城垣遗址尚未探明。

2. 夏代的宫殿

河南偃师二里头遗址是探索夏代文化的重要遗址。1960 年考古学家在二里头遗址上层发现了一处规模宏大的宫殿基址,这是我国迄今发现的时间最早的宫殿建筑基址。这座基址丰富了我们对商代历史的认识,同时为研究我国历史早期国家的出现及特点提供了最宝贵的资料。下面主要介绍一下其一号宫殿和二号宫殿。

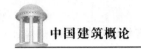

（1）偃师二里头一号宫殿遗址

该宫殿应为晚夏时期的宫殿遗址。有可能是夏都斟鄩的一组宫殿,是已发掘的最早的大型殿址,堪称"华夏文明第一殿"。

偃师二里头一号宫殿略呈折角正方形,东西长108m,南北宽100m。原地表不平,北高南低,整组建筑建在低矮、平整的夯土台上。庭院北部正中的主体殿堂,东西宽30.4m,南北深11.4m,下部有宽大的夯土台基。柱洞排列整齐,组成面阔8间、进深3间的殿身平面。殿堂内柱不存。据《考工记》关于"夏后氏世室"的记载,有关专家将殿内平面复原为一堂、五室、四旁、两夹的格局。庭院四周回廊环绕。南廊正中有大门门址,也呈8开间,复原为中部穿堂、两边带东西塾的"塾门"形式。东廊折入处另有一侧门。除西廊为单面廊外,其他三面均为双面廊。大门与殿堂大体对位,没有完全对准。

值得注意的是,该遗址未发现瓦件,因此推断其构筑方式当是以茅草为屋顶、以夯土为台基的"茅茨土阶"形态。主体殿堂檐柱前各有一对小柱洞,有的专家认为是擎檐柱的痕迹,据此复原"四阿重屋"式的重檐屋顶。有的专家则认为小柱洞应是廊下支承木地板的永定柱的遗迹。

总体而言,偃师二里头宫殿开创中国宫殿建筑的先河。它表明华夏文明初始期的大型建筑采用的是土木相结合的"茅茨土阶"的构筑方式;单体殿屋内部已可能存在"前堂后室"的空间划分;建筑组群已呈现庭院式的格局;庭院构成已突出"门"与"堂"的主要因子,形成廊庑环绕的廊院式布局。中国木构架建筑体系的许多特点,都可以在这里找到渊源。

（2）偃师二里头二号宫殿遗址

偃师二里头二号宫殿也是晚夏建筑遗址。它的面积较一号宫殿略小,同样是门、堂与回廊的组合,说明庭院式在晚夏已是大型建筑的常规布局方式。门屋与主殿仍未对准,但殿后大墓与门屋轴线正对。有人认为此遗址可能是一座宗庙。

（二）商代时期的建筑

奴隶社会自夏代开始兴起,到商代有了较大的发展。商代的版图,以河南黄河两岸为中心,东至山东,西至山西,南至安徽、湖北,北至河北、山西、辽宁。由于青铜器的使用,生产力得到发展,建筑技术随之得到提高,从而促进建筑业的发展。

从甲骨文中,我们可以探测到商代建筑的形象。商代的甲骨文,是我国文字的原始雏形,很多是象形字,其中宫、京、高、室、宅、门、户、席、墉等字都是模仿建筑象形而来的。例如,宫字好像是两坡顶或四坡顶的两层楼房;京字是高台上的一座建筑;高字也像一高台建筑;门字像似院子的衡门,两柱之间上面加一横棍,左右各安装一扇门;席字,像似后世的苇席,当时人席地而坐。从这些文字的形象中,我们可以看到当时建筑的形象:封闭的墙垣,人字形的屋面,上下两层的楼房,房屋底部的台基,门窗的样式等。

就其建筑形式而言,从出土遗址看,商代建筑有上层社会的建筑,如城池、宫殿等;也有社会底层的穴居。建筑平面有方形、长方形、圆形、凹形、凸形、条状形。

就其建筑装饰而言,商代建筑多用细密的花纹为底,衬托高浮雕的主要纹饰。最习见的纹饰有云纹、雷纹、饕餮纹、蝉纹、圆圈纹等。这些精巧的雕饰,给人以富丽严肃的印象。花纹的题材可能和商人的迷信思想相联系,也可能是氏族徽记的残余。

1. 商代的都城

商代数次迁都,因而其都城较夏代多,然而目前可考的均已湮没在历史中,现已发现的都城为河南郑州商城遗址。

在商代中期,河南郑州一带曾是一个非常重要的城市。经过部分发掘,发现若干居住和铜器、陶器、骨器等作坊遗址。其中一处炼铜作坊的面积达 1 000m² 以上;一处包括 14 座窑的陶器作坊,总面积在 1 200m² 以上。在手工业作坊附近的住所,多为长方形的半地穴,地面敷有白灰,可能是手工业奴隶的住所。另有一些建在地面上较大的房屋遗址,平面长方形,有版筑墙和夯土地基,可能是奴隶主的住所。更重要的是在郑州发现的商代夯土高台残迹,用夯杵分层捣实而成。夯窝直径约 3cm,夯层匀平,层厚约 7~10cm,相当坚硬,可见当时夯土技术已达到成熟阶段。有了这种夯土技术,就可利用黄河流域经济而便利的黄土来做房屋的台基和墙身,后来春秋战国时代还广泛应用于筑城和堤坝工程。夯土的出现是中国古代建筑技术的一件大事。

据推算,郑州商城遗址应属早商遗址,其始建年代与偃师二里头晚夏遗址可能略有先后。夯土城垣周长近 7km。城内东北部有夯土的大面积宫殿基址,夯层匀平,夯土技术已达到成熟阶段。城外分布有铸铜、制陶、制骨等作坊遗址。

2. 商代的宫殿

(1)小屯殷墟宫殿遗址

位于河南安阳,是迁都于殷的晚商宫殿遗址。已发现基址 50 余座,分甲、乙、丙三区。未发现瓦,仍属"茅茨土阶"。遗址有"铜锧"出土,是置于柱下的、带纹饰的支垫物,显示木柱已从栽柱演进为露明柱的迹象,表明上部木构的稳定性已有进步。

据历史记载,商代的首都曾数次迁移。最后建都于殷,在今河南安阳西北两千米的小屯村一带。

小屯殷墟宫殿遗址的基址在平面上呈方形、长方形、条状、凹形、凸形等。最大的基址达 14.5m×80m。基址全部用夯土筑成,高 0.5m 至 1.2m 不等。有很多基址上面残存着有一定间距和直线行列的石柱础。所有础石都用直径 15~30cm 的天然卵石,而以其较平的一面向上。其中北区最大的条状基址的石础上,还留着若干盘状的铜盘——铜锧,其中有隐约看出盘面上具有云雷纹饰的。这些铜锧垫在柱脚下,起着取平、隔潮和装饰三重作用,并且在础石附近还发现木柱的烬余,可证明商代后期已经有了相当大的木构架建筑了。根据考古发掘,当时建筑工具已有青铜制的斧、凿、钻、铲等,也许还有锯(山东发现用于锯骨料的青铜锯)。正因为有了这些工具,加上大量的奴隶劳动,才能建造这个规模相当宏大的宫室建筑群。

宫殿遗址的东面和北面接近洹水。宫殿的东部,被洹水冲刷已不完整。据发掘的房屋基址、窖穴及埋葬牲人、牲畜的分布情况,可将小屯殷墟宫殿遗址大致分为甲、乙、丙三区。

甲区有大小基址十五处。其中大型基址的平面作长方形或凹字形,方向朝东;小型的作方形或长方形,朝南。此区基址的分布情况颇为分散,也没有人畜墓葬,可能是王室的居住地区。

乙区南北约长 200m,有大小基址二十一处,布局较北区整齐,而北端的黄土台显然是这区的主要建筑遗址。自此台往南,轴线略偏西。沿着轴线有门址三处。南端第一道门址内有一组较大的基址,夯土层互相重迭,其东端又为洹水啮去,原来形状已不明瞭。紧接着这座基址之北,西侧有南北长达 80m 的条状基址。基址的东侧低而窄,可能是前廊,而西侧是主屋。与此基址相对的部分,被河水冲成一个大缺口。第二道门址位于条状基址的中段稍北。第三道门址则与条状基址的北端相接。由于有些基址压于下层基址之上,可看出此区建筑经过改造与扩充。基址下埋有牲人和牲畜,而每一门址下有四五个牲人持戈、盾和贝。推测中区应是商代的宗庙与处理政务的地区,也是王宫的核心部分。

丙区位于中区的西南,规模小,但有大小基址十七处,而以北端方形基址为全组的中心。它的前部以两个南北长、东西狭的条状基址对峙左右。其间有一座横列的基址,可能是门址。其他较小基址对称排列于两侧方形基址之上。此区内牲畜埋于东侧,牲人埋于西侧,整齐不紊,无疑是商王的祭祀地区,但建造年代比北区和中区稍为晚。由此可见殷的宫室是陆续建造的,并且用单体建筑,沿着与子午线大体一致的纵轴线,有主有从地组合为较大的建筑群。后来中国封建时代的宫室常用的前殿后寝和纵深的对称式布局方法,在奴隶制的商代后期宫殿中已经略具雏形了。

这里洹水自西北折而向南,又转而向东流去。小屯殷墟宫殿遗址的西南约300m处有一段壕沟遗迹,深约5m,宽10m,最宽处达20m,长约750m,可能是保护宫殿的防御措施。洹水北岸以西约3~4km处是商王和贵族的陵墓区。宫殿的西、南、东南以及洹河以东的大片地段,则是平民及中小贵族的居住地、墓地和炼铜、制骨器的作坊等。

根据甲骨文"席"作"囵","宿"作"宿",及现存某些青铜器物,知道当时宫殿内,人们坐于席上,家具则有床、案、俎和置酒器的"禁"。此外,陵墓内发现用白石雕琢的鸟兽,背后有凹槽,可能是某种器物的座子。还有在木料上雕有以虎为题材的云纹浮雕,表面涂朱;木料虽已腐朽,花纹和朱彩清楚地压印在泥土上,可能也是器物的残部。根据原始社会以来的埋葬习惯,这些随葬品应是死者生前用品的一部分,不难想象当时宫室内部的陈设相当华丽,建筑物也可能有某些雕饰。

在小屯殷墟宫殿遗址附近,还发现了若干方形、长方形、圆形和不规则平面的穴居,以土阶升降,穴内壁面有些不加修整,有些用木棒打平,有些涂有草泥。这些穴居和宫室相比较,充分说明当时阶级差别对建筑发生了深刻的影响。

（2）湖北武汉商城宫殿遗址

该遗址位于湖北武汉附近黄陂县盘龙城,面积约290×260m,城内东北隅有一大夯土台,上面有一面阔四间的建筑,四周环廊,柱网规正对应,推测是商代某一诸侯国的宫殿遗址。

（3）盘龙城宫殿遗址

该遗址位于湖北黄陂县,是中商时期一个方国的宫殿遗址。整个宫殿区坐落在约1m高的夯土台面上。已发现三座南北向的平行殿基,最北的一号基址在周边檐柱内有4间木骨泥墙的横列居室。前后檐列柱数目不等,未形成进深方向的横向柱列。估计构架采用的是纵架支承斜梁的做法。远在长江之滨的盘龙城,营造技术与二里头遗址、小屯宫殿遗址已属同一传统,一号基址当用于寝居,其前方的二号基址似是大空间的厅堂,这个遗址有可能是迄今所知最早的"前朝后寝"的布局实例。

3. 商代的陵墓

在河南安阳市小屯殷商城遗址中,还发现了陵墓区,该发现有助于我们了解商代的陵墓建筑。该陵墓区内发现了十几处大墓。这些墓内有数以百计的人殉,是中国早期奴隶社会的重要特点,墓的形状,在土层中挖一方形深坑作为墓穴。墓穴向地面掘有斜坡形墓道。小型墓仅有南墓道,中型墓有南北二墓道。大型墓则具有东西南北四墓道。穴深一般在8m以上,最深的达

13m。小墓的墓穴面积约 40～50m²。最大的墓,面积达 460m²,墓道各长 32m。穴中央用巨大的木料砍成长方形断面,互相重迭,构成井干式墓室,称为椁。

(三)西周时期的建筑

商代后期,居住于陕西岐山之南一带的周族兴盛起来,文王时其势力有了很大的发展。武王即位的第二年,联合许多方国部落,大败商军与牧野,灭商建周,迁都于镐(今陕西西安西南),史称西周。

总的来说,西周时期的建筑具有五大特点。第一,就其建筑构件而言,西周的青铜器的形状和组合与后代檐柱上的构造方法大体相同,如"令"的四足做成方形短柱,柱上置栌斗,再在两柱之间,于栌斗斗口内施横枋,枋上置二方块,类似散斗,和栌斗一起承载上部版形的座子。第二,就其建筑内部的家具而言,当时室内仍席地跪坐,但席下垫以筵,据《考工记》所载,筵应是宫室建筑计算面积的基本单位的一种。第三,就其建筑材料而言,西周已出现板瓦、筒瓦、人字形断面的脊瓦和圆柱形瓦钉。这种瓦嵌固在屋面泥层上,解决了屋顶防水问题,瓦的出现是中国古代建筑的一个重要进步。第四,就其建筑色彩而言,这一时期已在抬梁式木构架建筑上施彩画,而且在建筑色彩方面也有严格的等级制度了。第四,就其建筑纹饰而言,西周的建筑上的饕餮纹、龙纹、云纹、凤纹、涡纹、波纹、方形纹、窃曲纹等花纹,由承袭商朝旧型开始向新的方向发展。

1. 西周的都城

据载,西周时期最著名的都城为镐与洛邑,其城址尚在探索中,有关建筑遗址还未发现。一般认为战国间流传的《考工记》,记载了周朝的都城制度:"匠人营国,方九里,旁三门,国中九经九纬,经涂九轨,左祖右社,面朝后市。"这些制度虽尚待实物印证,但现存春秋战国的城市遗址如晋侯马、燕下都、赵邯郸王城等,确有以宫室为主体的情况,若干小城遗址还有整齐规则的街道布局,因此《考工记》所记载的至少有若干事实作依据,而非完全出于臆造。汉以后还有些朝代的都城为了附会古制,在这段记载的规划思想上进行建设,并作出若干新发展。

2. 西周的宫殿

《左传》与汉初所传《礼记》曾记载,西周宫殿的外部有为防御与揭示政令的阙,此外,还有五层门(皋门、库门、雉门、应门、路门)和处理政务的三朝(大朝、外朝、内朝)。其中,阙在汉唐间依然使用,后来逐步演变为明、清的午门。三朝和五门被后代附会、沿用,在很大程度上影响了隋朝以后历代宫殿的外朝布局。当时内廷宫殿的布局虽不明了,但是春秋时代的鲁国已有东西二宫。鲁国宗庙的前堂称大庙,中央有重檐的大室屋,可能后部还有建筑。从汉朝起,统治阶级的祭祀建筑如太庙、社稷、明堂、辟雍等也多附会周朝流传下来的文献和传统进行建造。

3. 西周的住宅

西周时期的住宅,到如今并未有较大的研究与发现。仅发现的是,西周已出现了板瓦、筒瓦、人字形断面的脊瓦和瓦钉。这种瓦嵌固在屋面泥层上,解决了屋顶防水问题,瓦的出现是中国古代建筑的一个重要进步。

现已发现的西周住宅中,凤雏西周建筑遗址和召陈建筑遗址都展示了西周时期士大夫的住宅特点。而关于平民的住宅,发现则较少。

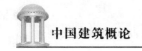

(1)凤雏西周建筑遗址

凤雏西周建筑遗址位于陕西岐山凤雏村,是西周早期的建筑遗址。整组建筑建在1.3m的夯土台面上,呈严整的两进院格局。南北通深45.2m,东西通宽32.5m。中轴线上依次为屏、门屋、前堂、穿廊、后室。两侧为南北通长的东庑、西庑。这个遗址保持着若干项"第一"的记录。

第一,它是迄今发现的最早的四合院,表明四合院在中国至少也有3 000年的历史。

第二,它是最先发现的两进式组群,显示出院与院串联的纵深布局的久远传统。

第三,它是第一个出现的完全对称的严谨组群,意味着建筑组群布局水平的重要进展。

第四,它是第一次见到的完整的"前堂后室"格局,此前的盘龙城宫殿仅是前堂后室的雏型。

第五,它是第一次出现的用"屏"建筑。"屏"也称"树",就是后来的照壁,由此可知照壁在西周初期就已出现。

第六,它是迄今所知最早的用瓦建筑,只是出土瓦的数量不多,可能只用在屋脊、屋檐和天沟等关键部位,标志着中国建筑已突破"茅茨土阶"的状态,开始向"瓦屋"过渡。

在木构技术上,该遗址显示堂的柱子在纵向均已成列,而在横向有较大的左右错位。室、庑的前后墙柱子和檐柱之间,也是纵向成列而横向基本不对位。因此专家推测其构架做法是:在纵向柱列上架楣(檐额)组成纵架;在纵架上承横向的斜梁;斜梁上架檩;檩上斜铺苇束做屋面。从傅熹年的复原图上,可以看出这组由夯土筑基、筑墙,以纵架、斜梁支撑,屋顶局部用瓦的建筑的外观景象。无论是从空间组织还是从构筑技术来说,这个遗址在中国建筑史上都具有里程碑的意义。

(2)召陈建筑遗址

该遗址位于陕西扶风召陈村,建筑学家傅熹年对其进行了复原。遗址已发掘出基址14座,除2座属西周早期外,其余均属西周中期,其中以3号、5号、8号三座基址面积最大,保存也较完整。各座建筑没有明确的对位,殿屋的功能性质尚不清楚,值得注意的是,3号基址的最大开间已达到5.6m,是木构技术的新进展。遗址出土了大量瓦件,表明西周中期的重要建筑已采用满铺的瓦屋面完成了由"茅茨"向"瓦屋"的过渡。

(四)春秋时期的建筑

春秋时期,王道中落,群雄争霸,给我国文化带来了活力,"百家争鸣"的局面乃是我国思想史上最动人的一页,奠定了中国古代哲学的基础。但是,从社会的角度来看,群雄并立,只是大家族分化为小家族,由天子的一统王权变成诸侯的一统霸权,本质并没有改变。这一时期,诸侯的王城、宫寝在实质上与商、周并无本质不同,只是规模上略逊一筹。同时,在这一时期,多国并存,生产力水平提高,财富集中于城市中,促进了城市的发展,产生了与《考工记》所述严整的王城规划不同的自由规划,丰富了城市建设理论,对后世的城市发展有很大的影响。另外,春秋时期诸侯宫殿常常修在高高的夯土台上,称为高台建筑。这种建筑形式的产生,多半是由于诸侯国间争斗残酷,使得公侯们试图以高台来保卫自身安全的结果。大量的高台建筑是这一时期建筑发展的一大特点。

1. 春秋时期的都城

春秋时期存在着大大小小一百多个诸侯国。各国的经济不断发展,生产水平逐步提高,能维持不断增长的城市人口的消费,而财富也集中于城市中,再加上各国之间战争频繁,用夯土筑城自然成为当时一项重要的国防工程。据《左传》所载,筑城工程是在司徒的领导下,按着周密的计划进行工作的:"使封人虑事,以授司徒。量功命日,分财用,平板榦,称畚筑,程土物,议远迩,略基址,具糇粮,度有司。……"

可见,当时各诸侯国都有一个或大或小的城,其中少数城址已被发现,并正在探掘中。由于筑城活动增多,逐渐形成一套筑墙的标准方法,如《考工记》所载,墙高与基宽相等,顶宽为基宽的三分之二;门墙的尺度以"版"为基数等。

2. 春秋时期的宫殿

春秋时期,在宫殿建筑上,出现了一种高台建筑,它是一种以高大土台为中心,并借助于它建起类似层层叠叠宫殿、楼阁的庞大建筑群。现存北海公园的"团城",就是这种高台建筑的遗风。

(1)秦咸阳一号宫殿遗址复原图像

该遗址位于陕西咸阳,是秦咸阳宫的一座台榭基址。我国建筑学家杨鸿勋对其进行了复原(图 2-1)。

图 2-1　秦咸阳一号宫殿遗址复原图(杨鸿勋复原)

复员后的宫殿平面呈曲尺形,一层夯土台体南部有 5 室,北部有 2 室,周边绕回廊。二层中部矗起两层楼的主殿屋,西部有 2 室,东南角有 1 室,东北部呈转角敞厅;除敞厅外,均绕以回廊;台面南部留出宽大的露台。上下层各室主要用作居室、浴室。各层排列灵活,形体高低错落。这座基地只是东西对称的一组宫观的"西观",它与东观之间有飞阁复道相连,为我们展示了宫观建筑的生动形象和台榭建筑的丰富表现力。

台榭建筑是大体量的夯土台体与小体量的木构廊屋的结合体,它反映出当时在防卫上和审美上需要高大建筑,而木构技术水平尚难以达到,不得不通过阶梯形的夯土台体来支承、联结。这种土台可以做得很大,可以高达数层,可以取得庞大的规模和显赫的形象。但夯土工作量极为繁重,夯土台体自身占去很大结构面积,在空间使用和技术经济上都有很大局限。因此,随着木构技术的进步和大量奴隶劳动的终止,台榭建筑在汉以后已趋于淘汰。

(2)辉县赵固"宴乐射猎图案"刻纹铜鉴中的建筑图像

春秋时期掀起一股"高台榭,美宫室"的建筑潮流。台榭建筑的基本特点是以阶梯形土台为核心,逐层架立木构房屋。在辉县赵固发现的"宴乐射猎图案"刻纹铜鉴的图案中,刻有一座三层建筑,底层中为土台,外接木构外廊;二、三层均为木构,均带回廊并挑出平台伸出屋檐。整个图像为我们显示了土木混合结构的台榭建筑的直观形象。

(3)中山王陵园全景想像复原图

河北省平山县春秋时期中山王墓出土了一块铜板兆域图。版面刻出陵园的平面图。傅熹年据此图和王墓的发掘资料,绘出了想象复原图(图2-2)。图上可见,在两道围墙内,突起一组凸字形的高台。台上中部并列王与后三座享堂,两侧各有一座稍低、稍小的夫人享堂,五座享堂下部是对应的坟丘。五座享堂自身都是台榭建筑。这组兆域图生动地显示出台榭建筑组合体的庞大体量和雄大气势,也标志着战国时期大型组群所达到的规划设计水平。

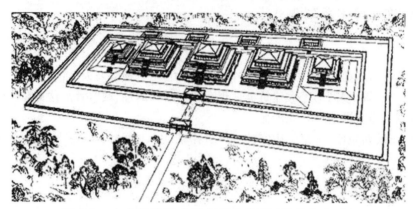

图 2-2　中山王陵园全景想像复原图(傅熹年复原)

3. 春秋时期的住宅

目前为止,对春秋时期的住宅研究主要集中于士大夫的住宅上,对平民住宅研究较少。

根据《仪礼》所载礼节,春秋时代士大夫的住宅前部有门,门是面阔3间的建筑,中央明间为门,左右次间为塾。门内有院。再次为堂。堂是生活起居和接见宾客、举行各种典礼的地点,堂的左右有东西厢,堂后有寝卧的室,都包括于一座建筑内。堂与门的平面布置一直沿续到汉朝初期。

(五)战国时期的建筑

春秋时代一百四十余个诸侯国互相兼并的结果,到战国时代只剩下秦、楚、齐、燕、韩、赵、魏七个大国。这一时期,出现了大城市,兴建了大规模宫室和高台建筑,装饰纹样也更加丰富多彩。铁工具——斧、锯、锥、凿等的应用,对于制作复杂的榫卯和花纹雕刻,提供了有利条件,从而提高了木构建筑的艺术和加工质量,加快了施工的速度。在工程构筑物方面,七国之间因险为塞,竞筑长城。水利灌溉工程如西门豹"引漳水溉邺",秦郑国开渠三百里和李冰兴修湔溯(都江堰),规模都相当巨大。

1. 战国时期的宫室

战国时期,高台建筑最为盛行,其原因主要有以下四个方面。

第一,在高台上建宫殿,高大雄伟,气势磅礴,是地位、权势的象征。

第二,春秋时诸侯国战争兼并,你争我夺,为了防御敌人入侵,公侯们把宫殿建在高台上,便于瞭望与防守。

第三,以土台为中心,以小体量建筑层叠,形成大的建筑群,在当时材料、技术的局限下,是一种巧妙的解决途径。

第四,古人崇拜上天,住在高台上,离天、离上帝更近一些。

现今保存下来的高台遗址有:战国秦咸阳宫殿、燕下都老姆台、邯郸赵王城的丛台、山西侯马新田故城内的夯土台。此处,我们以秦咸阳宫为例,了解战国时期宫室的特点。

秦咸阳宫始建于公元前350年,于秦昭王时建成,位于今咸阳市东,当初秦都咸阳城的北部阶地上,在使用和外观上均有较好效果(图2-3)。在秦始皇统一六国过程中,该宫又经扩建,为秦始皇执政"听事"之所在。秦末项羽入咸阳,屠城纵火,咸阳宫夷为废墟。

图2-3　秦咸阳宫复原图

咸阳宫高台遗址位于陕西省咸阳市东郊,残留台高6m,长60m,宽45m,分上下两层。

咸阳宫台上建筑由殿堂、过厅、居室、浴室、回廊、仓库和地窖等组成,借助夯土台,采用簇拥组合,结构紧凑,布局高下错落,主次分明,台顶中部是两层楼堂构成的主体宫室,四周有上下不同层次的较小宫室,底层建筑周围有回廊环绕。这是一种以夯土台为中心,周围用木构架,空间较小的屋宇包围,上下叠加两三层而组成的建筑群,这是当时解决大体量建筑的一种方法。

2. 战国时期的住宅

与宫室相同,战国时期的住宅也多为台榭建筑,有许多二层、三层的台榭。这种住宅建筑不仅能够防潮,也利于自我防卫(图2-4)。

图2-4　战国时期住宅复原图

3. 战国时期的陵墓

战国时期,等级制度化和《周礼》使诸国风行厚葬,大小诸侯不仅生前生活穷奢极欲,死后也要厚葬,所谓"事死如事生",因此陵墓建筑都特别讲究。于是,墓葬礼仪等级化更加明显,随之而来的墓葬礼仪是身份越高、权势愈大,墓坑就愈深、台阶就愈多、墓道就愈长。高层贵族的椁分多室,棺有多层,出现分隔椁室的隔板、隔墙、门窗、立柱等建筑构件,初步形成地下宫殿式建筑形式。

陵墓分为地上与地下部分,地下部分为墓室。河南辉县固围村发现的三座战国墓,其中最大的墓穴深18m,平面长为9m,宽为8.4m,高4.15m,椁壁由大小木料交叉垒叠而成,厚1m,双层椁;地面上现残存台高15m,上下三层平台,这是地面上的享堂遗址。为了防盗和防水,在椁的周围与上部填以相当厚的沙层与木炭,其上用夯土筑实。长沙楚墓的木椁,内外两侧都涂漆以防腐,并用白土代替沙层,其下置排水的阴沟,说明当时墓的结构技术较商朝更为进步。此外,河南一带已出现少数空心砖墓。一般平民则用简单的土坑葬。

杨鸿勋先生依据河北省平山县出土的中山王陵及兆域图,复原出《据兆域图所绘制的原规划设计的总体鸟瞰图》,图中可见当时的陵墓规模及享堂的形象。中山王陵墓地面上也是一种高台建筑,在具有明显收分的高台上,设有建筑基座,基座上第一层是单坡的回廊;回廊顶部是平台,四周设栏杆,栏杆往里是平台,平台往里又是第二层回廊,回廊顶部又是平台,平台四周设栏杆,栏杆往里为四周环廊的四阿式享堂,屋面有一阶跌落。

战国间的墓不仅累坟,而且植树。河南辉县战国末期的坟,由两层夯土台构成。下层约高2m,上层横列方形平面的夯土台三个,各高1m左右。中、西二台上残存若干柱础,而西侧台上柱础较多,显示原为面阔和进深各五间的建筑,周围绕以石子散水,应是享堂或祭殿。

第二节 秦汉时期的建筑

公元前221年,秦灭六国,建立了中国历史上第一个真正实现统一的国家。秦都咸阳原计划沿着渭河两岸,以渭水贯都,横桥飞渡,弥山跨谷,广布宫苑,建置空前庞大的都城,因秦王朝仅存在15年而未能完成。但咸阳的大兴土木,集中了全国巧匠、良材,起到了交流技艺的作用。同时,这些宫苑由于模仿战国时代各国的宫室建筑,使当时各种不同的建筑形式和不同的技术经验初步得到了融合和发展。强盛而短暂的秦帝国,在长城、宫苑、陵寝等工程上,投入的人力物力之多,建造的规模之大,都令人吃惊。从遗留至今的阿房宫、骊山陵遗址,可以想见当年建筑的恢宏气势。

经过秦末的农民起义战争,继秦而起统一中国的是西汉(公元前206年至公元前8年)。经王莽的短期代汉和农民起义,东汉(公元25年至公元220年)统一全国,建都洛阳。两汉是中国古代第一个中央集权的、强大而稳定的王朝。两汉时期是中国建筑发展的第一个高潮,主要表现在四个方面:形成中国古代建筑的基本类型:包括宫殿、陵墓、苑囿等皇家建筑,明堂、辟雍、宗庙等礼制建筑,坞壁、第宅、中小住宅等居住建筑,在东汉末期还出现了佛教寺庙建筑;木构架的两种主要形式——抬梁式、穿斗式都已出现;斗栱的悬挑机能正在迅速发展,多种多样的斗栱形式表明斗栱正处于未定型的活跃探索期;多层重楼的兴起和盛行,标志着木构架结构整体性的重大进展,盛行于春秋、战国的台榭建筑到东汉时期,已被独立的、大型多层的木构楼阁所取代;建筑组群已达到庞大规模,未央宫有"殿台四十三",建章宫号称"千门万户",权贵第宅也是"并兼列宅""隔绝闾里"。

一、秦汉时期的宫室

(一)秦代的宫室

公元前 221 年,秦始皇统一六国。秦始皇(嬴政)在统一中国的过程中,吸取各国不同的建筑风格和技术经验,于始皇二十七年(公元前 220)兴建新宫。新宫的建设程序是首先在渭水南岸建起一座信宫,作为咸阳各宫的中心;然后由信宫前开辟一条大道通骊山,建甘泉宫。继信宫和甘泉宫二组建筑之后,又在北陵高爽的地方修筑北宫。信宫是大朝,咸阳旧宫是正寝和后宫,其他宫室是妃嫔居住的离宫,而甘泉宫则是避暑处,并为太后所居。此外,还有兴乐宫、长杨宫、梁山宫等,以及上林、甘泉等苑。这些庞大的建筑组群都是用强制劳动的方式,征调人民在十年内陆续建成的。

秦始皇三十五年(公元前 212),秦国力强盛,秦始皇认为都城咸阳人太多,而先王的皇宫又小,下令在故周都城丰、镐之间渭河以南的皇家园林上林苑中,仿集天下的建筑之精英灵秀,营造一座新朝宫,开帝王为自己建造宫殿之先河。朝宫的前殿就是历史上有名的阿房宫。这次建宫计划,在渭南上林苑中,以阿房宫为中心,建造许多离宫别馆。阿房宫建筑在历史上堪称空前。

秦二世(胡亥)即位后,为了集中力量修筑始皇的陵墓,把阿房宫的兴建工程停工一年,第二次开工缩小了计划范围,没有等到竣工,秦代就被农民革命所推翻。现在阿房宫只留下长方形的夯筑土台,东西约长 1km 余,南北约长 0.5km,后部残高 7~8m。台上北部中央还残留不少秦瓦。

依据当代现有考古证据,阿房宫并未建成。唐人杜牧在《阿房宫赋》中描写为"复压三百余里,隔离天日"的秦阿房宫是一处规模宏大的宫殿建筑群,也是我国历史上规模最宏大的建筑之一。根据勘探发掘确定,仅阿房宫前殿遗址夯土台基东西长 1 270m,南北宽 426m,现存最大高度 12m,夯土面积 541 020m²,是迄今所知中国乃至世界古代历史上规模最宏大的夯土基址。据考古专家推算,阿房宫前殿遗址的面积规模与史书记载的"东西长 500 步,高达数十仞,殿内举行宴飨活动可坐万人"所描写的基本一致。

此外,秦始皇在渭水之南建上林苑,苑中建了很多离宫。在咸阳"作长池,引渭水,……筑土为蓬莱山",开创了人工堆山造湖的先河。

(二)西汉的宫室

西汉之初,仅修建未央宫、长乐宫和北宫,到汉武帝才大建宫苑。

未央宫是大朝所在地,周回 14km,位长安城内之西南部,利用龙首山岗地,削成高台,为宫殿的台基,可见战国时代高台建筑在西汉时期依然盛行。未央宫以前殿为其主要建筑,前殿东西 167m,深 50m,高 117m,平面面阔大而进深浅,呈狭长形,是这时宫室建筑的一个特点。疏龙首山为殿台,不假板筑,高出长安城。"以木兰为棼橑,文杏为梁柱;金铺玉户,华榱壁珰;雕楹玉碣,重轩镂槛;青琐丹墀,左碱右平,黄金为壁带,间以和氏珍玉。"殿内两侧有处理政务的东西厢。这种在一个殿内划分为三部分,兼大朝、日朝的方法与周朝前后排列三朝的制度有所不同。这个宫城周围 8 900m,宫内除前殿外,还有十几组宫殿和武库、藏书处、织绣室、凌室(藏冰室)、兽园、渐池与若干官署。

太后住的长乐宫位于长安城的东南隅,北面和明光宫连属。长乐宫周回 10km,在长安城内东南部,内有长信、长秋、永寿和永宁四组宫殿,其前殿东西 165m,两序中 117m,深 40m,除去两序,其修广略如今北京清宫太和殿。

北宫在未央宫之北,是太子居住地点。

建章宫在长安西郊,是苑囿性质的离宫。周回 10km 余,其前殿高过未央宫。有 66m 余高的凤阙,脊饰铜凤。又有井干楼和置仙人承露盘的神明台。宫内有数十里虎圈,还有河流、山岗和辽阔的太液池,池中起蓬莱、方丈、瀛洲三岛;并在宫内豢养珍禽奇兽,种植奇花异木。在建章宫前殿、神明台及太液三岛等遗址中曾发现夯土台和当时下水道所用的五角形陶管。

从长乐、未央和建章等宫的文献和遗迹可知西汉"宫"的概念是大宫中套有若干小宫,而小宫在大宫(宫城)之中各成一区,自立门户,并充分结合自然景物。这些宫殿的规模与所占面积之大,说明汉代统治阶级的奢侈享受,其庄严的格局和宏伟的气魄,又是为了表示皇权专治的威严。

1956—1957 年,陕西省西安市西郊汉长安城南郊发掘出了一座西汉时期的礼制建筑遗址。这座建筑的实际功用大概有举行祭祀典礼、举行颁布政令的典礼、举行召见王公大臣的典礼、举行学习礼乐的典礼以及"占云望气"。这座遗址的发掘,给现代人研究汉代一般大型建筑提供了珍贵的材料。

(三)东汉的宫室

东汉宫殿建筑在技术上有了很大的进步,开始大量使用斗栱,并继承秦风,"天子以四海为家,非壮丽无以成威"。"阙"作为古建筑的重要构件,尤其在陵墓、庙宇中大量使用。木建筑的抬梁式、穿斗式、井干式成为当时最主要的建筑构架模式。

东汉洛阳宫室根据西汉旧宫建造南北二宫,其间联以阁道,仍是西汉宫殿的布局特点。北宫主殿德阳殿,平面为 1∶5.3 的狭长形,也与西汉未央前殿相类似。这时期已很少建造高台建筑,如德阳殿的台基仅高 4.5m,就是一个证明。

二、秦汉时期的住宅

秦代延续时间较短,遗留下来的多为皇室宫殿,民间住宅有待发掘。

汉代的住宅已有不同等第的名称,列侯公卿"出不由里,门当大道"者,称为"第";"食邑不满万户,出入里门"者,只能称为"舍"。住宅的贫富差别极为悬殊,贵族豪富的大第,"高堂邃宇,广厦洞房";而贫民所居多是上漏下湿的白屋、搏屋、狭庐、土圜之类。汉代住宅没有实物遗存,但数量颇多的汉画像石、画像砖和明器陶屋,为我们提供了丰富的形象资料,从中可以看到汉代中小型宅舍、大型宅第和城堡型住宅——坞壁的大体状况。

(一)中小型住宅

规模较小的住宅,平面为方形或长方形。广州出土的汉墓明器,生动地反映出汉代中小型宅舍的多样形式,平面有一列式、曲尺式(图2-5)、前后两进组成的日字式和三合式(图2-6)等。屋门开在房屋一面的当中,或偏在一旁。房屋的构造除少数用承重墙结构外,大多数采用木构架结构。墙壁用夯土筑造。窗的形式有方形、横长方形、圆形多种。屋顶多采用悬山式顶或囤顶。有的住宅规模稍大,无论平面是一字形或曲尺形,平房或楼房,都以墙垣构成一个院落。日字式有前后两个院落,而中央一排房屋较高大,正中有楼高起,其余次要房屋都较低矮,构成主次分明的外观。有的陶屋用的是干阑式做法(图2-7)。此外,明器中还有坞堡,是东汉地方豪强割据的情况在建筑上的反映。东汉时期,地主豪强盛行结坞自保。

图 2-5 曲尺形住宅

图 2-6 前后两进形式的住宅

(a)日字式住宅;(b)三合式住宅

图 2-7 干阑式住宅

广州还出土了两件坞壁明器,这两件明器都是不带望楼的坞壁。它们都是方形平面,都以高墙围护,都在四角设角楼,坞门不用"坞壁阙",上设门楼,城堡后墙上也起城楼。门楼、城楼均为四注顶。坞堡内置有两座两层高的房舍,表示坞内排列着许多住屋。这也是当时盛行的一种坞壁形式。

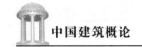

(二)大型宅第

规模更大的住宅见于四川成都出土的画象砖中。画面显示住宅分主体部分和附属部分。右侧有门、堂,是住宅的主要部分,外部有装置栅栏的大门,门内又分为前后两个庭院,绕以木构的回廊,后院颇宽大,内有一座三开间的悬山顶房屋,用插在柱内的斗栱承托前檐,而梁架是抬梁式结构,屋内有两人席地对坐,应该是堂屋。左侧是附属建筑,也分为前后二院,各有回廊环绕。前院较小,进深稍浅,前廊设栅栏式大门,后廊正中开中门,院内有厨房、水井、晒衣的木架等,是用作厨房、杂务的服务性内院。后院中竖立一方形木构望楼,四注式屋顶下有硕大的斗栱支承,颇似"观"的形象,可能是用以瞭望、防卫和储藏贵重物品之用。这幅庭院画像生动地展示了汉代中型住宅的建筑状况和生活情景。

河南郑州出土的汉墓空心砖上刻有前后两院的住宅。宽敞的前院绕以围墙,右侧建门阙,面临大道。来访宾客的车马络绎于途,停跸于前院二进门外。第二道门偏于左侧,门上覆以重檐庑殿顶,门内为居住部分。前后院都盛植花木,充分展示汉代住宅重视绿化的景象。

从上述两所住宅所反映的规模和居住者的生活情况来看,应是当时官僚、地主或富裕商人的住宅。由此可知,两汉时期贵族的大型宅第,外有正门,屋顶中央高,两侧低,其旁设小门,便于出入。大门内又有中门,它和正门都可通行车马。门旁还有附属房间可以居留宾客,称为门庑。院内以前堂为其主要建筑。堂后以墙、门分隔内外,门内有居住的房屋,但也有在前堂之后再建饮食歌乐的后堂的。这种布局应自春秋时代的前堂后室扩展而成。除了这些主要房屋以外,还有车房、马厩、厨房、库房以及奴婢的住处等附属建筑。

(三)城堡型住宅

汉代建筑有在门前设左右双阙的传统,"坞壁阙"是这种双阙的发展。四川羊子山就出土了东汉"坞壁阙"画像砖,说明东汉时期双阙不再孤立于门外两边,而是后退与大门组合,联结成一体,但仍保持着阙体的形象和双阙对峙的传统构图。这种做法有助于加强坞门的防守机能和壮大坞门的形象、气势。羊子山东汉墓出土的"坞壁阙"画像,比例合度,构图完美,是一座很精彩的坞壁阙。

甘肃的武威和张掖也出土了东汉坞壁明器。武威出土的东汉坞壁明器,很典型地反映了东汉坞壁的形象。平面为方形,周围环以高墙,四角均有高两层的角楼,角楼之间有阁道相通。院内套院,中央矗立起高五层的望楼。高耸的望楼与四角角楼、坞门门楼相互呼应,组构了坞壁建筑的丰富体形。

张掖出土的也是一座带望楼的坞壁,值得注意的是城堡大门两侧突起一对阙形墩体,已近似"坞壁阙"的做法。

除了房屋建筑之外,这一时期的家具也颇具特色。从战国到三国,由于席地而坐,几、案、衣架和睡眠的床都很矮,而战国时代的大床,周围绕以阑干,最为特殊。几的形状不止一种,有些几和案涂红漆和黑漆,其上描绘各种花纹,也偶有在木面上施浮雕的。汉代的案已逐步加宽加长,或重叠一二层案,陈放器物。食案有方有圆,还有柜和箱。床的用途到汉代扩大到日常起居与接见宾客。不过这种床较小,又称榻,通常只坐一人,但也有布满室内的大床,床上置几。床的后面和侧面立有屏风、还有在屏风上装架子挂器物的。长者尊者则在榻上施帐。东汉末灵帝(168~188)时,可折叠的胡床虽传入中国,流行于宫廷与贵族间,但仅用于战争和行猎,还未普遍使用。

三、秦汉时期的陵墓

(一)秦代的陵墓

秦代,封土为覆斗形"方上"陵墓形制,地宫位于封土之下,已开始形成地上和地下相结合的建筑群体。陵墓仿宫廷建筑格式,有高大的覆斗形封土和豪华的地下宫殿,封土周围有双重陵垣,四向辟门,有广阔的陵园。

中国历史上第一个皇帝的陵园是秦始皇陵(图2-8)。它位于陕西临潼骊山北麓、渭河南岸的平原上。秦代"依山环水"的造陵观念对后代建陵产生了深远的影响。西汉帝陵如高祖长陵、文帝霸陵、景帝阳陵、武帝茂陵等就是仿效秦始皇陵"依山环水"的风水思想选择的,以后历代陵墓基本上继承了这个建陵思想。

图2-8　陕西临潼县秦始皇陵墓遗迹

陵园按照秦始皇死后照样享受荣华富贵的原则,仿照秦国都城咸阳的布局建造,大体呈回字形,平面呈长方形,有两重夯土垣墙。内垣周长约2.5km,外垣周长约6.3km。除内垣北墙开二门外,内外垣各面均开一门。陵墓封土在内垣南半部,为夯土建造,底部方形,每边长约350m,现存残高43m。封土的原来形状,因年久塌毁,已不甚明显,估计应为覆斗形,其体量也当比现状更为高大。内垣北半部已发现建筑遗迹,可能是寝殿或寝殿附属建筑的所在。史书记载,秦始皇曾征调劳力70余万人建陵,前后延续30余年,工程极为浩大。墓室极为考究,"穿三泉,下铜而致椁,宫观百官奇器珍怪徙藏满之"。

秦陵工程的设计者不仅在墓地的选择方面表现了独特的远见卓识,而且对陵园总体布局的设计也是颇具匠心。整个陵园由南北两个狭长的长方形城垣构成。内城中部发现一道东西向夹墙,正好将内城分为南北两部分。高大的封冢坐落在内城的南半部,它是整个陵园的核心。陵园的地面建筑集中在封冢北侧,陵园的陪葬坑都分布在封冢的东西两侧,形成了以地宫和封冢为中心,布局合理,形制规范的帝王陵园。陵园东边有始皇诸公子、公主的殉葬墓,有埋置陶俑、活马的葬坑群,还有模拟军阵送葬的兵马俑坑(图2-9)。其中最大的坑,东西长230m,南北长62m,深5m,出土兵马俑6 400件之多,还出土了一些兵器,兵马俑的出土震撼了全世界。这是中国历史上规模最大、最雄伟、最壮观的陵墓,对后代帝王陵寝也产生了深远影响。

图 2-9　秦皇陵兵马俑

位于秦始皇陵东侧约 1km 处,共发现 4 座俑坑。1 号坑平面呈长方形,面积 12 600m²,约 6 000人马,是以步兵为主的军阵。2 号坑平面呈曲尺形,面积约 6 000m²,是以战车和骑兵为主的军阵。3 号坑平面呈凹字形,面积约 520m²,东西长 17.6m,南北宽 21.4m,深 5.2～5.4m,坑内建筑平面分为南、中、北三部分,相互通联,兵马仅 70 个,似是统帅三军的指挥部,但未发现将军俑。1 号、2 号、3 号俑坑都是土木结构的地下建筑,其构造是,坑的周围立断面为 30cm×25cm 的方木柱,柱上置 30cm 见方的枋木。枋木上排列棚木,棚木的圆径为 20～50cm。棚木上覆盖一层人字形编芦席,然后填土夯筑。坑的底部全用条形青砖墁铺。3 号坑未经火焚,属自然塌陷,但塌陷前曾遭人为的严重破坏。

4 号坑仅有三面围墙,是未建成而废弃的空坑。这批兵马俑有可能是送葬军阵的模拟,守陵卫戍部队的模拟,这些兵马俑、战车实物以及实战兵器的出土,形象地展示了秦始皇时代军队的兵种、编制和武器装备情况。

20 世纪 70 年代在岭东 1.5km 处发现了秦兵马俑和铜马车,兵马俑估计有陶俑、陶马七八千件,史书上对此并无记载,至今完成了局部开发。陶俑队伍由将军、士兵、战马、战车组成 38 路纵队,面向东方。兵马的尺度与真人真马相等,兵佣所持青铜武器完好而锋利,可以想象,这一支守皇陵的卫队将是一支十分庞大的队伍。陶俑替代真人殉葬,不能不说是一种进步。

总之,秦始皇陵是中国历史上第一座帝王陵园,在布局上体现了一家独尊的特点,是我国劳动人民勤奋和聪明才智的结晶,是一座历史文化宝库,在所有封建帝王陵墓中以规模宏大、埋藏丰富而著称于世。

(二)西汉时期的陵墓

西汉初期承袭秦制,建造大规模的陵墓,往往一陵役使数万人,工作数年这些陵墓大部分位于长安西北咸阳至兴平一带。坟的形状承袭秦制,累土为方锥形而截去其上部,称为“方上”。最大的方上约高二十余米。其上应有享堂建筑,四周筑城墙,神道两侧排列石羊、石虎与戴翼石狮,最外建有仿木质石阙。地下墓室初期仍为木椁墓“题凑之室”(黄肠题凑),即墓室内加一层以顶端向内的柏木枋累成的木壁,梓棺停放在黄肠题凑内。至东汉时期除木构的墓室外,更多的是砖墓,券顶或穹窿顶。有的整座墓室就像地面上的大宅院,有前、中、后三室,如同厅、堂、室。陵墓享堂,每日要献食上供。

西汉皇陵的突出特点是:广阔的陵园一望无边;高大的覆斗形封土气势非凡;陵上面建寝殿,四周建围墙,呈十字轴线对称;有大型的神道石雕塑像;实行帝陵居西、后陵居东的"同陵不同穴"规制。帝陵旁有后妃、功臣贵戚的坟墓,并创陵邑制。西汉逐步形成了完整皇陵建制,"梓宫、便房、黄肠题凑"的葬具体系成为西汉时期天子使用的最高级葬制,对后代产生了极大的影响。

西汉11个皇帝陵均在汉长安附近,其中高祖长陵、惠帝安陵、景帝阳陵、武帝茂陵、昭帝平陵、元帝渭陵、成帝延陵、哀帝义陵和平帝康陵分布在汉长安以北的咸阳原上,文帝灞陵和宣帝杜陵分别坐落在汉长安东南的白鹿原与少陵原上。

汉武帝刘彻的茂陵(图2-10)是其规模最大的一座,位于陕西兴平县城东15km处。其北面远依九骏山,南面遥屏终南山。东西为横亘百里的"五陵原"。此地原属汉时槐里县之茂乡,故称"茂陵"。汉武帝继位的第2年(公元前139)就开始建陵,持续建了53年。建陵时曾从各地征调建筑工匠、艺术大师3 000余人,工程规模之浩大,令人瞠目结舌。汉承秦制,陵山呈覆斗形,显得庄严稳重。底边各长230m,高46.5m,周围为夯土垣墙,东西长430m,南北长414m,每面正中各辟一门,门外立夯土筑的双阙。方上为夯土筑造,顶部残留少数柱础,方上的斜面也堆积很多瓦片,表明其上曾有建筑。史籍提到陵园内建有用于祭祀的寝、庙、便殿以及宫女、守陵人员居住的大批房屋,设有5 000人在此管理陵园,负责浇树、洒扫等差事。每天都由宫女理被枕,具盥水,日四上食,事死如事生。而且在茂陵东南营建了茂陵县城,许多文武大臣、名门豪富迁居于此,人口达277 000多人。据记载,汉武帝曾动用全国赋税收入的三分之一作为建陵和搜置随葬品的费用。这个数字可能有所夸大,但陵墓工程之巨大精丽,随葬品之奢侈丰厚,由此也可想见。

图2-10 陕西兴平县茂陵

汉武帝的梓宫,是五棺二椁。五层棺木,置于墓室后部椁室正中的棺床上。墓室的后半部是一椁室,它有两层,内层以扁平立木叠成"门"形。南面是缺口,外层是黄肠题凑。五棺所用木料,是楸、梓和楠木,三种木料,质地坚细,均耐潮湿,防腐性强。梓宫的四周,设有四道羡门,并设有便房和黄肠题凑的建筑,便房的作用和目的,是"藏中便坐也"。黄肠题凑是"以柏木黄心,致累棺外,故曰黄肠。木料皆内向,故曰题凑。"汉武帝死后,所用的黄肠题凑,表面打磨十分光滑,颇费人工,由长90cm、高宽各10cm的黄肠木15 880根,堆叠而成。茂陵建筑宏伟,墓内殉葬品极为豪华丰厚,史称"金钱财物、鸟兽鱼鳖、牛马虎豹生禽,凡百九十物,尽瘞藏之"。相传武帝的金缕玉衣、玉箱、玉杖等一并埋在墓中。它是汉代帝王陵墓中规模最大、修造时间最长、陪葬品最丰富的一座,被称为"中国的金字塔"。

茂陵的西北有汉武帝最宠爱的李夫人的英陵,东边有霍去病、卫青、金日磾、霍光等人的12座陪葬墓,形成了一组庞大的墓葬群。霍去病墓在其东侧,仅存方上及陵上石刻十余件。石刻有虎、羊、牛、马等,手法古拙,其中马踏匈奴最为著名,是中国早期石刻艺术的杰作。该系列石雕不仅展现了早期粗犷而写意的石雕风格,也使我们第一次看到了这种由石雕组成的墓前神道。通常,墓前神道的最前方为左右一对石阙,然后是马、虎、骆驼、羊等动物,神道之后才是陵墓的地上建筑部分。石阙形象有如一块石碑顶上安有木结构形式的石屋顶,阙身和阙顶上不但雕有柱、枋、斗栱、橡子、瓦等木建筑的构件,还附有人物等花纹。四川雅安高颐阙是现存实例中最为精美的一例,阙身为一大一小拼为一体,称为子母阙,阙位于墓前神道的前方,成为陵墓的入口标志,在有的汉墓前还立有石柱,也是墓前的一种标志性建筑。

西汉初期仍广泛使用木椁墓,据文献所载帝后陵的墓室,用坚实的柏木做主要构材;防水措施依旧以沙层与木炭为主。不过,战国末年出现的空心砖逐步应用于墓葬方面。据河南洛阳一带发掘的坟墓,空心砖约长 1.10m,宽 0.405m,厚 0.103m,砖的表面压印各种美丽的花纹,而砖的形式仅数种,每一墓室只用 30 块左右的空心砖,不但施工迅速,而且比木椁墓更能抗湿防腐,因而河南一带小型坟墓多采用这种预制拼装的砖墓。接着出现长 0.25~0.378m,宽 0.125~0.188m 的普通小砖,于是墓室结构改为墓道用小砖而墓顶仍用梁式空心砖。不久墓顶改为以二块斜置的空心砖,自两侧墓壁支撑中央的水平空心砖由此发展为多边形砖拱,到西汉末年改进为半圆形筒拱结构的砖墓。

(三)东汉时期的陵墓

东汉皇陵从选址、布局到地宫建制基本承接西汉,所不同的是将"梓宫、便房、黄肠题凑"改为"方石治黄肠题凑";改"同陵不同穴"为"帝后合葬";并确立了一整套上陵礼制。东汉一整套上陵礼制不仅完善了皇陵礼制,还逐步废除了每个皇帝各有一庙的制度,对后代产生了广泛与深远的影响。至此,中国古代陵墓建筑、丧葬文化基本定型,"陵"成为帝王之墓之专称。据记载,陵上有高墙、象生及殿屋,现在某些方上项部还残留少数柱础,方上的斜面也堆积很多瓦片,可证其上确有建筑。陵内置寝殿与苑囿,周以城垣,设官署和守卫的兵营。陵旁往往有贵族陪葬的墓,并迁移各处的富豪居于附近,号称"陵邑"。实际上是为了解决当时统治阶级的内部矛盾,将富豪、大地主集中于首都附近,便于控制。后来东汉帝后多葬于洛阳邙山上,废止陵邑,方上的体量也远不及西汉诸陵的宏巨。

东汉晚期大型画像石墓,位于山东沂南县北寨村内。墓主姓名无考,可能是一名高级官吏。墓室沿南北轴线,分前、中、后三个主室,另有西侧室二间,东侧室三间(后附设厕所)。墓内净空南北总长 8.7m,东西总宽 7.55m,占地面积 88.2m²。墓门由中间立柱分为两间,前室、中室各有一八角中心柱,后室用隔墙分为两间,是放置棺木的地方。八角中心柱下部有柱础,上部有大尺度的斗栱。各室顶部用条石抹角或叠涩砌成藻井。全墓由 280 块多种形状的预制石构件装配而成,材质为石灰岩、砾岩、砂岩等。构件表面琢磨精细,对缝严密。从墙面刻出的线脚可以反映出汉代室内用壁柱、壁带的景象。画像主要分布于墓门和前、中、后三室,刻有两军激战、车骑出行、乐舞百戏、宴饮庖厨、家居生活、历史故事、神话故事和仙禽神兽等画题,大部分用减地平面线刻,刻工细腻,气象雄伟,生动地反映了当时豪强大族的生活情景。

东汉初年,砖筒拱又发展为砖穹窿,至此,墓的布局不但数室相连,面积扩大,并可随需要构成各种不同的平面,墓内还可绘制壁画,或用各种花纹的贴面砖,也有的在砖上涂黑白二色以组成几何图案,反映了这时砖结构有了很大的进展。

山东、江苏、辽宁等省的石墓,在结构上虽属于梁柱系统,可是墓的平面布局复杂,如建于东汉的山东沂南画象石墓,具前室、中室和后室,左右又各有侧室二、三间,显然受住宅建筑的影响。此墓前室和中室的中央各建八角柱,上置斗栱,壁面与藻井饰以精美雕刻,为研究这时期的建筑式样提供了若干参考资料。由于砖墓、崖墓和石墓的发展,商、周以来长期使用的木椁墓逐步减少,到汉末三国间几乎绝迹。此外,四川一带盛行的崖墓,以乐山崖墓规模最大。其中白崖崖墓在长达 1km 的石崖上,共凿有五十六个墓,而以第 45 号墓所表现的建筑手法最为丰富。此墓外开凿三门,门上施雕刻。门内有长方形平面的祭堂,壁面隐起柱枋。北壁中央有凹入的龛,顶部加覆斗形藻井。龛的两侧各辟一门,门内为纵深的墓室,设灶、龛和石棺。这是汉代家族合葬的一种形式。第 41 号墓入口处雕有双阙,反映了地上建筑的形制。

汉代贵族官僚们的坟墓也多采用方锥平顶的形式。坟前置石造享堂;其前立碑;再前,于神道两侧,排列石羊、石虎和附冀的石狮。最外,墓仿木建筑形式,建石阙两座,其台基和阙身都浮雕柱、枋、斗栱与各种人物花纹,上部覆以屋顶。其中以上文提到的四川雅安高颐阙的形制和雕刻最为精美,是汉代墓阙的典型作品。此外,东汉墓前还有建石制墓表的。下部的石础上浮雕二虎,其上立柱。柱的平面将正方形的四角雕成弧形,但不是正圆形,柱身上刻凹槽纹。上端以二虎承托矩形平板,镌刻死者的官职和姓氏,但也有在柱身上表面刻束竹纹的。这种墓表到南北朝时代,仍为南朝陵墓所使用。

四、秦汉时期的军事建筑

(一)秦代的万里长城

战国期间,诸侯之间战争频繁,齐、楚、燕、魏、秦各国各筑长城自卫,靠北部的燕、赵、秦,为防御匈奴入侵,又在北部修筑长城。秦统一六国后,又大筑长城,西起临洮东到辽东连为一个整体,全长 2 000 多千米。长城所经地区包括黄土高原、沙漠地带和无数高山峻岭与河流溪谷,各处地形、地貌、地质不同,因而筑城工程采用了因地制宜、就材造的方法,创造了中外建筑史上的奇迹。在黄土高原一般用土版筑或土墼,现存临洮秦长城就是用版筑建成。玉门关一带的汉长城则用沙砾石与红柳或芦苇层层压叠,残垣高 5～6m,层次还清晰可辨。无土之处则垒石为墙,如赤峰附近的一段,用石块砌成,底宽 6m,残高 2m,顶宽 2m,并有显著的收分。山岩溪谷则又杂用木石建造。这个伟大工程是用了很大劳动力,牺牲了很多生命建成的,在当时曾经起着防御的作用。秦的长城因年久颓废,仅留存部分遗址。

(二)汉代的长城

西汉为了保护通往西域的河西走廊,除修葺秦长城外,又加建了东西两段长城。西段长城及亭障经过甘肃敦煌一直建到新疆;东段则经内蒙古的狼山、阴山、赤峰东达吉林。汉的长城从文献记载和残迹来看,沿着长城建城堡和烽火台,连属相望,规模十分宏伟。

第三节　魏晋南北朝时期的建筑

　　魏晋南北朝是中国历史上政权更迭最为频繁的时期，全称为三国两晋南北朝，其中所包含的朝代和国家多达几十个。东汉末年，在农民大起义后，出现了军阀混战，中原地区遭到巨大破坏，东汉灭亡后，中国分裂为魏（220—265）、蜀（221—263）、吴（222—280）三国。三国灭亡之后，由司马氏所建的西晋王朝重新统一了中原地区。公元 316 年，刘渊族子刘曜攻占长安，俘晋愍帝，西晋亡国，共历四帝、52 年。公元 317 年，镇守建康的晋宗室司马睿在江南重建晋室，史称东晋，北方从此进入所谓的"五胡十六国"时代。南北朝自公元 420 年刘裕篡东晋建立南朝宋开始，至公元 589 年隋灭南朝陈为止，上承东晋、五胡十六国，下接隋朝，南北两势虽然各有朝代更迭，但长期维持对峙，所以称为南北朝。南朝依次是宋、齐、梁、陈；北朝是北魏、东魏、西魏、北齐、北周。这一时期，在城市建设和建筑方面，他们按照汉族的城市规划，结构体系和建筑形象，在洛阳、邺城的旧址上修建都城和宫殿。西北和北方地区也建造了龙城（今辽宁朝阳县）、统万城（今陕西靖边县）并扩建了盛乐城（今内蒙古和林格尔县）、平城（今山西大同市）。这些城市的建设促进了各民族建筑形式的融合。

一、魏晋南北朝时期的都城

（一）三国时期的都城

　　从东汉末到三国时代的建筑，仅公元 216 年曹操建设的邺城与后来魏文帝（曹丕）营建洛阳宫殿有了一些新的发展（图 2-11）。

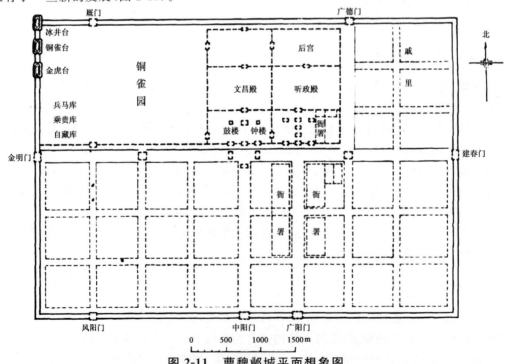

图 2-11　曹魏邺城平面想象图

（二）两晋时期的都城

1. 邺城

邺城的范围包括今河北临漳县西（邺北城、邺南城遗址等）、河南安阳市北郊（曹操高陵等）一带。它是曹魏、后赵、冉魏、前燕、东魏、北齐六朝的都城。十六国时期的后赵，在 4 世纪初沿用曹魏旧城的布局，重新将邺城建造起来，一般称其为邺北城。城墙的外面用砖建造，城墙上每隔百步建一楼，城墙的转角处建有角楼。

天平元年（534），东魏自洛阳迁都于邺，在旧城的南侧增建新城。新旧二城的总平面略如 T 形。新城东西约 3 240m，南北约 4 428m，一般称为邺南城。它的布局大体继承了北魏洛阳的形式，其中宫城位于城的南北轴线上，宫城北面为苑囿。宫城以南为官署及居住用的里坊。城外东西郊建有东市和西市。

550 年，北齐灭东魏后，仍以邺为都城，增建了不少宫殿，并在旧城西部建造大规模的苑囿，又重建铜雀等三台，将其改称为金凤、圣应、崇光。旧城东部从东魏起开始作为贵族的居住地区。577 年北齐为北周所灭，邺城受到了严重的破坏，逐渐成了废墟。

2. 洛阳

曹魏时期，统治者在东汉旧洛阳城的基础上进行了修整，之后，西晋时期又进行了修建，但永嘉乱后这座都城次第被毁。

494 年，北魏孝文帝下令将都城由平城迁往洛阳（图 2-12），对洛阳进行了重新的规划。北魏时期的洛阳有都城与宫城两重城垣。都城即汉魏洛阳的故城，东西约 3 100m，南北约 4 000m，南西各开四门，东三门，北面二门。都城西面的西阳门外，有著名的商业区洛阳大市。附近是商人和手工业工人的居住区。西市的西面，北至邙山一带都是北魏贵族的居住地点。都城南面正门宣阳门外，有交易贵重货物的四通市和外国商人聚居的区域。交易农产品和牲畜的小市则位于都城外东侧。至于都城的外郭，虽见于记载，但其遗址尚未证实。

宫城在都城的中央偏北一带，基本上是曹魏时期的北宫地位，宫北的苑囿也是曹魏芳林园故处。宫城之前有一条大道贯通南北，这就是著名的铜驼街，铜驼街的两侧分布着官署和寺院。干道北端的西侧为永宁寺。干道南端的东西两侧则是太庙和太社，其余部分是居住的里坊。各坊之间有方格形的道路网。

（三）南北朝时期的都城

自 317 年东晋奠都起，至 589 年陈亡止，建康一直是中国南部各朝代的都城。建康位于长江的东南岸，北接玄武湖，东北依钟山，西侧是丘陵起伏，东侧有湖泊和青溪萦回其间，城外的南面和西面是秦淮河。

东晋时期的建康是在三国时代吴建业的旧址发展起来的，之后宋、齐、梁、陈各朝也都建都于此，并陆续有所营建。建康城南北长，东西略狭，南面设有三座城门，东、西、北各二门。宫城在城的北部，略偏东，平面也是长方形，南面有二门，东、西、北各一门。宫城外的西南有永安宫。苑囿位于城外东北一带。

都城的南北轴线上有大道向南延伸，跨秦淮河，建有浮桥，直达南郊。大道的东西方向散布着民居、商铺和佛寺等,青溪的附近则为贵族集聚区。此外为了军事需要,又在城外西北建石头城,东南建东府城。

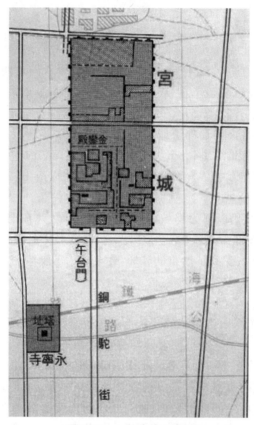

图 2-12　北魏洛阳城

二、魏晋南北朝时期的宫室

(一)三国时期的宫室

魏文帝自邺迁都洛阳,初居北宫,就原来东汉宫殿故址营建新宫,殿朝群臣。在布局上,不因袭汉代在前殿内设东西厢的方法,而在大朝太极殿左右建有处理日常政务的东西堂。这种布局方式可能从东西厢扩充而成,后来为两晋、南北朝沿用了约三百余年,到隋朝才废止。

后来明帝又营造宫殿。《三国志·魏志·明帝纪注引魏略》记载:(明帝)"起昭阳、太极殿,筑总章观……","高十余丈,建翔风于其上。又于芳林园中起陂池,……通引谷水,过九龙殿前,为玉井绮栏,蟾蜍含受,神龙吐珠……"。又治许昌宫,起景福承光殿。工程之宏,为三国之最。

三国时期除上述魏国的邺城、洛阳营造宫殿外,吴国与蜀国没有太大的宫殿土木,吴国之都建业,至孙皓时,方营建昭明宫。蜀国基本没有像样的宫殿工程,人力、物力、财力基本用于军事,"起传舍,筑亭障,自成都至白水关四百余区,殆尽力于军事国防之建筑也"。

（二）两晋时期的宫室

东晋时期的北宫布局分为前后两部分，前为办公的朝区，后为魏帝的家宅，即寝区。朝区主殿为太极殿，为举行大典之处。太极殿东西并列建有东堂、西堂，是皇帝日常听政和起居之处，东南建有朝堂和最高行政机构尚书省。寝区主殿昭阳殿在太极殿北，也在全宫中轴线上，号称皇后正殿。昭阳殿左右还各有几条次要轴线，建有若干大小宫院，是后妃的居住场所，其中以西侧的九龙殿最著名。寝区后的华林园凿池堆山，建有大量亭馆，是宫后的苑囿。

（三）南北朝时期的宫室

北魏时期的宫殿也可分为朝、寝两区。朝区中以主殿太极殿和与之并列的东堂、西堂为中心，殿南有广庭。太极殿与东堂、西堂之间有横墙，墙上有门，门内即寝区。寝区有前后两组宫院。前一组为式乾殿和显阳殿，后一组为宣光殿和嘉福殿。这四座殿前后相重，都处在中轴线上，左右各有一座翼殿，形成和太极殿及东西堂相似的三殿并列布局，并前有殿门，左右有廊庑，围成四个宫殿庭院。在显阳殿和宣光殿之间有一条横街，称为永巷。永巷东西经东西面宫墙上的三重门可通到宫外。

北魏宫寝区的布局虽然和魏晋时基本相同，但在性质上已有改变。式乾、显阳两所宫院已不再是帝寝、后寝，而成为了皇帝进行公务活动的地方，性质近于东堂、西堂，这种使用性质上的变化，为隋唐时期宫殿布局发生新变化打下了基础。

三、魏晋南北朝时期的住宅

受长期战乱的影响，南北朝的各个地方的乡镇都建造了大量的坞堡。一般都住有几十户到几百户人家，最大的多至万户。在建筑技术方面，单栋建筑在原有建筑艺术及技术的基础上得到了进一步的发展，楼阁式建筑相当普遍，平面多为方形。斗拱有卷杀、重叠、跳出，人字拱开始大量使用。屋顶的样式渐多，尾脊已有生起曲线，屋角也已有起翘。这些都为隋唐建筑的进一步发展打下了良好的基础。

两晋、南北朝时期的贫民和贵族的住宅有着很大的区别，在这里我们只介绍下贵族的住宅。

北魏和东魏时期贵族住宅的正门，据雕刻所示往往用庑殿式屋顶和鸱尾，围墙上有成排的直棂窗，并常常挂有竹帘和帷幕，形成与外界有隔有通的格局。由于两晋、南北朝时佛教盛行，当时有不少贵族官僚舍宅为寺，因此有若干大型厅堂和庭院回廊等。需要指出的是，鸱尾原本仅用于宫殿，对住宅来说，如果使用鸱尾是需要特许的。这时期住宅的室内地面铺席，人们多席地而坐。

四、魏晋南北朝时期的陵墓

（一）三国时期的陵墓

三国时期的墓葬制度是从"汉制"向"晋制"的过渡。曹魏时期多为砖室墓，由墓道、甬道、前室、过道、后室等几部分组成，通常有侧室和耳室。墓道多为长斜坡，甬道则是拱券，主墓室多为方形,穿窿顶结构,也有少数为券顶、四角攒尖顶结构。

陪葬器物在组合方面基本沿用东汉晚期的组合,常见的有鼎、钵、壶、案、碗、灶、奁盒、耳杯等,同时也出现了一些新器型,如空柱盘、双系罐、四系罐、子榼、帷帐、男女仆俑、神兽镜、凤纹镜、五铢(图 2-13、图 2-14)等。

图 2-13　南京上坊三国时期孙吴墓出土的瓷俑

图 2-14　河南商水三国时期古墓出土的五铢

(二)两晋时期的陵墓

西晋时,陵墓的规制和墓室都远小于东汉时。

东晋南渡后,国力更为衰弱。1964 年在南京市富贵山发现晋恭帝的冲平陵、1981 年在南京市北郊幕府山发现晋穆帝司马聃的永平陵、1972 年在南京大学北园发现晋元帝的兴平陵,这些均为考古界的主观推测,并无定论,葬在南京的东晋帝王陵至今竟然无一座能够被确认。虽然这些陵墓无法被确认,但总的来说,陵墓多依山而建,下为长 7m 左右的矩形筒壳墓室,宽仅 5m,上起高约十余米的陵山,规模只相当于东汉时的官员大墓。

(三)南北朝时期的陵墓

南朝四代共延续 160 余年,有 27 位帝王。帝陵绝大部分集中在江苏省的南京和丹阳两地,很多地面建筑都已毁坏,有的甚至连陵前石雕也湮没土中,已经无迹可寻。目前尚有遗迹可考的帝陵其 13 处,计宋帝陵 3 处(南京),齐帝陵 5 处(丹阳),梁帝陵 2 处(丹阳),陈帝陵 3 处(南京)。此外,墓前石雕保存得比较好的还有梁代宗室王公墓多处。

从现有的陵墓来看,帝王陵寝上多具有规整的布局、地面建筑与地宫均有一定规模,特别是陵前普遍设有石兽、石柱、石碑,其造型设计和雕刻手法已经在在汉代雕塑艺术传统的基础上有了很大的进步,可以说已经进入了更成熟的阶段。这时期的陵墓多依山而筑,陵园方向无一定规律,视当地山水形势而定。一般在山坡上开凿规整的长方形墓室,然后填土堆成高度不大的坟丘。陵前平地设有享堂和不长的神道,神道两侧对称布置石雕。南朝帝陵的石雕通常是三种六件,即石兽一对(左天禄——双角兽,右麒麟——独角兽),神道石柱一对,石碑一对。王公墓前石雕制度与帝陵无大差别,唯石兽是石狮。陵墓里面的墓室为砖砌拱券顶,前建甬道,设两重石门,门上浮雕人字形叉手。

目前南朝陵寝中所存的石雕中以石兽数量最多。无论是天禄、麒麟或狮子,都是用整块的巨石雕刻成的,形体硕大,气势非凡,刀法洗练,轮廓线富有力度,造型夸张而生动,形体优美呈现出一种矫健灵活的态势。神道石柱的柱身上部雕有矩形石额一方,额上刻有文字;柱身顶部为一仰莲形圆盖,上有石兽一头;柱身表面刻有凹槽。这种石柱比例匀称,造型别致可爱,目前只有梁宗室王公萧景墓、萧绩墓前的石柱还保存完好。从石兽的夸张造型和富有力度的轮廓,以及石柱的仲莲纹饰和柱身凹槽中,可隐约发现南亚、西亚雕塑艺术和罗马建筑文化的痕迹,显示出了汉代以来东西方文化交流的发展。

此外,由于佛教的盛行,两晋、南北朝时期的宗教建筑较多。西晋洛阳和长安两地,有佛寺180余所。东晋时,综合建筑、雕塑和绘画于一体的石窟艺术开始兴起,如开始在甘肃敦煌建设石窟等。南北朝时,由于诸帝崇佛,佛教进一步发展。南朝的梁国有寺2 846座,仅建康就有大寺700余所。北魏人也崇佛,统一北方,定都洛阳后,有寺3万余座,仅洛阳就有佛寺1 367所,并开始在龙门进行大规模石窟艺术造像(图2-15)。

图 2-15 龙门石窟

第四节 隋唐五代时期的建筑

隋唐五代是中国封建社会的鼎盛时期。隋结束了长期战乱和南北分裂的局面,虽然王朝延续时间很短,却兴建了都城大兴城和东都洛阳城,为唐长安、洛阳的两京建设奠定了基础。唐代是统一、巩固、强大、昌盛的封建王朝,中国木构架建筑在唐代初期迈入了体系发展的成熟期。五代时期,黄河流域经历了后梁、后唐、后晋、后汉、后周五个朝代,其他地区先后建立十个地方割据政权,中国又陷入破碎的分裂战乱局面,只有长江下游的南唐、吴越和四川地区的前蜀、后蜀战争较少,建筑仍有所发展。这一时期,中国古代建筑呈现出形象雄浑、规模宏大、布局水平提高、木构技术成熟的特点,在材料、技术和建筑艺术方面都取得了前所未有的辉煌成就。

一、隋唐五代时期的都城

隋唐五代时期,最著名的都城就是西都长安和东都洛阳。

(一)长安

长安是隋唐两代的都城,其在隋代时名大兴城,城址在今西安城区及周围地带。它的规模宏大,规划整齐,是当时世界上最大的城市之一。

公元 582 年隋文帝因汉长安城规模狭小,水质咸卤,且宫殿、官署和闾里相间杂,分区不整齐,命宇文恺在汉长安的东南兴建新都,命名大兴城;以后唐代又陆续进行建设,改称长安(图 2-16)。城北有渭水,东依灞、浐二水,运输相当方便。城内地形南高北低,而南部冈原起伏,有龙首渠、黄渠、清明渠、永安渠等水,自南而北流贯城中,供城市用水。城东西长 9 721m,南北宽 8 651.7m。城墙厚约 12m,每面三门,每门三道,但正南的明德门五道。根据文献记载,这些城门上当时都建有高大的城楼。

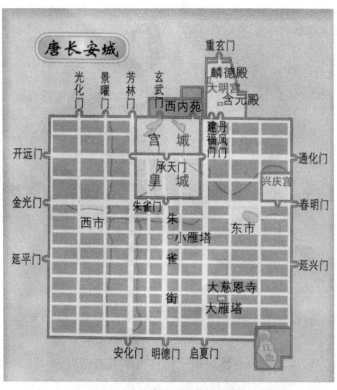

图 2-16 唐长安城复原图

1. 长安城的分区

隋代时期,大兴城分为宫城、皇城、郭城三部分。宫城先建,皇城次之,郭城到隋炀帝大业九年(613)始建。大兴城规模浩大,郭城东西宽 9 721m,南北长 8 651.7m,全城面积达 84.1km²,是中国古代史,也是世界古代史上规模最大的城市。唐代继续以其为都,并将其改名为长安。长安城基本沿袭隋大兴格局,主要的改造是在郭城北墙外增建大明宫,城内东部建兴庆宫,城东南角整修曲江风景区。

就长安城三部分的位置而言,皇城、宫城前后毗连,位于郭城中轴北部。宫城东西宽2 820.3m,南北长 1 492.1m,由三区宫殿组成:中为皇帝听政和居住的太极宫,西为宫人住居的掖庭宫,东为太子住居的东宫。皇城东西宽与宫城相同,南北长 1 843.6m。城内安置寺、监、省、署、局、府、卫等中央衙署。设东西向街道 7 条,南北向街道 5 条,并有太庙、太社分设于中轴线左右,符合"左祖右社"之制。皇城与宫城之间,开辟一条宽 220m 的横街,形成横长方形的宫前广场。

2. 长安城的街道

长安城有南北并列的十四条大街和东西平行的十一条大街。用这些街道将全城划分为 108个里坊。长安道路系统的特点是交通方便,整齐有序。一般通向城门的大街都很宽,如中轴线上的朱雀大街宽150m,安上门大街宽134m,通往春明门和金光门的东西大街宽120m,其他不通城门的街道,则宽 42~68m 不等。沿城墙内侧的街道宽 20m。但这些街道只是土的路面,雨雪时交通不便,为了排水,路面都是中间较高,两侧有宽、深各两米多的水沟。可是由于城内地形起伏过大,排水仍有困难。街道两旁种有成行的槐树,称为"槐衙"。

3. 长安城的市场

将手工业、商业店肆等集中在固定市场内,是中国古代都城规划的特点之一。它的优点是便于管理与平准物价。隋唐长安城的建设,继承并发展了这一特点,在长安城内建造东西二市。市的面积约为 1.1km²,周围用墙垣围绕,四向开门。市的中央是市署和平准局。西市内有井字形干道,道宽16m,两侧各有水沟,再外为一米多宽的人行道。店铺之间还有很多窄狭的小巷。据记载,东市有二百二十行,西市行业更多,并有胡商云集。考古发掘市内临街布置的店铺,毗连栉比,每一店家进深一般 3m 多,面阔 4~10m。两市每日中午开市,日落前闭市。实际上有些里坊中也有店肆,中晚唐甚至还出现了夜市,意味着唐代后期的都城工商业已酝酿着空间、时间上的突破限制。

4. 长安城的里坊

郭城由街道纵横划分为 114 坊,除去东市、西市和曲江池各占去 2 坊,实数为 108 坊。不同时期里坊尚有其他占用和分割情况,坊数略有变动,里坊均围以坊墙。小坊约一里见方,内辟一横街,开东西坊门。大坊比小坊大数倍,内辟十字街,开四面坊门。坊内还有巷道称为"曲"。坊的外侧部位是权贵、官吏的府第和寺院,直接向坊外开门,不受夜禁限制。一般居民住宅只能面向坊内街区开门,出入受坊门控制。

为了控制都城居民,隋唐时期的统治者承袭汉朝以来的闾里建筑并施行夜禁制度。里坊的平面有些近于方形,东西520m,南北510～560m;有些稍大,平面为长方形,东西600多米及1 100多米,面积都超过汉魏的里坊。里坊的周围用高大的夯土墙包围。大坊四面开门,中辟十字街。小坊只有东西二门和一条横街。这些街道的宽度大多在15～20m左右。此外,坊内还有较窄的巷曲。坊的外侧和沿街部分主要是权贵、官吏的府第和寺院,直接向坊外开门,不受夜禁制度的限制。一般居民住宅则建在这些宅第、寺院之间或其后面,与坊内巷曲相通。长安虽设置东西二市,但各里坊内仍有若干商店。

(二)洛阳

隋唐二朝继承汉以来设东西二京的制度,以洛阳为东都。隋炀帝即位的第二年,即大业元年(605),三月诏杨素、宇文恺营建东都,每月役使工丁二百万人。第二年正月,不到一年时间,隋东都洛阳即建成。唐初一度废东都,焚宫殿,但不久就恢复,沿用隋洛阳总体布局,没有大的变动。洛阳的地位比长安更适中,在政治和经济上便于控制东南地区,尤以运河开通后,江南物资北运,洛阳供应便利,逐步繁荣起来。19世纪末,唐代的首都终于自长安迁到洛阳。

1. 洛阳城的分区

隋唐洛阳城规划是由7世纪初隋宇文恺、封德彝和牛弘等所主持(图2-17)。这城位于汉魏洛阳城之西约10km,北依邙山,南对龙门。城南北最长处7 312m,东西最宽处7 290m,平面近于方形。洛水由西往东穿城而过,把洛阳分为南北二区。城的南、东两面各有三座门,北二门,西面则有宫城与皇城的各二门。城中洛水上建有四道桥梁,连接南区和北区。洛水以外,还引导伊水和瀍水入城,并开凿几道漕渠,所以洛阳的水路运输比长安方便。但是另一方面,为了适应地形,洛阳不象长安那样强调南北轴线和完全对称的布局方式。当时为了完成这个巨大工程,每月役使工丁二百万人,而督役严急,死者竟达十之四五。

洛阳和长安城不同的是将皇城和宫城置于北区的西部,但整个规划力求方正、整齐,仍与长安相似。皇城南临洛水,中有三条纵贯南北的干道,建有省、府、寺、卫、社、庙等建筑。宫城在皇城之北,位于同一轴线上。宫城内建有含元、贞观、徽猷等几十座殿、阁、堂、院。宫城和皇城的东侧还建造若干官署。后来唐代又在宫城外西南一带建筑上阳宫和西苑。

2. 洛阳城的市场

洛阳有三市:北市、南市、西市。文献记述南市"其内一百二十行,三千余肆,四壁有四百余店,货贿山积"。市内有纵横各3条街道,四面各开三门,并有漕渠通入,便于水运。北市及其附近是当时洛阳最繁华的地带。也有为数不少的中亚商人,反映出唐代商业与外贸的进展。

3. 洛阳城的里坊

郭城南区和北区东部划分出规整的里坊,据复原,南区为81坊,北区为28坊,合计109坊。洛阳里坊普遍比长安里坊小,坊内"开十字街,四出趋门"。洛阳的街道也比长安窄,最宽的主干道定鼎门街实测宽度为121m,其余正对城门的大街只有40～60m,一般小街在30m以下,布局较长安紧凑。

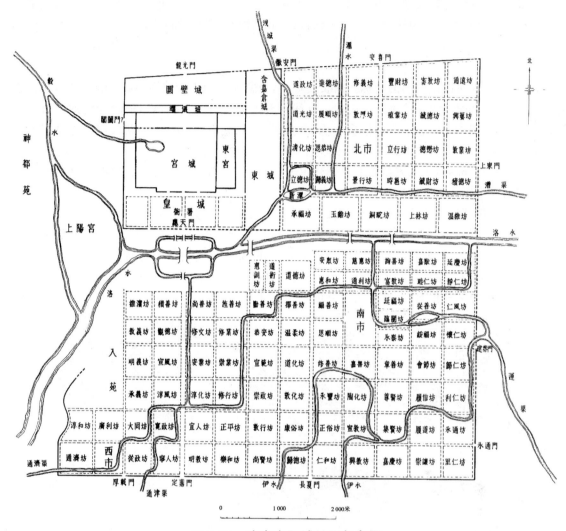

图 2-17 隋唐洛阳城平面想象图

二、隋唐五代时期的宫室

(一)隋代的宫室

隋代皇家宫殿集中在宫城,宫城正中是大兴殿,这里是皇帝听政与生活的宫室。隋代宫殿继承周朝,改用"三朝五门"的周制。所谓"三朝",即外朝——承天门、中朝——大兴殿、内朝——两仪殿;所谓五门,即承天门、大兴门、朱明门、两仪门、甘露门。东都宫殿以乾阳殿为正殿,有关文献记载:"殿基高九尺,从地至鸱尾高二百七十尺,十三间,二十九架,三陛轩。"

《隋书》记载,宇文恺造观风行殿,能容纳数百人,下施轮轴,可移动;而何稠所制六合城,周八里(约 3 721m),四面置阙,面别一观,下三门,夜中施工,迟明而毕。其他体形巨大的木建筑如唐武则天在洛阳建明堂,高二百九十四尺(约 88.2m),方三百尺(约 90m);明堂后面又建天堂五级,

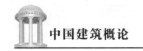

其第三级可以俯视明堂,反映了当时木建筑技术所能达到的水平。而明堂有"巨木十围,上下通贯,栅栌撑楹,借以为本",说明这座巨大木结构以中心柱保证其整体的牢固。

(二)唐五代的宫室

唐承隋制,仅更改了殿门的名称。唐长安城中,以宫城正门承天门为外朝,元旦、冬至于此设宴,颁令、大赦、朝贺等也在此举行。门内中轴线上有太极、两仪两座宫殿,前者为定期视事的日朝,后者为日常视事的常朝。五门依次为承天门、嘉德门、太极门、朱明门、两仪门。这种门殿纵列的形式逐渐沿袭,成为中国封建社会中后期宫殿布局的典型样式。

唐贞观八年(634),于长安城东北角修建永安宫,次年改名大明宫,唐高宗(649—683)开始,大明宫逐渐成为唐代最主要的朝会之所。

公元634年开始建造的大明宫位于长安城外东北的龙首原上,居高临下,可以俯瞰全城。宫城平面成不规则的长方形(图2-18)。宫内的宫殿以轴线南端的外朝最为宏丽,有南北纵列的大朝含元殿、日朝宣政殿、常朝紫宸殿。除这三组宫殿外,又在其左右两侧建造对称的若干座殿阁楼台。后部诸殿是皇帝后妃居住和游宴的内廷。宫的北部就低洼地形开凿太液池,池中建蓬莱山,池周布置回廊和楼阁亭台,成为大明宫内的园林区。

图2-18　大明宫遗址效果图

大明宫大部分已经过发掘,已探得亭殿遗址30余处。宫城轴线南端,依次坐落着外朝含元殿、中朝宣政殿和内朝紫宸殿。含元殿两翼,伸出翔鸾、栖凤两阁。有三道东西向的横墙,分隔于含元殿前方,含元殿两侧和宣政殿两侧。三道横墙均开左右对称的二门,形成前后贯通的两条纵街。相距约600m的两街之间,对称地分布着门座庑廊,簇拥着含元、宣政、紫宸三殿。

据发掘,大明宫宫墙用夯土筑成,只有宫门、宫墙转角等处表面砌砖。宫城的东、北、西三面建有夹城。宫城四面均有门。南面正门为三门道的丹凤门。北面正门为玄武门、重玄门,并设有内重门、外重门,反映出森严的戒卫。

当前,含元殿、麟德殿均已发掘,并有专家做过复原研究,从这些建筑可以看出大明宫组群所反映的恢宏气势和初唐风貌。

1. 含元殿

作为举行元旦、冬至、大朝会、阅兵、受俘、上尊号等重要仪式的场所,含元殿始建于唐高宗龙朔二年(661),建成于龙朔三年(662)四月。

含元殿是大明宫的正殿,利用龙首山做殿基,现在残存遗址还高出地面10米余。殿宽11间,其前有长达75m的龙尾道,左右两侧稍前处,又建翔鸾、栖凤两阁,以曲尺形廊庑与含元殿相连。这个巨大建筑群,以屹立于砖台上的殿阁与向前引伸和逐步降低的龙尾道相配合,气势恢宏,威壮而不压抑,雄浑而不森严,表现了中国封建社会鼎盛时期雄浑的建筑风格。

著名建筑历史学家傅熹年对含元殿进行了复原。复原后的含元殿(图2-19),殿下墩台由铲削龙首岗南缘加局部夯土补齐,形成凹形突出岗外的大墩台。台南面壁立,高10.8m。东西侧与宫内横墙衔接。北面平连岗体。整组殿、阁、飞廊的台基都夯筑在这个凹形墩台上。墩台周边砌砖并加红粉刷,台顶边缘环砌带螭首的石栏杆。

墩台上有二层殿基,下层为陛,上层为阶,与墩台一起合成"三重"。殿陛、殿阶均为砖石壁,环砌石栏杆,引出螭首。正面登陛设3条道路,中央御路为花砖坡道,两侧上下的路为石质踏步。殿阶上部设副阶平坐,登平坐的台阶,南北两向均设木制的东西两阶。

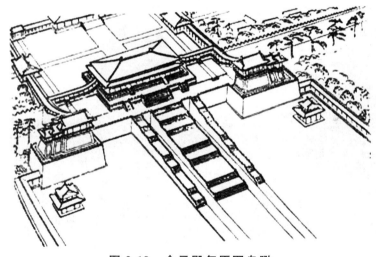

图2-19 含元殿复原图鸟瞰

含元殿的殿身平面近似《营造法式》中的"双槽副阶周匝",内槽两排柱,共20柱;外槽前檐12柱,北、东、西三面为厚2.35m的承重墙。身内面阔11间,加副阶共13间,深29.2m;面积为1 966.04m²,与明清北京紫禁城太和殿的面积相近。

殿基墩台前方有登台的慢道遗址,是长约70余米的3条平行阶道,中道宽25.5m,两侧道各宽4.5m,各道间距约8m。这种"若龙垂尾然"的阶道,通称"龙尾道"。复原的龙尾道,采用七段平坡相间的做法,起坡缓和而有节奏。阶道用砖壁加红粉刷,边镶石栏杆,与墩台浑然一体。

殿基东西两侧各有向外延伸并向南折出的廊道遗址,与殿前左右对称的翔鸾阁、栖凤阁基址相连。

2. 麟德殿

大明宫的另一组华丽的宫殿——麟德殿是唐代皇帝饮宴群臣、观看杂技舞乐和作佛事的地点(图 2-20)。这殿位于大明宫太液池西部隆起的高地上。它是由前、中、后三座殿阁所组成。前殿面阔 11 间,进深 4 间,前檐出前轩,两尽间以版筑填实,上冠以四阿顶,是整组建筑的正殿。中殿底层隔一廊道与前殿相连,进深 5 间,面阔与前殿相同,两尽间同样以版筑填实,内部以两道隔墙分成三个空间。此处空间较幽暗,当是联系前后殿和上下层的穿堂空间。后殿进深 6 间,其中南向 4 列,面阔 11 间,两端尽间各以版筑填实 3 间,各留 1 间耳房,分别作为浴、厕。北向 2 列,面阔 9 间,东、西、北三面均为便于采光的木质隔断围护,后殿内部分隔成并列的三个面阔各 3 间、进深各 6 间的厅堂,当是文献提到的障日阁的所在。中、后殿的上层,复原出面阔 11 间、进深 9 间的楼上厅堂,这里可能就是文献所提到的面积宽大的景云阁。主轴线的两侧,对称地耸立着郁仪楼、结邻楼和东亭、西亭,它们都是坐落在高台之上的亭、楼,以架空的飞阁(天桥)与景云阁连接。两座楼台还另设斜廊式的登楼阶道,东楼阶道在南面,西楼阶道在北面,这种不对称的处理当是为了通往南北院庭的便捷联系。

麟德殿的进深达 17 间,底层面积估计达 5 000m²,相当于明清太和殿面积的 3 倍,是中国古代最大的殿堂。三殿串联、楼台簇拥、高低错落的组合形象,是从早期聚合型的台榭建筑向后期离散型的殿庭建筑演变的一种中介形态。

图 2-20 唐大明宫麟德殿遗址

三、隋唐五代时期的住宅

隋唐五代时期尚无住宅实物遗存,但有一些典章、律令、诗文、传记涉及宅第的记述,并有敦煌壁画和传世卷轴画提供形象资料。通过这些可以了解到,唐代住宅已建立严密的等级制度,"凡官室之制,自天子至于庶士各有等差。"门屋的间架数量、屋顶形式以至重栱、藻井、悬鱼、瓦兽等细部装饰、做法都有明确的限定。唐代的住宅布局,虽然廊院式还在延续,但已明显地趋向合院式发展。承继魏晋以来崇尚山水的习气,唐代公卿贵戚和名士文人的住宅呈现出三种融合自然的方式：一是以山居形式将宅屋融入自然山水；二是将山石、园池融入宅第，组构人工山水宅园；三是在院庭内点缀竹木山池，构成富有自然情趣的小庭院。总体上来看，隋唐、五代时期的住宅呈现出明显的阶级性，主要表现在贵族住宅与乡村住宅两者的对比上。

（一）贵族住宅

据文献记载，隋唐五代时期，贵族宅第的大门有些采用乌头门形式。宅内有在两座主要房屋之间用具有直棂窗的回廊连接为四合院，但也有房屋位置不完全对称的，可是用回廊组成庭院则仍然一致（图 2-21）。

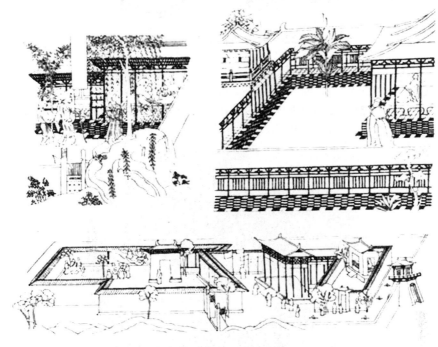

图 2-21　甘肃敦煌莫高窟唐代壁画中的住宅

这一时期的贵族官僚，不仅继承南北朝传统，在住宅后部或宅旁掘池造山，建造山池院或较大的园林，还在风景优美的郊外营建别墅。这些私家园林的布局，虽以山池为主，可是唐代士大夫阶级中的文人、画家，往往将其思想情调寄托于"诗情画意"中，同时也影响到造园手法。官僚兼诗人的白居易暮年因洛阳杨氏旧宅营建宅园，宅广十七亩，房屋约占面积三分之一，水占面积五分之一，竹占面积九分之一，而园中以岛、树、桥、道相间；池中有三岛，中岛建亭，以桥相通；环池开路，置西溪、小滩、石泉及东楼、池西楼、书楼、台、琴亭、涧亭等，引水至小院卧室阶下；又于西墙上构小楼，墙外街渠内叠石植荷，整个园的布局以水竹为主，并使用划分景区和借景的方法。至于上层阶级欣赏奇石的风气，从南北朝到唐代，逐渐普遍起来，尤以出产太湖石的苏州为甚，园林中往往用怪石夹廊或叠石为山，形成咫尺山岩的意境。敦煌莫高窟第9窟壁画（图2-22）中，画面显示宅院一角，在主院之前有一扁小的曲尺形过院，过院中种竹，院外门前和两侧也是花竹并茂，生动地展示唐代住宅绿意盎然的景象。

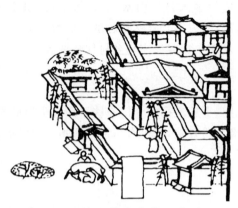

图 2-22　敦煌莫高窟第 9 窟壁画

（二）平民住宅

平民住宅见于展子虔《游春图》中，不用回廊而以房屋围绕，构成平面狭长的四合院；此外，还有木篱茅屋的简单三合院，布局比较紧凑，与上述廊院式住宅形成鲜明的对比（图 2-23）。

图 2-23　展子虔《游春图》中的住宅

值得注意的是这些图画所描写的住宅多数具有明显的中轴线和左右对称的平面布局，无疑地，这是当时住宅建筑中比较普遍的布局方法。

四、隋唐五代时期的陵墓

隋唐时期的陵墓主要集中于唐代时期，唐代共有 21 个皇帝，除唐末昭宗、哀帝分别葬于河南渑池和山东菏泽外,19个皇帝都葬在渭河以北地段,其中武则天与高宗合葬一处,共为18处帝陵,号称"关中十八陵"(图2-24)。这18处帝陵,形制上分为两类:一类建于原上,沿袭秦汉以来"封土为陵"的做法,墓顶封土呈覆斗形,献、庄、端、靖四陵属此类;另一类仿魏晋和南朝的"依山为陵"做法,把墓室开凿在山的南面,昭、乾、定、桥等14陵都属此类。唐帝陵的范围大小不等。大者如昭陵、贞陵,周长约60km。小者如献陵,周长约10km。一般陵周长约20km左右。这些帝陵,再加上一大批陪葬墓群,形成了东西绵延达100多千米的唐陵集中区。

其中最著名的就是唐高宗李治和武则天的合葬墓——乾陵。唐高宗和武则天的孙女,即唐中宗李显第七女永泰公主也陪葬于乾陵。

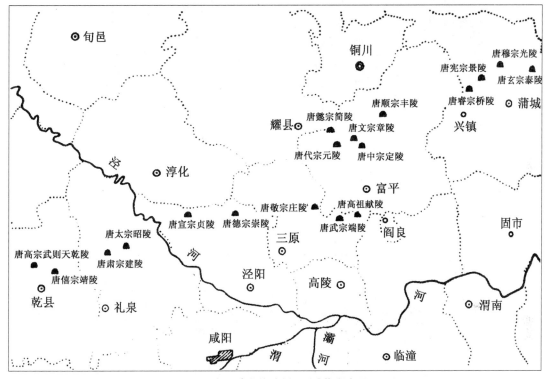

图 2-24　唐"关中十八陵"分布图

而五代时期,成都前蜀王建的永陵代表了这一时期陵墓的成就。

(一)乾陵

乾陵是利用梁山的天然地形建造而成的陵墓(图2-25)。

梁山原分三峰,而北峰最高,南侧二峰较低,对峙左右,乾陵的地宫即位于北峰下。神道从南二峰之前开始,有东西二阙遗址,残高约8m,为乾陵的第一道门。南二峰各高约40m,上有高15m的土阙遗址。上部还保留一段砖墙,应是楼阁建筑的遗迹。二阙之间留有瓦砾,是第二道门的遗址。自此沿神道向北,有华表、飞马、朱雀各一对及石马五对、石人十对、碑一对(图2-26)。碑以北又有东西二阙遗址,是第三道门,从下部残存的条石基础来看,阙身皆附有二重子阙。门内左右排列当时臣服于唐代的外国君王石像六十座,像的背部刻有国名和人名,据残存基址,知原来覆以房屋。再北就是陵墙的南门——朱雀门。门外石狮、石人各一对,门内有祭祀用的主要建筑——献殿的遗址。献殿之北就是地宫。从第一道门到地宫墓门约长 4km。

图 2-25　乾陵鸟瞰图

围绕地宫和主峰的陵墙界近方形,四面有门址,门外都有石狮,陵墙的四角有角楼。北门在阙址和石狮之外还有石马。陵内原有房屋约 200 间,现在已不存在。

乾陵的整体模拟唐长安城格局:第一道门阙比附郭城正门,神道两侧星罗棋布地散布着皇帝近亲、功臣的陪葬墓;第二道门阙比附皇城正门,以石人石兽象征皇帝出巡的卤簿仪仗;第三道门阙比附宫城正门,以朱雀门内的"内城"象征帝王的"宫城"。这组气象磅礴的陵园规划,渗透着强烈的皇权意识,也充分展现出善于利用自然、善于融合环境的设计意识。

图 2-26　乾陵的述圣纪碑(左)和无字碑(右)

(二)永泰公主墓

永泰公主是唐高宗和武则天的孙女,中宗第七女,因非议而遭武则天戮杀。中宗复位后,追赠为公主,神龙二年(706)与其夫合坟,陪葬乾陵,并享"号墓为陵"的殊荣。

永泰公主墓在乾陵东南 1 250m,现存地上部分为底边 55m×55m、高 11.3m 的梯形夯土台。夯土台四周有围墙遗址,围墙长 214m,南北长 267m,四角有角楼遗址,正南有夯土残阙一对。阙前依次列石狮一对,石人二对,华表一对。

墓的地下部分由斜坡墓道、甬道和前室、后室组成,通长 87.5m,深 16.7m。这根地下轴线较地上轴线偏东 8.65m,当是为防盗而有意采取的偏移。斜坡墓道开挖 6 个天井、5 个过洞、8 个小龛。天井的设置,既为便于运出挖土,也为表征地面建筑的庭院。前后甬道和前后墓室均为砖砌,后室西侧置石椁 1 具。永泰公主墓以精美壁画著称。墓道两壁绘有青龙、白虎、阙楼、仪仗、戟架;甬道顶部绘宝相花平棊图案及云鹤图,前后墓室绘有侍女执扇等人物题材壁画,形象生动,线条流畅,是已发现的唐墓壁画中的精品。墓室穹隆顶上绘天象图则是秦始皇陵以来的常规做法。

(三)永陵

前蜀永陵(公元 918 年)的外形为半球形土堆,高 14m,直径 80m,陵台四周下部砌以四层条石。该墓墓室共长 23.5m,分前、中、后三室,全部石造。墓的结构,在墓室两侧的壁柱上,建半圆形券,券上再铺石板。墓内地面亦铺石板。四壁涂红色,室顶涂天青色。中室的棺座采用须弥座形式,所雕人物花纹,生动精美,是五代石刻艺术的代表作品。后室建石床,称为"御床",床上置墓主之圆雕像和谥册、谥宝、玉哀册等法物,墓主雕像头戴璞头,浓眉深目,薄唇大耳,隆准高颧,身着袍服,神态威严而慈祥,符合史籍所载王建之相貌,堪称古代写实精神的佳作。

五、隋唐五代时期的宗教建筑

佛教建筑是隋唐五代建筑活动中一个重要方面,国家和民间都以大量财力、物力、人力投入寺、塔、石窟的营造中,因而佛教建筑的数量很多,分布面也很广。

(一)隋唐五代时期的寺

隋唐佛寺继承了两晋、南北朝以来的传统,平面布局同样以殿堂门廊等组成以庭院为单元的组群形式。据《关中创立戒坛图经》所载,大寺可多至十数院,且以二、三层楼阁为全寺的中心。这种以楼阁为中心的布局方法,又见于敦煌壁画中。可是这样的大建筑组群都已不存在,现在只能从文献记载和雕刻、绘画中了解当时殿阁回廊等组合的大体情况(图 2-27)。当然,画中所见都是概括、简化了的,但也可能是典型的。

这一时期的佛寺在建筑和雕刻、塑像、绘画相结合的方面有了很大发展。本来在南北朝时代已经开始在殿堂和回廊的壁面上绘制各种已经变为题材的壁画,到 7 世纪,随着净土宗的发展和佛教进一步世俗化,各种壁画更为盛行。壁塑则在北魏的基础上作了进一步发展。8 世纪前期有名的画家吴道子和壁塑家杨惠之以及其他雕塑家对佛教艺术做了不少贡献。

这一时期,我国寺观林立。最大的寺院莫如"大兴善寺",其大殿"曰大兴佛殿,制度与太庙同"。城西南隅的"庄严寺"的木塔,高 230 尺,周回 120 步。然而这一时期,寺院经济的发展,影响了国库的收入,唐武宗会昌五年(845)和五代后周世宗显德二年(955),先后进行了两次"灭法"。这两次"灭法"时间虽短的,但对隋唐五代的佛寺殿塔的破坏是灾难性的,以至于唐代建筑留存至今的只有4座木构佛殿和若干砖石塔。这4座木构佛殿都在山西省,是五台的南禅寺大殿、佛光寺大殿、芮城的广仁王庙正殿、平顺的天台庵正殿,它们都属于中小型的殿屋。后两处的梁架尚是唐构,外观已经过后代改建。以下重点介绍南禅寺大殿和佛光寺大殿。

图 2-27　敦煌莫高窟第 148 窟壁画所示唐代佛寺

1. 南禅寺大殿

　　南禅寺是一座禅宗寺院,位于山西省五台县李家庄。寺区四周山峦环抱,寺院规模不大。全寺坐落在一个坚实的土岗上,居高临下,排水通畅。寺创建年代不详,据殿内西缝平梁下的墨书题记,可知大殿重修于唐德宗建中三年(782)。这座距今1 200多年的中唐大殿,是我国现存最早的木构建筑,其作为建筑文物的历史意义和重要价值不言而喻。寺内的其他殿屋均为明清所建。1966年,受邢台地震影响,大殿殿身向东南倾斜,1973年进行了复原性整修。

　　南禅寺大殿是山区中一座较小的佛殿,周围建筑都是后代所建。它的建造年代比佛光寺正殿稍早,主要构架、斗栱和内部佛像也基本上是原物。南禅寺大殿体量不大,殿身面阔、进深各3间,通面阔11.75m,通进深10m,平面近方形。据发掘,它的台基前方原先还有月台,与台明联结为一个整体的、前窄后宽的、倒梯形的大砖台。整个阶基高1.1m。在大殿内,设置了一个长方形的砖砌佛坛,佛坛高0.7m,三面砌须弥座,底层莲瓣浑圆,年代较早。束腰壶门内砖雕花卉、动物、方胜,形象生动,刀法简洁。坛面用方砖铺墁,坛上供释迦、文殊、普贤、天王、供养菩萨、侍立童子等大小泥塑像17尊。这些塑像都是唐代原塑,手法洗练,技法纯熟,虽经元代部分重妆,仍不失原貌,是现存唐代塑像的精品。

　　就其外观而言,南禅寺大殿外观(图2-28)整体较为简洁,立面设计以柱高为模数,以柱高3倍为通面阔,按2:3:2的比例划分开间。后檐与两山均为土坯垒砌、内外抹灰刷浆的光洁实墙面。前檐明间设板门,两次间安破子棂窗,门窗两侧装余塞板。屋顶为单檐歇山灰色筒板瓦顶。屋面坡度为1:5.15,是已知木构古建中屋顶坡度最平缓的。1973年修缮时,已恢复台明、月台原状,恢复被截短的出檐,恢复鸱尾等瓦作。南禅寺大殿虽然只是三间小殿,却以舒展的屋顶、洁净的屋身、雄劲的气度表现出唐代建筑豪爽的美。

图 2-28　南禅寺大殿外观

就其整体结构而言,南禅寺大殿整体结构十分简练,总体构架属《营造法式》的"四架椽屋通檐用二柱"的厅堂型构架,近似于当时的"村佛堂"。殿内无柱,仅殿身四周施檐柱 12 根。其中,西山墙有 3 根抹棱方柱,当是原建时遗物;其余均为圆柱,可能是唐建中三年(782)重建时更换的。柱子均有显著的"侧脚""生起",角柱比明间柱高起 6cm,各柱侧脚 7cm。柱头之间仅用阑额连接,不用普拍枋,阑额至角柱不出头。柱头上置斗栱承梁枋。明间用两根"四椽檐栿",梁头插入柱头斗栱内,砍成第二跳华栱。四椽栿上施一层"缴背",以加强栿的承载力。缴背也插入柱头斗栱内,砍成昂形耍头。缴背上置驼峰、托脚,搭交令栱以承平梁。平梁上置叉手,搭交令栱以承脊檩。叉手中部有一根后代添加的、由驼峰、侏儒柱和大斗组成的支撑件。全殿不用补间铺作,仅在明间正中的柱头枋上隐刻驼峰,上置散斗一枚。前后檐柱头铺作,为五铺作双抄偷心造。与此殿面阔进深相近的五代、宋代木构,都采取六椽七檩的做法,此殿仅用四椽五檩,构件组合显得异常简练。此殿栱枋断面尺寸,大多数为 26cm,约合宋《营造法式》规定的二等材。与宋代三间小殿只用四、五等材相比,此殿用材明显偏大,颇能显现唐代建筑的大气风度。

2. 佛光寺大殿

佛光寺位于山西省五台县豆村的佛光山中,相传创建于北魏孝文帝年间(471—499),隋唐时代为五台大刹之一。唐会昌五年(845)武宗"灭法"时,寺内大部建筑被毁。唐大中元年(847)宣宗"复法"后陆续重建。

佛光寺坐落于朝西的山坡上,背负崇山,左右山峦环抱。寺院布局依山岩走向呈东西向轴线,自山门向东,随地势辟成三层台地,形成依次升高的三重院落。第一层台地院落开阔,中轴线上有唐僖宗乾符四年(877)建造的陀罗尼经幢。北侧有金天会十五年(1137)建的文殊殿。南侧与之对称,原建有普贤殿(一说观音殿),已不存。第二层台地中部有近代建的两庑,两庑之后建有南北两个跨院。第三层台地就山崖削成,陡然高起 8m 左右,中间有踏步通上,台上以坐东面西的东大殿作为全寺主殿,这就是闻名遐迩的佛光寺大殿。殿前立有唐大中十一年(857)建的经幢,殿之东南有祖师塔,大约建于北朝末。大殿后部紧接山崖。东大殿高踞山腰台地,可俯视全寺,在地形利用上颇为成功。这组寺院融晚唐大殿、金代配殿、北朝墓塔和两座唐幢于一寺,堪称荟萃中华古建瑰宝的第一寺。

佛光寺大殿建于唐大中十一年(857)，其年代略晚于南禅寺大殿，而规模较之大得多，在中国建筑史上具有独特的历史价值和艺术价值。

就其外观(图 2-29)而言，大殿上覆单檐四阿顶(庑殿顶)，下承低矮的台基。平缓挺拔的屋面，深远舒展的出檐，造型遒劲的鸱尾，微微凹曲的正脊，雄大有机的斗栱，一气五间的方形板门，细腻的柱列"升起""侧脚"，以及鸱尾对准左右第二缝梁架的严密构图，构成了大殿外观简洁、稳健、恢宏的气度，典型地展示出唐代建筑的泱泱风貌。佛光寺大殿的平面、构架、内景、外观的高度协调，也反映出木构架建筑体系成熟期的夺目光彩。

图 2-29　佛光寺大殿外观

从平面角度而言，大殿面阔 7 间，长 34m；进深八架椽(4 间)，深 17.66m。殿身平面柱网由内外两圈柱子组成，属宋《营造法式》的"金箱斗底槽"平面形式。内槽柱围成面阔 5 间，进深 2 间的内槽空间，两圈柱子之间形成一周外槽空间。内槽后半部设大佛坛。佛坛背面和左右侧面由扇面墙和夹山墙围合。大殿正面中部 5 间，设板门，两端尽间和山面后间辟直棂窗。其余三面均围以厚墙。

从其整体构架而言，大殿为殿堂型构架，由下层柱网层、中层铺作层和上层屋架层水平层叠而成。这组构架是现存唐宋殿堂型构架建筑中时间最早、尺度最大、形制最典型的一例。该殿为了适应内外槽平面布局，在结构上以列柱和柱上的阑额构成内外两圈的柱架，再在柱上用斗栱、明乳栿、明栿和柱头枋等将这两圈柱架紧密连系起来，支持内外槽的天花，形成了大小不同的内外两个空间，而在天花以上部分还有另一套承重结构。这样，天花以下露明的构件——明乳栿、明栿和斗栱等，就可充分地被用来进行空间组织。外槽的前部进深只一间，斗栱只出一跳，而外槽高度约为进深的 1.7 倍，构成狭而高的空间。

然而内槽结构比较复杂，在柱上用连续四跳斗栱承托明栿，明栿不是直接与天花相连，而在栿上以斗栱构成透空的小空间，加以明栿的跨度大，所以在视觉上自地面至明栿底的高度比实际高度为大；再加以天花与柱交接处向内斜收，更增加内槽的高度感。因此，内槽和外槽形成完全不同的两个空间。在左、右、后三面，在进行这种处理的同时，还利用斗栱、柱头枋与墙结合，把内外槽完全隔绝，使内槽构成封闭的空间，更加突出了内槽的重要地位。五间内槽各安置一组佛像，而以中部三间为主。为了突出佛像与各间的明确关系，各间柱上的四跳斗栱全用偷心造，没有横向的栱和枋，同时明栿又比天花下降一段距离，使得内槽明确地分成五个小空间，而中部三间柱上四排斗栱和月梁,构成和谐的韵律,增加了这三间的重要地位。至于每间高度的实际感觉,则是由地面到天花,与进深成为一个正方形的空间;在这个空间的后部放置比例恰当的佛像,而佛像的背光微微弯曲,与后柱上面的栱的出跳和天花抹斜部分平行,这些处理使得内槽的建筑空间与佛像成为有机的整体。大殿内外槽空间的结构构件的尺度处理,也考虑到与佛像的关系,例如,内外槽间的柱、枋与佛像的视线关系,恰能使佛像、背光收入视野内;佛像高于柱高,而佛台低矮,无形中增大了佛像的尺度。同时内外槽尺度及内槽与佛像的尺度比例,也都有助于突出佛像的主要地位。此外,内槽繁密的天花与简洁的月梁、斗栱,精致的背光与全部朴素的结构构件等形成恰当的对比。在整个大殿内部的艺术处理中,对比手法的运用是相当成功的。

在大殿内,内槽佛坛上供奉着释迦、弥勒、阿弥陀佛和文殊、普贤等主像,并有胁侍、供养菩萨、供养人像等簇拥,共 30 余尊,均为唐塑。外槽依两山及后檐墙砌台三级,置五百罗汉像,为明清时添加。内槽空间宽大、高敞、规整,内外槽尺度及其与佛像的尺度比例均很合称;架空的明栿丰富了上部空间层次和内槽空间划分;繁密的平闇与简洁的月梁、斗栱,精致的背光与全部朴素的结构构件形成恰当的对比;微微弯曲的佛像背光,与后柱斗栱的出跳和边沿天花的抹斜平行,更添增了内槽空间与佛像的有机整体感。

(二)隋唐五代时期的塔

隋唐五代是中国佛塔发展的重要时期。这一时期,木塔的建造仍在继续。隋文帝仁寿年间(601—604)曾两度下诏令各州郡按统一样式建塔,所建都是木塔,现均无存。唐代砖石塔建造量渐多。现存的隋唐楼阁式砖塔有:周至仙游寺法王塔、西安兴教寺玄奘塔、西安慈恩寺大雁塔,均为方形平面,空筒式结构,外观以砖叠涩出檐和隐出柱、额,仿木楼阁式塔。至今,隋唐五代时期的木塔都已不存在,现保存下来的皆为砖塔,有楼阁式塔、密檐式塔、单层塔等几种形式。现存的隋唐五代时期的楼阁式塔,有西安的兴教寺的玄奘塔、香积寺塔、神通寺四门塔和苏州虎丘云岩寺塔,其中最具代表性就是兴教寺的玄奘塔和香积寺塔;现存的隋唐五代时期的密檐塔有登封法王寺塔、大理崇圣寺千寻塔、西安荐福寺小雁塔、栖霞寺舍利塔等,其中最具代表性的为荐福寺小雁塔、栖霞寺舍利塔。现存的隋唐五代时期的单层塔有河南登封县嵩山会善寺的净藏禅师塔、山东济南神通寺四门塔、山西平顺县海慧院明惠大师塔等,其中最具代表性的为神通寺四门塔和海慧院明惠大师塔。

1. 兴教寺玄奘塔

玄奘塔是唐代高僧玄奘和尚的墓塔,于 669 年建造。塔平面为方形,共 5 层,高 21m。每面用砖砌成四柱三间,柱顶施阑额(额枋)、普拍枋(平板枋),柱头施把头绞项作(一斗三升),每面四朵,无补间铺作。檐部用砖叠涩而成,斗栱上面,用砖角做成牙子,再在上面叠涩出檐。底层为后世修复,四面平素,没有倚柱,上面四层则用砖砌成半八角形倚柱,在倚柱上装阑额、斗栱,塔顶用砖砌成刹。

2. 香积寺塔

香积寺塔在平面呈方形。底层边长 9.5m,用平素砖墙砌筑,东、西、北三面各有券形龛一个。南面辟门,内为方室。塔原为 13 层,现存 10 层。底层特高,其上各层骤然变低矮。宽度亦由下

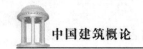

至上递减,每层四面皆有砖砌凸起的方形倚柱四根,划分为三开间,柱上施阑额一道,柱头及补间皆承栌斗一,其上为间有二道棱角牙子的叠涩出檐。各层当心间设券形龛,梢间有砖砌槏柱,中为朱绘的直棂窗。凸起的柱、槏柱、阑额亦施朱色,阑额中心部分留有一段段的空白,似宋《营造法式》中所述七朱八白彩画。这些装饰处理显示了模拟木建筑楼阁的特征。

3. 荐福寺小雁塔

荐福寺小雁塔位于西安市南关荐福寺内,原处唐长安城安仁坊,是一座典型的唐代砖密檐塔。塔建于唐中宗景龙元年(707)。平面为空筒方形,底层每面长11.38m。原塔层叠15层密檐,现塔顶残毁,剩13层檐,残高43.3m。塔内设木构楼层,内壁有砖砌磴道。塔身一层较高,南北各辟一门。上部密檐逐层降低,各层出砖叠涩挑檐,檐下仅作菱角牙子,墙面光洁无其他装饰。塔身5层以下收分极微,6层以上急剧收杀,塔体形成圆和流畅的抛物线轮廓。文献记载和塔址发掘均表明一层塔身外部有"缠腰",杨鸿勋据此作了带副阶的复原图。此塔各层均辟南北向券窗,上下成串,明代时一次地震将塔顺窗震裂,再次地震时又将裂缝震合。后来建塔已知将塔窗错层设置。

4. 栖霞寺舍利塔

南京栖霞寺塔建于五代的南唐时期(937—975),是一座八角五层,高约18m的小石塔。塔的整体构图,创造了中国密檐塔的一种新形式,就是它的基座部分绕以栏杆,其上以覆莲、须弥座和仰莲承受塔身,而基座和须弥座被特别强调出来予以华丽的雕饰,是它以前的密檐塔所没有的。本来盛唐时期已开始在小型塔的下面用覆莲作须弥座的装饰(如开元间所建山西阳城县北留村石塔等),唐大历八年(773)所建山西长子县法兴寺石灯,则在须弥座上再用仰莲莲承托八角石灯。唐代后期的墓塔如唐乾宁二年(895)建造的山西晋城青莲寺慧峰塔和唐末的许多经幢也作这样的处理,不过应用于密檐塔下应以栖霞寺塔为最早。

5. 神通寺四门塔

神通寺四门塔位于山东历城县柳埠镇青龙山麓,建于隋大业七年(611),是我国现存最早的亭阁式塔,也是现存最早的一座石塔。塔身单层,通高15.04m,平面方形,边长7.08m。四面各辟一半圆拱门。塔通体用产自附近的大青石砌成,非常坚硬,一千多年来尚无风化侵蚀现象。塔身外墙光洁,略有收分,上部用5层石板叠涩出带内凹弧线的出檐,檐上用23层石板层层收进,形成截头方锥形塔顶。顶上由方形须弥座、山花蕉叶和相轮组成塔刹,与云冈石窟中浮雕塔刹形制相同。塔内部形式与中心柱型石窟相似,有一方形塔心柱立于石坛中央,柱四面各置佛像一尊,佛座上有东魏和盛唐造像题记,可知佛像与塔并非同时建造。此塔形态古拙,外观简洁,造型质朴庄重,与当时仿木结构装饰的砖石塔全然异趣。

6. 海慧院明惠大师塔

海慧院明惠大师塔位于山西平顺县紫峰山海慧院遗址内,唐乾符四年(877)为纪念海慧院住持明慧大师而建。此塔为单层亭阁式石塔,高9m,平面正方形,边长2.21m。塔底部设高约1.5m的基座,座上置须弥座。须弥座四角各斜出一个螭首,塔身正侧三面隐出方形角柱,正面开门,门两侧浮雕天神像;两侧面刻破子棂窗,塔身上部作四坡顶,檐口刻出两层圆形椽子。檐部檐下设混石盘,其上刻防雀编竹网。额枋下刻三角形流苏垂帐。四坡顶上立硕大的塔刹。塔刹分4级,下两级为反卷蕉叶,上两级为仰莲托宝珠。塔内有1.5m见方的小室,有平闇天花。全塔比例适当,造型优美,雕刻精致,基座粗犷的线条与塔身各部分细腻的浮雕曲线形成鲜明对比,反映出唐代建筑与雕刻相结合的高水平。

(三)隋唐五代时期的石窟

到了隋唐南北朝时期,开凿石窟的风气达到了最高峰。凿造石窟的地区,由南北朝的华北范围扩展到四川盆地和新疆。在这一时期,所开凿的石窟主要分布于敦煌和龙门。龙门仅有少数窟洞的顶部雕作天花形状,窟外已不开凿前廊,予以建筑的处理。敦煌现存隋唐石窟虽仅由天花可看出一定的建筑处理,但是内墙的壁画反映了唐代内地佛寺的情况,也可以从这些石窟看到很多唐代建筑彩画的范例。

凿造石窟的功德主由帝王贵族到一般平民。凿造的形式和规模由容纳高达17m余大像的大窟到高仅30cm乃至20cm的小浮雕壁像。在这两极端之间,有无数大小不等的窟室和佛龛。在巨大的窟室与细小的造像之间,建筑和雕刻的界线很难明确划分。虽然这些窟室中的雕塑、绘画和彩画装饰是中国古代文化的珍贵遗产,可是除了山西太原天龙山的少数隋代石窟还凿有外廊以外,唐代石窟外部已无前廊,所以从外观来看,建筑的成分已经减少了。

石窟在窟型上的演变过程,隋窟基本上和北朝的相同,多数有中心柱,但有些窟洞已经将中心柱改为佛座。唐窟则绝大多数不用中心柱。初唐盛行前后二室的制度,前室供人活动,后室供佛像,盛唐以后则改为单座的大厅堂,只有后壁凿佛龛容纳佛像,更加接近于一般寺院大殿的平面。龙门的奉先寺,也和这种窟型接近。敦煌许多窟门外曾建有木廊,但保存完整的都是宋初遗物。此外,敦煌、龙门和陕西邠县、河南浚县、四川乐山等处开凿的摩崖大像是唐以前所未有的,这些大像都覆以倚崖建造的多层楼阁,但唐代原构已不存在,现存的都是后代所建。

第五节　宋元时期的建筑

在经历了隋唐时期的大一统和五代十国的战乱之后,中国历史进入了北宋与辽以及南宋与金对峙的时期。在这一时期,中原地区基于农业、手工业的发展以及城市商品经济的繁荣,在很大程度上促使市民阶层兴起,并使城市的格局发生了一定的演变。与此同时,相对安定富庶的江南地区,由于经济和文化的快速发展,建筑有后来居上之势。而崛起于华北、东北的契丹、女真,通过吸收汉族先进的文化、技术,也跟上了当时城市、建筑的发展步伐。这一时期的建筑规模缩小,打破了汉、唐以来的里坊制度,类型增多,以城市商业、饮食业、娱乐业建筑最为显著,建筑风貌显现出鲜明的地域性特色,建筑技术也取得了重要的进展。

元统一之后,建筑也有所发展,所用材料比前朝少,斗栱也是,还出现弯材,但建筑物的装饰性很强,瓦屋顶各种背脊部出现了脊筒子,鸱吻尾部逐渐向外卷曲。在城市建筑中很突出钟楼等公共建筑物,总体减柱的施工方法似已成为大小建筑的共同特点。此外,元代的宗教建筑也有一定的发展。

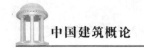

一、宋元时期的都城

宋元时期,由于手工业和商业的快速发展,全国各地出现了若干中型城市,城市的布局也发生了很大的变化。这一时期,主要的城市有北宋的首都东京(今开封市)、南宋的临安(今杭州市)和元大都。

(一)东京城

东京城(图2-30)的前身是唐代的汴州,原是一个地方的首府,位于今河南开封,地处黄河中游平原,大运河中枢地段,邻近黄河与运河的交汇点。这一带地势低平,无险可守。东京城之所以选址于此,主要是考虑大运河漕运江南丰饶物资的便利。城内有汴河、蔡河、金水河、五丈河贯通,号称"四水贯都",水运交通十分方便。另外,在这些河上建有各式各样的桥梁,据记载汴河上有桥13座,最著名的是天汉桥和虹桥,蔡河上也有桥11座。

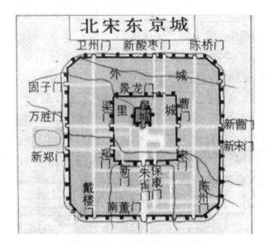

图2-30　东京城平面图

东京城有三重城,即宫城(子城)、内城(里城)和外城(罗城)。

宫城也称皇城,宋称大内,是宫室所在地,原是唐代节度使治所,面积很小,据记载周长仅5里。宋太祖在969年曾仿洛阳宫进行扩建,周长扩至9里18步。其位置约在内城中心偏北,改变了曹魏邺城和隋唐长安、洛阳宫城置于北部的布局。宫城位于内城中央偏北,周回5里,每面建一城门,正门名丹凤门,有五个门洞,北门名玄武门,东门名东华门,西门名西华门。

内城原是唐汴州城,后周世宗在955年因"屋宇交连,街衢狭隘"曾下诏加筑外城,展宽道路,疏浚河道,并明令有污染的墓葬、窑灶、草市等须安置在离城七里以外。由于东京城址叠压在黄河历次决口的深厚泥层之下,其内城、宫城确切位置不明。根据各地唐、宋、元、明城址大多不变更位置的情况推测,现存的砖砌开封城垣有可能就是东京内城的位置。其周长约27里,平面呈不规则的矩形。内城主要布置衙署、寺庙、府第、民居、商店、作坊。

外城近似平行四边形,总长29 180m,其中东墙7 660m,西墙7 590m,南墙6 990m,北墙6 940m。外城辟旱门、水门共20座,各门均有瓮城,上建城楼、敌楼。另外,东京城的三重城墙之外都有护城河环绕,城墙每约155m设有防御用的"马面",强化防御功能。南面有三座门,另有水门二，东、北各四门，西面五门，每座城门都有瓮城，上建城楼和敌楼。

东京城已经取消了用围墙包围的里坊和市场，走向了街巷制。早在后周世宗加筑外城时，就已确定外城由官府作出规划，划定街巷、军营、仓场和官署用地后，这已经迈出了冲决集中设市和封闭里坊的第一步。北宋初年仍然实行过里坊制和宵禁制，设有东、西两市，但由于商业和手工业的快速发展，出现了"工商外至，络绎无穷"的局面，于是宋太祖正式将夜禁废除，准许夜市的开放。之后，进一步拆除坊墙，并规定商人只要纳税就可以到处开设店铺。自此，东京城完成了从封闭的里坊制向开放的街巷制的过渡。开放的街巷制给东京城带来一片繁华景象，东京城的街市上，酒楼有正店、脚店之分，正店设在热闹街市，脚店散布全城，数量之多不能遍数。酒楼建筑"三层相高，五楼相向，各用飞桥栏槛，明暗相通"，酒楼门前"皆缚绞楼欢门"。被称为"瓦子"的游艺场，更是新出现了不少的建筑类型。每处瓦子都设有供表演的戏场——"勾栏"和容纳观众的"棚"。大型"瓦子"有"大小勾栏五十余座"，大型的"棚"竟达到"可容数千人"的规模。这些前所未有的街景和建筑，深刻地反映出城市商品经济的活跃和市民阶层的崛起，标志着中国城市发展史上的重大转折。但为了便于统治，又将若干街巷组为一厢，每厢又分为若干坊。根据相关资料记载可知，东京城内共有 8 厢 12 坊，成为有 9 厢 14 坊。北宋著名画家张择端的《清明上河图》长卷，描画的就是东京城沿汴河的近郊风貌和城内的街市情景（图 2-31）。

图 2-31　《清明上河图》酒楼部分（左）和虹桥部分（右）

东京城由于人口众多，据专家分析可能达到 100 万左右，致使人口密度和建筑密度都大为增加，由此带来城市防火、防疫等问题。针对防火问题，东京城有严密的消防措施，望火楼的设置可以说是一个创举，还在各坊巷设置军巡铺屋，随时巡回和救火。针对防疫问题，东京城设有官营药局，在集中医铺、药铺的街段，有小儿科、产科、口腔科等专门医铺和专门药铺。另外，东京城的打水、淘井、出租担子、租借牛车等服务行业也十分齐全。东京城也十分注重绿化，在街侧栽植各种果树，御沟内植荷花。

（二）临安城

临安城即今杭州，古称钱塘。公元 1138 年，南宋正式定都于此，因偏安于淮河以南地域，故都城取名临安，有临时安都、不忘复国之意。临安城东临钱塘江，西接西湖，北通大运河，南部有吴山、凤凰山，地形复杂，植被繁茂，河运、海运十分便利。

临安城完全不同于传统都城强化政治性、礼仪性功能的旧格局，大大突出了城市的商业性、经济性功能。它是南北长、东西窄的腰鼓式格局，整体结构是"坐南朝北"。皇城偏处南端，以丽正门为南面正门，和宁门为北面后门，但和宁门是真正的正门。以和宁门为起点，向北延伸出一条与城内主要河道平行的御街，贯穿全城，成为全市的主干道。御街分为三段，北段有密集的街市；中段是全市的商业中心，也是大酒楼、茶坊、歌馆和瓦子的集中地；南段东侧集聚着官府经营专卖商品的机构和宫市，西侧则设有三省、六部等中央官署。与御街垂直相交的是四条通向城门的东西向干道，和御街共同构成了全城的干道网。

临安城内有茅山河、盐桥河、市河和清湖河四条河道，河道上有大小桥梁122座，这些沿河近桥地段也成了热闹的街市。再加上坊巷附近的街市和城门口内外的街市，构成了临安城"大小铺席，连门俱是"的景象。另外，临安城内外散布着皇家园林、私家园林、寺庙园林和自然风景点。

临安城也是实行开放式的坊巷制，只是仍称巷为"坊"。临安城的人口也超过百万，同样存在防火问题，故采取了开辟火巷、留防火空地、取缔易燃茅顶、颁布火禁条例、设立军巡监视火警等消防措施。

（三）元大都

元代的城市建设在规模、构造方面都有很大的发展。大都（今北京）是自唐长安以来的又一个规模巨大、规划完整的都城。

大都位于华北平原的北端，西北有崇山峻岭作屏障，西、南二面有永定河流贯其间，地势冲要，南下可以控制全国，北上又接近原来的根据地，所以元代统治者选择了这里作为首都。大都的规划者是刘秉忠和阿拉伯人也黑迭儿。他们按古代汉族传统都城的布局进行设计，历时8年建成。城的平面接近方形，南北长7 400m，东西宽6 650m，北面二门，东、西、南三面各三门。北垣两门：东安贞门，西健德门；东垣三门：北光熙门、中崇仁门、南齐化门；南垣三门：东文明门、中丽正门、西顺承门；西垣三门：南平则门、中和义门、北肃清门。城外绕以护城河。皇城在大都南部的中央，皇城的南部偏东为宫城，东面是太庙，西面是社稷坛。这是继承《考工记》的"左祖右社"的布局方法。《元故宫遗录》对皇宫有所记载："崇天门，门分为五，总建阙楼，其上翼为回廊，低连两观。旁出为十字角楼，高下三级；两旁各去午门百余步。有掖门，皆崇高阁。内城广可六、七里，方布四隅，隅上皆建十字角楼。……由午门内可数十步为大明门。"

城中的主要干道，都通向城门。主要干道之间有纵横交错的街巷，寺庙、衙署、商店和住宅分布在各街巷之间。全城分为60个坊，但所谓坊，只是行政管理单位，不是汉、唐长安那样的封闭式里坊了。中心台为全城的中心点。钟鼓楼西北的日中坊一带是当时漕运的终点，也是繁华的商业区，再往北建筑就比较少了。

大都的水系由当时杰出的科学家郭守敬规划。他一方面疏通了东面的运河——通惠河，使南方物资可以通过运河直达大都，同时又规划了一条新渠，由北部山中引水，并汇合西山的泉水，在北城汇成湖泊，然后通入通惠河。这条新渠的选线可以截留大量水源，既解决了大都的用水，又开通了运河。大都的排水系统全部用砖砌筑，干道与支道分工明确，计划性很强。

二、宋元时期的宫室

宋元时期，主要的宫室有北宋的汴梁宫殿，辽的开皇、安德、五銮三大殿，金的中都宫殿，南宋宫殿无宏大建筑，元代的大都宫殿非常奢华，还带有民族特色。此处以汴梁宫殿和大都宫殿为例，介绍宋元时期宫室的建筑特色。

（一）汴梁宫殿

汴梁宫殿集中于汴梁宫城中。汴梁宫城是在唐汴州衙城基础上、仿照洛阳宫殿改建的，由东、西华门横街划分为南北二部。南部中轴线上是大庆殿，面阔9间，东西挟屋各5间，东西廊各60间，是皇帝大朝处理政务的地方。大庆殿后北部建紫宸殿，为视朝的前殿。在这轴线的西面，又有与之并列的一南北轴线，南部为带日朝性质的文德殿，北部为带常朝性质的垂拱殿。此外还有需云殿、集英殿、崇政殿、景福殿等。各组正殿均采用工字殿，是一种新创，对金、元宫殿有深远影响。

汴梁宫城的正门是宣德门，墩台平面呈倒凹字形，上部由正面门楼、斜廊和两翼朵楼、穿廊、阙楼组成。从宋赵佶所绘《瑞鹤图》上，就可以清楚地见到宣德门正楼为单檐庑殿顶，朵楼为单檐歇山顶的形象（图2-32）。

图2-32　赵佶《瑞鹤图》中宣德门屋顶

另外，宣德门前还有宽200余步的御街，两旁有御廊，路心列杈子，辟御沟，满植桃李莲荷，显现出颇有特色的宫前广场。

（二）大都宫殿

元代的宫殿是大都城中的主要建筑。宫殿位于午门内大明门后正中，又称大内，以大明殿（图2-33）、延春阁（图2-34）两组宫殿为主，这两组宫殿都坐落在大都城的中轴线上，其他宫殿位于东西两侧，构成左右对称的布局。

元代的主要宫殿多由前后两组宫殿所组成，每组各有独立的院落。而每一座殿又分前后两部分，中间用穿廊连为工字形殿，前为朝会部分，后为居住部分，而殿后往往建有香阁。这是继承宋、金建筑的布局形式。《辍耕录》对大明殿有详尽描写："殿乃登极正旦寿节会朝之正衙也；十一间，东西二百尺，深一百二十尺，高九十尺，柱廊七间，深二百四十尺，广四十四尺，高五十尺；寝室五间，东西夹六间，后连香阁三间，东西一百四十尺，深五十尺，高七十尺。"

大都宫殿既奢华又具民族特色，使用了许多稀有的贵重材料，如紫檀、楠木和各种色彩的琉璃等。在装饰方面主要宫殿用方柱，涂以红色并绘金龙。墙壁上挂毡毯和毛皮、丝质帷幕等，可见,元统治者仍然保持着游牧生活习惯,同时也受到喇嘛教建筑和伊斯兰教建筑的影响。壁画、雕刻也有很多喇嘛教的题材和风格。宫城内还有若干盝顶殿及畏吾尔殿、棕毛殿等,是以往宫殿所未有的。

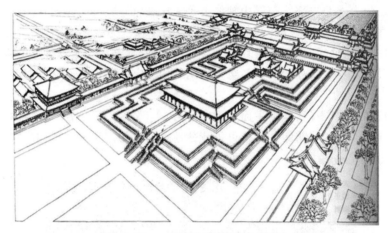

图 2-33　大明殿建筑群鸟瞰图

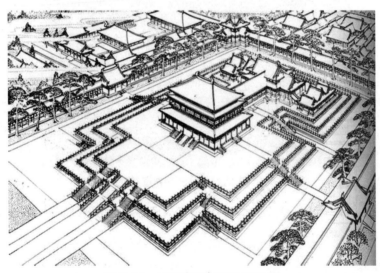

图 2-34　延春阁建筑群鸟瞰图

　　元代宫殿明初已被拆除,现今保存下来的元代木构建筑多为寺院、道观。但是,从一些史料描述来看,也能略知元大都城市建设和宫廷规模一二。据《马可波罗行记》记载:"大殿宽广足容六千人聚食而有余,房屋之多,可谓奇观。此宫壮丽富赡,世人布置之良,诚无逾于此者。顶上之瓦,皆红、黄、绿、蓝及其他诸色,上涂以釉,光泽灿烂,犹如水晶,致使远处亦见此宫光辉。"

三、宋元时期的住宅

　　由于辽、金时期有关住宅的资料相对较少,故在此主要介绍宋代的住宅和元代的住宅。

（一）宋代的住宅

1. 农村住宅和城市住宅

有关宋代的农村住宅，可在《清明上河图》中见到，但图中描绘的农村住宅都比较简陋，有些是墙身很矮的茅屋，有些以茅屋和瓦屋相结合，构成一组房屋。北宋画家王希孟的《千里江山图》中也描绘农村住宅（图 2-35）。

图 2-35　《千里江山图》中所描绘的农村住宅

宋代的城市住宅，小型住宅多使用长方形平面，以及梁架、栏杆、棂格、悬鱼、惹草等具有朴素而灵活的形体。屋顶多用悬山或歇山顶，除草葺与瓦葺外，山面的两厦和正面的庇檐（引檐）多用竹篷或在屋顶上加建天窗。转角屋顶则往往将两面正脊延长，构成十字相交的两个气窗。稍大型的住宅外建门屋，内部采取四合院形式，有些院内还会植树种花，美化环境。

《千里江山图》中描绘了很多的宋代城市住宅（图 2-36），都有大门，东西厢房，而主要部分是前厅、穿廊、后寝所构成的工字屋，除后寝用茅屋外，其余覆以瓦顶。另有少数较大住宅则在大门内建照壁，前堂左右附以挟屋。

图 2-36　《千里江山图》中所描绘的城市住宅

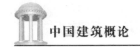

2. 贵族住宅

宋代的贵族住宅,宅第外部建乌头门或门屋,而后者中央一间往往用"断砌造",以便车马出入。院落周围为了增加居住面积,多以廊屋代替回廊,因而四合院的功能与形象发生了变化。这种住宅的布局仍然沿用汉以来前堂后寝的传统原则,但在接待宾客和日常起居的厅堂与后部卧室之间,用穿廊连成丁字形、工字形或王字形平面,而堂、寝的两侧,并有耳房或偏院。除宅第外,宋代官署的居住部分也采取同样布局方式。房屋形式多是悬山式,饰以脊兽和走兽。

3. 住宅的布局

宋代的住宅,有些采用的是规整对称的庭院,有些则采用房屋参错配列,或临水筑台,或水中建亭,或依山构廊。这样建造的住宅,具有了一种园林的风趣。

宋代的私家园林因地区不同而具有不同的风格。依据《洛阳名园记》中的记载,可知北宋的洛阳园林大都规模较大,具有别墅性质,引水凿池,盛植花卉竹木,虽累土为山而很少叠石,且仅建少数厅堂亭榭,错落于山池林木之间,整个园林富于自然风趣。同时,园林在营建时注意利用自然环境,并开始采用借景的手法,如洛阳丛春园中有丛春亭,可北望洛水,环溪有多景楼可南眺嵩山、龙门,凤月台可北览宫殿楼阙,都选地极佳。而江南一代的园林,非常重视对景,园中建筑较多,叠石造山,引水开池。

4. 住宅中的家具

宋代是中国家具发展的一个非常重要的阶段。从东汉末年开始,经过两晋南北朝陆续采用的垂足而坐的起坐方式和适应这种方式的桌、椅、凳等,历时近千年,到两宋时期终于完全改变了商周以来的跪坐习惯及其有关家具,完成了低型家具向高型家具的转型,形成了品类丰富的高型家具系列。在这一时期,桌有方桌、条桌、圆桌,案有书案、画案、香案,椅有靠背椅、扶手椅、灯挂椅和折叠式的交椅,凳有方凳、圆凳、方墩、圆墩,屏风的发展也趋于完备,有直立板屏、多扇曲屏等。宋代的家具也十分注重实用,简约、挺秀、洗练,为明代家具艺术的进一步发展奠定基础。

(二)元代的住宅

北方游牧民族早就使用毡帐,由于其顶为穹窿形,故以"穹庐"称之。从敦煌画中可知,当时平民所用毡帐均为球形顶,顶部设圆形天窗采光和出烟。内壁为交叉骨架,骨架外敷毡,成为与墙类似的维护结构。这种毡帐在今日的蒙古、哈萨克等民族中仍可看到。直径约4~6m,约一人高。顶部的环形圈称"套脑",骨架之外,除门与套脑外,全部包裹羊毛毡。毡帐内地面铺毡,宾主均在毡上坐卧。家具沿周边布置,尺度低矮。小型毡帐内没有立柱,大一点的可在木圈下设立柱,一般为4根。皇帝贵族的毡帐称"斡耳朵",大的能容2 000人。

四、宋元时期的陵墓

由于蒙古族特殊的丧葬习俗,元代皇帝没有留下任何一座陵墓,现今的成吉思汗陵,也仅是他的衣冠冢,因此这里还是主要介绍宋代的陵墓。有关宋代陵墓的介绍,将从以下两个方面着手。

(一)帝王的陵墓

1. 北宋帝王的陵墓

北宋的帝后陵墓,从宋开国皇帝太祖赵匡胤的父亲赵弘殷的永安陵起,续建太祖的永昌陵、太宗的永熙陵、真宗的永定陵、仁宗的永昭陵、英宗的永厚陵、神宗的永裕陵,至哲宗赵煦的永泰陵止,共计八陵,集中于河南省嵩山北麓的巩县境内洛河南岸的台地上。北起孝义镇,南至西村,东抵青龙山,西达回郭镇,面积约 7.5km²。它们在相距不过 10km 左右的范围内,形成一个相当大的陵区,当地百姓称为"龙堌堆"。

北宋八陵在选择地形时,依据的是当时的风水观念。在宋代,"五音姓利"的说法盛行,国姓"赵"所属为"角"音,必须"东南地穷、西北地垂",因而各陵地形东南高而西北低。由鹊台至乳台、上宫,愈北地势愈低,一反中国古代建筑基址逐渐增高而将主体置于最崇高位置的传统方法。诸陵的朝向都向南而微有偏度,以嵩山少室山为屏障,其前的两个次峰为门阙。

北宋八陵的规模远小于唐陵,这是因为宋代的帝后在生前是不营建陵墓的,而死后依照葬需要在 7 个月内下葬,因而时间短促而限制了规模。

北宋八陵建制大体相同,呈方形,南北约 15km,东西约 10km,各陵占地都在 120 亩以上。各陵均以帝陵为主体,其西北部有附葬的后陵。陵园正中为高大的封土陵台,外形呈覆斗状,故又称方上,底边长约 60m,高约 20m。陵本身称为上宫,是举行祭祀大典的场所。另在上宫的北偏西建有下宫,作为供奉帝后遗容、遗物和守陵祭祀之用。上宫为三阶的截顶方锥形夯土台,四周绕以平面正方形的神墙,各面正中开神门,门外各设石狮一对。在南神门外,排列成对的石象生,象征大朝会的仪仗,有宫女、文武官、外国使臣、仗马、角端(形如麒麟的怪兽)、瑞禽、象以及相传为能祛邪的羊、虎等,最南为望柱。望柱南有阙台,称为乳台。沿着轴线越空地一段又有鹊台,为上宫的南端入口。上述神墙复瓦,神门、乳台、鹊台则为夯土台,以砖包砌,据记载,其上建有木构建筑。出南神门沿中轴线设有神道,两侧排列着雄伟壮观的石象生。自南神门由北向南依次排列有:镇陵将军一对、石狮一对、武士一对、文臣两对、客使三对、石虎两对、仗马与控马官两对、石羊两对、角端一对、石象与驯象人一对、望柱一对(图 2-37)。望柱以南是乳台和鹊台,是神道的两道土筑门阙。

北宋八陵中,各陵石雕的内容和数量基本一致,但体量和雕刻技法则有差异。永安陵、永昌陵等早期各陵的石雕,造型粗犷刀法洗练,线条简朴,具有浓厚的晚唐遗风。永定陵、永昭陵等中期各陵的石雕,刻功趋向细腻,造型趋向精巧,比例适度,神态生动,能逼真地刻画出人物身份和地位。

北宋八陵中,可以永定陵和永昭陵为代表。永定陵是北宋的第三个黄帝真宗赵恒的陵墓,也是北宋八陵中保存的较为完整的陵墓建筑。永定陵位于巩县芝田镇古今,坐北朝南,地势南高北低,由阙台至北神墙,总进深不到 600m。神道两侧置石望柱及石象生十六对,门阙内外另设门将、内侍各一对。众多的石象生整齐地排列于神道的两侧,使规模虽不如唐代帝陵宏大的永定陵仍有庄重肃穆、威严神圣的感觉。

永昭陵是宋仁宗赵祯的陵墓,由上宫、下宫组成,上宫西北附有后陵。上宫中心为覆斗形夯土陵台,称"方上"。底方56m,高13m。四面围神墙,每面长242m,正中开门,上建门楼,四角有角楼。各门外列石狮一对。正门南出为神道,设鹊台、乳台、望柱及石象生。下宫是供奉帝后遗容、遗物和守陵祭祀之处,后陵以北的建筑遗址当是下宫的所在。永昭陵的石象生雕刻没有唐陵雕刻的雄伟遒劲气势,但不失为浑厚谨严之作。

图 2-37　北宋皇陵石象生

2. 南宋帝王的陵墓

南宋虽然偏安江南一带,但南宋诸帝都希望能够在死后归葬中原。因此,南宋帝王仅在绍兴营建临时性质的陵墓,虽有上下宫,但无石象生,且将棺椁藏于上宫献殿后部的龟头屋内,以石条封闭,称为"攒宫"。这种权宜方式,将北宋时分离的上下宫串联在同一轴线上。

(二)地主富商的陵墓

宋代时,由于手工业和商业的快速发展,使地主富商的生活相当奢侈豪华,其陵墓也十分奢华。北宋元符二年(1099),建造的河南禹县白沙第一号墓,是宋代地主、富商的典型坟墓。

河南禹县白沙第一号墓是是砖造结构,分前后两室。前室与甬道平面呈"T"形,顶部做成叠涩盝顶;后室六角形,顶部用叠涩构成的六角形藻井。墓门、前后室及后室藻井均有砖雕斗栱。周围墙壁以雕砖和壁画表现当时住宅的室内情况和与墓主人身份有关的生活起居状况。所有建筑构件均绘以五彩遍装的彩画。前后室有形平面的砖台,表现了唐末以来室内床榻布局的特点。壁画的题材,前室为饮宴、奏乐等,后室为梳洗、整理财宝等,可能前室是起居、会客的堂,后室是卧室,反映了前堂后寝的传统住宅布局方式。这一坟墓是十分豪华的,墓中所使用的五铺作斗栱和五彩遍装彩画原本都是当时建筑制度所不允许的,这就说明了北宋后期建筑等级制度已被一些商人、地主所突破了。

到了金时,地主富商的陵墓内的雕饰更加丰富,最为典型的是山西侯马董氏地主砖墓。这一坟墓平面方形,顶作八角藻井,四壁的砖雕刻,模仿木构斗栱和隔扇,极为华丽细致。

五、宋元时期的宗教建筑

(一)宋、辽、金时期的宗教建筑

1. 宋、辽、金时期的寺

宋、辽、金时期的寺有很多,这里主要介绍较为著名的隆兴寺、独乐寺、华严寺和华林寺。

(1)隆兴寺

隆兴寺原名龙藏寺,位于河北省正定县城东隅,虽历经金、元、明、清和近代重修,但大体上还保持着北宋时期的总体布局。

隆兴寺中的主要建筑是沿着纵深轴线布置的,自外而内,院落空间纵横变化,殿宇重叠,院落互变,高低错落,主次分明,并对唐末至北宋期间以高阁为中心的高型佛寺建筑的特点有着生动的反映。山门的前方设有琉璃照壁和三路单孔石桥。山门内为一长方形院子,中间原有大觉六师殿,已毁,但尚存遗址。殿前是清代增建的钟鼓楼,但也已经坍塌。北进为摩尼殿及东西配殿,构成另一个纵长形的院落。再向北进入第二道门内,有主殿佛香阁(也称大悲阁)和其两侧的转轮藏殿与慈氏阁,以及清代重建的戒台和两座清代碑亭。寺后还有一座弥陀殿及其毗连的朵殿,作为轴线终结。这里以主建筑摩尼殿、佛香阁、转轮藏殿、慈氏阁为重点介绍内容。

①摩尼殿

摩尼殿建于北宋皇祐四年(1052),殿基近方形,呈四出抱厦形式。殿身平面近方形,全是厚墙围绕,面阔、进深各7间(山面两次间均为半间,通进深仅12椽),采用的是重檐歇山顶。这种四出抱厦并以歇山山面向前的形象,与传世的宋画极为类似,但宋元时期的建筑中仅遗存此一例。

摩尼殿采用的是殿堂型构架,为金箱斗底槽加副阶周匝。副阶柱间满砌檐墙,只在抱厦正面开门窗,因而殿内的光线十分幽暗,气氛凝重。内槽佛坛上塑释迦和二弟子及文殊、普贤像。佛坛三面砌墙,后墙背面悬塑须弥山和自在观音,其他壁画绘壁画。观音塑像体态、神色明显具有世俗生活情调,可见,世俗色彩已经融入到了宗教艺术之中。

摩尼殿的斗栱尺度硕大,分布疏朗。殿身、副阶和抱厦斗栱外转均为五铺作。殿身与副阶柱头铺作为一抄一昂,下一抄偷心;抱厦柱头铺作为双抄,下一抄偷心。殿身柱头铺作的耍头也做成昂形。摩尼殿中最为引人注意的,就是补间铺作添加45度斜栱,是已知的宋代建筑中最早使用斜栱的实例。

②佛香阁

佛香阁共三层,高约33m,采用的也是歇山顶。上两层用的是重檐,并有平坐,大约是在公元1940年前后重建的。佛香阁内供有四十二手观音(即千手观音),高24m,是北宋开宝四年(971)建阁同时所铸,除手部已残缺外,像身比例匀称,衣纹流畅。四十二手观音也是留存至今的中国古代最大的铜像。

③转轮藏殿

转轮藏殿大约是在北宋初年建成的,是一座两层的楼阁。阁身平面近方形,面阔、进深各3间。底层正面伸出副阶,其他三面出腰檐。阁内底层中部设木构转轮藏。这个转轮藏直径约

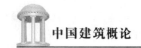

7m,是一个可转动的八角亭式的藏经橱。上层四周出平坐,正中一间供佛像。阁上覆歇山顶。清代在重修转轮藏殿时,曾在上层檐的下面增添一层覆盖平坐的腰檐,使阁顶呈重檐歇山顶的假象,而1958年对其进行重修时取消了这一腰檐,从而使其原建面貌得以恢复。

转轮藏殿采用的是堂阁型构架,上下两层间无平坐暗层。上层梁架为彻上明造,上下层柱用叉柱造交接,也就是说,是将上层柱下端施十字开口,插入下层柱上的斗拱内。由于柱身较高,因而在檐柱与内柱间使用了顺串栿加强联系。另外,转轮藏殿由于内置可转动的转轮藏,于是对阁身构架作了变通处理:底层的两根内柱向左右两侧推移,上层相对应的两根内柱取消,底层正面与山面当心间檐柱上均使用罕见的曲梁。上层檐柱柱头铺作的第二跳昂延伸到平梁下成为大斜撑,补间铺作的昂尾也延伸到下平槫下,但是运用的曲梁是十分不合材性的,这不能不说是颇为牵强的。

④慈氏阁

慈氏阁也是一座两层的阁楼,阁上覆歇山顶。平面是面阔、进深各3间,底层正面出副阶,其余三面为缠腰周匝腰檐,与转轮藏殿做法不同,而上层四周出平坐。慈氏阁采用的也是堂阁型构架,阁内正中置木雕慈氏立像一尊,立像头部及其背光伸到二层,为此形成楼层空井。

(2)独乐寺

独乐寺的原建年代不可考,重建于辽统和二年(984),位于天津蓟县城内西街。据《日下旧闻考》引用《盘山志》的记载可知,独乐寺内的山门和观音阁两座建筑还是统和二年的原构,是辽尚父秦王韩匡嗣家族所建的,是十分难得的辽代官式建筑典范,有极其重要的历史价值和文化艺术价值。

①山门

山门面阔3间,进深4架椽,单檐庑殿顶。山门的构架是分心斗底槽殿堂构架,空间紧凑得宜,两次间中柱间垒墙分为前后间,前两间各塑金刚像一座,两后间各绘二天王像;心间中柱安双扇板门。由于山门台基低矮,斗拱雄大,出檐深远,而脊端鸱尾形制遒劲,给人以庄严稳固的印象。内部彻上明造,不用天花,栿、槫、斗拱、托脚等构件全部显露可见,以清晰的结构逻辑取得和谐的艺术效果。进入山门的人流,通过山门后部的明间,恰好可以将观音阁全部收入视线范围内。山门和观音阁的空间处理关系,可以说是经过有意识的设计的,周到而又妥帖。

②观音阁

观音阁(图2-38)采用的是殿阁型构架,平面为金箱斗底槽形式,分内外槽。外槽面阔5间,总广19.93m,进深8架椽,总深14.04m。内槽面阔3间,进深4架椽。构架高三层,但外观则为两层,中间是暗层。每层各有柱网层、铺作层,整体结构在竖向上由3个柱网层、3个铺作层,加上一个屋架层,共7个构造层层叠而成。但上下各层的柱子并不直接贯通,而是上层柱插在下层柱头斗拱上的"叉柱造"。为防止结构变形,暗层的上层明间前后内槽柱和次间的中柱间用内额连系,构成六角形空井,同时又在暗层内和第三层外围壁体内施加斜撑。观音阁采用的是四跳华拱挑出,上檐使用的是双抄双下昂,下昂后尾压于屋架下加强了外檐斗拱与屋顶构架的整体性。而且,观音阁的外形因台基较低矮,各层柱子略向内倾侧,下檐上面四周建平坐,上层复以坡度和缓的歇山式屋顶,从而在造型上兼有唐代雄健和宋代柔和的特色,是辽代建筑的一个重要实例。

图 2-38　观音阁

观音阁内有一座高 16m 的辽塑十一面观音,面目慈祥,仪态雍容华贵,造型精美,是现存中国古代最大的塑像。观音立像贯通三层,因而阁内开有空井以容纳像身。观音立像两侧还伫立有胁侍菩萨,姿势生动,造型优美。

观音阁曾经历了 28 次地震,大木构架安然无恙。之所以能够在地震中得以保存,是因为它有着很强的耐久性和抗震性。观音阁的这种优越的耐久性和抗震性,有属于木构架构筑体系传统做法的原因,也有属于观音阁构架自身特殊处理的原因:整座构架浮摆在石柱础上,木柱与石础之间可以发生位移,起到隔离水平方向的地面运动的隔震作用;采用递角栿、抹角栿、柱间斜撑等多种斜向构件,强化了整体构架的稳定性;由内外槽斗栱组构的三个铺作层,形成了三道水平刚性环,有利于保持各层柱网和整体构架的稳定;斗栱具有榫卯组合的"柔性构造"的特点,能在很大程度上起到"耗能节点"的减震作用。

(3)华严寺

华严寺位于山西省大同市,约建于辽重熙七年(1038)前。华严寺在明代中叶后,分为上、下寺。其中,上寺的主殿是大雄宝殿,下寺的主殿是薄伽教藏殿。

①大雄宝殿

大雄宝殿于金天眷三年(1140)在辽旧址上重建,是当前已发现的古代单檐木建筑中体型最大的一座。大雄宝殿面阔 9 间,长 53.9m,进深 5 间,宽 27.5m。梁架为厅堂二型构架,殿内 6 缝前后金柱各退入一椽,形成"十架椽屋前后三椽栿用四柱"的做法。这样的减柱移柱,使中跨宽度近 12m,是现存元代以前殿屋内最高大宽敞的一例。外观覆单檐庑殿顶,屋面坡度平缓,檐口平直,起翘少,不出翘,保持浓厚的北方唐辽建筑风格。殿身四周除正面有三间辟门外,其余部分均为厚实墙体包裹,外形敦实、厚重,显现沉稳、朴拙、刚劲的性格。

②薄伽教藏殿

薄伽教藏殿建于辽重熙七年(1038),建在高 4m、前带月台的高台上,内部沿墙排列藏经的壁橱 38 间,仿重楼式样,分上下二层,上层作空廊、佛龛,下层藏经。薄伽教藏殿为辽代原构,殿面阔 5 间,进深 4 间。殿身正面 3 间辟格子门、横披,背面当心间辟一小窗,其余用厚墙封闭。上覆单檐歇山顶,屋顶坡度平缓,两山出际深远,檐柱升起显著,整体外观稳健、洗练,是典型的辽代风格。殿内柱网布置为内外两圈,属殿堂型的金箱斗底槽构架。内槽设凹形佛坛,坛上供3尊坐佛主像和大小胁侍菩萨,共33尊。诸像或立或坐,或合掌或扬手,姿态不一,为辽塑精品。殿内用平棊天花,3尊主像顶上有斗八藻井,内部构架、空间与佛像陈列取得和谐统一。外槽沿外壁排列重楼式壁藏。

(4)华林寺

华林寺创建于北宋乾德二年(964),位于福建省福州市屏山南麓,原名越山吉祥禅院,明代时改为华林寺。现存的华林寺大殿是寺内唯一的原建殿屋,也是中国长江以南现存年代最早的木构建筑。

华林寺大殿坐北朝南,正面3间4柱,通面阔15.87m;山面4间8椽,通进深14.68m。殿前部为深二椽的敞廊,廊内设平筒,殿内彻上明造。大殿梁架为厅堂二型构架,当心间左右两缝梁架为"八架椽屋前后乳栿用四柱"。殿内金柱比檐柱高出5个足材,檐柱上的乳栿、丁栿的后尾部都插入金柱,并由金柱挑出两抄丁头栱来承托乳栿、丁栿之尾。前后金柱之间架四椽栿。大殿上覆单檐歇山顶,前檐当心间用两朵补间铺作,两次间各用一朵补间铺作,两山和后檐各间都不用补间铺作。外檐铺作外转都用"七铺作双抄双下昂出四跳",第一、三跳偷心,第二跳头施重栱承罗汉枋,第四跳头施令栱承檩檐枋;与令栱相交的要头位置出昂,因而外观是双抄双下昂。

华林寺大殿的开间尺度和用料尺度都很大,梁栿采用的是断面近似圆形的月梁,立柱卷杀成梭柱,昂咀斫成枭混曲线,细部处理丰盈浑圆。

2. 宋、辽、金时期的塔

宋、辽、金时期的塔也有很多,这里主要介绍较为著名的释迦塔、仁寿塔、开元寺塔。

(1)释迦塔

释迦塔又称木塔,是现存最古的唯一的一座全木构的木塔,也是中国现存的、世界现存的最高的古代木构建筑。始建于辽清宁二年(1056),金明昌二年(1191)至六年(1195)对其进行过一次大的修整。释迦塔位于山西应县佛宫寺内,佛宫寺是以塔为主体的寺院布局,释迦塔正处在寺院中心。塔前方现存的山门、配殿、钟鼓楼,塔后方现存的正殿、配殿都是清代的建筑。

释迦塔为楼阁式塔,平面八角形、内外槽,底层出一圈副阶周匝。外观显5层6檐,塔身内槽5层,外槽因添加4个平坐暗层而呈9个结构层。整体结构为殿阁型构架,由塔身各层斗栱和平坐斗栱组成9个铺作层。全塔自下而上由砖石台基、木构塔身、砖砌刹座、铸铁塔刹四部分组成,总高67.31m,底层直径30.27m。各层屋檐上都配有向外挑出的平坐与走廊,以及攒尖的塔顶和造型优美而富有向上感的铁刹。

释迦塔塔身木构架的柱网是采取内外两环柱的布局,五个明层的内环柱以内的内槽都供奉佛像,外槽为走廊。9层的结构事实上是重迭9层具有梁柱斗栱的完整构架。底层以上是平坐暗层,再上为第2层。2层以上又是平座暗层,重复以至5层为止。各层柱子迭接,每层外柱与其下平座层柱位于同一线上,但比下层外柱退入约半个柱径,各层柱子都向中心略有倾斜,构成塔各层向内递收的轮廓。

释迦塔采用了内外槽制度,内外槽的形式妥帖地满足了内槽供佛、外槽为人流活动的空间的需要。外槽和屋顶使用明栿、草栿两套构件;作为多层建筑,各层间均有暗层,作为容纳平坐结构和各层屋檐所需的空间,各层上下柱不直接贯通,而是上层柱插在下层柱头斗栱中的"叉柱造"。

释迦塔的一层塔心室高大,供奉着一尊高约11m的释迦坐像,因光线昏暗,佛像相应采取粗犷、简洁的造型。正门入口处向前延伸两道门斗墙,将版门外移于副阶柱,巧妙地突出了入口,并扩大了入口空间。二、三、四、五层层高较矮,内外槽之间仅以栅栏虚隔,塔内光线较亮,逐层分别供奉一佛四菩萨、四方佛、一佛两菩萨二弟子和一佛八菩萨。这些佛像是将大日如来的坛城分解为上下五层排布的,既能够减轻塔身荷重,又能避免集中荷载。这些佛像高度的确定,还细腻地照顾到外槽观佛合宜的视角。塔内一层安有外槽平棊和内槽藻井,五层安有内槽平棊藻井,其藻井不对中而略偏北,也是很细腻的处理。二、三、四层内外槽和五层外槽,均无平棊、藻井。

(2)仁寿塔

仁寿塔位于泉州开元寺内,开元寺内有东西双塔,东塔名镇国塔,西塔名仁寿塔,是全国石塔中最高的一对。

仁寿塔于南宋绍定元年(1228)开始建造,历时10年才完成。仁寿塔的外形是完全模仿楼阁式木塔建造的,全部由花岗岩砌造而成,因而是楼阁式砖石塔的第二种类型。塔体是八角五层,高44m。塔内设巨大的塔心石柱。塔下部出八角形须弥座台座,台上绕以石栏。二至五层均带石刻腰檐和平坐栏杆。底层塔径约14m,塔身每面一间,八角各置圆形倚柱,柱间隐出阑额、地栿、槏柱。一、三、五层四个正面辟门,四个斜面设龛,门、龛两侧雕刻天王、护法神、普贤、文殊等像。二、四层改为正面设龛、斜面辟门。门龛上下交错可避免墙体因门洞集中而易于劈裂,也有利于立面构图的变化。

仁寿塔的做工精细,雕刻精湛,但过于拘泥于仿木、模仿木构柱额、斗栱、椽子以至屋顶细部。而且,由于受到用石的限制,仁寿塔的塔檐伸出很短,檐口很单薄,而檐下斗栱却过于硕大,檐部比例欠佳。

(3)开元寺塔

开元寺塔是我国现存最高的古塔,于北宋咸平四年(1001)开始建造,历时55年才完成。开元寺塔位于河北省定县南门内,由于当时的宋县处于宋辽毗邻的地带,因而此塔也可以用来瞭望敌情。

开元寺塔的外观仿木楼阁式塔形式,但进行了一定的简化,属于楼阁式砖石塔的第三种类型。塔体是八角十一层,塔内砌粗大的砖塔心柱,辟穿心式登塔阶梯。塔底层较高,上施砖砌腰檐、平坐。二层以上仅砌腰檐,而腰檐不作斗栱,都是以砖叠涩挑出,断面呈凹曲线。塔身逐层递减层高,递收塔径,整个塔的外轮廓呈柔和弧线。塔外壁白色,通体简洁无华。塔体有个正面辟门,四个斜面除少数真窗外,均为浮雕假窗。

开元寺塔的的东北外向壁于1884年下塌损毁四分之一,但因有硕大的塔心砖柱起结构主干作用,故而仍然屹立着。

3. 宋、辽、金时期的经幢

经幢是公元7世纪后半期,随着密宗东来而在佛教建筑中增加的一种新的类型。中唐以后,净土宗也建造经幢,数量渐多。其中供奉弥勒佛为主的仅在殿前建经幢一个,供奉阿弥陀或药师的则以两个或四个经幢分立于殿前。而且,经幢的形状逐渐采用多层形式,还以须弥座与仰莲承托幢身,雕刻也日趋华丽。经幢经过五代到北宋,逐渐发展到了最高峰。

现存宋代经幢中,以河北赵县陀罗尼经幢的体形最大,而且形象华丽,雕刻精美。

河北赵县陀罗尼经幢建于北宋宝元元年(1038),全部石造,高15m余。底层为6m见方扁平的须弥座,其上建八角形须弥座二层。这三层须弥座的束腰部分,雕刻神、仕女、歌舞乐伎等,姿态很生动,而上层须弥座每面雕刻廊屋各三间。再上以宝山承托身,其上各以宝盖、仰莲等承受第二第三两层幢身。再上,雕刻八角城及释伽游四门故事。自此以上三层幢身减小减低。

(二)元代的宗教建筑

元代的宗教建筑相当发达。元帝国民族众多,而各民族又有着不同的宗教和文化,经过相互交流,给传统建筑的技术与艺术增加了若干新因素。这时的宗教建筑,如原来的佛教、道教及祠祀建筑仍保持一定的数量。此外从西藏到大都建造了很多喇嘛教寺院和塔,带来了一些新的装饰题材与雕塑、壁画的新手法。大都、新疆、云南及东南地区的一些城市陆续兴建伊斯兰教礼拜寺,开始和中国建筑相结合,形成独立的风格,装饰、色彩也逐步融合起来。拱券结构已较多地用于地面建筑。

1. 元代的寺

(1)广胜寺

山西洪洞县的广胜寺是元代佛教建筑的重要遗迹(图 2-39)。广胜寺分上、下二寺;上寺在山顶,下寺在山麓,相距半公里许。下寺的建筑基本上都是元代修建的。上寺则大部分经明代重建,但总体布局变动不大,这里重点介绍下寺。

图 2-39 广胜寺

下寺整个建筑群前低后高,由陡峻的甬道直上为山门。经过前院,再上达前殿。左右贴着殿的山墙有清代修建的钟鼓楼。后院靠北居中为正殿,东西有朵殿。从整体上看,前后两个院落,利用不同的建筑间距与建筑组合方式,形成不同空间,是传统建筑常用的布局手法。

下寺的正殿最具特色,重建于 1309 年,为单檐不厦两头式(显山),平面及梁架结构很有特点。第一,殿内使用减柱和移柱法,柱子分隔的间数少于上部梁架的间数,所以梁架不直接放在柱上,而是在内柱上置横向的大内额以承各缝梁架。殿前部为了增加活动空间,又减去了两侧的两根柱子,使这部分的内额长达 11.5m,负担了上面两排梁架。第二,使用斜梁,斜梁的下端置于斗栱上,而上端搁于大内额上,其上置檩,节省了一条大梁。下寺正殿这种大胆而灵活的结构方法,是元代地方建筑的一个特色。

（2）妙应寺

喇嘛教是传入西藏的佛教分支,由于得到元代统治者的提倡,西藏宗教首领被封为法王,政权和宗教密切结合起来,从而使得喇嘛教建筑发展得很快,以至于内地也兴建了若干喇嘛教建筑。例如元至元八年(1271)由尼泊尔青年匠师阿尼哥设计的大都大圣寿万安寺释迦舍利灵通之塔(今北京妙应寺白塔)就是一个极为重要的遗物。

妙应寺位于北京阜成门内,始建于元代(1271),公元1279年陆续建造寿安寺、山门、钟楼、鼓楼、天王殿、三世佛殿、七世佛殿。妙应寺白塔建于T形台座上。台上建平面亚字形须弥座二重,其上以硕大的莲瓣承托平面圆形而上肩略宽的塔身,再上是塔脖子及十三天(即相轮),塔顶在青铜宝盖与流苏之上,原来是宝瓶,但现在安置一个小喇嘛塔。塔高50.86m,全部砖造,外抹石灰,刷成白色。这塔各部分的比例十分匀称,虽塔身不用雕饰,而轮廓雄浑,气势磅礴,造型壮美,为元代佛塔之精品。

（3）清净寺

福建泉州的清净寺创建于宋,重建于公元1341年,即元末时期,全部石造,虽殿顶已毁,不能了解全貌,但据现存大门和殿的平面来看,也是西亚形式,不过大门上的装饰吸收了汉族建筑的若干手法。清净寺门楼北墙的阿拉伯碑刻记载,寺又名"艾苏哈卜大寺"。现存主要建筑有大门楼、奉天坛和明善堂。大门楼的外观具有传统的阿拉伯伊斯兰教建筑形式。大门朝南,高12.3m,基宽6.60m,门宽3.80m,用辉绿岩条石砌筑,分外、中、内三层。第一、二层皆为圆形穹顶拱门,第三层为砖砌圆顶。楼顶为平台,四面环筑"回"字形垛子,有如城堞,北墙左右嵌有二方阴刻"月""台"石刻,为伊斯兰教徒"斋月"用以望月,以便确定起斋日期,整座建筑造型巍峨壮观。"奉天坛"是穆斯林礼拜的地方,现仅存四围石墙。坛的屋盖明代年间倒塌,殿内四周的空地上尚存花岗岩的残础。入东墙尖拱形正门,看西墙正中有一法拱形的高大壁龛,龛内刻有古阿拉伯文的《古兰经》经名石刻,保存完好。寺的西北角为"明善堂",因奉天坛礼拜殿屋盖倒塌后,教徒们便移此做礼拜。

2. 元代的道观

永乐宫是元代道教建筑的典型,也是当时道教中全真派的一个重要据点。永乐宫原建于山西永济县,现迁至芮城。原来的规模很大,现在只留存中央部分的主要建筑。全部建筑按轴线排列,自南向北依次排列为:山门、无极殿(龙虎殿)、三清殿、纯阳殿、重阳殿、丘祖殿遗址。其中,主要的大殿三清殿体积最大,是一座面阔7间单檐四阿式建筑,通面阔34m,进深3间,通进深21m;柱网减柱法,仅保留中央3间的中柱与后金柱;外柱有明显收分和柱侧角。檐部斗栱为单杪双昂铺作,补间铺作除尽间一朵外,其他皆为两朵。屋面坡度较前朝大,出檐减小,斗栱体量减小,这也是传统建筑常用的手法。三清殿立面各部分比例和谐,稳重而清秀,仍保持宋代建筑的特点。屋顶使用黄绿二色琉璃瓦,台基的处理手法很新颖,是元代建筑中的精品。这殿的梁架结构和前述广胜寺大殿不同,仍遵守宋朝结构的传统,规整有序,可能是元代官式大木结构的一种典型。

永乐宫三座主要殿堂内部都留下精美的壁画,尤其是三清殿的壁画构图宏伟,题材丰富,线条流畅生动,不愧为元代壁画的代表作品。辉煌灿烂的色彩效果,是三清殿壁画艺术的重要特点。在富丽华美的青绿色基调下,有计划地分布以少量的红、紫、深褐等色,加强了画面的主次及素描关系。在大片的青绿色块上插入白、黄、朱、金及三青、四绿等小块亮色,形成一个有机的整

体。用色是以平填为主,采用天然石色,所以能经久不变。

六、宋元时期的祠祀建筑

(一)宋、辽、金时期的祠祀建筑

宋、辽、金时期的祠祀建筑,最为著名的就是山西太原的晋祠和山西万荣县的汾阴后土庙。

1. 晋祠

晋祠位于山西省太原市南郊悬瓮山麓,是祭祀春秋和四晋侯的始祖叔虞的祠庙,故称晋祠。北宋天圣年间,即公元 1023 年到公元 1031 年,为叔虞之母姜氏建造圣母殿,奠定了晋祠的新格局。

晋祠的周围山环水抱,古木参天。山上松柏青翠,山前沃田遍野。晋水源头就发源于此。祠址背山面水,坐西向东。晋祠的主要建筑是圣母殿,殿前建有鱼沼飞梁、献殿、金人台、水镜台等,形成晋祠的主轴线。圣母殿的前方左右还分列其他祠庙,分祀叔虞、关帝、文昌、公输、水母、东岳、三圣等。这些祠庙或大或小,或依山崖,或傍溪流,灵活分布,各抱地势,殿屋亭台与周柏隋槐、晋水三泉相交织在一起,组成了一组庞大的建筑美与自然美高度融洽的园林式祠庙群。晋祠的建筑中,圣母殿和鱼沼飞梁都建于北宋,献殿重建于金,其他为明清时代所建。

(1)圣母殿

圣母殿是晋祠的正殿,始建于公元 1102 年,重建于公元 1023 年到公元 1032 年之间。它坐西朝东,殿身面阔 7 间,进深 6 间,殿身 4 间,周匝副阶,前廊深 2 间,重檐歇山顶。

圣母殿的结构为殿堂型构架单槽形式。为加深前廊,其构架做了减柱处理。殿身四根前檐柱不落地,将前廊四道梁架加长到四椽,梁尾插到身内单槽缝的内柱上,并将殿身正面的门窗槛墙也推到单槽缝上,从而取得深两间的分外宽阔的前廊空间,满足了殿屋与园林环境的协调。殿内部分深 3 间 6 椽,架 6 椽栿通梁,整个内殿空间无内柱,上部作彻上露明造,使得殿内空间非常完整、高敞。大殿斗栱用材很大,形制灵活多样。补间铺作仅正面每间用一朵,侧面及背面均不用。副阶斗栱用五铺作,单栱,补间铺作出单抄单昂;柱头铺作出双下昂,其下昂是以华栱头外延为假昂头,已开启明清式假昂的先声。上檐斗栱用六铺作,单栱,补间铺作出单抄重昂;柱头铺作出双抄单昂,其要头改作昂形,呈双抄双下昂的假象。大殿柱身有显著的侧脚、生起,尤以上檐为甚。檐口和屋脊呈柔和曲线,表现出典型的北宋建筑风格。室内采用彻上露明造,显得内部甚为高敞。

圣母殿内的中央还设有高大的神龛,里面供奉的是供母邑姜主像。围绕主像,在殿内塑彩色侍女像 44 尊。除龛内两小像为后补外,都是宋代的原塑。这些侍女像,比例适度,服饰艳丽,姿态自然,眉目传神,细腻地表现出天真、喜悦、烦闷、悲哀、忧虑、沉思等不同性格、神态,是宋塑中的杰作。

(2)鱼沼飞梁

鱼沼飞梁指的是方形沼池及其上架设的十字形桥。沼池 18m 见方,沼内原为晋水第二源头。飞梁四向通到对岸,桥身伸展如翼,架空若飞,形制独特。在唐宋壁画、绘画中曾见到类似形象,现存实物则仅此一例,弥足珍贵。现桥下立于水中的石柱和柱上的斗栱、梁木还都是宋代的原造。

（3）献殿

献殿位于鱼沼飞梁之东，是供奉圣母祭品的享堂，公元 1168 年重建。献殿面阔 3 间，进深 2 间 4 椽，四周不筑墙壁，单檐歇山顶，在风格上与圣母殿取得和谐一致的效果。

献殿的梁架采用的是前后檐通梁，构架简洁、洗练，其斗栱与正殿下檐斗栱几乎完全相同。明间前后设门，其余部分都装透空的栅槛，犹如四面开敞的凉亭，造型轻巧、秀丽。

2. 后土庙

后土庙位于山西万荣县汾阴，建于北宋景德三年，即公元 1006 年，毁于 16 世纪末的水灾。现存的庙址是清王朝在 1873 年第二次迁建的。

北宋的后土庙是按照最高级的标准修建的，北临汾水，西靠黄河，总体呈前庙后坛格局。庙门之前建棂星门 3 座，大门左右各有廊，廊的两侧与角楼相接。从大门向北，经过三重庭院，才进入庙的主要部分。后土庙内完整地保存着一块刻于金天会十五年（1137）的庙貌图碑，这一图碑忠实地刻绘着当时建筑的总平面和主要立面，反映了北宋时期后土庙的布局和建筑形式。

后土庙的主要部分由回廊组成方形廊院，廊院共两重，外院的主要建筑是后土庙的正殿——坤柔殿，面阔 9 间，重檐庑殿顶；下部承以较高的台基，正面设左右阶，殿的两山引出斜廊，与回廊相衔接。院中前面有一台，台后有一个用栅栏围绕的水池，左右建方亭。坤柔殿之后为寝殿，寝殿与坤柔殿之间，以廊屋连成为工字形平面，与文献所载北宋东京宫殿大致相同。这种工字形殿和两侧斜廊及周围回廊相组合的方式，在建于北宋开宝六年（973）的河南济渎庙和金代中岳庙的图碑里也都可以看到，是这个时期出现而影响后代建筑的一种布局方法。

后土庙中央主要廊院的两侧，各有 3 座小殿，用廊子和中央廊院的东西廊相接。廊院之北为半圆形的祭坛区，由一道东西隔墙隔成前后二院，前院有工字形台，院内满植树木，后院在方坛上建重檐方殿，题曰"轩辕扫地坛"。

（二）元代的祠祀建筑

河北曲阳县北岳庙德宁殿和位于广胜下寺旁的水神庙都是元代重要的祠祀建筑。

1. 北岳庙主殿德宁殿

北岳庙主殿德宁殿重建于元世祖至元七年（1270），为我国现存元代木结构建筑中最大的一座。大殿建在高大的台基之上，高 30 余米，重檐庑殿式，琉璃瓦脊，青瓦顶。殿身平面广 7 间，深 4 间，周以回廊，故成广 9 间深 6 间状。殿下檐斗栱，重昂重栱造，第一层假昂，其上华头子则为长材，与第二层昂后尾斜挑达槫下。上檐斗栱单杪重昂，昂亦为昂嘴形华栱，与苏州三清殿上檐斗栱做法相同。其后尾第二第三两跳，重叠三分头与菊花头，尤为奇特。檐下高悬元世祖忽必烈亲笔题书的"德宁之殿"匾额。德宁殿更以殿内珍贵壁画闻名于世。东西檐墙里壁满绘元代道教题材的巨幅《天宫图》，壁画平均高 7.7m，长 17.6m。画面色彩浓郁协调，线条流畅洒脱。

2. 水神庙

水神庙属于道教庙宇。庙宇坐北面南，由前后两座院落组成，前院正南为砖券过洞门，并列三门,主体建筑明应王殿,亦称大郎殿,是元代祠祀建筑大殿的一种类型。大殿面阔进深各 5 间,重檐歇山顶,周有回廊,廊深一间,斗栱古朴,四壁无窗,内设神龛,龛内供奉水神明应王李冰泥塑坐像,左右各立一侍者,四壁之上满布壁画,东西壁画各宽 11m,高 5.3m,南北壁画各宽 3m,高 5.6m,总面积约 180 多平方米,内容为祈雨降雨图及历史故事,整个画面构图严谨色彩纯朴浑厚,人物传神达意,笔法苍劲有力,绘于元代泰定元年(1324),是元代道教壁画之中的珍品。大殿前庭院很大,供当时公共集会和露天看戏之用。中国戏曲在元代有很大发展,许多公共建筑正对着大殿建造戏台,成为元代以来祠祀建筑的特有形式。元代戏台为了适应当时戏曲表演的要求,平面尺度基本上是一致的,如水神庙壁画所表现的,戏台没有固定的前后台的分隔,演出时中间挂幔帐以区隔前后。到明清时期,戏曲进一步发展,舞台乐器增多,戏台才分出前后台和左右伴奏的地方。水神庙现存的戏台曾经后来改建,已不同于元代原来的形式了。

第六节　明清时期的建筑

明清两代分别是由汉族、满族建立的全国统一政权,同时也是中国历史上最后两个封建王朝。这个时期的建筑,无论是在形式上还是在用料上都有了新的发展。

一、明清时期的都城

明朝原定都于南京,1421 年,朱棣下令迁都北京。清朝在没有入关之前,曾定都沈阳,入关以后定都于北京。在这里,我们主要对南京和北京进行一下介绍。

(一)南京

明代初年,作为都城的南京在规划上突破了隋唐以来方整对称的都城形制,结合地形和城防需要,保留旧城,增辟新区,形成了不规则的格局(图 2-40)。全城分为三区:即中都市区、西北部军营区和东部宫城区。明南京城墙就是这三区外缘的围合,把历史上的建康城、石头城、江宁城旧址和富贵山、覆舟山、鸡笼山、狮子山、清凉山等都包在城内。全城周长 3 368km。城墙以条石作基础,砖砌内外壁,内夯砖块、砾石、黄土,有的区段全部用城砖实砌。共设城门 13 座,重要城门设瓮城 13 重,每重瓮城均有闸门,以强化防卫。这座砖石城墙的外围,还有一道土筑的外郭城,长 50 多千米。

宫城区是明初南京建设的重点,它选址于旧城东侧的钟山之阳,以钟山的"龙头"富贵山作为大内镇山,通过填湖取得了皇城、宫城和中央官署的用地。宫城位于皇城中部偏东,宫城午门前方,左右分列着太庙、社稷坛;皇城承天门前方御路,由千步廊围成 T 字形的宫廷广场。御路两侧,左边分布宗人府、吏、户、礼、兵、工各部和翰林院、太医院等;右边分布五军都督府和通政司、锦衣卫、钦天监等。宫城布局贯穿了朱元璋强化礼制的意图,大内按传统规制分前朝、后寝两大部分。前朝设奉天、华盖、谨身三殿,后寝设乾清、坤宁二宫和东西六宫,并以洪武门、承天门、端门、午门、奉天门表征"天子五门"。明南京宫殿的这种布局规制以及宫后的镇山等,后来都成了北京宫殿布局的蓝本。

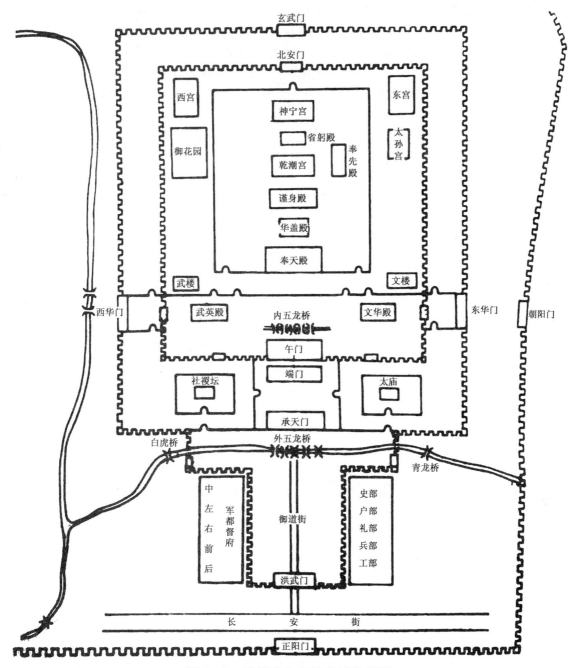

图 2-40 明代南京皇城宫城复原图

（二）北京

　　明朝的北京是在元大都的基础上改建和扩建而成的。1553 年，为了加强京城的防卫和保护城南的手工业和商业区，明朝又在城的南面加筑一个外城。北京外城东西 7 950m，南北 3 100m；南面三门，东西各一门，在北面，除了通往内城的三座门外，东、西两角还有通向城外的两座门。外城内主要是手工业区和商业区及规模巨大的天坛和先农坛。内城东西 6 650m，南北 5 350m，南面三门(亦即外城北面三门),东、北、西各两座门。这些城门都有瓮城,建有城楼和箭楼。内城的东南和西南两个城角上并建有角楼。内外城均有护城河环绕,河宽约30m,深约5m,据城墙约50m。内城的街巷,大体沿用元大都的规划,分布在皇宫衙署的两侧。与正阳门并列的东为崇文门,西为宣武门。在这两门内备有一条宽阔大道,一线引直,直达内城北部,与东直门、西直门内两条大街相交。北京的街道系统都与这两条南北大干道联系在一起。大干道如脊椎,形如栉比的胡同则分散在干道两旁,在胡同与胡同之间再配以南北向或东西向的次要干道。这种组织从平面构图上看基本上是相互垂直的方格形,也是中国古代城市街道传统的规划方式。大小干道上散布着各种各样的商业和手工业。胡同小巷则是市民居住区。在大小干道下面,用砖修筑排泄雨水和污水的暗沟。

明清北京城的布局鲜明地体现了中国封建社会都城以宫室为主体的规划思想。它继承过去传统,以一条自南而北长达7.5km的中轴线为垒城的骨干,所有城内的宫殿及其他重要建筑都沿着这条轴线,结合在一起。这条轴线以南端外城永定门为起点,至内城正门的正阳门为止,是一条宽而直的大街,两旁布置两个大建筑组群:东为天坛,西为先农坛。大街再向北引延,经正阳门、大明门到天安门,为全城中心的皇宫作前引。皇城位于内城的中心偏南,东西2 500m;南北2 759m,呈不规则的方形。城四向开门,南面的门就是天安门。在它的前边还有一座皇城的前门,明朝称大明门,清朝改名大清门。皇城内的主要建筑是宫苑、庙社、寺观、衙署、仓库等。皇城中的宫城,南北长960m,东西宽760m,四面都有高大的城门。城的四角建有形制华丽的角楼。宫城内是明清两朝皇帝听政和居住的宫室。

二、明清时期的宫室

(一)北京故宫

北京故宫是以明南京宫殿为蓝本的,明永乐十五年(1417)始建,永乐十八年(1420)建成。故宫位处北京内城中心,南北长961m,东西宽753m,占地72万 m²;城墙高10m,四周环绕宽52m、深6m的护城河(图2-41)。

图2-41　北京故宫

1. 四门

每面辟一门,南面正门为午门。午门,俗称五凤楼,是皇帝下诏书、下令出征的地方。每遇宣读皇帝圣旨,颁发年历书,文武百官都要齐集午门前广场听旨。午门从南面看有三个门洞,从北面看则是五个门洞,古人认为这种"明三暗五"的建筑格式更为吉利。其实南面另外的两个门洞位于午门东西两侧城墙上。午门当中的正门平时只有皇帝才可以出入,皇帝大婚时皇后进一次,殿试考中状元、榜眼、探花的三人可以从此门走出一次。文武大臣进出东侧门,宗室王公出入西侧门。

北面后门为神武门,明朝时为"玄武门",玄武为古代四神兽之一,从方位上讲,左青龙,右白虎,前朱雀,后玄武,玄武主北方,所以帝王宫殿的北宫门多取名"玄武"。清康熙帝名叫"玄烨",因而为避其名讳在康熙年间改名"神武门"。神武门也是一座城门楼形式,用的最高等级的重檐庑殿式屋顶,但在形制上要比午门低一个等级。神武门是宫内日常出入的门禁。

东西两侧为东华门、西华门。东华门与西华门遥相对应,二者形制相同,平面矩形,红色城台,白玉须弥座,当中辟3座券门,券洞外方内圆。故宫四门中,只有东华门门钉的规制与其他三门不同,古人认为奇数为阳数,九则是阳数。所以其他三门的门钉都是"横九纵九",九九归一,代表皇权至高无上。但是只有东华门是"横九纵八",八九七十二为阴数。之所以采用这种建筑规制,是因为考虑到五行学说。皇帝死后其灵枢就从东华门运出,故俗称"鬼门"。

故宫城墙四角各有一座角楼。角楼采用曲尺形平面,上覆三重檐歇山十字脊折角组合屋顶,以丰美多姿的形象,与故宫城墙的敦实壮观形成强烈的对比。

2. 建筑布局

故宫宫殿在建筑布局上贯穿南北中轴线,是严格地按《周礼·考工记》中"前朝后寝,左祖右社"的帝都营建原则建造的。建筑大体分为南北两大部分,南为工作区,即前朝,也称外朝,北为生活区,即后寝,也称内廷。前朝是皇帝办理朝政大事、举行重大庆典的地方,以皇极殿(清代称太和殿,又称金銮殿)、中极殿(清代称中和殿)、建极殿(清代称保和殿)三大殿为中心,东西以文华殿、武英殿为两翼。内廷以乾清宫(皇帝卧室)、交泰殿、坤宁宫为中心,东西两翼有东六宫、西六宫(皇妃宫室),这就是人们常说的皇帝的"三宫六院",是皇帝平日处理日常政务及皇室居住、礼佛、读书和游玩的地方。东西六宫的后部,对称地安排乾东五所和乾西五所10组三进院,原规划用作皇子居所。东六宫前方建奉先殿(设在宫内的皇帝家庙)、斋宫(皇帝祭天祀地前的斋戒之所)。西六宫前方建养心殿。从雍正开始,养心殿成为皇帝的住寝和日常理政的场所。西路以西,建有慈宁宫、寿安宫、寿康宫和慈宁宫花园、建福宫花园、英华殿佛堂等,供太后、太妃起居、礼佛,这些建筑构成了内廷的外西路。东路以东,在乾隆年间扩建了一组宁寿宫,作为乾隆归政后的太上皇宫。这组建筑由宫墙围合成完整的独立组群,它的布局仿照前朝、内廷模式,分为前后两部。前部以皇极殿、宁寿宫为主体,前方有九龙壁、皇极门、宁寿门铺垫。后部也像内廷那样分为中、东、西三路:中路设养性殿、乐寿堂、颐和轩等供起居的殿屋;东路设畅观阁戏楼、庆寿堂四进院和景福宫;西路是宁寿宫花园,俗称乾隆花园。这组相对独立的"宫中宫",构成了内廷的外东路。在它的南面还安排了3组并列的三进院,是供皇子居住的南三所。除这些主要殿屋外,故宫内还散布着一系列值房、朝房、库房、膳房等等辅助性建筑,共同组成这座规模庞大、功能齐备、布局井然的宫城。

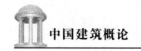

(二)沈阳故宫

沈阳故宫是清朝没有入关之前在辽宁沈阳建造的宫殿。1622年努尔哈赤迁都至沈阳,立即进行了宫殿的建造事宜,这就是如今沈阳故宫的东路。后来又陆续进行扩建,最终形成了东、中、西三路。

东路为一狭长大院,北部居中建重檐八角攒尖顶的大政殿,殿前两侧呈梯形排列10座歇山顶小殿,称十王亭。最北两座为左右翼王亭,其余8座是按八旗方位排列的八旗亭。这组建筑是努尔哈赤举行大典和商议军国大计的场所。

中路为宫殿主体,由三进院组成。中轴线上布置有大清门、崇政殿、凤凰楼和清宁宫。大清门为皇宫正门,门前东西街设文德、武功两座牌坊,街南由东西奏乐亭和朝房、司房围成广场。崇政殿是皇宫主殿,面阔5间,前后出廊,硬山屋顶。殿后的凤凰楼和清宁宫共同坐落在高3.8m的高台上。凤凰楼平面呈方形,高3层,歇山顶,为全宫制高点,是皇帝议事、宴饮的场所。高台上的清宁宫及其前方的4座配殿是皇后和妃嫔的住所。清宁宫为五开间前后廊硬山顶建筑,其平面布置很特殊,正门开于东次间,东边一间为暖阁,用作帝后寝室,置南北二炕,隔为南北二室,供冬夏分别住用。西四间连通,布置万字炕,并设锅台,作为官内萨满祭神场所。中路左右两侧在乾隆时期增建了东宫、西宫两组跨院。

西路建造最晚,前部建嘉荫堂、戏台,后部有度藏《四库全书》和《古今图书集成》的文溯阁和仰熙斋,这部分建筑均按北京宫式做法修建。

从整体上来看,沈阳故宫早期建筑带有浓厚的文化边缘特色,总体布局与建筑形制都偏离宫式正统,例如崇政殿、清宁宫、大清门用的都是屋顶中最低档的硬山顶。清宁宫、凤凰楼各置4个配殿,反映的是满族民居"一正四厢"的格局,建筑细部中有藏传佛教的雕饰、彩画表明,沈阳故宫体现出了汉、满、蒙的文化交流和文化融合。

三、明清时期的宫苑

明朝的宫苑主要是故宫西面的西苑,它是在金元时期宫苑的旧址上修建的。到了清朝,宫苑建筑得到空前发展。除了继续扩建西苑外,更在北京西北郊风景优美的地带始建最著名的圆明园及长春园、万春园、静明园、静宜园、清游园等。此外还有位于承德的最大的行宫——避暑山庄。在清朝宫苑中,圆明园是被称为"万园之园"的著名园林,但在清咸丰十年(1860)被英法帝国主义侵略军所焚毁。在这里我们主要对颐和园做简单介绍,以说明明清时期宫苑的特点。

颐和园位于北京城西北约10km的地方,全园面积约3.4km²。其中北部山地占1/3,山高约60m。颐和园的正门为东宫门,它坐西朝东,宫门内外南北对称建有值房及六部九卿的朝房。由宫门进入仁寿门,是以仁寿殿为主的朝政建筑,为清朝帝后驻园期间处理政务的地方。仁寿殿西北方分别建有慈禧太后看戏用的德和园大戏楼,光绪皇帝及皇后居住的玉澜堂与宜芸馆,再往西数十米就是慈禧太后的寝殿乐寿堂。这组建筑采用的也是前朝后寝的布局,仁寿殿在前,寝宫在后。

万寿山北麓,紧靠着围墙,地势起伏,原本没什么景致,但是巧妙地在山脚下沿着北墙挖出一条河道,并且使河道形成宽窄相间的湖面,用挖出的土就近在北岸堆成山丘,两岸密植树木,然后将昆明湖水自万寿山的西面引入后山。这样就造成了夹峙在山丘之间的一条后溪河,在这条河的中段还模仿苏州水街建造了一条买卖街,两岸林木葱翠,风景幽邃自然。登岸步入后山山道,则两旁高树参天,树荫深处,散布着组组亭台楼阁。到了后山的东头还出现一座谐趣园,这是模仿无锡寄畅园建造的园中之园。小水一塘,四周布置着楼台亭榭,环境宁静清幽,别有洞天。整个后山,变成一个与开阔的前山前湖迥然不同的、十分幽静的景区。

万寿山南麓,金黄色琉璃瓦顶的排云殿建筑群在郁郁葱葱的松柏簇拥下似众星捧月,溢彩流光。这组金碧辉煌的建筑自湖岸边的云辉玉字牌楼起,经排云门、二宫门、排云殿、德辉殿、佛香阁,终至山巅的智慧海,重廊复殿,层叠上升,贯穿青琐,气势磅礴。巍峨高耸的佛香阁八面三层,踞山面湖,统领全园。其东面山坡上建有转轮藏和巨大的万寿山昆明湖石碑,西侧建筑是五方阁及闻名中外的宝云阁铜殿。蜿蜒曲折的西堤犹如一条翠绿的飘带,萦带南北,横绝天汉。堤上六桥,形态互异、婀娜多姿。浩渺烟波中,宏大的十七孔桥如长虹偃月倒映水面,涵虚堂、藻鉴堂、治镜阁三座水中岛屿鼎足而立,寓意神话传说中的蓬莱、方丈和瀛洲三座"海上三仙山"。在湖畔岸边,还建有著名的石舫,惟妙惟肖的镇水铜牛,赏春观景的知春亭等点景建筑。此外,沿着昆明湖岸,有一条长的728m的长廊,梁架上布满了不同题材、不同内容的彩画。

四、明清时期的住宅

明清时期的住宅随着民族、地区和阶级的不同,产生了很大差别,但总的来说,无论在数量和质量上都较前代有了不少的发展。

(一)四合院

北方住宅以北京的四合院住宅为代表。这种住宅的布局,在封建宗法礼教的支配下,按着南北纵轴线对称地布置房屋和院落。它由正房、厢房、厅房、耳房、厢耳房、倒座房、后罩房、大门、垂花门、抄手廊、影壁、院墙等单体建筑和建筑要素组成,其组合形式可分为单进院、二进院、三进院和超过三进的多进院。它们构成一路纵列,大宅可以旁带跨院,或是形成二路、三路、四路并列的大宅院。受等级制度限制,低品官和庶人的宅第,正房不得超过三间,因此北京四合院的正房、厅房、厢房绝大多数用的都是"一明两暗"的三开间基本型,其核心庭院均采取"一正两厢"再加上垂花门或过厅的四合格局。

四合院一般在抬梁式木构架的外围砌砖墙,屋顶式样以硬山式居多,次要房屋则用平顶或单庇顶。由于气候寒冷,墙壁和屋顶都比较重厚,并在室内设炕床取暖。内外地面铺方砖。室内按生活需要,用各种形式的罩、博古架、槅扇等划分空间,上部装纸顶棚,构成丰富美丽的艺术形象。色彩方面,除贵族府第外,不得使用琉璃瓦,朱红门墙和金色装饰,因而一般住宅的色彩,以大面积的灰青色墙面和屋顶为主,而在大门、二门、走廊与主要住房等处施彩色,及大门、影壁、墀头、屋脊等砖面上加若干雕饰,获得良好的艺术效果。

住宅大门多位于东南角上。门内迎面建影壁,使外面看不到宅内的活动,自此转西至前院。自前院经纵轴线上的二门(有时为装饰华丽的垂花门),进入面积较大的后院。四合院主要建筑称正房,都坐北朝南。院北的正房供长辈居住,东西厢房是晚辈的住处,周围用走廊联系,成为全宅的核心部分。另在正房的左右,附以耳房与小跨院,置厨房、杂屋和厕所,或在正房后面,再建后罩房一排。后罩房作为库房、厨房和仆人用房。

住宅的四周,由各座房屋的后墙及围墙所封闭。背面除临街的一面有时开有小窗外,其余都不开窗,形成一个较为封闭的空间。院内一般栽植花木或陈设盆景,构成安静舒适的居住环境。大型住宅则在二门内,以两个或两个以上的四合院向纵深方向排列,有的还在左右建别院,更大的住宅在左右或后部营建花园。

(二)土窑洞

在河南、山西、陕西、甘肃等省的黄土地区,人们为了适应地质,地形,气候和经济条件,建造了各种窑洞式住宅。窑洞式住宅有两种。一种是靠崖窑,在天然土壁内开凿横洞,洞呈长方形,宽约三四米,深有达 10 多米的,顶上作成圆拱形,进口安上门窗就成了一间住房。规模大的有将并列的几个窑洞横向用券门打通联成一体有上下作成二层或多层窑洞的。有的在洞内加砌砖券或石券,防止泥土崩溃,或在洞外砌砖墙,保护崖面。规模较大的则在崖外建房屋,组成院落,称为靠崖窑院。另一种是天井式窑,就是在平地上向地下挖一深井,呈方形或长方形,深约七八米,再在方井的四壁横向往里挖洞作住房。这种窑洞以各种形式的阶道通至地面上,如附近有天然崖面,则掘隧道与外部相通。井底院子也种植树木花卉,形成为一座环境秀美的地下四合院。大型地坑院有两个或两个以上的地坑相连,可住二三十户。

(三)吊脚楼、竹楼、土楼、一颗印民居

住于广西、贵州、云南、海南岛、台湾等处亚热带地区的少数兄弟民族,因气候炎热,而且潮湿、多雨,为了通风、采光、防盗、防兽,多使用下部架空的干栏式构造的住宅,在贵州以吊脚楼为代表,在云南以竹楼为代表。

吊脚楼多随着山势的高低而建造,前后立柱也随地势长短不同地立在陡坡上,房屋分上下两层,下层多畅空,里面多作牛、猪等牲畜棚及储存农具与杂物。楼上为客堂与卧室,四周伸出有挑廊,主人可以在廊里做活儿和休息。这些廊子的柱子有的不着地,以便人畜在下面通行,廊子重量完全靠挑出的木梁承受,所以这种住宅往往是里边靠在山坡上,外边悬吊在空中,这因而被称为吊脚楼。

竹楼为傣族的典型住宅。傣族人民多居住在平坝地区,常年无雪,雨量充沛,年平均温度达 21℃,没有四季的区分。由于该地区盛产竹材,所以傣族人多用竹子来建造住宅,从而形成了竹楼。竹楼的平面呈方形,底层架空多不用墙壁,供饲养牲畜和堆放杂物。楼上有堂屋和卧室。堂屋设火塘,是烧茶做饭和家人团聚的地方;外有开敞的前廊和晒台,前廊是白天主人工作、吃饭、休息和接待客人的地方,既明亮又通风;晒台是主人盥洗、晒衣,凉晒农作物和存放水罐的地方。竹楼可以潮湿,具有散热通风的效果,同时还可以避虫兽侵袭。另外,竹楼也可以避洪水冲击。因为这里每年雨量集中,常发洪水,竹楼楼下架空,墙又为多空隙的竹簏,所以很利于洪水的通过。

土楼按形状可分为圆楼、方楼和五凤楼,其中以圆楼和方楼最为常见,也常常两种形状并存。在这里我们主要介绍下圆楼。圆楼以一个圆心出发,依不同的半径,一层层向外展开,其最中心处为家族祠院,向外依次为祖堂,围廊,最外一环住人。整个土楼房间大小一致,面积约 10m² 左右,使用共同的楼梯。

一颗印民居主要出现在云南。这种住宅的正房有三间,左右各有两间耳房,前面临街一面是倒座。中间为住宅大门。四周房屋都是两层,天井围在中央,住宅外面部用高墙。很少开窗,整

个外观方方整整,如一块印章,所以俗称为"一颗印"。一颗印民居主房屋顶稍高,双坡硬山式。厢房屋顶为不对称的硬山式,分长短坡,长坡向内院,在外墙外作一个小转折成短坡向墙外。院内各层屋面均不互相交接。正房屋面高,厢房上层屋面正好插入正房的上下两层屋面间隙中,厢房下层屋面在正房下层屋面之下,无斜沟,因而能够很好地应对梅雨季节。在一颗印中,正房三间的底层中央一间多作客堂,为接待客人用,左右为主人卧室,耳房底层为厨房和猪、马牲畜栏圈,楼上正房中间为祭祀祖宗的祖堂或者是诵经供佛的佛堂,其余房间供住人和储存农作物等。

(四)毡包

毡包多为游牧民族所使用,在我国,毡包是蒙古族、哈萨克族等族的主要住宅。毡包的直径自 4m 至 6m 不等,高 2m 余,以木条编为骨架,外覆羊毛毡,顶部装圆形天窗,供通风和采光之用。此外,因从事半农牧而建造的固定住宅,有圆形、长方形以及圆形与长方形相结合等形式,也有在固定房屋之外再用毡包的。毡包的外表简洁朴素,但里面往往铺挂着地毯和壁毯,色彩鲜丽。

五、明清时期的陵墓

(一)明代的陵墓

1. 明孝陵

明孝陵是明太祖朱元璋和马皇后的合葬墓,位于江苏省南京市东郊钟山南麓独龙阜。明孝陵始建于洪武十四年(1381),次年葬入皇后马氏,到洪武十六年(1383)是主体工程基本建成,前后历时两年余,但附属工程一直在继续修建,永乐三年(1405)时,"神功圣德碑亭"的修建完成标志着明孝陵工程的最终结束。

从整体上看,明孝陵总体布局可分为两部分,自下马坊至文武方门为总长 2.2km 的导引建筑和神道,文武方门以北是陵园祭祀建筑区。下马坊是孝陵的入口,由此西北行 750m 为大金门,这也是陵区的大门。大金门设有门券三道,为单檐歇山顶,并饰有琉璃瓦,两侧为红墙,目前,屋顶已毁,仅余券门三洞。大金门以北 70m 处为神功圣德碑亭,今屋顶亦毁,仅余围墙和门洞,故当地俗称"四方城"。但亭内高达 8.7m 的巨大石碑保存尚完好,上有明成祖朱棣书写的碑文 2 700 余字。由碑亭西北行,过御河桥 100m,即为平坦的神道。神道分前后两段:前段西北向,长 600m,布置有石兽狮、獬豸、骆驼、象、麒麟、马各两对,一对立一对蹲;后段为正北向,长 250m,布置有石望柱一对,武将两对,文臣两对,尽端为棂星门。由棂星门折向东北,行 207m,再折向正北,为御河桥,桥北 200m 即为文武方门。由于明孝陵的神道经过了三国时期的孙权墓,因此神道形成了一个弯曲的形状,类似北斗七星。文武方门是陵园祭祀建筑群的正门,原有正门三洞已毁,现存陵门系清同治年间重建。门内原有御厨、宰牲亭、井亭、具服殿等,均已毁,但清代皇帝谒陵时赞颂朱元璋的墨迹碑刻至今尚存。

明孝陵的主体建筑祾恩殿规格巨大,面阔 9 间,进深 5 间,下有三层须弥座台基,原殿早已毁坏,现存的献殿是清同治年间重建的。殿北 150m 有单孔石桥一座,桥长 57m,形制宏大,颇为壮观。桥北即为高大的方城。方城下部有斜坡甬道通向城后夹道,并可由夹道两端的磴道登达方城。城上明楼觌仅余砖墙,屋顶已于清咸丰年间毁圮。方城以北为直径400m的圆形宝顶,周围是长达一千多米的砖砌宝城。宝顶下部便是地宫。

2. 明十三陵

明永乐皇帝朱棣登位以后,决定迁都北京。明代有十三位皇帝葬于北京城北45km处的昌平县天寿山南麓。天寿山是燕山山脉的支脉,明永乐七年(1409),朱棣开始命人在天寿山主峰前坡建长陵,之后又陆续有献陵(明仁宗)、景陵(明宣宗)、裕陵(明英宗)、茂陵(明宪宗)、泰陵(明孝宗)、康陵(明武宗)、永陵(世宗)、昭陵(明穆宗)、定陵(明神宗)、庆陵(明光宗)、德陵(明熹宗)、思陵(明毅宗)修建于长陵左右,此外,该处还葬入了23位皇后、2位太子、30余名妃嫔、1位太监,从而形成了一个较大的陵墓区,被称之为明十三陵(图2-42)。整个陵区周围约有80里,正门在南面,名为大红门。在大红门的前面还有一座高大的石牌坊,是陵区的标志。进大红门,迎面是一座高大的碑亭。高大的"大明长陵神功圣德碑"置于亭的中央,上面刻的是明仁宗朱高炽为朱棣作的碑文。过碑亭再往北就进入了陵区的神道。神道南端有一对六角形的石柱,往后有狮、獬豸、骆驼、象、麒麟、马六种石兽共12对,其中卧像、立像各半。石人有勋臣、文臣、武将三种共6对,全为立像。这18对石雕像分列神道两旁,十分壮观。走过神道,迎面是一座棂星门,进门后又经过两座石桥,地势逐渐升高,道路才分向各座皇陵。如果一直往北就来到长陵。从石牌坊到棂星门,共长2 600m,设置了一连串的碑亭、石雕和门座,的确显示了皇陵特有的宏伟气势。

由于明代这十三座陵墓的体制十分相似,因此,在这里,我们主要对明长陵进行下简要的介绍。明长陵是明十三陵中最大的,历时18年才修建完成,其形制是模仿南京明孝陵的。陵墓建筑分前后三进院子,第一进院子在陵门与祾恩门之间,院内原有神库、神厨和碑亭,是存放和制作祭祀用品的建筑,如今只剩下碑亭了。第二进院子即陵墓主要祭祀用建筑祾恩殿所在地,祾恩殿的规模仅次于紫禁城的太和殿,面阔9间,比太和殿少两间。殿中的柱、梁、枋等构架全部是用名贵的楠木制作的,所有立柱都是整根的楠木,最大的直径达1.7m。大殿的屋顶为重檐庑殿式,大殿下有三层白石台基。两庑配殿为15间,目前已经不存。祾恩殿原名享殿,明世宗嘉靖十七年(1528)时,嘉靖躬祀天寿山,才将享殿改名为祾恩殿。第三进院子是内攻门以北,院内有二柱门及石供各一组,院内北侧是高大的方城明楼。方城明楼平面呈方形,宽为34.76m,高14.78m,是一座重檐屋顶的城楼,坐落在高高的城墙上。斗栱下层七踩,上层九踩。上开口门,其中竖立石碑,镌刻"大明成祖文皇帝之陵"。城台前有石供台,设置石却的香炉一个、烛台两个、花瓶两个,称为五供,是祭祀的供具。方城下有甬道,可以由甬道顶端两侧的隧道踏垛登上明楼。明楼之后为黄土堆成的高大宝顶,直径有300多米,宝顶下深埋着地宫。

(二)清代的陵墓

从整体上看,清陵基本上是仿照明陵修建的,以始葬之陵为主,建主神道,总入口处建大红门和石坊,但清东陵和清西陵两个陵区地形无环抱之势,各陵作并列布置,总体效果不及十三陵。另外,受地势影响,各陵后部宝城皆建在平地,地宫深度皆浅,各帝陵石像生数量也不相等,体量较小。

图 2-42　明十三陵

1. 清关外三陵

清代的关外三陵是指清入关前在盛京(沈阳)附近所建的永陵、福陵和昭陵。

(1)永陵

永陵位于辽宁省新宾县境内,是清太祖努尔哈赤埋葬其父、祖父、曾祖和远祖等清皇室祖先的祖陵。建于明万历二十六年(1598),初称兴京陵,顺治十六年(1659)改称永陵。因为永陵没有埋葬在位的帝王,因而规模不大,占地仅 10 000m²,但布局井然有序,轴线分明。陵园由前院、方城、宝顶三部分组成,四周绕有红墙。前院南面正中为正红门,面阔 3 间,两坡为硬山顶。院内横排着四座雄伟而壮观的碑亭。由碑亭往北过启运门之后进入方城,院内主体建筑为启运殿。启运殿以北即为宝顶。宝顶下无地宫,均为捡骨迁葬墓或衣冠冢。宝顶以北为启运山。

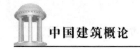

（2）福陵

福陵是清太祖努尔哈赤和皇后叶赫那拉氏的陵寝,位于辽宁省沈阳市东郊,当地民众称为东陵。福陵始建于后金天聪三年(1629),在康、乾两朝进行过增修,总面积达 19.48 万平方米,其前临浑河,后倚天柱山,是独具风格的帝王陵寝。

福陵陵区四周绕有长方形缭墙,南墙正中为正红门,门前两侧立有下马碑、华表、石狮和石牌坊等,雄伟而威严。门内有神道,两侧排列着成对的狮、虎、马、驼等石雕,周围苍松茂密,古柏参天。往北地势渐高,有砖阶随山势而上,使陵寝具有"山势峻拔,磴道层折,深邃高耸,幽冥莫测"之感。登石阶,过石桥,迎面可看到康熙朝内增建的碑楼,内立有康熙帝撰文的神功圣德碑。再北为城堡式的方城。方城南墙正中为隆恩门,上有三层城楼,恢弘壮丽,城楼为重檐歇山顶。方城北墙正中为明楼,四角有角楼。城内正中矗立着金碧辉煌的隆恩殿,为举行祭祀大典之所在。隆恩殿面阔 5 间,为黄琉璃瓦单檐歇山顶建筑,下为单层白石台基,台基上设三道踏跺,中央有一雕龙丹陛石。台基周围有石栏杆环绕。隆恩殿左、右并设配殿,台基比隆恩殿低平,且不设栏杆,装饰亦较简朴。方城后面是哑巴院,再往后便是宝顶和地官。哑巴院是方城与宝顶之间的一个封闭小院。宝顶前方有月牙形挡土墙,称之为月牙城,月牙城正中琉璃影壁下方就是地官的入口。

（3）昭陵

昭陵是清太宗皇太极和皇后博尔济吉特氏的陵寝,位于沈阳市北郊,当地民众称北陵。昭陵是清初关外诸陵中规模最大、保存最好的陵寝,陵区占地面积达 450 万平方米。始建于清崇德八年(1643),竣工于顺治八年(1651),康熙、嘉庆朝内曾有扩建。

在总体布局上,昭陵和福陵基本相同,前有正红门、神道、石象生、碑亭;中为方城,包括隆恩门、隆恩殿、明楼、角楼;后为哑巴院、宝顶及地官。正红门是昭陵的正门,整体造型为三洞拱券砖结构,单檐歇山黄琉璃瓦顶,周围饰红粉墙,门洞券脸有雕花石券装饰。门两翼设有蟠龙琉璃照壁,形象生动。入正红门即为神道,设华表两对、石兽十二只、太望柱两根,均两两相对,所有规制大致与福陵相似。隆恩殿的花岗石台基上雕有大量精细的花卉图案,明显地反映出了清初关外地区建筑装饰独特的地方风格。

2. 清东陵

清东陵坐落在河北省遵化县境内的马兰峪的昌瑞山下,西距北京 125km,陵城南北长 125km,东西宽 26km,总面积为 2 500km²,四周有三重界桩作为陵区标志,是清朝入关以后营建的一组规模最大、体系较完整的帝王陵寝群。清东陵中诸陵依山势在秀美的昌瑞山南麓东西排开。主陵孝陵居中,处昌瑞山主峰脚下,孝陵东为康熙帝景陵和同治帝惠陵;西为乾隆帝裕陵和咸丰帝定陵(图 2-43)。

清孝陵是清世祖福临(顺治)和孝康、孝献两位皇后的陵寝,筑于昌瑞山主峰南麓,从最南端的石牌坊到最北端的宝顶,神道和轴线长达 5.5km,沿线座座建筑层层叠叠,气势雄伟。石牌坊是整个陵区的入口,以木结构手法构成,高 12.48m,宽 31.35m。牌坊的夹杆石上装饰有云龙戏珠、双狮滚球、蔓草奇兽等六组高浮雕;夹杆石上端有立雕麒麟、狮子等六对卧兽,雕工细致,异常生动,是清代石雕艺术的代表作之一。石牌坊以北为大红门,是陵区的大门,两侧有红墙,门内东侧有具服殿,现在红墙与具服殿均已被毁。再往北是高近 30m 的神功圣德碑楼,俗称大碑楼,重檐飞翘,雄伟壮观。楼内立有 6.7m 高的巨型石碑。楼四角各有一座洁白晶莹的汉白玉华表,雕刻十分精美。由碑楼往北,绕过天然影壁山,就是神道石象生群,有以望柱为先导的 18 对石人石兽,包括狮子两对、獬豸两对、骆驼两对、象两对、麒麟两对、马两对(以上均卧立各一对)、武将三对,文臣三对,排列于神道两侧。石象生群北端为龙凤门,门的琉璃壁上嵌有五光十色的游龙、花鸟等琉璃花心,十分精美。穿过龙凤门,可依次经过七孔桥、五孔桥、三路三孔桥,之后便可到达隆恩门前的广场。广场南端为神道碑亭,俗称小碑楼,为重檐歇山顶,内立顺治帝庙号石碑。碑亭东侧为神厨库,为烹调祭品的场所。广场北端便是陵园的大门隆恩门,隆恩门的两侧有朝方 5间和班房 3 间。从隆恩门进去之后便可到达陵园内部。陵园分前朝与后寝两进。进隆恩门为第一进院落,院内的主体建筑是隆恩殿。绕过大殿,入内红门,为第二进院落,院内设有二柱门及石五供。二柱门又叫冲天牌楼,体量不大,形制简单,但却是院内空间的构图中心。石五供通体雕饰,须弥座上刻有绾花结带、暗八仙、八宝等吉祥图案,香炉上刻有夔龙纹与万蝠流云。院落北面是高大的方城明楼,明楼为重檐歇山顶方形碑亭,是整个陵寝中地势最高的建筑物,亭内立有顺治帝庙号碑。方城后面便是哑巴院和宝城宝顶。宝顶是用白灰、砂土、黄土掺合成的三合土一层一层夯筑而成的,又用糯米汤浇固,再加铣钉,所以十分坚固。宝顶下面是地宫,是放置顺治帝棺椁的所在。

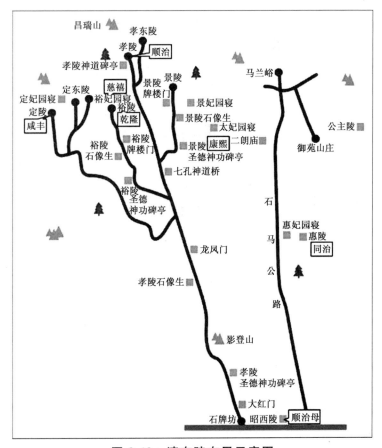

图 2-43　清东陵布局示意图

清东陵中其他四个帝陵,陵园规制与孝陵基本相同,但在规模上略小,神道较短,石象生也较少,康熙帝景陵为 5 对,乾隆帝裕陵为 8 对,咸丰帝定陵为 5 对,同治帝惠陵无石象生。另外,孝陵、景陵、裕陵神道南端均设有规制宏丽的圣德神功碑楼,立有为皇帝歌功颂德的巨型石碑。而定陵、惠陵则没有此种碑楼。

后陵与帝陵相比,规模要小得多,形制也要简单得多。但是,埋葬慈安、慈禧两后的定东二陵,其陵寝规制却丝毫不逊于帝陵,尤其是慈禧的菩陀峪定东陵,其制作工艺之豪华、用料耗银之糜费,不仅远远超过一般后陵,而且在明、清两代 23 个帝陵之上。其隆恩三殿木构架及隔扇全部采用名贵黄花梨木制作,室内有 64 根贴金明柱,雕花砖壁也全部贴金。

3. 清西陵

清西陵位于河北省易县城西 15km 处的永宁山下,离北京 120 多千米,南到大雁桥,东临燕下都,西至紫荆关,周长 100km,是清王朝在关内修建的第二个规模宏大、体系较完整的帝后陵寝群(图 2-44)。

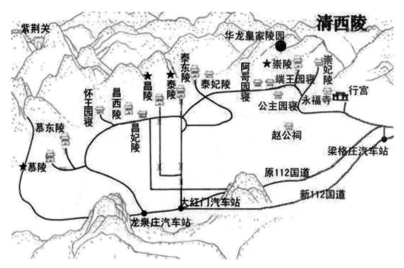

图 2-44　清西陵布局示意图

清西陵中共分布着十四座帝后妃嫔、王爷、公主的陵寝,包括雍正帝的泰陵、嘉庆帝的昌陵、道光帝的慕陵、光绪帝的崇陵四座帝陵,孝圣宪皇后(乾隆帝生母)的泰东陵、孝和睿皇后(嘉庆帝皇后)的昌西陵、孝静成皇后(道光帝贵妃,咸丰帝尊晋为皇太后)的慕东陵三座后陵,泰陵妃园寝、昌陵妃园寝、崇陵妃园寝三座,此外还有公主、王爷园寝四座。

清西陵很明显地分成三个部分。泰、昌二陵及后妃陵位于陵区的中部,属于整个西陵最重要的部分。慕陵及其后妃陵位于陵区的西南部,距泰陵约 6km,自成独立的区域。崇陵及其后妃陵位于陵区的东北部,距泰陵约 5km,也自成独立的一区。三个部分既互相独立,又互为依托,若接若离,似断似续,串联成一个带状的陵墓组群。

清西陵中修建最早、规模最大的帝陵是泰陵,始建于雍正八年(1730),完成于乾隆二年(1737)。神道长约 2.5km,沿途建筑俨然。神道最南端为五孔石拱桥,桥北为一个大广场,广场北面是陵区的大门——大红门,广场的东、西、南三面矗立着三座高大的石牌坊,与大红门围成了一个大广场。大红门内东侧设有坐东朝西的具服殿。沿神道往北是圣德神功碑楼,高约 30m,四角立有华表。碑楼北面有七孔石拱桥,桥北为石象生群,布置有望柱,并有狮、象、马、文臣、武将石雕共 5 对。由石象生群北行,会经过影壁山、龙凤门,之后会达到神道北端的神道碑亭。碑亭以北为陵园祭礼建筑区,有神厨库、东西朝房、隆恩门、隆恩殿、东西配殿、焚帛炉、内红门、二柱门、石五供、方城明楼等。最后是宝城宝顶及其外围的罗圈墙。

六、明清时期的宗教建筑

(一)北京智化寺

明代的宗教建筑在元代的基础上又有了新的发展,此处主要介绍明代具有代表性的宗教建筑北京智化寺,来说明明代宗教建筑自身的特色。

北京智化寺位于北京朝阳门内禄米仓口,是显赫于仁宗、宣宗、英宗三朝的太监王振所建,于明正统九年(1444)建成。智化寺布局在明代佛寺中颇具典型性。它的南区前两进院,有山门、钟楼、鼓楼、智化门、大智殿、轮藏殿、智化殿7座建筑,其格局完全符合"伽蓝七堂"的寺院模式。智化寺初为家庙,后改为"敕赐报恩智化禅寺",为当时北京的一座重要的敕建佛寺,属禅宗的临济宗。虽然该庙建成后经过多次修葺,但是寺内的主要殿阁仍保持着明代时期的原有结构。

智化寺为南北纵深布局,长约140m。全寺分南北两区。南区主体部分为三进院。

由山门进入第一进门院,正座智化门面阔3间,进深2间,明间前置弥勒佛,后立韦陀,左右有南部立金刚二驱,北部置四大天王。需要指出的是,由于该寺为砖建单孔券门,无法立金刚,因此金刚才被安置在了天王殿中。智化门院内东西有钟楼和鼓楼。

第二进院为智化殿院,正殿面阔3间,进深9间,单檐歇山顶,明间后部出抱厦,殿内奉释迦像及罗汉20尊;东侧配殿为大智殿,奉观音、文殊、普贤、地藏四像;西侧配殿为轮藏殿,内设转轮藏。

第三进院两侧原有廊庑(或围墙)已毁,仅存正座如来殿。如来殿是两层楼阁,下层内奉如来本尊像;上层墙壁及格扇遍布小佛龛9 000余座,故上层又称万佛阁。此阁为全寺主体建筑,下层面阔5间,四周无廊;上层面阔3间,带周围廊。

智化寺的内部装修和装饰工艺也具有明代的特点。万佛阁明间顶上原有雕饰精美的斗八藻井,但在20世纪30年代流失,现存于美国纳尔逊美术馆。万佛阁内梁枋的明代彩画,轮藏殿内的须弥座的石刻和经橱上缘的木刻浮雕等,体现出了明代建筑的装饰风格。

(二)河北普宁寺

河北普宁寺位于河北承德避暑山庄北1.5km处,是乾隆在承德避暑山庄外所建的九座寺庙中的第一座,为典型的汉、藏结合式宗教建筑,修建于乾隆二十年(1755),是为庆祝平定了蒙古外乱而修建的,将寺名定名为"普宁寺",是取"普天安宁"之意。

普宁寺坐北朝南,占地5万平方米,沿中轴线建有山门、碑亭、天王殿、大雄宝殿、梯形殿、大乘之阁、财宝天王殿等,两侧配有高低错落的附属建筑。普宁寺前部的第一座建筑就是山门,面阔五间,中有三个石制拱门,两稍间辟有石制的撰窗。进了山门,过了碑亭,正北方向就是天王殿。天王殿的面宽5间,进深3间,为单檐歇山崖顶,前后都是木板墙。殿的正中供着大肚弥勒佛,它的背后是护法神韦陀站像,东西两侧是泥塑四大天王护法神像。

天王殿正北为大雄宝殿,面阔7间,进深5间,是重檐歇山顶,正脊中央设置有铜制镏金宝塔。大殿正中五间做隔扇门,两边开间辟拱窗。整个大殿居于高大的石制须弥座上,周围有石雕云龙栏杆,殿基各角都有石雕螭首。殿前后备出三台阶,左右各出一台阶。殿内主供现在世释迦牟尼佛,居西者为过去世迦叶佛,居东者是未来世弥勒佛。在大雄宝殿的东西有配殿,西配殿供三菩萨像,东配殿供三金刚像。

普宁寺后部的藏式建筑部分,中心就是象征须弥山的大乘阁,其外观为三层四檐形式,最上层屋顶共有五十方形攒尖顶,攒尖顶上装饰有鎏金宝顶。大乘阁内供千手千眼观音像,立于盛开的莲花座上。

从整体上看,普宁寺的布局呈现出前汉、后藏的结构,清楚分明,但具体形式与材料等使用上是相互融合的,如都采用了汉式的木架结构,但又有藏窗、藏式彩画等。

(三)西藏布达拉宫

西藏布达拉宫在拉萨普陀山上,始建于7世纪的松赞干布时期,后毁于战火。顺治二年(1645)五世达赖喇嘛重建,工程历时50年,是历代达赖喇嘛住居、理政、礼佛的地方。它是政教合一的反映,具有寺庙与宫殿的双重性质。鉴于布达拉宫是宗教圣地,因此我们在这里将它归于宗教建筑中。

布达拉宫缘山修建,高达200余米,外观13层,但实际仅9层。主体建筑分为红宫和白宫两部分。红宫因外墙涂红而得名,平面近方形,外观显9层,下面4层以地龙结构层与内部岩体取平,上部5层分布着20余个佛殿、供养殿和五世达赖后的几代灵塔殿。第5层中央的西大殿,是达赖喇嘛举行坐床(继位)及其他重大庆典的场所。红宫藏式平顶上耸立着7座汉式屋顶,顶上铺熠熠闪光的镏金铜板瓦。白宫是寝室、会客室、餐厅、办公室、仓库及经堂。白宫、红宫前分别建有东、西欢乐广场。其中,西欢乐广场下面依山建造高9层的晒佛台,上面4层开窗,与红宫9层立面组合在一起,形成布达拉宫总体高13层的巍峨形象。在主体建筑之前有一片6km² 多的平坦地带,其中布置了印经院、管理机构、守卫室及监狱。

第三章　中国古代建筑的基本形式

中国古代建筑最常见、最规矩的做法就是硬山式、悬山式、歇山式和攒尖式,这四种建筑形式也是中国古代建筑的基本形式。其中硬山式、悬山式和歇山式建筑在古建筑行业习惯上被看作官式建筑中的"正式建筑",攒尖式建筑则被归为"杂式建筑"。这四种建筑形式在结构上的差异主要体现在两山的做法上,其中,硬山式质朴拘谨、悬山式简约洒脱、歇山式华美秀丽、攒尖式俏丽美观。

第一节　硬山式建筑与悬山式建筑

一、硬山式建筑

(一)硬山式建筑的概念

所谓的硬山式建筑就是屋面仅有前后两坡,左右两侧山墙与屋面边缘相交,并将檩木梁架外侧全部封砌在山墙内,山面裸露向上,显得质朴刚硬的建筑(图3-1)。

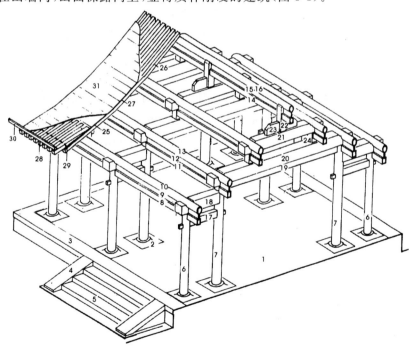

图 3-1　硬山式建筑的构架

1. 台明;2. 柱顶石;3. 阶条;4. 垂带;5. 踏跺;6. 檐柱;7. 金柱;8. 檐枋;9. 檐垫板;10. 檐檩;11. 金枋;12. 金垫板;13. 金檩;14. 脊枋;15. 脊垫板;16. 脊檩;17. 穿插枋;18. 抱头梁;19. 随梁枋;20. 五架梁;21. 三架梁;22. 脊瓜柱;23. 脊角背;24. 金瓜柱;25. 檐椽;26. 脑椽;27. 花架椽;28. 飞椽;29. 小连檐;30. 大连檐;31. 望板

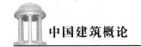

（二）硬山式建筑的特点

（1）屋面仅有前后两坡。

（2）左右两侧山墙与屋面相交，并将檩木梁全部封砌在山墙内。

（3）左右两端不挑出山墙之外。

（4）广泛用于住宅、园林、寺庙的修建。

（三）硬山式建筑的形式

硬山式建筑分为大式建筑与小式建筑两种形式，其中以小式建筑最为普遍。

1. 小式建筑

《工程做法则例》列有小式硬山的几种主要形式：七檩前后廊式，是小式民居中体量最大、地位最显赫的建筑，常用来作主房，有时也用作过厅；六檩前出廊式，可用作带廊子的厢房、配房，也可用作前廊（后无廊）式的正房或后罩房；五檩无廊式，多用于无廊厢房、后罩房、倒座房等。通常情况下，民居的小式硬山式建筑，其屋脊虽有些也有垂脊，但更多是仅有正脊，所谓垂脊不过是一垄筒瓦及一些附带结构而已，也不施脊兽装饰。如果是卷棚顶或圆山顶，其可视为无正脊，也可叫圆山正脊、圆脊、元宝脊、过垄脊、罗锅（蝼蝈）脊等，不设吻兽；两边垂脊也是前后坡相通，称箍头脊或卷棚垂脊等①。

2. 大式建筑

虽然小式建筑在硬山式建筑中十分普遍，但大式建筑在硬山式建筑中也有不少例子。宫殿、寺庙中的附属用房或配房多取大式建筑。大式硬山式建筑有带斗栱和不带斗栱两种做法。带斗栱大式硬山建筑实例较少，一般只用一斗三升或一斗二升交麻叶不出踩的斗栱。无斗栱大式硬山建筑实例较多，它与小式硬山建筑的区别主要在建筑尺度（如面宽、进深、柱高均大于一般小式建筑）、屋面做法（如屋面多施青筒瓦、置吻兽，或使用琉璃瓦）、建筑装饰（如梁枋多施油漆彩画，不似小式建筑简单素雅）等方面。通常情况下，大式硬山屋顶有五条脊，屋顶前后两坡交界为正脊，前后两坡与山面的交界为垂脊（即由正脊两端垂下之脊，在硬山及悬山顶也常称为排山脊）。

（四）硬山式建筑的基本架构

硬山式建筑的基本架构包括基座、梁架、墙体和屋面四大部分。

1. 基座

基座又称台基，在房屋的底部，是一个四面砌砖，里面填土，上面墁砖的长方形的台子，它在中国古代建筑中占有十分重要的位置。基座是建筑物的重要组成部分，它又分为看得见的部分和看不见的部分，看得见的部分是基座表面结构造型，称台基露明，看不见的部分是台面以下结构。

在制作基座时，应根据柱网（柱子的分布情况）在地面刨槽，槽宽为柱径的两倍，槽的深浅根据建筑物的规模大小和地理条件而定，按《工程做法则例》规定："其深不过一丈，浅止于五尺或四

---

① 关于各式脊的做法及兽件装饰，古建筑工种属于屋顶瓦作，不在本书讲述范围。但因述屋顶木作时常会涉及一些屋脊名称，故略述于此。

尺。"槽内一般使用灰土做法,七成土三成灰混合,用夯夯实;还有的使用柏木桩做基础。基础打好后,按柱分位用砖砌磉墩,磉墩与磉墩之间,纵横方向砌成与磉墩同样高的墙体,称做"拦土"。柱顶石便坐落在磉墩上,拦土之间填满土,土上墁砖。

2. 梁架

中国古代建筑在立面上由三部分组成,下部为台基,中部为梁架,上部为屋顶,即所谓"三段式"。其中,梁架部分是建筑物的骨架和主体。硬山式建筑的梁架有大小之分,下面对其进行具体介绍。

(1)大式梁架结构

大式梁架结构中,最具代表性的就是七檩前后廊硬山梁架,下面以此为例对大式梁架结构进行说明。

七檩前后廊式硬山式建筑在进深方向列有四排柱子,前后两排檐柱(俗名小檐柱),檐柱内侧两排金柱(俗称老檐柱)。前檐檐柱与金柱之间为廊子,装修一般安装在柱之间,称为"金里安装修"。在檐柱和金柱之间,有穿插枋和抱头梁相联系。穿插枋在檐、金柱之间主要起联系拉结作用,抱头梁也有联系檐、金柱的作用,但它的主要作用是承接檐檩。檐柱之间,在上端沿面宽方向有檐枋,它是联系檐柱柱头的构件。抱头梁上面安装檐檩,檐檩和檐枋之间安装垫板。这种檩、垫板、枋子三件叠在一起的做法称作"檩三件"。在金柱的柱头位置,沿面宽方向安装金枋(又称老檐枋),进深方向安装随梁,随梁的主要作用是联系拉结前后檐金柱。随梁和金枋在金柱柱头间形成的围合结构,其功用类似圈梁,对稳定内檐下架结构起着十分重要的作用。金柱之上为五架梁,它是最主要的梁架。五架梁上承三架梁,三架梁由瓜柱或柁墩支撑。瓜柱或柁墩的高低,即两梁之间净距离的大小。一般来说,如果这段距离大于等于瓜柱直径(或侧面宽度),则应使用瓜柱;如果小于瓜柱直径(或侧面宽度),则应使用柁墩。在三架梁上面居中安装脊瓜柱,由于脊瓜柱通常较高,稳定性差,需辅以角背,以增加脊瓜柱的稳定性(图3-2)。在硬山式建筑中,贴着山墙的梁架称排山梁架。排山梁架常使用山柱,山柱由地面直通屋脊支顶脊檩,将梁架从中分为两段,使五架梁变成两根双步梁,三架梁变成两根单步梁。

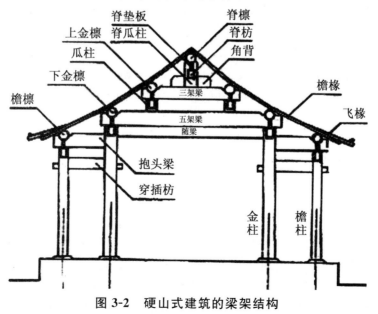

图3-2　硬山式建筑的梁架结构

（2）小式梁架结构

小式硬山式建筑梁架结构非常简单,其椽子多为方形。此外,由于古建筑屋面每步架的举度不同,屋面上椽子分为若干段,每相邻两檩为一段。椽子因位置不同分别称为檐椽、花架椽和脑椽(图 3-3),其中,用于檐步架并向外挑出者为檐椽,用于脊步架的为脑椽,檐椽和脑椽之间各部分均称为花架椽。在各段椽子中,在檐椽之上,还有一层椽子,附在檐头向外挑出,后尾呈楔形,叫做飞檐。飞檐的使用,使檐椽之外又挑出一段飞檐,飞檐部分略向上翘起,使挑出深远的屋檐成"反"字之势,有利于室内采光。同时由于飞檐举度较缓,还可将屋面流下的雨水抛出更远,以免雨水垂直溅落在柱和墙身上。古人曾以"上反字以差载,激日景(影)而纳光"及"上尊而宇卑,吐水疾而溜远"来阐述它的优越性。有些较简陋的民居,屋檐处只用一层檐,不用飞檐,称为"老檐出"做法,也比较常见。

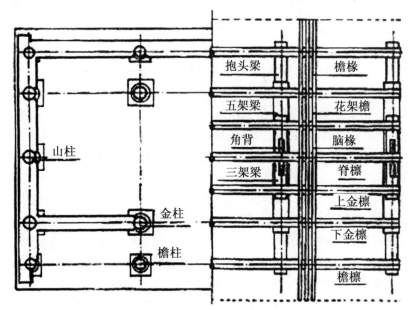

图 3-3　硬山式建筑的平面示意图

总之,一座硬山式建筑的梁架就是由柱、梁、枋、垫板、檩木以及椽子、望板等基本的构架组合形成的。其他如悬山、歇山、庑殿等建筑,它们的正身部分构架的组成与硬山式建筑构架基本相同。因此,了解硬山式建筑的构架是掌握其他形式建筑构架的基础。

3. 墙体

墙体(图 3-4)主要起隔绝空间、防卫、保温作用。硬山式建筑墙体分槛墙、山墙、后檐墙及隔断墙等。

（1）槛墙

所谓的槛墙就是前檐或前后檐窗下的矮墙。一般情况下,带廊大式建筑槛墙砌在两金柱间,小式建筑槛墙砌在两前檐柱之间。还有一种结构方式例外,明间在两金柱间以门装修,左右次间槛墙,砌筑在檐柱间,明间的左右两缝金柱和檐柱之间或安窗或安门。槛墙高度一般在 1m 左右,或按柱高的三分之一计算。一般槛墙宽可为 1.5 柱径。长随踏板,两槛墙间留出柱门,柱门弧度约为柱围的四分之一,柱门最宽处应同柱径。槛墙上铺一木版,称榻板(亦称窗台板),其长按面阔减半柱径,宽按槛墙宽两边加喷头(2～3cm)厚三分之一柱径,或按宽的四分之一。

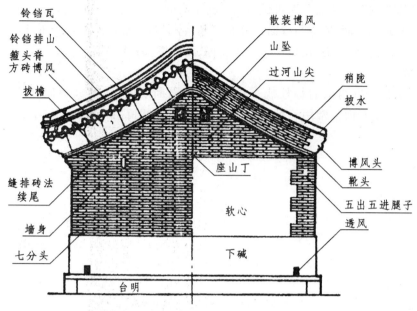

图 3-4　硬山式建筑墙体侧立面

（2）山墙

山墙是位于两山的墙体,硬山山墙自基座上皮直到山尖顶上,并与屋面相交,山墙前后要达到基座边上,檐柱以外的山墙称墀头,墀头伸出檐柱外的距离等于下檐出的五分之四,剩余下檐出的五分之一称为"小台"。墀头在山墙的前后端竖一块石头叫"角柱石",其高等于檐柱高的三分之一减去二分之一柱径,宽1.6柱径,厚二分之一柱径,角柱石上压着一块石板,叫押砖石,其厚为二分之一柱径,宽随墀头。前、后两押砖石之间联结同样厚、宽的石板,叫腰线石。山墙自下而上直达屋面,与屋面相交,将梁架部分全部包在里面。墀头上下分三部分,自基座上皮向上约柱高三分之一处称为裙肩(包括压砖石),裙肩的看面宽度为1.6柱径;腰线石以上至挑檐石称作上身。上身看面要比裙肩宽减2～3分(合8mm左右),称做"退花碱"(退花肩)。上身之上称"盘头"和"戗檐"。盘头由五至六层不同砖头形象的砖件组成,层层向外挑出。它们由下而上分别为:荷叶墩,挑出的长度约与自身的厚度相等;混砖,挑出的长度为自身厚度的四分之三;炉口,挑出的长度为自身厚度的五分之一;枭,挑出的长度为自身厚度的一又五分之一;头层盘头,挑出的长度为自身厚度的三分之一;二层盘头,挑出的长度为自身厚度的三分之一。盘头挑出的长度与其厚度基本相等,俗称"方出方入"。戗檐砖斜放在二层盘头上,与地面约成70°角。

此外,一些重要大式建筑盘头往往用石料制作,即"挑檐石",其上皮与檐枋下皮平。挑檐石厚为四分之三柱径,长等于廊深加2.4柱径,宽随墀头。挑檐石正面上部便是两层盘头,盘头正面上端向外倾立一块方砖称"戗檐砖",戗檐砖上端搭靠在大连檐的内皮。盘头和戗檐砖是硬山式建筑最富于装饰的地方,常做山水、花鸟、禽兽等雕饰,盘头两层沿山尖斜上称为拔檐,拔檐以上是博风砖,博风砖靠檐部顶端称博风头,博风头做成霸王拳造型,在其上皮为拔水。

（3）后檐墙

通常情况下,后檐墙有两种做法,一种是檐枋以上梁架部分全露在外面,称"露檐墙"。露檐墙一般用于倒座或院内中轴线上的建筑,此种墙体的宽度,柱中以内部分0.75柱径,称作"里包金",柱中以外部分 1.5 柱径,称作"外包金",墙体总厚 2.25 柱径,自基座砌到檐枋的下皮,内留柱门,外作成"馒头顶"或"宝盒顶",再做出与额枋下皮同高一砖厚的拔檐。另一种做法,称做"封护墙",墙体一直砌到屋面,墙体与屋面连接在一起,将全部梁架封护在墙体里,后檐墙从上身以上层层出檐,用砖叠涩到屋面,出檐样式有冰盘檐、菱角檐、鸡嗉檐等。

(4)隔断墙

隔断墙一般位于室内前后檐柱或金柱之间,起隔断明间、次间或梢间作用,一般墙体较窄。若使用砖垒砌,看面常常用一横或一丁"单跑";墙中间留门,或中间留门左右砌槛墙做夹门窗。

4. 屋面

(1)屋面的苫背

屋面结构的里层,望板上面铺苫背,其目的为保温防水,并可就屋架举折做出昂度,使屋面曲线更加自然柔美。

苫背是一项重要的工序,传统苫背做工很复杂,其主要步骤如下所示。

①用马刀和泼灰加水均匀调和成一种灰料,在望板上抹一二厘米厚的保护灰。

②抹二至四层大麻刀白灰,层与层之间加一层三麻布。

③抹一层 2~3cm 厚的麻刀灰。

④在脊上抹 30~50cm 宽的扎肩灰。

等晒干后,再在苫背上铺瓦件。一般民居苫背做工比较简单,只用滑秸、白灰和黄土按一定比例用水合成泥,在望板上或苇薄上抹上一二十厘米厚的苫背。屋面表层,在苫背上铺瓦件与脊饰。

(2)屋面的瓦件

通常情况下,瓦件也有等级划分,《工程做法则例》把瓦作也分为大式和小式两种。两种瓦作区别如下。

①大式瓦作除使用青瓦外,还使用琉璃瓦,小式瓦作只能使用青瓦。

②大式瓦作除有一条正脊外,往往还有垂脊、戗脊,正脊两端饰正吻,垂脊、戗脊饰垂兽、戗兽及仙人走兽,大式硬山没有戗脊、戗兽;小式瓦作只有一条正脊,没有吻兽,只作"清水脊"和"皮条脊"处理。

③大式硬山在两山上排列着勾头和滴水,称作"排山勾头",小式没有。无论筒瓦还是板瓦,檐部顶端都安装一块特殊的瓦件,称作"瓦当"(猫头)和"滴水",瓦头上往往做成花草、云纹、鸟兽、几何图形和文字等各种凹凸造型,其功能是保护檐部椽条、连檐等木构件不受雨水侵蚀,同时也具有一定美化装饰功能。

④大式瓦作瓦陇仰瓦使用板瓦,盖瓦使用筒瓦,称"筒瓦骑缝";小式瓦作仰瓦、盖瓦都只能使用板瓦。

(3)屋面的脊饰

就脊饰而言,硬山式建筑的脊饰主要有以下几种类型。

①圆山(卷棚、元宝顶)式脊饰

圆山式建筑没有正脊,在左右山墙上各安装一条过垄脊,前后两坡由"折腰瓦"与"罗锅瓦"连为一体。

②尖山式脊饰

尖山式脊饰包括正脊和垂脊两种。

正脊不仅有结构功能,而且有装饰功能,前后两坡的瓦件,在脊部合拢,为了防止雨水从缝隙渗入,便使用正脊覆盖其上。正脊是由若干构件拼成,自下而上由当沟、压当条、群色条、连砖、通脊(一陇筒瓦)组成。正脊两端饰以大吻,大的正吻兽体型庞大,有八九尺高。正吻造型具有一定的时代感,不同时代有所不同,所以它也是识别建筑物的时代特征的一种标志。清代正吻主体是一种龙头造型,张开的大口含着正脊端部,下面有吻座,尾部上面有扇形剑把,背部有背兽。

垂脊一般位于前后两坡的左右两山,尾部与正脊相接,骑着山墙,其外安装一溜排山勾头,自上而下,直达檐部。大式垂脊分作兽前、兽后两部分,垂兽放在兽前与兽后的分界处。兽前部分安装仙人走兽(小兽、小跑),仙人在前,与垂脊作45°角,兽后安垂脊瓦。走兽共有10个,名称说法不一,一般自前而后依次为:龙、凤、狮子、麒麟、天马、海马、狻猊、押鱼、獬豸、行什。垂脊上走兽安装一般为单数,数目多少由柱高而定,每柱高二尺放一个。现保存的古建筑,只有故宫的太和殿用满10个小兽,其他建筑最多用9个小兽。

二、悬山式建筑

(一)悬山式建筑的概念

屋面有前后两坡,而且两山屋面悬出于山墙或山面屋架之外的建筑,称为悬山(亦称挑山)建筑(图3-5)。

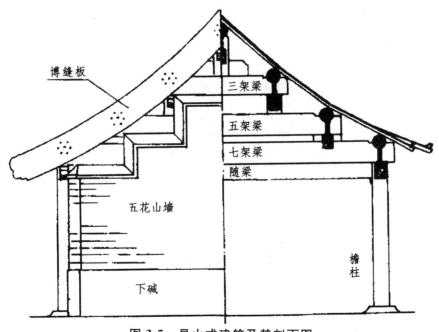

图3-5 悬山式建筑及其剖面图

(二)悬山式建筑的特点

(1)从建筑物的柱网部分分布以及正身梁架的构造看,悬山式建筑与硬山式建筑并无多少区别,所不同的只是山面檩木的变化。硬山式建筑山面檩木完全包砌在山墙内,悬山式建筑山面檩木则挑出于山墙外。

(2)悬山檩木悬挑出梢,使屋面向两侧延伸,在山面形成出檐,这个出檐有防止雨水侵袭墙身的作用。

(3)由于檩木出梢带来了山面木构架暴露在外的缺点,这对于建筑外形的美观和木构架端头的防腐蚀都是不利的,因此人们在挑出檩木端头外面用一块木板挡起来,使暴露的檩木得到掩盖和保护,这块木板叫"博缝板",博缝板的尺度是与檩或椽子尺寸成比例的。清代《工程做法则例》规定博缝板厚为 0.71 椽径,宽 6~7 椽径(或二椽径),随屋面举折做成弯曲的形状(图 3-6)。

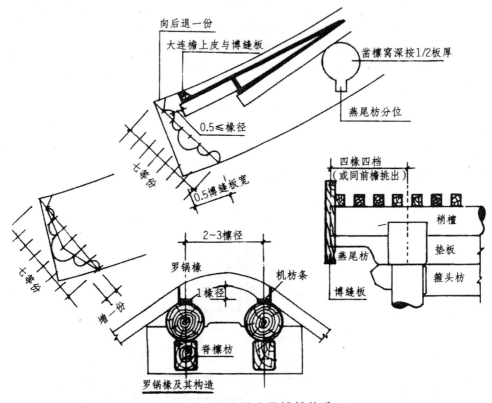

图 3-6 悬山挑山及博缝构造

(4)为了加强对出梢檩木的支撑,在其下施燕尾枋,高、厚均同垫板,安装在排山梁架的外侧,形式上可以看作是内侧檩垫板向出梢部分的延伸和收头,但实际上二者在构造上不发生任何关系。燕尾枋下面的枋子出头为箍头枋,既具有拉结柱子的作用,又有装饰功能。

(5)悬山式建筑整体造型比硬山式建筑要活泼一些。

(三)悬山式建筑的形式

以建筑外型及屋面做法划分,悬山式建筑可分为大屋脊悬山和卷棚悬山两种主要形式。

1. 大屋脊悬山

大屋脊悬山前后屋面相交处有一条正脊,将屋面截然分为两坡,常见者有五檩悬山、七檩悬山以及五檩中柱式悬山、七檩中柱式悬山。

2. 卷棚悬山

卷棚悬山背部置双檩,屋面无正背,前后两坡屋面在背部形成过陇脊,常见者有四檩卷棚、六檩卷棚和八檩卷棚等。

还有一种将两种悬山结合起来,勾连搭接,称为一殿一卷,这种形式常用于垂花门等。

(四)悬山式建筑的基本架构

悬山是古代建筑中一种常见的形式,它有前后两坡,与硬山式建筑的基座、柱网分布、正身梁架、屋面瓦饰、脊饰等大致相同,所不同的是它的屋面悬挑出山墙以外,檩桁未被封护在墙体以内,而悬在半空中。

就其基本架构来说,悬山式建筑也由基座、梁架、墙体、屋面构成。由于其基座和屋面与硬山式建筑大致相同,这里就不再介绍。

1. 梁架

悬山式建筑的梁架与硬山式建筑的梁架基本相同,只是梢檩(梢间的檩桁)往外延伸,悬挑出两个檩径或四当四椽径的长度,并在各檩桁下安装燕尾枋。燕尾枋的功能主要体现在以下三个方面。

(1)与檩桁一起固定端部的博风板,加大与博风板的接触面。

(2)博风板保护悬挑出的檩桁不被日晒雨淋。

(3)造型上起一种装饰美化作用。

2. 墙体

(1)槛墙

悬山式建筑的槛墙与硬山式建筑的槛墙没有区别。

(2)山墙

①墙体自基座台面直垒至大梁底皮,上部梁架全露在外面,梁架的象眼空当用象眼板封实,使之不漏风。

②砌成"三花墙"或"五花山墙",即将墙体砌到每一梁的下面,形成阶梯型,将部分梁架露在外面。

第二节 歇山式建筑与攒尖式建筑

一、歇山式建筑

(一)歇山式建筑的概念

在形式多样的古建筑中,歇山式建筑是最基本、最常见的一种建筑形式。

歇山式建筑的屋顶有九条屋脊,即一条正脊、四条垂脊和四条戗脊,因此又称九脊顶。由于其正脊两端到屋檐处中间折断了一次,分为垂脊和戗脊,好像"歇"了一歇,故得其名。

(二)歇山式建筑的特点

(1)歇山式建筑屋面挺拔陡峭,四角轻盈翘起,玲珑精巧,气势非凡。

（2）从外部形象看，歇山式建筑是四角攒尖式建筑与悬山式建筑的有机结合，仿佛一座悬山屋顶歇栖在一座四角攒尖屋顶上。因此，它兼有悬山式和四角攒尖式建筑的特征。

（三）歇山式建筑的形式

1. 重檐歇山式建筑

所谓重檐，就是在基本歇山顶的下方，再加上一层屋檐（图 3-7）。

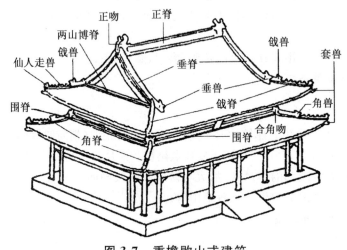

图 3-7　重檐歇山式建筑

重檐歇山建筑的屋脊的上檐架构与其他正式建筑架构基本相同，但高大殿宇的梁架往往以天花界分为上下两套，类似于唐宋殿堂的明栿与草栿关系。以故宫太和殿为例，前后用六柱，除去下檐柱即廊檐柱，殿身前后用四柱十三架檩（不计挑檐桁），前后挑尖梁对中间七架梁，七架梁以天花界分为上下两道，二者名称虽然相同，但实际功能是不同的：天花以下的一道七架梁主要是作为金柱间的联系构件和作为天花的支撑构件，故又可称为天花梁。挑尖梁位置在天花以上根据步架要求安装双步梁、单步梁，梁后尾向内插在金柱上，但这根金柱下脚并不落地而是落在其下的金柱上，实际相当于是将金柱分段设置，中间以平盘斗或梁枋间隔，这根不落地的金柱就称为童柱，形式类似于瓜柱（较普通瓜柱的断面尺寸和高度都大），所以在江南苏式建筑中也把瓜柱称为童柱。天花上面的七架梁及其上梁架就由前后童柱来支承。有时，在老檐柱之上也施用一段或两段童柱，相当于将老檐柱分段设置，分别以其来支承上下檐的檩枋。其下檐的屋脊为角脊，下檐屋面是由上檐柱身伸出（这种出檐形式称为"腰檐"），二者相交处所设的四面围合的四条水平脊叫围脊（俗称"缠腰脊"）[①]，四条围脊交角处设一绕过角柱的吻兽叫合角吻或合角兽；下檐屋面的坡面交界转折处的四条脊，叫角脊，装饰同于上檐，其垂兽也称角兽。

此外，重檐歇山建筑的下檐一般构成其周围廊或前后廊的屋面层。下檐檐柱（廊柱）与外围金柱（老檐柱、上檐檐柱，亦可叫殿身檐柱）间为其廊深，这两排柱间施挑尖梁（抱头梁）、穿插枋作为联系构件。上檐檐柱同下檐檐柱一样，在柱头间设有大小额枋，其小额枋作为下檐檐椽尾端的

[①]　或将围脊称为下檐（重檐）博脊，或径称博脊，不能与歇山博脊相区别，本书亦不取。盝顶有四条正脊，也有人把它叫做围脊，是因为它呈围合状而又使用合角吻。

支点,外侧刻出朝向斜下的椽桄以插入下檐檐椽后尾(也有将檐椽搭在枋上的),所以就称为承椽枋。承椽枋上相当于原来由额垫板处迭置尺寸规格大于普通垫板的枋件或板件,作为遮挡围脊瓦件的骨架,所以称围脊枋或围脊板。重檐建筑一般多是金里安装修,需在纵向的金柱间、承椽枋之下适当位置设置一根枋子,以便为金柱间安装门窗槛框提供条件,这称为棋枋,也属于大木构件,全部装修槛框(包括横披)都安装在棋枋之下,棋枋之上与承椽枋之间遮挡以棋枋板(又称走马板)。

2. 单檐歇山式建筑

所谓单檐,就是只有一层屋檐的歇山式建筑,最初只有五品以上官吏的住宅正堂才能使用,后来也有些民宅开始使用歇山式建筑。

之后歇山式建筑的基本样式有了延伸,演变出四面歇山式建筑、卷棚歇山式建筑等变体。

所谓四面歇山式建筑是由两个歇山顶用十字脊的方式相交所构成的屋顶,也称"歇山式十字脊顶",北京故宫的角楼是典型代表。

卷棚歇山式建筑是指没有正脊,而采用卷棚脊的方式建造的歇山式建筑,又称"歇山式卷棚式建筑"。这种建筑的屋顶比较柔和,富于变化,常用于非正式的皇室离宫,如承德避暑山庄的宫殿,就多卷棚歇山式建筑。

(四)歇山式建筑的基本架构

歇山式建筑主要由三部分组成,下部为台基,中部为梁架,上部为屋顶。其台基与硬山式建筑和悬山式建筑大致相同,因此这里不再赘述,而主要介绍一下歇山式建筑的梁架和屋顶。

1. 梁架

歇山式建筑的正身梁架与硬山式、悬山式建筑的正身梁架基本相同,其不同之处主要体现于山面构架的组成上。歇山式建筑屋顶四面出檐,其中,前后檐檐椽的后尾搭置在前后檐的下金檩上,两山面檐椽的尾部则搭置在山面的一个既非梁又非檩的特殊构件上。这个只有歇山式建筑才有的特殊构件叫"踩步金"(踩步金是清式歇山式建筑常采用的一个特殊构件,它在宋式建筑中已有雏形,称为"系头栿"。明代歇山式建筑中,踩步金多以桁檩的形式出现,称"踩步檩")。踩步金是一个正身似梁、两端似檩的构件,位于山面下金檩的平面位置。踩步金外一侧剔凿椽窝以搭置山面檐椽,梁身上安装瓜柱或柁墩承上面的梁架。它的长度相当于和它相对应的正身部位梁架的长,如一座七檩歇山式的踩步金长度与正身部位的五架梁相当,九檩歇山式的踩步金长度则与七架梁相当。出于构造上的要求,踩步金底皮的标高比正身部分对应梁架的底皮要高一平水(一平水即垫板的高度)。就是说,踩步金的底皮与前后檐下金檩的底皮平,这是由踩步金的端头要与下金檩挑出部分作榫扣搭相交的特殊构造决定的。

踩步金上皮与前后下金檩上皮平,两头与檩交,出头作为圆形的檩头,称为假桁头。沿着踩步金外侧钻出一列椽窝,以承受山面椽尾。踩步金上两端各退一步架处立瓜柱,架横梁,其各架梁的分配与其余梁架完全相同。前后两坡的各层檩在采步金以外继续伸出,为挑山檩,成悬山结构。但因挑出的距离较一般的悬山要远,挑山檩不胜重负,故在两坡下金檩头下置趴梁一道,平放在山面檐椽之上(底面随檐椽坡度砍为斜面,以钉子或铁件与檐椽固定),谓之脚踏木(或踏脚木)。脚踏木两端同前后金檩交在一起,如果檐步步架较大,它还可能从金檩下皮通过直达角梁侧面。脚踏木之上,竖立断面为方形的小柱来支撑各层挑山檩头,因其不露明,不做细致加工,故名草架柱子。前后金檩下的左右草架柱子间,横向联系以小木以为稳固,谓之"穿"或"横穿",又称"穿梁",其断面与草架柱相同。各层挑山檩头之外置博风板如悬山博风之制。博风板之下紧贴草架柱及穿梁外侧以若干块厚木板封钉起来,谓之"山花板"。山花板下脚立于脚踏木之上或附在脚踏木外皮,山花板外皮要加上绶带等雕饰。从山面檐檩(正心桁)中线向内退入一檩径处,为山花板外皮位置,此所谓"歇山收山"法则,按此法则实际上就等于确定了正身檩木由踩步金向山面挑出的长度。清式歇山式建筑,无论大小式,一律遵从这一法则。但在非正式的地方建筑中,收山的距离常是自由灵活的,江南地区往往是一个步架,更显俏丽。

综上所述,歇山式建筑的踩步金是一个兼有梁架和檩条双重作用的特殊构件,它处于山面近檩的位置,既支承着它上面的梁架檩木,又承接山面檐椽的后尾,两端还与前后檐的下金檩交圈,檩子的搭交处与角梁后尾结合在一起,它的功能特殊,地位重要,是歇山式建筑山面最主要的构件之一。

需要注意的是,尽管踩步金重要,但只有与其他构件组合在一起才能发挥作用。由于踩步金下面并没有柱子支顶,处在悬空位置,因此为了解决踩步金的落脚问题,要在它的下面设梁架,通常施用顺梁(图 3-8)。

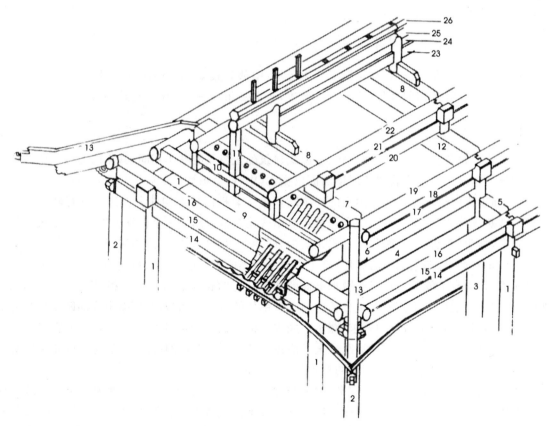

图 3-8 歇山式建筑山面的基本构造——顺梁法

1. 檐柱;2. 角檐柱;3. 金柱;4. 顺梁;5. 抱头梁;6. 交金墩;7. 踩步金;8. 三架梁;9. 踏脚木;10. 穿;11. 草架柱;12. 五架梁;13. 角梁;14. 檐枋;15. 檐垫板;16. 檐檩;17. 下金枋;18. 下金垫板;19. 下金檩;20. 上金枋;21. 上金垫板;22. 上金檩;23. 脊枋;24. 脊垫板;25. 脊檩;26. 扶脊木

歇山式建筑所用的顺梁,与一般正式建筑的顺梁相同,它的形态和作用均与梁相同,因其安置的方向与一般梁架相反,不垂直于面宽方向,而是平行于面宽方向而得名。它的外一端作梁头,落在山面檐柱的柱头上,梁头上承接山面檐檩,内一端作榫交在金柱上。梁的上面沿踩步金轴线安装瓜柱或童柱(称为交金瓜柱或交金童柱),支承踩步金。

歇山梢间屋面为悬山做法,檩木由踩步金向山面挑出,究竟应挑出多少?歇山式建筑的山花板、博缝板应安装在什么位置?清《工程做法则例》规定:歇山式建筑由山面檐檩(带斗栱的建筑按正心桁)的檩中间内一檩径定为山花板外皮位置。凡清式歇山式建筑,无论大式小式,一概遵从这个法则。按此法则将山花板皮位置确定以后,即可确定博风板、草架柱、踏脚木、横穿等构件的位置,也就可以定出梢檩挑出的长度。歇山式收山的法则,保证了各种歇山式建筑风格的一致性,这个法则对歇山式建筑是十分重要的。

2. 屋顶

歇山式建筑的屋顶挺拔陡峭,四角起翘轻盈,既有正式建筑雄浑大度的气势,也有杂式建筑俏丽活泼的风格,又基本不受阶层等级的限制,所以无论帝王宫殿、王公府邸、寺观住宅乃至城楼商铺等都大量使用,尤其多用在园林建筑中,成为古建筑中最多见的、最富有变化情趣和艺术表现力的一种建筑形式。在宫殿的次要建筑和住宅园林中,常用卷棚歇山,还有四角攒尖歇山。

至于各种组合屋顶和组合建筑形式,也多以歇山顶为主体或组合单元。如常见的勾连搭和抱厦(将一高一低、一大一小、一主一次两个屋顶毗连,则小屋谓之抱厦,宋式称为龟头屋),都以歇山顶用得最多。抱厦可以前出一个,也可以前后左右出四个,抱厦与主屋可以是同向平行,也可以纵横垂直,等等。更复杂的组合形式,如著名的黄鹤楼、滕王阁、故宫的角楼等,宋画中有很多这种成组的楼阁殿顶拼合在一起的形象,大多都是以歇山顶为基本组合单元的。

二、攒尖式建筑

(一)攒尖式建筑的概念

所谓的攒尖式建筑就是建筑物的屋面在顶部交汇为一点,形成尖顶的建筑形式,这种建筑形式最早出现于北魏石窟中的石雕上,其特点是屋顶坡度较陡,无正脊,数条垂脊交合于屋顶部,上覆盖以宝顶。我国古代建筑中,攒尖式建筑大量存在。古典园林中有各种不同形式的亭子,如三角亭、四角亭、五角亭、六角亭、八角亭、十六角亭、圆形亭和长方形亭等,都属攒尖建筑。在宫殿、坛庙中也有大量的攒尖建筑,如北京故宫的中和殿、北海小西天的观音殿,都是四角攒尖宫殿式建筑。而天坛祈年殿、皇穹宇则是典型的圆形攒尖坛庙建筑。

(二)攒尖式建筑的特点

(1)建筑屋顶为锥形,没有正脊,顶部集中于一点,即宝顶,常用于亭、榭、阁和塔等建筑。

(2)建筑屋顶没有正脊,而只有垂脊,垂脊的多少根据实际建筑需要而定,一般双数的居多,而单数的较少,如有三条脊的,有四条脊的,有六条脊的,有八条脊的,分别称为三角攒尖顶、四角攒尖顶、六角攒尖顶、八角攒尖顶等。

(3)圆形攒尖则没有垂脊,尖顶由竹节瓦逐渐收小。

（4）有单檐、重檐之分，按形状可分为角式攒尖和圆形攒尖，其中角式攒尖顶有同其角数相同的垂脊，有四角、六角、八角等式样。

（5）除圆形攒尖外，其他四角形至多角形攒尖都有由角梁形成挑起的飞檐。

（6）此种建筑往往使用角云、抹角梁、趴梁。

（7）攒尖建筑往往在平面上、立面上组合成各种复合形式的造型，梁架结构比较复杂。

（三）攒尖式建筑的形式

攒尖式建筑可分为三角、四角、五角、六角、八角、十六角、圆形和长方形攒尖式建筑等，其中最为普遍的就是四角、六角和圆形攒尖式建筑，下面对其基本构造进行具体介绍。

1. 四角攒尖式建筑

以单檐四角攒尖建筑（图 3-9）为例，其构造比较简单。单檐四角攒尖式建筑平面呈正方形，一般有四棵柱。屋面有四坡，四坡屋面相交形成四条屋脊，四条屋脊在顶部交汇成一点，形成攒尖处安装宝顶。其基本构造是：由下至上，四棵柱，柱头安装四根箍头枋，使下架（柱头以下构架）形成圈梁围合结构。每个柱头上各放置角云一件。角云又称花梁头，它的作用是承接檐檩，其处于转角处的角云，上部做出十字檩碗。在箍头檐枋上面，相邻两个角云之间安装垫板。角云和垫板之上是塔交檐檩。塔交檐檩相交处做卡腰榫。四根檩子卡在一起，形成上架（柱头以上构架）的第一层圈梁式围合结构。在檐檩之上还有一圈塔交金檩。为解决塔交金檩的放置问题，须首先在檐檩之上施趴梁或抹角梁。这种借助与趴梁或抹角梁来承接檐檩以上木构件的方法，通常称之为"趴梁法"或"抹角梁法"。

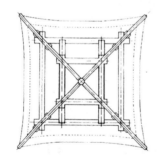

a. 单檐四角亭构架平面（趴梁法）

b. 单檐四角亭剖面图

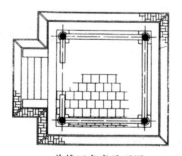

c. 单檐四角亭平面图

图 3-9　单檐四角攒尖式建筑的基本构造

具体而言,趴梁法的构造方式如下所示。

(1)沿金檩平面中轴线,在进深方向施长趴梁,梁两端搭置在前后檐檩上,在面宽方向,施短趴梁,梁两端搭置在长趴梁上,以便在檐檩上面架起了一层井字承接构架。

(2)在搭建成的井字承接构架上再依次安装金枋、金檩等构件。

抹角梁法的构造方式如下所示。

(1)在檐檩之上与宽面、进深各成45°角的位置装饰抹角梁。抹角梁中轴线要通过搭交金檩轴线的交点,四角共安装四根抹角梁,在檐檩以上构成方形承接构架。

(2)在形成的方形承接构架上再安装金檩等。

(3)在亭子的四个角转角,分别沿45°方向安装角梁,形成转角部位的骨干构架,角梁以上安装由戗(续角梁)。

(4)四根由戗共同交在雷公柱上。雷公柱是攒尖建筑顶部的骨干构件。雷公柱下如果安装太平梁,则可使雷公柱落脚于太平梁上。如果下施太平梁,则由四根由戗支撑悬空的雷公柱。究竟采用哪种做法,要看屋面及宝顶的重量大小而定。通常小式做法的宝顶较轻,一般不用太平梁,遇宝顶体积重量很大,仅凭由戗不足以支撑时,就需在上金檩之上安置太平梁以保"太平"。四角亭屋面按木基屋做法与歇山式建筑基本相同,在檩子上面钉置缘望板。正身部位钉正身檐椽、飞檐,转角部位钉翼角、翘飞檐。望板上面依次抹护板灰、做泥背铺底盖瓦件、调脊和安宝顶等。

2. 六角攒尖式建筑

六角攒尖式建筑可分为单檐和重檐两种。

(1)单檐六角攒尖式建筑

单檐六角攒尖式建筑平面有六根柱,成正六角形。屋面有六坡,相交成六脊,六条脊在顶部交汇为一点,攒尖处安装宝顶。

单檐六角攒尖式建筑的基本构造由下至上依次为六棵柱,柱头安装搭交箍头枋,使柱头以下形成圈梁式围合结构,柱头以上安装角云、垫板、搭交檐檩。在檐檩上面接金檩轴线安置确定趴梁的平面位置,通常是沿面宽方向的金檩轴线安置趴梁,梁两端搭置在檐檩上;在进深方向安置短趴梁,梁两端搭置在长趴梁上。短趴梁的轴线在平面上应通过搭交金檩轴线的交点,以保证搭交金檩的节点落在趴梁上。长短趴梁在檐檩上面形成了承接上层构架的井字形梁架。趴梁以上再依次安金枋和金檩。角梁沿各角安装,角梁以上安装6根由戗共同支撑雷公柱。雷公柱一般为悬空做法。在实际中六角攒尖建筑的长短趴梁的放置方向,也有互相易位的例子,即将长趴梁位置改装短趴梁,短趴梁位置改装长趴梁。长短趴梁位置交换,虽然对承接上层木架作用一样,但趴梁这样放置,会使趴梁榫卯、搭交檩件榫卯和角梁三者的节点集中在一起,相互影响,这对亭子的整体结构及局部的榫卯结构都有伤害,因此,在设计和施工中应尽量避免采用这种做法。

(2)重檐六角攒尖式建筑

根据不同的柱网分布形式,可将重檐六角攒尖式建筑分为单围柱重檐六角攒尖式建筑和双围重檐六角攒尖式建筑两种类型。

①单围柱重檐六角攒尖式建筑

单围柱重檐六角攒尖式建筑也叫一围柱重檐六角攒尖式建筑,其平面分布六角六棵柱。仅外围一圈檐柱,里围无金柱。

单围柱重檐六角攒尖式建筑的基本构造是：在柱头安装箍头檐枋（大式为额枋），柱头置角云，角云之间装垫板（带斗栱大式做法，这部分构件为平板枋和斗栱）。垫板以上安装搭交檐檩（带斗栱大式做法为搭交挑檐桁、正心桁），在檐檩上安装抹角梁。下层檐角梁外段扣搭在交檐檩上，内一端搭置在抹角梁上，并挑出于抹角梁之外，角梁后尾做透榫，穿入悬空柱下端的卯眼，悬挑上层檐柱。这种利用杠杆原理，以抹角梁为支点、角梁为挑杆悬挑上层全部构件的方法，即前面所谈到的抹角梁法。而上层悬空柱间由若干道横梁相联系。这些枋子由下至上分别为：花台枋（带斗栱大式做法，溜金斗栱后尾落在此枋上，无斗栱小式做法可在此枋与承椽枋之间安置荷叶墩一类装饰构件作为隔架构件）、承椽枋、围脊板、围脊枋、围脊楣子、上层檐枋（大式做法为上檐额枋）等构件。上层檐枋以上在柱头部位安装角云，角云之间装垫板，垫板以上安搭交檐檩（如为带斗栱大式做法，这部分应为平板枋、斗栱、挑檐桁、正心桁诸件）。在檐檩以上，安装趴梁，方法同单檐六角攒尖式建筑，趴梁上再装金枋、金檩、角梁、由戗、雷公柱等件。由于单围柱重檐六角攒尖式建筑，上层檐柱不落地，故室内空间利用率高，构造巧妙合理。

②双围重檐六角攒尖式建筑

双围重檐六角攒尖式建筑也叫两圈柱重檐六角攒尖式建筑，其平面分布12根柱子，外围檐一圈檐柱，里围一圈金柱。金柱向上延伸直通上层檐，作为上层檐的檐柱。这种由重檐柱直接支承上层檐的做法，是最普通最常见的一种构造方法。相当于在单檐六角攒尖式建筑外面再加出一层廊檐。它所采用的仍是双围柱重檐四角攒尖式建筑的构造模式。

两圈柱层的构造与单檐六角攒尖式建筑相似，也是采取施用长、短趴梁的方法组成上层构架。下层檐构架围合结构，在檐柱和金柱之间施指头梁，穿插枋通过这件构件把两围圈柱子联系成为一个整体，抱头梁之间安装垫板，垫板上面安装搭交檐檩，形成下层檐上架部分的围合框架。搭交檩与金柱间安装插金角梁，角梁后尾做榫交于金柱，前端挑出于搭交檐檩之外。下层正身檐檩外端钉置于檐檩之上，内一端搭置于承椽枋之上。承椽枋以上装围脊枋、围脊楣子和上层檐枋诸件。这种双围柱重檐六角攒尖式建筑尽管构造很合理，但由于金柱落地占据空间，影响室内空间利用率，因而作为公共园林建筑是有一定缺点。

3. 圆形攒尖式建筑

圆形攒尖式建筑的体量一般较小，平常用六棵柱，称为六柱圆形攒尖式建筑（图3-10）。其基本构造由下至上，依次为柱、花梁头、檐檩、趴梁、檩碗等。柱头部位安装弧形檐枋。这种弧形檐枋不同于多角亭上的箍头枋，它的端头不做箍头榫，而是燕尾榫与柱子相交。在柱头之上，装花梁头，花梁头的作用在于承接檐檩及安装垫板。檐檩之间由燕尾榫相连接。檐檩之上装趴梁，长短趴梁的位置与前边所述六角形攒尖式建筑趴梁安放的位置正好相反。长趴梁沿进深方向安装，按这个方向安置长短趴梁，有两个原因：一是圆形攒尖式建筑没有角梁，檐檩相接处不做搭交榫，趴梁头扣在柱头位置上，不会出现六角形攒尖式建筑那样三种节点相互矛盾、相互削弱的情况。二是圆形攒尖式建筑的檩、枋、垫板等构件为弧形，弧形构件水平放置时，外侧重，在不加任何外力的情况下，构件自身已有一定的扭矩；如果将长趴梁压在檩子中段，使檐檩以上所有的荷载都加在弧形檩子上，必然增大扭矩，节点处就会被破坏，这是万万不可以的；只有使趴梁的端头压在柱头位置的檩子上，才能保证结构的合理和安全。这是在考虑圆形攒尖式建筑构造时要特别注意的地方。确定长短趴梁的位置时还应注意，要保证每段金檩的节点都压在趴梁的轴线上。在趴梁之上，两段金檩交接处，还要放置檩碗，以承接金檩。檩碗形如檐柱上的花梁头,但可不做出麻叶云头状。在各檩碗间安装弧形金枋,其上安放金檩。檩碗与趴梁之间应有暗梢固定。在金檩之上,每两段檩子对接处使用6根由戗支撑雷公柱。圆亭雷公柱的作用与其他多角亭相同,但由于由戗以下无角梁续接,仅凭6根由戗来支撑雷公柱之上的宝顶和瓦件是不够的,因此凡圆亭在雷公柱之下通常要加一根太平梁。太平梁两端搭置在金檩上,做法同趴梁,使雷公柱下脚落在太平梁上。

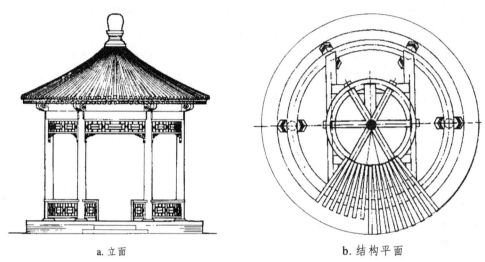

a. 立面　　　　　　　　　　　　　　　　b. 结构平面

图 3-10　六柱圆形攒尖式建筑

(四)攒尖式建筑的基本构造

攒尖式建筑有带斗栱和不带斗栱两种,其中不带斗栱的单檐四角攒尖亭是最简单的攒尖式建筑,但它却是所有攒尖式建筑的基础,解析它的基本构造有助于对其他复杂的攒尖式建筑结构的认识理解。四角攒尖式建筑平面为正方形,四根柱顶着四面坡,四坡向上收缩、集中交汇成攒尖,其上安宝顶。

攒尖式建筑的基本构造包括台基、梁架、屋面三部分,其台基与其他正式建筑基本相同,故在此仅介绍梁架与屋面两部分。

1. 梁架

(1)趴梁结构

①基座上四角各立一柱,由四根箍头枋在柱头穿插搭交围合,使之成为一个稳定的整体。

②柱头上各安装一件角云,角云上承载四个面的檐桁,桁头在角云上十字相交,四个面的桁与相应的箍头枋之间装垫板。

③在面阔方向前后檐桁上,向内各一步架安装长趴梁,再在两长趴梁各向内一步架处安短趴梁,短趴梁两端搭在长趴梁背上,形成井字形构架。

④在井字形构架上安装金枋和金桁。四根金枋、金桁头部十字相交。

⑤四根角梁的前部分别搭在搭交檐桁的搭交处,尾部自下承托搭交金桁的搭交处,子角梁尾部扣在搭交金桁搭交处的上部。由戗(续角梁)下端与子角梁尾部相交,四根续角梁上端从四个方向插在雷公柱上,雷公柱悬在空中,这是一种做法;大型攒尖建筑往往在搭交金桁上加一太平

梁,雷公柱立在太平梁上,使屋面结构更加牢固。

(2)抹角梁结构

①基座的四角各立一柱,由四根箍头枋在柱头穿插搭交围合,使之成为一个稳定的整体。

②柱头上各安装一个角云,四个角云各承载两个面的檐桁,桁头在角云上十字搭交,四个面的桁与相应的箍头枋之间安装垫板,垫板两端插入角云两侧的槽内。

③在相邻的两桁上,按各成45°安装抹角梁,四根抹角梁围成正方形梁架结构。

④在方形梁架上安装金枋和金桁。四根金桁头部十字相交。

⑤四根老角梁前部分别搭在搭交檐桁上,尾部自下承托着搭交金桁,子角梁安装在老角梁上,尾部扣在搭交金桁的搭交处。由戗(续角梁)下端与子角梁上端相交,四根由戗上端从四个方向交在雷公柱上,雷公柱悬在空中,这是一种做法;另一种做法抹角梁上安装太平梁,雷公柱立在太平梁上。

2. 屋面

屋面做法同一般的正式建筑,桁上钉正身檐椽、飞椽;翼角部位安装枕头木,钉翼角椽、翼角飞椽。望板上铺苫背、瓦件;调脊、安宝顶,宝顶安装在雷公柱上面的宝顶桩上,它盖住瓦陇的顶部,防止露雨,保护屋面,同时也是非常好看的装饰。

第四章　中国古代建筑的装修与装饰

　　装修在以木结构为主体的中国古代建筑中占着非常重要的地位,充分体现了中国传统文化的内涵。装修的重要作用表现在:首先,它具有采光、通风、保温、防护和分隔空间等功能。其次,它具有丰富的艺术内涵和美学效果。最后,装修是封建等级制度和观念的体现,不同的等级制度在装修上有严格的区别。

　　中国古代建筑的装饰有很多,而在建筑上使用色彩是我国古代建筑装饰最突出的特点之一。人们用油漆掺入各种颜色绘饰图案,形成色彩鲜艳的"漆饰"和"彩绘",合称为"彩画"。在很早以前,我国古代匠师就有在房屋上施加油漆彩绘的传统,经过两千年多年的发展,已经成为一门精美绝伦的彩画艺术。彩画与各种宏伟建筑的结合,形成了中国古代建筑鲜明的民族特点,在世界建筑中别开一镜,光艳夺目。

第一节　中国古代建筑的装修

　　中国古代建筑装修根据在建筑物上的位置分为两大类:一类是内檐装修,另一类是外檐装修。

一、内檐装修

　　建筑物内部所有柱间的间隔物,统称内檐装修。内檐装修的主要功能在于空间的分割。内檐装修有框槛,除碧纱橱有底槛外,其他罩类只有上槛、中槛和抱框。由于内檐装修选材多为硬木,如紫檀、红木、酸枝、乌木等名贵木材,加之常与透雕、浮雕、镶嵌、书法、绘画融合在一起,所以它同时又是华美、高雅的陈列物、装饰品。常见的内檐装修有以下几种。

(一)碧纱橱

　　碧纱橱,也称内檐隔扇,即用隔扇作内檐两柱间的隔断物。碧纱橱主要由框槛(包括抱框,上、中、下槛)、隔扇、横披等部分组成,中槛与上槛之间是横披窗,横披由折柱分做3段或5段,内加仔屉与棂花。底槛与中槛之间安装隔扇,隔扇为双数,四扇、六扇、八扇等。隔扇多少,视面阔或进深两柱之间的距离而定,每块隔扇的框架用边挺抹头,上下依槅心裙板布局。中间两扇可以开启作门,其余为固定扇。它的功能是既能将两间屋完全隔绝,各成一体,互不干扰,又能相通,彼此呼应。在开启的两扇隔扇外侧安帘架,上安帘子钩,可挂门帘。碧纱橱隔扇上做各种精细的雕刻,仔屉为夹樘做法,上面绘制花鸟草虫、人物故事等精美的绘画或题写诗词歌赋(图 4-1)。

图 4-1　碧纱橱

（二）罩

罩使用在房屋内两种不同地方之间，而这两种不同地方又无太大的不同，所以又不必显著地隔断开来。例如，三间大厅即可在左右两排柱上顺着梁枋安栏杆罩，这样中间的明间即是较为正式的会客场所，而左右次间则是可以随便漫谈的地方。罩又可分为以下几种类型。

1. 落地罩

落地罩的框槛只有抱框和上槛、中槛，没有底槛。位置也是在进深两柱间或面阔两柱间，中槛以下，紧靠左右两柱各安一扇隔扇，隔扇上有横披，其底皮坐落在须弥座上，其上皮顶着中槛，隔扇与中槛相交 90°处各加一个花牙子。由于左右隔扇落地，所以起名落地罩。落地罩往往用于客厅、书房等处，一间房空间不够用，需要两间、三间连起合用，但三间连在一起又感到空旷，在间与间的柱间用落地罩加以装修比较适宜，可以取得既相隔又相通，既有足够的使用面积又没有空旷单调之感的效果（图 4-2）。

2. 落地明罩

落地明罩类似落地罩，中槛以下，两抱框以内各加一隔扇，但无绦环板和裙板，只有花心，并直接落地，没有须弥座，整个造型玲珑精巧（图 4-3）。

图 4-2　落地罩

图 4-3　落地明罩

3. 几腿罩

　　几腿罩是带有装饰性的隔断物,位于框槛抱框以内,置于横披挂空槛下,左右于抱框间安装花牙,下端不着地,只在装饰物的两端用小垂挂收住,结构简单,造型简明,因抱框如几案两腿落地,故名几腿罩。也有的将左右小花牙变为整个大的花饰,亦称吊罩。几腿罩花样很多,有的用棂条卷曲盘绕成各种纹样,有的雕刻花草植物或动物(图 4-4)。

4. 栏杆罩

　　栏杆罩就是在两柱抱框内,另加两根立框,框脚着地,框头顶着中槛。立框将空间分为三段,左右两段窄,中间宽,作为通道供人行走,并在左右两段设栏杆隔截,三段空间上面加花罩。此种造型活泼典雅,别具一格,既将空间一分为二,又使两个空间相互呼应(图 4-5、图 4-6)。

图 4-4　几腿罩

图 4-5　栏杆罩一

图 4-6　栏杆罩二

5. 圆光罩

　　圆光罩在进深两柱间,安装框槛、横披,在中槛和两抱框间作满各种棂花装修,中间留圆门(图 4-7)。

图 4-7　圆光罩

图 4-8　炕罩

6. 炕罩

北地天寒习惯用火炕,火炕边沿上做的装饰性隔断物就叫炕罩(图4-8)。

(三)神龛

《营造法式》中把神龛称为佛道帐。神龛内供神佛祖先,雕刻讲究。一般情况下,下为基座(常用须弥座形式),中为柱身,上为屋顶,均用木雕成,比较尊贵的神龛还在屋顶上加做平坐、天宫楼阁等物。

(四)多宝格

多宝格,又称百宝格或博古格,它将格内做出横竖不等、高低不齐、错落参差的一个个空间。多宝格具有装修与家具双重功能,一般安装在进深两柱之间,借以隔离空间。宽40cm左右,高在中槛之下,中间留门,以供出入。门左右分上下两部分,下部80cm左右做成柜门,可盛放书籍器物,上部做成方形、长方形、圆形和各种异形格子,以陈列瓷器、玉器、铜器、各种古玩工艺品,高贵典雅,是文人墨客书房、客厅不可缺少的装修物(图4-9)。

(五)太师壁

安装在堂屋之中,两侧及后面均留有空间供人通行,壁前放几案、太师椅等家具,故称太师壁(图4-10)。

图4-9　多宝格

图4-10　太师壁

二、外檐装修

凡于基座以上,檐柱之间或金柱之间,及其檐枋以下的隔断物,统称外檐装修,包括门类、窗类、栏杆、挂落、坐凳等。它与山墙、檐墙起相同的作用。外檐装修由于处于室外,常年受风吹日晒、雨露侵蚀,因而在用料、设计、制作、防护等方面都要考虑这些客观因素,使之适应自然条件的考验,延长使用寿命。常见的外檐装修有以下几类。

(一)门类

在中国古代建筑装修中,门的种类主要有以下几种。

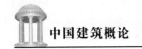

1. 隔扇门

隔扇门作为出入房内外通道的门,可安装在两檐柱间,称作"檐里安装",也可安装在两金柱间,称作"金里安装"。隔扇门是中国古代最常用的门扇形式,特别是在宫殿庙宇中,通常为四扇、六扇和八扇。

隔扇门的做法是先用方木做出隔扇的四框,立框为边挺,横框为抹头。抹头和边挺的长度比例大约是1∶3或1∶4。一扇隔扇上下通常分做两段,上段叫隔心,下段叫裙板。如果隔扇很高,裙板上下可再加绦环板(图4-11)。

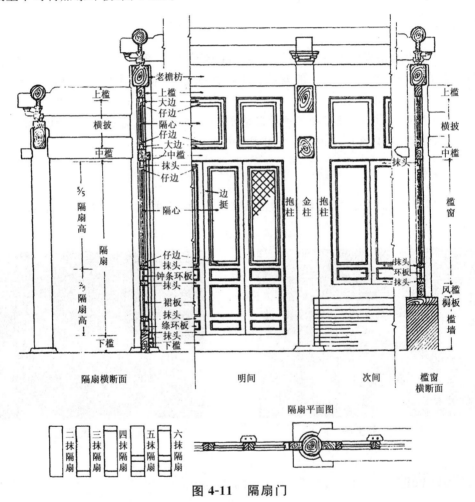

图 4-11　隔扇门

隔心是隔扇上透明的部分,由花样的棂隔拼成。隔心在边挺抹头之内另加仔边,仔边之内用细棂条拼斗成各种三交六梳、双交四梳等菱花图案。为了透明又能防尘,古代常用糊纸办法,明代用楮树皮造的棂纱纸,为广信郡产品,专为宫廷所用。清代造纸部门为满足糊窗户、糊墙大量用纸要求,特制一种宽六尺、长一丈二尺的纸,俗称"丈二匹",质量洁白柔润,纸上且可绘画。除了糊纸,还有夹纱做法,用于内部,分隔前后,有雅洁的感觉。

裙板是隔扇的下部,不透光,全部用木板银严,有时可做些雕花。边挺与上下抹头相接处,多用角叶钉上,以防扇角松脱或者歪斜。边挺与中间抹头相接处则用看叶、带钩花纽头圈子,也起加固作用。

帘架是一种辅助的门框,安在隔扇门外方。两边边挺与隔扇同高,下部是门洞上部用抹头二根,中有仔边、棂子称帘架心,其下即挂帘子,供夏日防蝇的需要,冬天还可装风门,以防冷风。

隔扇门一般内开,在大边上下要做出转轴分别与槛框上的连楹、栓斗交待,以便开关。

2. 棋盘门

棋盘门,也叫攒边门,用边挺大框做成框架然后装板,上下抹头之间用穿带三或四根,分成格状,看起来像棋盘一样,因此得名。

棋盘门多用于民宅。门的尺寸根据门口而定,但上下要长出门口1~1.5寸,长出部分称"上下碰"。特别是门扇的立边要长,长出部分做门轴。左右也要宽出门口的宽度,宽出部分称做"掩闪",这样两扇门才可固定在门框上并将门口关住。

棋盘门的做法,左右安大边,上下两端安抹头,中间安门板,板块与板块间用鸳鸯榫连接,上下抹头之间再安穿带,将门板穿在一起,并与大边穿在一起,使之成为一个整体。再在相邻的两根穿带上安插关,可在里面将门插锁。在大边一面上下做门轴,将门扇上下分别安装在连楹的轴眼里和门枕的轴眼里。两扇门板外面各安装一个金属门跋。若将门的外面做得四面平齐不起线脚,就算是棋盘门中较讲究的一种做法(图4-12)。

图4-12 棋盘门

3. 实榻大门

实榻大门常用于城池、宫殿、庙宇、王府宅院等较高等级的建筑入口处,一般民宅不得使用。它形体最大、规格最高、最坚实安全。它的门扇全部用较厚的实心木板拼接而成,门心板与大边同厚,门心板用穿带与大边穿接在一起,门外面钉有不同路数门钉,非常结实厚重,气势非凡(图4-13)。

实榻大门的框槛边抹穿带做法与棋盘门相似,不同之点是它的门心板与大边同厚,自2寸至3寸不等,一般在中柱之间安装。由于在明间中柱之间安装,实榻大门一般只用两扇,其总宽小于中柱面宽,所以一般布置要单立两根门框,而门框与抱框之间的空当就用叫做腰枋的横木分做两段或三段并以薄板填实,这种薄板叫做余塞板。中槛以上很高的空当也填上薄板,叫做走马板。大门槛近门扇两端处内侧,在门扇转轴之下有托轴的门枕,在转轴上方套在连楹上,中梢接牢固。门簪轮廓常为六角形,并做出各种雕饰。

图 4-13　实榻大门

实榻大门门扇本身外侧还要使用门钉、兽面等铜制品,《工程做法则例》有九路、七路、五路门钉的规定。门钉原来的作用是为了使穿带对门心板的联接作用更为牢固,但在外观上也表现出不可侵犯的森严,反映了大门在建筑中的保卫职能。

4. 镜面门

镜面门不用木框,用厚木板拼合而成,背面用横木联系。镜面门包括框槛和门扇两部分,一般为四扇,每扇不是独板制成,而通常是几块一寸半厚的木板由穿带拼合而成,多用在垂花门的后檐柱之间,或墙门上使用(图 4-14)。

图 4-14　镜面门

镜面门还有一些附属构件:鹅项、碰铁、屈戌、海窝。镜面门没有门轴,在门轴一侧上下各安装"鹅项"一件,镜面门另一侧上下各安装"碰铁"一件,作为关门时与门槛的碰头。"屈戌"安装在连二槛上,鹅项安插在"海窝"内,借以固定和门扇的开启。

5. 撒带门

撒带门常用于一般民居大门或居室门。它只有一根大边,里侧凿卯眼,上下做门轴。一块块门板由 4 至 5 根穿带连接在一起,穿带一端做榫,与大边卯口相结合。穿带另一端,由一根压带将几根穿带与门板连接成一个整体(图 4-15)。

图 4-15　撒带门

（二）窗类

窗主要用于采光、通气、瞭望等,汉朝时已有多种窗格样式,如直棂、卧棂、斜格等,唐以前仍以直棂窗为主,大多固定不能开启。宋朝开始,开关窗增多,在类型和外观上有所发展。

在中国封建社会后期,最常用的是槛窗、直棂窗和支摘窗,以下对这三种窗类进行介绍。

1. 槛窗

槛窗和隔扇门做法相近,但长度较短,没有裙板。北方由于天冷,槛窗榻板下多用砖墙;在南方气候温和,榻板之下改用木板壁(图 4-16)。

棂花
边挺
抹头
花板
框槛

图 4-16　槛窗

2. 直棂窗

直棂窗是一种比较古老的窗式,从汉代出土的文物中可以看到当时的门窗以直棂窗为主,唐、宋遗存下来的古庙宇建筑也多为直棂窗。直棂窗窗框内安装的一根根很粗的菱形木棍即棂条,当距不大,早期基本露空,后来用纸贴糊。再后来,为了采光,棂条变细,为了防风吹雨淋,当距一般在 7～8cm 左右(图 4-17)。

图 4-17　直棂窗

3. 支摘窗

支摘窗,又名和合窗,多用于住房建筑中。支摘窗框槛包括左右抱框、间框、上槛,没有下槛。间框把窗分为左右两部分。窗的抱框、间框高等于槛墙踏板上皮至枋的下皮距离减 1/2 柱径,即减去上槛的宽度,其宽为 1/2 柱径,厚 1/3 柱径。上槛与中槛宽和厚等于门的上槛宽和厚。中槛左右两部分完全对称,每一部分又分上下相等的两部分,上窗扇可以支起(利用挺钩),下窗扇可以摘下,故名支摘窗。支摘窗的棂花、棂条直接安装在边框内,棂花复杂的,将棂花外做成仔屉安装在边框内。每个窗扇边抹内用棂条拼成步步紧等花纹并银嵌工字大花,其精致程度是仅次于槛窗中的棂花式样的(图 4-18、图 4-19)。

(三)顶棚

中国古代建筑屋顶内部有两种处理方法,一种是如果不加顶棚,梁架椽望露明,就需要把梁架木件做较细致加工,李诫在《营造法式》上把这样处理叫彻上明造;另一种是加一层顶棚把梁架椽望遮住。有了顶棚,可以增加屋顶的隔热性能,也可以使室内空间上下平齐方整,易于打扫干净。在长江流域以南地区由于气温高,湿度大,挂上顶棚反而空气不易流动,所以没有北方用得多。常见的顶棚有以下几种。

1. 木顶槅

一般王府、官僚住宅多用木顶槅。木顶槅为每间四至六块方框拼合而成。在这四至六块方块的四周围上贴梁,贴梁就固定在大梁间枋上。框架的固定主要依赖于木吊挂,每块要用四根木吊挂吊在檩上,框架之间并用铁钉或铁丝连为一体。框架下皮糊纸两道,或素白或印花。

图 4-18　支摘窗一

图 4-19　支摘窗二

2. 天花

天花用于建筑室内顶部的装修,有保暖、防尘、限制室内空间高度以及装饰等作用。天花有许多别称,如承尘、仰尘、平棋和平暗等。宋代按构造做法将天花分为平暗、平棋和海墁三种,到了明、清时期,则主要有井口天花、海墁天花两类。

(1)井口天花

井口天花常见于较尊贵的主要殿座中。井口天花是把横直交叉的支条直接搭在贴梁上,贴梁再向四周的天花梁枋固定。支条相交成许多方格,每个方格镶入一块方板叫天花板。为防支条下垂,大梁之间还架设有圆形断面的帽儿梁,上用铁勾吊在檩枋之下。井口天花的露明部分,一般要做各种彩画,如龙凤、仙鹤以及花草图案等(图 4-20)。

(2)海墁天花

海墁天花只用于一般住宅的天花,表面糊麻布和白纸或暗花壁纸。

图 4-20　井口天花

第二节　中国古代建筑的装饰

中国古代建筑的装饰有很多,其中彩画是中国古代建筑中最具特色的装饰手法。公元前 6 世纪,先民就在建筑梁架上绘上水藻一样的纹样;秦汉时期,在华贵建筑上绘有龙蛇、云团等图案;到宋代中期,彩画得到了规范化,被分类应用在不同等级的建筑上;至清代时,彩画形成了三种基本形式,即和玺彩画、旋子彩画、苏式彩画。在这里主要介绍这三种彩画以及其他几类构件的彩画。

一、和玺彩画

(一)和玺彩画概述

和玺彩画是清代使用等级最高的一种彩画,它是由早期的"金琢墨金龙枋心彩画"及"合细五墨金龙凤枋心"逐渐融合而形成的。其主要特点是部位多以沥粉贴金,装饰图案以龙凤为主,是一种艺术风格富丽华贵的高级彩画。龙凤图案代表皇权,只能用在紫禁城内最重要的宫殿上,即宫殿、坛庙的主殿和殿门等处。

和玺彩画在整体构图上,各个梁枋的全长均分为三段,工匠木语称为"分三停"。彩画梁枋的当中部分叫做"枋心",左右对称部分叫做"找头",找头的外端部分叫做"箍头"。箍头上描绘花纹的称"活箍头",没有花纹的称"死箍头"。如梁枋较长,又可在两端箍头位置平行分隔开,左右各两条竖直平行线,中间空出矩形空间,称作"盒子"。用于分隔或绘制图形的线体,统称"锦枋线",包括枋心线、箍头线、盒子线、皮条线、岔口线等五大线。

清代和玺彩画的构图是五条锦枋线条齐备的,但是在找头靠箍头一侧出现了玉圭形状的圭线光,呈一整两半的排列,为求协调一致,使皮条线、岔口线、枋心线皆呈∑形状,称为"圭线"。早期的圭线光为弧线型,是从束莲纹转化而来(图 4-21)。各锦枋线条及图案线条皆为双线沥粉贴金。构图各部分的底色以青绿为主,互为间色,整体色彩效果呈现庄严华贵的观感。亦有的底色为青红或绿红互换,更加衬托出金线的艳丽。大小额枋之间的额垫板一般为红色底色,描绘金线图案,使青绿的大小额枋区分更为明显。和玺彩画的枋心、盒子、找头、垫板、平板枋所用的图案以龙凤纹为主体,间有吉祥草、梵文、西番莲等图案(图4-22)。根据其所用的图案,和玺彩画又分若干类别与等级。

清初

清中叶

清末

图 4-21　清代和玺彩画圭线的变化

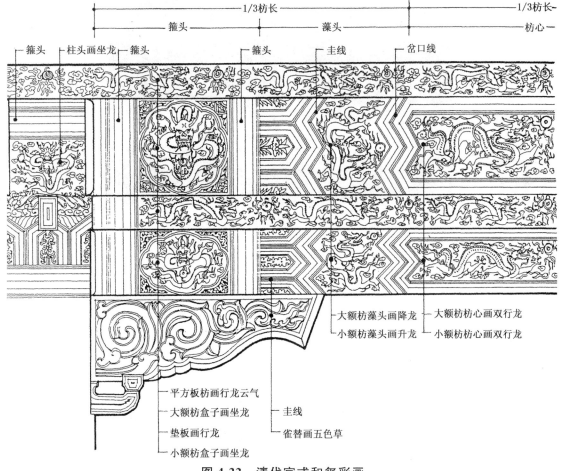

图 4-22　清代官式和玺彩画

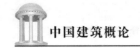

（二）和玺彩画的类型

和玺彩画根据所画的内容不同,常分为金龙和玺彩画、龙凤和玺彩画和龙草和玺彩画三种类型。下面对这三种类型加以介绍。

1. 金龙和玺彩画

金龙和玺彩画在清式彩画中,等级、地位最高,整个彩画以各种形态的龙为表现主体。色彩上以青、绿、红为主,龙、云气、火焰、锦枋线等均贴金箔。找头画升龙或降龙,盒子画坐龙,枋心画二龙戏珠,若找头长,可画升降二龙戏珠;大额枋与小额枋,相同位置青绿两色互换,如大额枋枋心为青色地,二龙戏珠,小额枋则绿色地,二龙戏珠;额垫板红色,画行龙,自两端向中面对排列;平板枋青色,画行龙,自两端向中面对排列。各种龙周围均衬以云气和火焰,以示祥瑞和神威(图 4-23)。

图 4-23　北京故宫太和殿金龙和玺彩画

2. 龙凤和玺彩画

龙凤和玺彩画是以龙凤相间的图案来构图,一般将龙画在青底的枋心、找头、盒子上;凤画在绿底的枋心、找头、盒子上。若大额枋枋心画龙,则小额枋枋心画凤。龙与凤相互换位或相间,或龙凤同时画在同一枋心内,称作"龙凤呈祥"。额垫板与平板枋一般画一龙一凤,相间排列(图 4-24)。

3. 龙草和玺彩画

以龙和草相互构图,底色以红、绿相调换。在绿底上画龙,在红底上画草。草常配以法轮吉祥草,或简称转辘草或公母草。额垫板不画草,只画转辘草(图 4-25)。

图 4-24　北京故宫钦安殿额枋龙凤和玺彩画

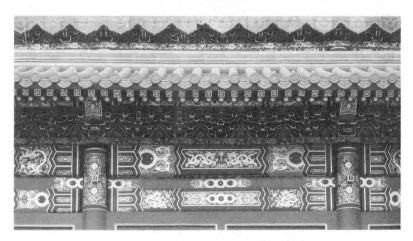

图 4-25　北京故宫弘义阁龙草和玺彩画

二、旋子彩画

（一）旋子彩画概述

旋子彩画是等级仅次于和玺彩画的彩画类型，最早出现于元代，明初基本定型，至清代完全形成"规矩活"的彩画（图 4-26），是明清建筑中应用最广泛的一种彩画，多用于宫廷的配殿或次要殿堂、坛庙、陵寝、王府、园林或官衙等建筑。因其旋花瓣带卷涡纹，也被称为学子、蜈蚣圈、圈活。梁思成先生在《清式营造则例》一书中将其定名为旋子彩画，沿用至今。

旋子彩画的构图仍遵循大木构件分三停的画法。五大线的锦枋线齐备。皮条线、岔口线完全定型为"＜"形的 60°折线。旋子彩画有两大特点：其一是图案大色用色皆为青绿，呈冷色调的彩画，与下架红色的门窗柱框形成鲜明的对比，青绿的旋子彩画用于外檐更增加了檐下阴影的深度,强化了建筑的体积感;其二是其找头部分的图案完全由青绿旋瓣团花组成,整齐素雅,具有规整的图案装饰性。

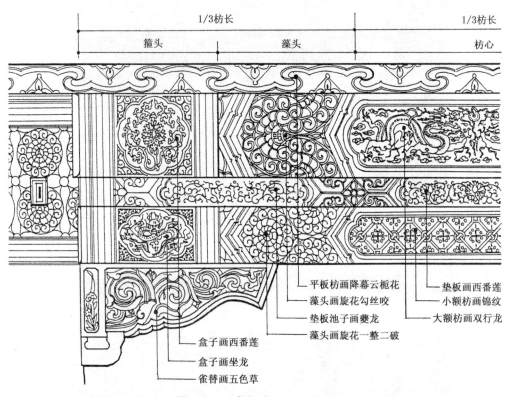

图 4-26　清代官式旋子彩画

旋子彩画的找头图案为"旋子"造型,旋子是一种花的变形,在一个圆里,一层层花瓣上下正反卷曲,形成旋子。花瓣有几层称几路瓣,有"一路瓣""二路瓣""三路瓣",最里层花心称"旋眼"。正反旋花中间的空地形成剑头形,故称"宝剑头";花瓣之间的空地三角形,故称"菱角地";旋子靠箍头位置的图案,相当于和玺彩画的"盒子"位置的图案,称作"栀花"。旋子根据找头的长短,以"一整两破"为基本造型,"整"是整个旋花,"破"是一个整旋花破成两半个旋花。在"一整两破"上作不同形式的花瓣增减处理,可得出多种旋子样式(图 4-27),常用的有以下几种。

1. 勾丝咬

勾丝咬旋子找头长度比较短,约为皮条线至岔口线宽度的 3 倍,由三部分旋花相交咬在一起,故称勾丝咬。

2. 喜相逢

喜相逢旋子找头比前者略长,约为皮条线至岔口线宽度的 4～5 倍,三部分旋花相交。

3. 一整两破

一整两破,其长度约为皮条线至岔口线宽度的 6 倍,一个整旋花与两半个旋花相组合。

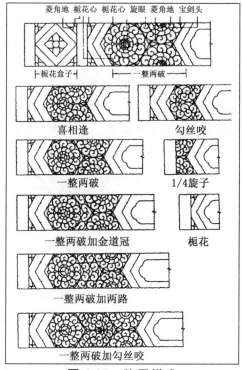

图 4-27　旋子样式

4.一整两破加一路

一整两破加一路,其长度约为皮条线至岔口线宽度的6倍,在一个整旋花与两半个旋花之间加一路旋花。

5.一整两破加金道冠

一整两破加金道冠,其长度约为皮条线至岔口线宽度的7.5倍,在一个整旋花与两半个旋花之间,加一道形似道冠的图案。

6.一整两破加两路

一整两破加两路,其旋子长度为皮条线至岔口线宽度的8倍,在一个整旋花与两半个旋花之间,加两路旋花。

7.一整两破加勾丝咬

一整两破加勾丝咬,其旋子长度为皮条线至岔口线宽度的9倍,在一个整旋花与两半个旋花之间,加一个勾丝咬的图案。

8.一整两破加喜相逢

一整两破加喜相逢,其旋子长度为皮条线至岔口线宽度的10倍,在一个整旋花与两半个旋花之间,加一个喜相逢图案。

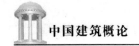
（二）旋子彩画的类型

旋子彩画根据找头部位的用金、退晕层次等，可分为以下几种类型。

1. 金琢墨石碾玉彩画

金琢墨石碾玉彩画是旋子彩画中等级最高的。它的特点是所有锦枋线和各路花瓣皆沥粉贴金、退晕。旋眼、菱角地、宝剑地、栀花心皆沥粉贴金。枋心多画龙锦，青地画龙，绿地画锦，整个彩画辉煌绚丽（图4-28）。

图4-28　清官式金琢墨石碾玉彩画

2. 烟琢墨石碾玉彩画

烟琢墨石碾玉彩画，在等级上仅次于金琢墨石碾玉彩画。所有锦枋线沥粉贴金和退晕；旋眼、菱角地、宝剑地、栀花心、栀花边线皆沥粉贴金。旋子各路花瓣则用墨线和退晕。枋心画龙锦，平板枋画降幕云，额垫板画法轮吉祥草（图4-29）。

图4-29　烟琢墨石碾玉彩画

3. 金线大点金彩画

金线大点金彩画，五大锦枋线均沥粉贴金、退晕；旋子、栀花用墨线不退晕；旋眼、菱角地、宝剑头、栀花心皆沥粉贴金；枋心画龙锦，盒子青地画龙，绿地画西番莲或花草（图4-30）。

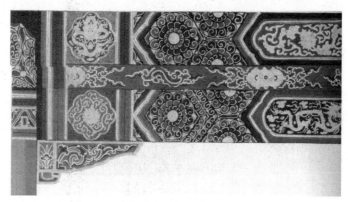

图4-30 金线大点金彩画

4. 金线小点金彩画

金线小点金彩画，除菱角地、宝剑头不沥粉贴金外，其余同金线大点金彩画基本一致。

5. 墨线大点金彩画

墨线大点金彩画，五大锦枋线与旋子、栀花等墨线，不退晕；旋子花心、栀花心、菱角地、宝剑头等沥粉贴金；其他同金线大点金彩画。

6. 墨线小点金彩画

墨线小点金彩画，锦枋线及轮廓线全部为墨线，不退晕；花心、栀花心沥粉贴金；枋心多画墨叶子花式夔龙（图4-31）。

图4-31 墨线小点金彩画

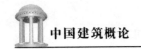

7. 雅伍墨彩画

雅伍墨彩画是旋子彩画中最简单、等级最低但比较素雅的一种,整组青绿彩画全部用墨线,不退晕。枋心多为一字枋心,旋子在青绿地上用黑白线勾画;平板枋以画栀花为主,额垫板无图案,只刷红油漆(图4-32)。

图4-32 雅伍墨彩画

8. 雄黄玉彩画

雄黄玉彩画是一种黄色调的旋子彩画。锦枋线及旋花图案一律用墨线,退晕、不贴金。因为所用雄黄、漳丹颜料有毒,可防虫,故多用于书房、藏经楼等处(图4-33)。

图4-33 北京北海阁古楼雄黄玉旋子彩画

三、苏式彩画

(一)苏式彩画概述

苏式彩画最早源于苏州,别名"苏州片"。明永乐年间营修北京宫殿,大量征用江南工匠,苏式彩画因之传入北方,成为与和玺彩画、旋子彩画风格不同的一种彩画形式,常常使用在园林、住宅等建筑上。历经几百年变化,苏式彩画的图案、布局、题材以及设色均已与原江南彩画不同,乾隆时期的苏式彩画色彩艳丽,装饰华贵,又称"官式苏画"。

苏式彩画与和玺彩画、旋子彩画最大不同之处在于枋心,它将枋、垫板、桁连成一体,在中间用连续弧线画成半圆形的"包袱",包袱内画山水、人物、花卉、鸟兽、虫鱼、楼台、殿阁等图案。包袱的围线称包袱线,层层退晕,外层称"烟云托",内层称"烟云"。烟云又分"软烟云"和"硬烟云"两种,软烟云由曲线画成,硬烟云由直线画成。烟云退晕,以青、紫、黑三色为主,托子为黄、绿、红三色为主(图4-34)。

苏式彩画图案以锦纹、回纹、卍字、连珠、夔纹等为主。箍头常以方格锦、回纹、卍字、连珠为图案,做活箍头,装饰常绘叶花、异兽、流云、博古、竹梅等,图案与画题互相交错,形成灵活多变的画面。

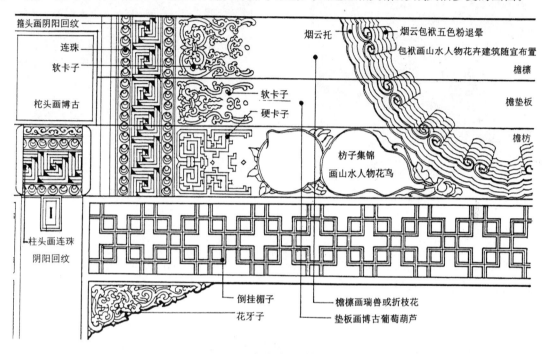

图 4-34 清代官式苏式彩画

(二)苏式彩画的类型

苏式彩画与和玺彩画、旋子彩画一样,也根据用金量和退晕层次划分等级与样式。下面主要介绍金琢墨苏式彩画、金线苏式彩画、黄线苏式彩画以及海墁苏式彩画。

1. 金琢墨苏式彩画

金琢墨苏式彩画是苏式彩画中最华丽的一种,工艺考究,用金量最大。凡图案均退晕,外轮廓沥粉贴金,包袱内甚至用满金箔做衬底,称之为"窝金地"。烟云托子退晕层一般为7~9层,最多可达13层(图4-35)。

2. 金线苏式彩画

金线苏式彩画是最常见的一种苏式彩画样式,主要线如箍头线、包袱线、聚锦线以及活箍头与卡子等均沥粉贴金,烟云退晕层次减少,最多5~7层(图4-36)。

图 4-35　金琢墨苏式彩画

图 4-36　金线苏式彩画

3. 黄线苏式彩画

黄线苏式彩画又称墨线苏式彩画,主要线条均用黄线或黑线,不沥粉贴金;箍头用回纹或锁链锦,烟云、托子退晕 5 层以下。

4. 海墁苏式彩画

海墁苏式彩画无枋心、无包袱,用黄线或黑线画一些简单的花纹,如蓝地画红黄绿三色流云,绿地画黑叶折枝画(图 4-37)。

图 4-37　海墁苏式彩画

四、其他构件的彩画

(一)天花彩画

天花彩画分两大部分,枝条与天花板。枝条相交成井字形,相交处称"燕尾",燕尾往往画云形图案,中心为轱辘图案。天花彩画从内至外由圆光边框、方光边框和大边框构成。一般圆光用蓝色,方光用浅绿色,大边用深绿色,方光四角称岔角、大边、井口线。圆光内图案有龙、凤、仙鹤、云、草、花卉等,根据建筑等级而定(图4-38)。

图4-38　北京故宫承乾宫片金对凤天花彩画

(二)斗栱彩画

斗栱彩画,每攒斗栱、每个构件,斗、栱、升、昂、翘,顺其外轮廓画线,线色有金、银、蓝、绿、墨五种。正身栱眼与外拽栱坡棱刷红油漆。线内地色用四色:红、黄、青、绿,以青绿为主。线内地可用素色,亦可画花,题材有夔龙、西番莲、流云等。

斗栱彩画依据大木彩画而定,根据用金量和退晕层次,可分为金琢磨斗栱彩画、金线大点金斗栱彩画和墨线斗栱彩画。

金琢墨斗栱彩画边多采用沥粉贴金,以青绿退晕。

金线大点金斗栱彩画不沥粉、不退晕,只贴平金、齐白粉线。

墨线斗栱彩画栱边不沥粉、不贴金,只用黑线或黄线抹边,与雅伍墨、墨线大点金、墨线小点金等配合使用(图4-39)。

(三)垫栱板彩画

垫栱板是斗栱彩画配套装饰的主要部位,位于两攒斗栱之间,形似灶口,所以行业中称它为"灶火门"。垫栱板彩画常以传统花草图案为主,与斗栱彩画一样,也有线、地、花三部分,颜色应与斗栱色反衬。线内地画题材以龙、凤、连草等为主。

图 4-39　墨线斗栱彩画

（四）角梁彩画

角梁彩画，角梁有两部分，上面的子角梁如顶端有套兽，则底面画龙肚子纹，称作"肚玄"。角梁用绿色，用蓝色退晕，5～9 道，用单数。贴金、退晕的层次根据大木等级而定（图 4-40）。

图 4-40　角梁彩画

（五）椽头彩画

椽头彩画，图案丰富多彩，做法也多种多样。椽头彩画底层檐椽头图案为"宝珠"，亦称"龙眼"，上层子角梁梁头，殿式以卍字、栀花为主；绿地，金或黑色图案（图 4-41）。

图 4-41　椽头彩画

第五章　中国近代建筑的发展

中国近代建筑指的是从 1840 年鸦片战争开始,到 1949 年中华人民共和国成立为止的这段时间内的中国建筑。清朝政府实行的"闭关锁国"政策在很长时间内阻挡了西方建筑的进入,除了北京圆明园的西洋楼、广州"十三夷馆"以及个别教堂外,中国基本没有接触西方建筑文化,直到鸦片战争以后,西方建筑才开始大量进入中国,中国建筑开始发生变化。

中国近代经济发展的不平衡,深刻地影响了中国近代建筑的发展,最突出的表现就是中国近代建筑明显地呈现出新旧两大建筑体系并存的局面。旧建筑体系主要继承了中国传统建筑的空间布局、构造等,是原有建筑体系的延续,但受到新建筑的影响也出现了新的变化;新建筑体系包括从西方引进的以及中国自身发展出来的新建筑,这时期的新建筑也不同程度地受到中国传统建筑的影响。其中,新建筑体系是中国近代建筑活动的主流。

总之,这个时期的中国建筑处于承上启下、中西交汇、新旧接替的过渡时期,是中国建筑发展史上一个急剧变化的阶段。

第一节　城市的发展

清朝末年,我国城镇体系是由都城、省城、府城、县城、镇五级行政中心构成的,没有形成现代的独立、完备的城市管理机制,而且在清政府"闭关自守"的外贸政策下,城镇经济长期处于相对封闭的发展之中,整个城市体系陷于相对停滞、缓慢发展的状态。

1845 年,随着鸦片战争后国门的被迫打开,中国迈出了近代城市化和城市近代化的步伐,城市数量、城市分布、城市功能、城市结构和城市性质都发生了明显的变化,古老的中国城市体系开始了现代转型的进程。在这里主要以北京、上海和南京为例,分析中国近代城市的变革。

一、旧都北京的发展

北京位于华北平原与太行山脉、燕山山脉的交接部位,东临渤海,是中国封建王朝的最后一座都城。鸦片战争以前,北京基本保持封建都城的封闭格局,只在西洋楼、天主教堂中出现了少量的西式建筑。随着外国使馆区的开辟、铁路的开通以及工商业的发展,城市格局发生了变化,北京城的近代化进程开始启动。

(一)使馆区的开辟

第二次鸦片战争后,清政府被迫签订了《天津条约》和《北京条约》,依据条约内容,位于北京大清门东侧的东交民巷开始设立外国使馆。1900 年八国联军攻占北京后,《辛丑条约》签订,正式划定东交民巷使馆界区,议定区内由外国公使团管辖,各国驻兵保护,中国人不准在界内居住,界内的官署全部迁出,民宅私产通通作价拆毁。同时,列强在界区东、西、北三面修筑起高墙,建起炮台碉堡。这样,东交民巷一个极特殊的使馆区形成了(图 5-1)。

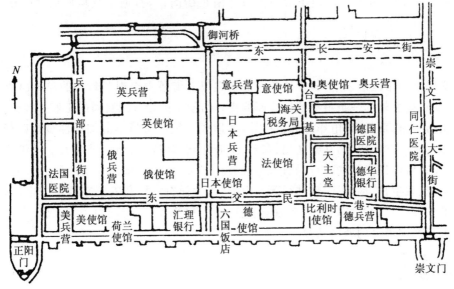

图 5-1　东交民巷使馆区

1900 年起,在东交民巷使馆区内陆续建起了银行、邮电局、医院、俱乐部、教堂、饭店和一批洋行等。至民国初年,这批新型公共建筑已达 90 余座,形成了一处全新的欧式街区。这些建筑连同使馆建筑,绝大多数都是 20 世纪初欧美流行的折中主义风格。

东交民巷使馆区是在旧中国特殊历史下形成的,一方面,它是资本主义列强对我国进行政治、经济、军事、文化侵略的产物,是通过不平等条约强迫实施的,是中华民族的耻辱。另一方面,东交民巷使馆区的形成,意味着封闭的北京城有了突破性的被动开放,使馆区的物质文明景象使中国人耳目一新。在接收和消化新的科学技术,接纳外来建筑文化,学习建设近代城市经验等方面,使馆区客观上也推动了古老的北京向近代城市的发展进程。

(二)旧城格局的突破

清末民初,在清政府颁布并实施的“新政”和北洋政府整治市政活动中,北京旧城格局开始突破,近代市政设施逐渐起步,新型建筑陆续涌现。这个变化主要集中在 20 世纪初,大体上表现在以下几个方面。

1. 拆除瓮城,打开豁口

20 世纪初,由于京汉铁路、京奉铁路进入北京城内,东、西火车站先后在正阳门两侧建成,而正阳门瓮城给铁路的畅通造成了阻碍。1915 年,在袁世凯的支持下,先后拆除正阳门瓮城,宣武门瓮城、箭楼,内城城墙拆出多处豁口,沿城墙脚下建造起大小 15 座洋式火车站。

2. 城防废除,宫禁开放

民国时期,政府对皇城和内城进行了拆除城墙、打通道路的改造。紫禁城拆除了宫城外东、西、北三面与护城河之间的值围房,拆除了神武门与景山之间的建筑,包括北上门及北上东、西门,打通了紫禁城北侧的东西大道。皇城在 1915 年拆除了中华门内千步廊及东、西三座门,开辟了天安门前的东西大街,1917 年拆除了东安门以南的皇城,1923 年起拆除了东、西、北三面皇城,在南墙打开南池子大街南口和南长街南口,打通了皇城四周及纵横穿越皇城的交通。

3. 形成新商业街

自东交民巷使馆区形成后,紧挨使馆区的崇文门大街最先出现了新式的洋式商店和西餐馆等,形成了使馆区之外的一条最早的近代商业街。与使馆区台基厂直通的王府井大街,也陆续建造了一批银行、高档百货店、电影院和饭店等,并形成一组北京最早的综合性步行商场——东安市场。到 20 世纪 20 年代末,从崇文门、东单、王府井到东华门大街一带成为了近代北京的新中心,集中了北京城内最高级的洋行、旅馆、影院、商场等。位于正阳门大街西侧的大栅栏,也聚集了包括瑞蚨祥、瑞生祥、瑞增祥、瑞林祥等在内的“八大祥”商号,还有北京最早的电影院大观楼,北京最早的仿欧式百货商场以及著名的老字号、钱庄和新式的银行、酒楼等,成为了近代北京建筑密度和人口密度最高的繁华地段。

4. 教会建筑小区

从 1900 年到 1912 年,天主教教会相继在北京修整和重建了北堂、南堂、东堂、西堂。北堂即西什库教堂,规模最大。在教堂周围还相继建有主教府、神甫住宅、修道院、修女院、图书馆、印刷厂、医院和女子中学等。崇文门内的卫理公会亚斯立堂,建有一座大礼拜堂,十几幢牧师住宅以及汇文学校(燕京大学前身)、小学校、妇婴医院和同仁医院。灯市口的公理会教堂,也附建有育英男中和贝满女中。这些配套的教会建筑,形成了散处京城的几处带有异国特色的教会小区。

5. 宫苑辟为公共场所

1912 年中华民国成立后,于 1913 年开放紫禁城内的文华、武英两殿,1915 年开放乾清门以南的“前朝”部分,作为博物馆。1925 年溥仪出宫后,整个皇宫改为博物院。皇亲私园中的三贝子花园是最早开放的,1906 年被交商部设为农事实验场,1908 年对外开放,称“万牲园”。1914 年,社稷坛开放为“中央公园”,是北京的第一座公园。随后,天坛、先农坛、太庙、北海、景山、颐和园、中南海等也相继开放为公园。从此,北京古城有了多处面向公众的休闲场所。

6. 开发“新市区”

1914 年成立的京都市政公所,在外城选择香厂路附近的一片地段,进行“新市区”的示范开发(图 5-2)。区内设有十字交叉的主干道,交叉处开辟有圆形广场,次街、小巷与干道垂直相交。沿街两侧建造统一设计的上宅下店的两层商住楼,统一铺装路面。广场周围建有新型商场、饭店、医院等建筑。新区的建筑普遍采用洋式造型,布局规整,配有电灯、自来水,并采取“招商租领”的方式,是近代北京建设新型市区的一次全新的尝试。

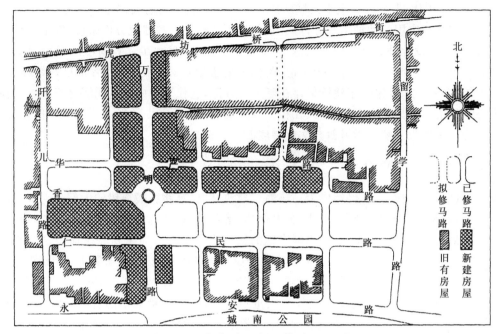

图 5-2　北京香厂新开街市平面图

二、大都市上海的发展

上海地处中国大陆海岸线的中点,扼长江咽喉,东经长江口入海,既是长江门户,又是南北海运中心;位于富庶的江南,有广阔肥沃的长江流域和太湖流域腹地,具有得天独厚的地理区位优势。

1842 年《南京条约》规定,开放五个沿海城市:广州、福州、厦门、宁波、上海为通商口岸,即"五口通商"。通商口岸城市由此发生了急剧的变革,其中尤以上海的发展最为令人瞩目。

(一)租界的形成

1843 年,英国首任驻上海领事巴富尔来沪,11 月 17 日正式宣布上海开埠。后来美国、法国等相继来到上海,效法英国,相继开设美租界、法租界。当时上海从外滩起,向西一直扩展到静安寺,为英租界;以今延安东路为界,路以南为法租界,向西一直扩展到徐家汇;美租界在虹口,一直到杨树浦。1854 年 7 月,英法美 3 国成立联合租界。1862 年,法租界从联合租界中独立;1863 年,英美租界正式合并为公共租界。上海总租界面积为 46.65km²,大大超过了华界面积而成为城区的主体,租界内有一整套城市经营系统,如城市交通、水、电及其他种种公共设施及管理模式,均得到统一。

上海的外国租界开辟最早,存在时间最长,面积最大,也是经济最发达、文化最先进、城市建设近代化最高的租界,对中国近现代历史产生了深远的影响。

19 世纪 50 年代,上海取代广州成为全国的外贸中心,租界区的商业、外贸、航运、金融业、工业等得到迅猛发展,外侨人数剧增,侨民来自日、美、英、法、葡、德、俄等 40 多个国家,租界区华人人数增长更为迅速。

20世纪20年代,上海从一个小县城跃居中国近代首屈一指的大都市。一方面,上海的发展伴随着西方列强对中国的种种不平等待遇,在租界更是如此。在建筑方面来说,以上海外滩的中国银行为例,最初设计是34层,后来只造了17层,比原来的低一半。只因中国银行建造在英国人所建的华懋饭店(今上海和平饭店)旁边,英国人要求银行必须比它低,后来只好修改设计,比华懋饭店低60cm。如今这两座建筑仍存在于上海外滩,它代表着中国近代屈辱于西方列强的一段令人心酸的历史。另一方面,外国人在租界开设银行,兴办公共事业,投资学校、报社等,上海租界也成为了中国人了解和学习西方文化制度的一个窗口。

(二)多功能经济中心

到20世纪20年代,上海已经成为一座高层建筑林立、马路纵横交错的大都市。上海的发展不是单一的,而是涵括商业、外贸、工业、金融业、航运业、房地产业的多功能经济中心。在上海汇集着世界上最著名银行的分支机构,中国本地的银行也多以上海为主要经营地。这里有创办于1865年的中国最早、规模最大的机器军事工业企业——江南制造总局,有创办于1869年的民族资本企业——发昌号机器厂。据1933年统计,当时的上海拥有工厂3 485家,占当时全国12个大城市厂家总数的36%。上海港是世界十大港口之一,是全国最集中的货物集散中心,与世界100多个国家的300多个港口有贸易往来,对外贸易在近代始终占全国总额的50%左右。上海的近代交通,除了水路运输,沪宁铁路、沪杭铁路以及电报、电话等电讯通信都在同步发展。

上海作为全国最重要的多功能经济中心,它的城区分布呈现出不同功能划分。特别是受到租界的影响,上海被分为相对独立的几个区域。上海外滩原本只是装卸货物的泥泞江岸,随着租界的设立,形成了上海最早的近代行政机构和商业、金融业的集中地,后来发展成为银行和洋行办公楼最集中的"金融区"(图5-3)。以南京路、福州路与西藏路的交叉点为中心的附近地段,则集中了全市最豪华的饭店、酒楼,最大的百货公司和各种娱乐场所,成了上海市中心的最繁华地段。上海的工业建筑,较为集中地分布在沪南区、曹家渡区、杨树浦区。

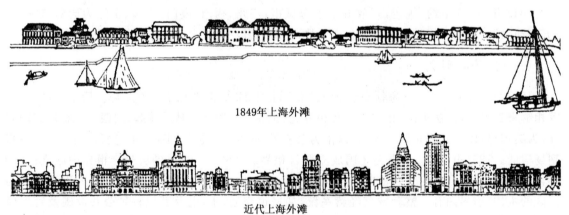

1849年上海外滩

近代上海外滩

图5-3 上海外滩的演变

(三)多元文化的交融

上海是近代中国的文化中心。作为一个国际化大都市,大量西方移民的流入为上海带来了丰富多彩的异质文化,同时也使上海保持了对国际潮流的敏感。而大量西方移民的流入带来的不仅是一般的异质文化,而且是多种类型的、工业文明的异质文化;不仅仅是久已积淀的异质文化,而且是紧贴时代的、新潮的、时尚的文化。文化交流的广泛,使上海文化变得瑰丽多姿。

上海文化的这种多元性反映在上海近代建筑中,则主要表现在三个方面。其一是"万国建筑博览会"的兼容并蓄。例如,外滩建筑中既有古典主义式的汇丰银行大楼、古典复兴式的海关大厦,也有装饰艺术派的沙逊大厦(图 5-4)、中西合璧的中国银行大楼;花园洋房中既有流行的西班牙式,也有英国乡村别墅式、法国古典主义式,还有德国民间风格和北欧风情等;教堂建筑中既有巴洛克风格、哥特式风格,也有拜占庭风格等。其二是极富时代感的新潮与时尚。上海建筑文化紧跟国际建筑潮流,20 世纪 30 年代以前的上海公共建筑,绝大部分属于折中主义的建筑基调,进入 20 世纪 30 年代后期,受到国际性现代建筑潮流的影响,上海建筑的风格转向了具有摩登气质的装饰艺术风格和现代主义的"国际式"风格。从摩天楼式的百老汇大厦到国际饭店,从大光明电影院到铜仁路吴同文宅,可以看出上海不同类型建筑都有最具时尚的新潮意识和创新作品。其三是讲求实效、精打细算的务实精神。上海的中外房地产把浓缩的传统合院式房屋与紧凑的欧洲联排式布局相结合,创造出老式石库门里弄住宅,再由老式石库门里弄进一步演化为更加实惠的新式石库门里弄,最终演变为现代多层、高层集合住宅。上海里弄住宅的演进史,以及占上海工业建筑很大比重的"弄堂工厂"的发展史,都充分显示了上海建筑文化的精明巧智与务实作风。

图 5-4　上海沙逊大厦

三、新都南京的发展

南京是中国著名的古都和历史文化名城,地处长江下游,北接辽阔的江淮平原,东连富饶的长江三角洲,地理位置优越,地势险要。

1927 年国民政府定都南京后,成立了国都设计技术专员办事处,聘请美国工程师古力治为工程顾问,于 1929 年 12 月颁布了《首都计划》。《首都计划》的制定以及局部实施对南京城区的发展有十分重要的意义。

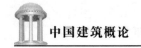

（一）《首都计划》的局部实施

南京国民政府颁布的《首都计划》，是近代中国由官方制定的较早、较系统的一次城市规划。

《首都计划》把城市划分为6区——中央政治区、市行政区、工业区、商业区、文教区和住宅区（图5-5）。其中，以中央政治区为重点，由中央党部区、国民政府区和院署部署区三部分组成，原计划安排在中山门外紫金山南麓，后来因为有关公署不愿建在规划指定的荒郊而导致计划落空。拟设于傅厚岗一带的市行政区和安排在江北、燕子矶一带的工业区，也都没有实现。

《首都计划》对南京的街道系统作了全面规划，采用当时欧美流行的方格网加对角线的形式。为增加沿街店面，道路网的密度很高，街坊面积偏小。规划实施的第一批工程都以"中山"命名，如中山码头、中山路、中山桥、中山门等。其中的中山路由下关经挹江门、鼓楼、新街口、大行宫到中山门，成为贯穿全市的一条主干道，新街口、大行宫附近迅速形成了新商业中心。

《首都计划》中把住宅区分为第一、第二、第三住宅区和旧住宅区。第一住宅区为上层阶层住宅区；第二住宅区为一般公务人员住宅区；第三住宅区为一般市民住宅区；旧住宅区则原封不动地保留。这种分区明显地呈现出住居条件的两极分化。位处山西路、颐和路的上层住宅区，全部是独立式花园洋房，高档奢华，每户都设有门房、汽车间和冷暖设备，建筑密度在20％以下，宅园绿化面积达64.8％。而分散在下关、汉中门等地的贫民住宅，则多是建于低洼地段的、简陋不堪的棚户。

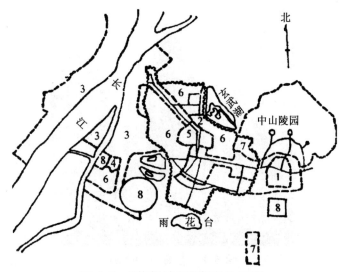

图5-5 《首都计划》南京分区图
1. 中央政治区；2. 市行政区；3. 工业区；4. 商业区；
5. 文教区；6. 居住区；7. 火车站；8. 飞机场

《首都计划》对于城市建筑形式进行了专章规定，极力提倡"中国固有之形式"，特别强调"公署及公共建筑尤当尽量采用"。对于商业建筑，可以采用外国形式，但"外部仍须具有中国之点缀"。《首都计划》中列有傅厚岗行政中心、明故宫火车站、城厢交通节点，中央党部、国民政府公署、五院院署等城市节点和重要建筑的设计方案图。其中的傅厚岗行政中心（图5-6），规划着成套的三圈环路的圆形广场，圆心和内环的建筑都是带重檐或单檐歇山顶的。国民政府和五院院署大楼的中部都有高耸的重檐攒尖顶。这些建筑方案虽然没有完全实现，但其设计思想对于这一时期的南京行政办公建筑、文化建筑以及纪念性建筑产生了深远的影响。

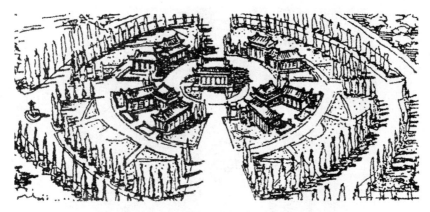

图 5-6　《首都计划》傅厚岗行政中心规划

(二)建筑的中西兼容

南京的近代建筑类型包括大型行政建筑、纪念性建筑、商业建筑、文教建筑、教会建筑、使领馆建筑、里弄住宅、花园洋房以及早期工业建筑等,类型较为齐全,在中国近代建筑史上占有一定地位。在这些建筑中,建筑形式呈现出较明显的中西兼容特点。

南京作为国民政府的所在地,其建筑形式多遵循"中国固有形式"的理念。这种中国式的建筑创作主要集中在三个领域:一是教会学校建筑;二是纪念性、文化性建筑;三是政府部门的行政办公建筑。在教会学校的建筑活动中,金陵大学的东大楼、北大楼、西大楼、实验室、学生宿舍;金陵女子大学的健身馆、科学馆、文学馆和学生宿舍等,都是中西合璧式的中国建筑;以 1926 年开始建造的,由吕彦直设计的中山陵为起点,在中山陵陵区周围陆续建造了一大批陵园纪念性建筑,其中包括杨廷宝设计的谭延闿墓园(图 5-7),墨菲设计的中国革命军阵亡将士纪念塔,刘敦桢设计的仰止亭、光化亭,赵深设计的行健亭,卢树森设计的中山陵藏经楼等,这些纪念性建筑是"中国固有形式"建筑的代表。中山陵也成为中国近代建筑史上的划时代杰作(图 5-8)。而建于 20 世纪 20 年代的国民政府铁道部、交通部、中央博物院、紫金山天文台等,为南京的"中国固有形式"建筑增添了分量。

图 5-7　谭延闿墓园

图 5-8　南京中山陵全景

　　在大量的"中国固有形式"建筑外,南京也迈出了建筑现代化的步伐。代表性的有赵深、陈植等合作设计的南京国民政府外交大楼,奚福泉设计的国民大会堂、国立美术馆,杨廷宝设计的中央医院主楼、中央体育场等,这些建筑在现代建筑上点缀传统装饰,是装饰艺术风格的变体,整体呈现出中西结合的特点。这类建筑标示着南京迈出了现代建筑的初始步伐。

　　值得注意的是,在南京的重大的纪念性建筑、国家级行政办公建筑和重要的文化建筑中,中国建筑师已经成为建筑创作的主体。

第二节　居住建筑的发展

　　居住建筑是近代建筑的重要建筑类型,对于中国近代城市风貌的形成起到了不可或缺的作用。近代中国的居住建筑,大致分为三种类型:一是传统住宅的延续,集中在广大的农村、集镇、偏远的县城以及一些城市的旧城区,延续着旧的传统民宅的建造方式;二是由传统民宅适应近代城市化建设的需要而演变的住宅类型,即传统演变型住宅,如里弄住宅;三是从欧美输入的新式住宅类型,即外来移植型住宅,如独户型住宅、联户型住宅等。由于第一类属于旧建筑体系,所以这里主要分析后两种,即传统演变型住宅与外来移植型住宅的变革与发展。

一、传统演变型住宅

　　传统演变型住宅主要集中在开放程度较高的大城市,如里弄住宅、竹筒院、骑楼等。里弄住宅的发展脉络是中国近代居住建筑中最为清晰的,特别是上海里弄住宅,所以这里主要分析上海里弄住宅的发展演变。

(一)石库门里弄住宅

19世纪70年代,英国房地产商首先在上海英租界开发出了三间两厢、两间一厢的早期石库门里弄住宅,它占地面积大,房间多,符合传统大家庭的居住模式。上海早期石库门里弄住宅总平面布局吸收欧洲联列式住宅的毗连形式,单平面则脱胎于传统的三合院形式。结构采用砖木立帖。平面形式则保留了江南民居的传统基因,一层中间为客堂,客堂与两侧厢房围成天井,主屋后部为后天井和附屋,保持了天井—客堂后天井—附屋的空间序列。客堂、厢房与附屋的门窗均开向自家的天井,二层沿天井三面为雕花栏杆,栏杆内装有活络裙板。石库门围墙较高,后部附屋只有一层,但是屋顶向后天井倾斜。后墙与石库门围墙高度相同,建筑外观十分封闭内向。图5-9是比较典型的三间两厢石库门里弄住宅,前后厢房沿街开窗,前厢房二层设阳台,明显地受到了西式建筑的影响。

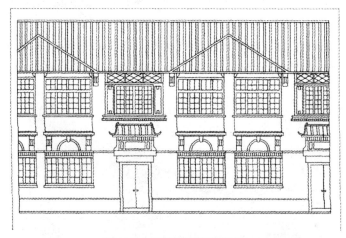

图5-9　石库门里弄住宅

早期的石库门里弄住宅,天井小、围墙高,房屋之间的间距较小,通风采光较差。1911年辛亥革命后,随着城市地价的上涨和社会家庭结构趋向小型化,早期石库门里弄住宅发生了较大变化,出现了后期石库门里弄住宅,20世纪20年代是后期石库门住宅建造最为兴盛的时期。

后期石库门里弄住宅在布局上保留了早期石库门住宅的天井—客堂—后天井—附屋的空间序列,为了适应家庭规模小型化的潮流,住宅开间数减少为单开间或双开间,围墙高度降低为4m,大大改善了建筑采光与通风。由于用地日趋紧张,地价上升,建筑层数提高为三层,后部附屋之上加建了一层或两层,形成了低矮的小房间"亭子间",主要用作小卧室。在建筑结构、材料和设备方面,以砖墙承重取代砖木立帖式,部分还采用了钢筋混凝土结构,并开始安装卫生设备。建筑外墙饰面改用清水砖墙、水泥或汰石子粉刷。后期石库门里弄住宅尤以石库门的结构与形式变化最大,条石边框与上槛改为砖砌或钢筋混凝土门樘、过梁,木摇梗改为铁合页。建筑细部开始采用西洋元素,主要表现在门、百叶窗、栏杆、楼梯等部位,例如,门楣常采用三角形、半圆形、弧形或长方形的装饰(图5-10)。

图 5-10　上海石库门门头装饰

上海贝勒路树德里 3 号(图 5-11),建于 1920 年,为典型的后期石库门里弄住宅。中国共产党第一次全国代表大会曾在此召开。外墙青砖、红砖交错砌筑,白粉勾缝,门框围以米黄色石条,巴洛克式半圆山花内有红色雕花,黑漆大门上配铜环。建于 1924 年的上海淡水路 66 弄 4 号(图 5-12),曾为《中国青年》编辑部所在地,也是典型的后期石库门里弄住宅。

图 5-11　上海贝勒路树德里 3 号

图 5-12　上海淡水路 66 弄 4 号

(二)里弄住宅的演变

上海里弄住宅在后期石库门的基础上向三个方向演化:一是趋于西式联排住宅的新式里弄;二是标准更高的花园里弄;三是面向社会大众的经济型的广式里弄。

1. 新式里弄住宅

到 20 世纪 30 年代,新式里弄住宅基本取代了石库门里弄住宅。与石库门里弄相比,新式里弄的总平面一般需要考虑小汽车通行与回车的问题,道路系统的总弄、支弄有了显著的区分,总弄宽度拓宽至 4m 以上,以满足小汽车通行的要求。新式里弄住宅以三层为主,占地小,布局紧凑。户型平面有单开间、一间半式和双开间三种形式,结构以横墙承重为主,部分构件采用钢筋混凝土。新式里弄住宅趋向西方联排式住宅,取消高大厚重的石库门,代之以低矮院墙或透空栏杆。房间功能划分明确,客堂改为起居室,增加了餐厅、书房、日光室、佣人室等功能房间,并设有带盥洗、沐浴设备的新式卫生间。水、电和卫生设备已较为齐全。有的还安装了煤气和取暖设备,并附设车库。新式里弄住宅的外观,早期尚有简化的古典线脚,后期趋向简约光洁的现代风格。墙面多为黄色拉毛水泥粉刷,屋面采用机制红瓦。新式里弄住宅功能合理、设备较齐全,注重装修,造型明亮,主要面向人群为中产阶级和高级职员。

上海淮海坊,建于 1924 年,是比较典型的新式里弄住宅。天井围墙的高度降低,不再具有强烈的封闭性,更具有前庭园的性质。客堂面向天井设置了具有开放感的落地长窗,二三层南面房间为主卧室,北面为亭子间,三层亭子间之上为晒台。后天井设服务性入口,每户都设有独立的卫生设备(图 5-13)。

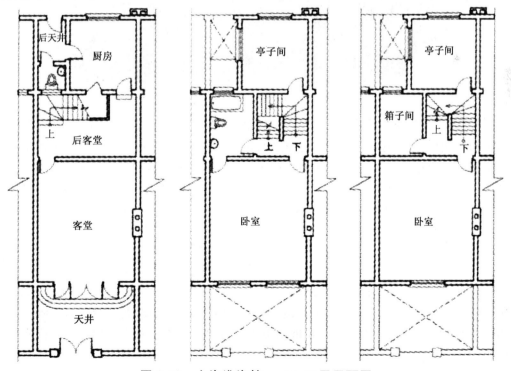

图 5-13　上海淮海坊一、二、三层平面图

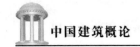
2. 花园里弄住宅

花园里弄住宅出现于 20 世纪初期,是一种具有较大独立性的高标准里弄住宅。花园里弄住宅占地面积较大,弄道的宽度和布局考虑小汽车通行,容积率低,建筑密度小,每栋住宅往往带有较大的庭院,环境幽静。户型平面为独立式或联结式,至少能三面开窗,与邻户基本分开。在 20 世纪二三十年代出现的花园里弄住宅里,水、暖、电、卫、煤气设备俱全,底层为起居室、餐室、厨房,二三层为卧室、卫生间,并有较大的阳台,建筑平面凹凸变化丰富,既可以减少邻里之间的干扰,也丰富了建筑形体。

上海北京西路 707 弄,建于 1907 年,是典型的花园里弄住宅。高三层,面宽一间半,砖墙承重,每个单元有大卫生间二套,小卫生间一套,屋前庭园栽有花木,围以矮墙。墙面为清一色红砖,窗洞为砖拱券,屋顶以双坡为主,局部四坡顶,正立面并列山尖,造型古雅秀丽又不失生动(图 5-14)。

图 5-14 北京西路 707 弄外观

上海凡尔登花园,即今天的长乐新村,也是花园里弄住宅的代表,位于陕西南路,建于 1925 年。建筑形式为联立式,每家一开间。建筑坐北朝南,宅前是庭院,可植树种花。建筑为上、下两层,北面入口,有小过厅与凹廊,接着是厨房和餐厅。再前面便是起居室,房间宽敞明朗,与室外庭院之间有一个廊式的过渡空间。二层南面是大卧室,前部有阳台;后面是小卧室和卫生间。楼梯设计得很巧妙,主楼楼梯设在起居室,沿墙作"L"形,下半段为厨房内的小贮藏室,上部空间则是卧室内的小贮藏室。

3. 广式里弄住宅

广式里弄住宅是一种面向大众的经济型的里弄住宅,居住人群面向工人、商贩和低级职员,广式里弄住宅均为单开间,取消前部天井,后部单披灶间也改为两层,与主屋连为一体,与后期石库门里弄住宅相比,开间、进深和层高尺度都相应缩小,由于其建筑形态类似广东的竹筒屋,故名"广式里弄"。

二、外来移植型住宅

外来移植的住宅主要是通过外国移民输入和建筑师引进的国外各类住宅形式,多为独户型和联户型。

(一)独户型住宅

独户型住宅,也称独院式花园住宅。其中标准较高的独院式住宅称花园洋房,即别墅,于1900年前后出现于各大城市,最初多为外国人居住。这类住宅一般位于城市的繁华地段,建筑面积大,多为一二层楼,讲究庭院绿化,采用砖石承重墙、木屋架、铁皮屋面,设有火墙、壁炉、卫生设备,装饰颇豪华。外观随居住者的国别,采用各国大住宅、府邸形式。这是当时这些国家流行的高标准住宅在中国的复制。

独户型花园住宅传入中国后,受到军阀、官僚、买办、资本家的追捧,有的向外国人购置,有的则是仿效建造。其中由中国人仿建的住宅,往往在建筑式样、技术和设备上仿照西方的形式和做法,而在装修、庭院绿化方面掺入若干中国传统要素和做法。

20世纪20年代以后,独院式住宅活动规模有所扩大。国民党政府定都南京后,在南京山西路、颐和路一带形成了大片高级住宅区。上海、天津和其他大城市也陆续建造了一批西班牙式、英国式等多种多样的独院住宅,图5-15为上海福开森路(今武康路)上的一座英国乡村式别墅。20世纪30年代以后,在国外现代建筑运动影响下,出现少数时髦的新住宅。这种新住宅采用了钢筋混凝土结构和大片玻璃等新材料、新结构,装置了电梯、弹簧地板、玻璃顶棚等新设施,建筑空间趋向通透、流畅,造型为"现代式"。

图5-15 上海福开森路英国乡村式别墅

上海市铜仁路的吴同文宅,是一座典型的独院式别墅,是著名匈牙利籍建筑师邬达克在上海创作设计的最后一个作品。这座建筑有四层,其形式为西方现代主义,占地面积527平方米。总体布局紧凑合理,建筑主体与契合道路转角而建的弧形围墙构成一个整体。首层中间架空作为汽车道,从而使住宅南面留出大片花园。住宅内部功能齐全,并分别设有宴会厅、舞厅、弹子房、酒吧间及棋室、花鸟房等。装修设备精美豪华,有玻璃顶棚的日光室、安装弹簧地板的小舞厅、小型电梯等。南向各层房间都有宽敞的露台,通过室外弧形大楼梯,与庭院紧密相连。南面的大厅和房间都设有大面积的落地长窗。外观犹如一艘停泊在港湾的大邮船,其优美的"船弦"弧线和直线组成的"船体"立面简洁而又有动感(图 5-16)。

图 5-16　上海吴同文住宅

　　马立斯别墅,始建于 1917 年,即今天的瑞金宾馆一号楼,建筑面积达 1 335m²。建筑用坡度较陡的红瓦屋顶,山墙上木构架外露。这座别墅分主楼与副楼,平面呈"L"形,均为两层。室内装修精美,餐厅、客房、卧室等主要房间均用大理石地面,柚木护壁。主楼底层中间三间,屋前设双柱廊,外墙红砖清水,转角处做成水泥角柱形式,属英国古典式别墅形式。

　　除了上海,天津、青岛、厦门等地也有不少有名的独院式住宅,如位于天津的梁启超住宅——"饮冰室"(图 5-17),"饮冰室"于 1924 年建成,是辛亥革命后,梁启超从日本回国,在天津意大利租界西马路选了一块地,由意大利建筑师白罗尼欧设计建造的寓所和书斋。建筑面积约为900m²,为砖木结构带地下室的二层楼房,外形浅灰色,楼的正面有三开间的罗马式圆拱柱廊,两侧为石台阶,当中一个蓄水池。整幢楼线条流畅,典雅浪漫,一楼设有大厅、书房、资料室、会客厅,二楼为居室、客房、餐厅,楼前是花园,中间一个大花坛,有甬道围绕,南北两侧植藤萝,又有透空而素雅的花墙相衬,秀美雅致。

图 5-17　梁启超故居"饮冰室"

（二）联户型住宅

20 世纪 30 年代，一些大城市中盛行近代住宅的另一类型——公寓住宅，即联户型住宅。以上海建造得最多，出现了一大批五六层的多层公寓和许多幢 10 层以上的高层公寓。由于城市土地昂贵，加上资本主义经济危机，各国在远东的行商极力向中国推销建筑材料，于是一批房地产集团，如英国的沙逊洋行、法国万国储蓄会和一些中国的财阀集团，利用廉价材料和劳动力，投资房地产，多层、高层公寓接踵出现。

从上海来看，高层公寓多位于公共交通方便的地段。总体布置除公寓本身外，有的还设有汽车间、工友室、回车道和绿化园地。根据坐落地点及住户对象的不同，高层公寓以不同间数的单位组成标准层，以二户室、三户室为多数。垂直交通依靠电梯，或分散或分组布置。高层公寓大都备有暖气、煤气、热水以及垃圾管道，有些厨房还设有电冰箱，可以说达到了较高的近代化水平。大多住户是收入较高的高级职员、商人和外国人。

毕卡地公寓，是上海的一座联户型公寓，位于衡山路、宛平路，建于 1934 年，即今天的衡山宾馆。此建筑以简洁、高直为主要特征，属现代主义建筑风格。主楼 15 层，对称布局，东、西两边为 13、12、10、9 层，逐层递减（图 5-18）。建筑的主入口在中轴线上。原公寓有 88套住房，其中户型有二室至五室共 4 种。宅中设有起居室、卧室、浴厕、储藏室、餐厅、备餐室、厨房等。

图 5-18　毕卡地公寓

上海麦琪公寓，1937 年由荣康地产公司投资建造。这座公寓高 10 层，位于街道转角，场地狭小，平面布局紧凑。总建筑面积约 2 600m²，一层为门厅、车库和锅炉房，二层两户，标准层每层一户，顶部两层为一户跃层住宅，共计 9 户。在建筑形体上，弧形转角阳台将两间卧室与客厅联系起来，室内采光通风良好。建筑外形简洁活泼，主立面外墙贴釉面砖，弧形转角阳台为水泥砂浆抹灰，突出强调了街道转角的曲面形态。建筑外观没有任何附加装饰，完全运用吻合功能的曲面与平面几何语言，具有典型的"国际式"风格特征（图 5-19）。

图 5-19　上海麦琪公寓

第三节　公共建筑的发展

公共建筑也是近代出现的建筑类型,在我国古代只有皇宫、衙署、市肆、馆驿等。进入 20 世纪后,在大中城市中较快地出现了商业、金融、行政、会堂、交通、文化、教育、服务行业、娱乐业等公共建筑的新类型。如商业建筑中出现大百货公司、综合商场;金融建筑中出现银行、交易所;文化教育建筑中出现大学、中小学、图书馆、博物馆;交通建筑中出现火车站、汽车站、航运站、航空站以及为交通运输服务的仓库、码头等。

一、近代公共建筑的形成原因

中国近代公共建筑的形成,基本上有两个发展途径:一是在传统旧有类型基础上沿用、改造;二是引进、借鉴和发展国外同类建筑。

(一)传统建筑的沿用与改造

在传统旧有类型基础上沿用、改造的建筑,一般情况下是有三种原因:一是原来已有这种类型建筑,具备一定基础;二是业主资金力量薄弱,必须利用旧建筑改造,或者虽属新建,但必须依赖旧式匠师的技术力量和传统的技术条件;三是建筑功能要求不是十分严格,有可能从改造旧有建筑类型来适应。

这类建筑多是在旧建筑体系基础上,吸取某些新材料、新结构方法,进行改造、革新。近代公共建筑中,很多属于这种情况,特别是中下层民族资本所属的建筑活动,如酒楼、客栈、钱庄、商场等。这些建筑改造的问题是如何扩大建筑的活动空间,以容纳更多的客流活动和陈列面积,同时适应商业运作的特点,加强广告效果。以北京近代旧式商业建筑的改造为例,大概有以下三种方式。

1. 修改门面

为了吸引顾客和商品陈列的需要,像百货店、西服店、理发馆、照相馆、洋布行、钟表眼镜行等这些行业必然要修改门面,改造的过程中普遍都加大了出入口,突出招牌、广告,采用新普及的玻璃开设橱窗;同时为了展开商业竞争,标新立异,形成了一股追求"洋式"门面的风气。这类店门改建都由城市里的建筑工匠担任。近代工匠早期所熟悉的"洋房",主要是长春园里的西洋楼,农事试验所的大门和北京早期的几处教堂,这些就成了当时模仿洋房的标本。这类门面大致有四种处理方法。

(1)用砖砌成圆券、椭圆券或平券,券旁做柱墩。墩上作几排横线脚,顶上立狮子、花篮等装饰。这是文艺复兴壁柱处理的变体,从长春园的谐奇趣、八面槽教堂可看出它的变化过程。

(2)把正面山墙或女儿墙做成半圆或其他复杂形式,上刻繁琐的花纹。这实际上是从巴洛克或洛可可变来的。

(3)将商店门前架立铁架顶棚,作两坡顶或弧形顶,顶棚前面做成铁花栏杆,花纹扭扭曲曲,十分繁琐。这可能是从洋式围墙上的铁栏杆套来的。资金实力较强的绸缎庄、茶叶庄等多用此类方式。

(4)在店面上另砌高墙,做假窗,冒充楼房。或采取相似的手法,用布景手法尽力加高店面感觉,只顾正立面假象,不顾透视的实际效果。

这种改建,所用材料比较简易,是近代中国商业在薄弱的经济条件制约下追求商业广告效果的产物。这类洋式店面在商业集中的城市出现后,广泛影响到中小城镇,形成近代商业干道的一种普遍面貌,对其他类型的建筑造型,也有明显影响。

2. 扩大营业大厅

对于某些大型的商业、服务行业建筑,如商场、澡堂、酒馆等,单纯的门面改装仍不能满足多种商品经营和容纳更多人流的需要,因此,需要在旧式建筑的基础上,进行扩大空间的改造。北京谦祥益绸缎庄就是这类布局的代表(图 5-20)。这幢建筑前部为外院,作钢架顶棚,使原先的室外空间变成室内空间,以此作为人流集散的空间。入内为三开间的纵深大厅,二层楼上部作三个勾连搭屋顶,并用一列天窗。再进为天井和后楼,均为三层。天井上部加顶盖。这样就形成了串通的、成片的营业厅。可以看出,这类建筑总体沿用了旧式建筑技术体系,局部采用了新技术,如钢铁、玻璃顶棚等。

3. 突破旧的独立布局

变露天的街弄为覆盖的营业面积,形成成片的大型商场。北京的东安市场是这一类型的代表(图 5-21)。

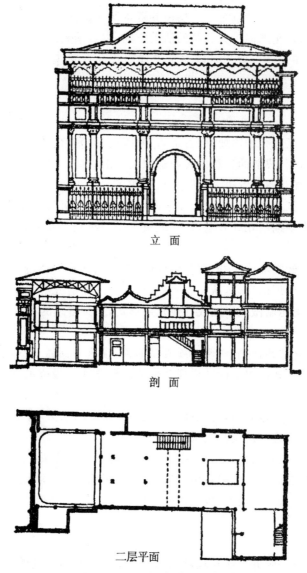

立 面

剖 面

二层平面

图 5-20　北京谦祥益绸缎庄

　　东安市场位于北京王府井大街,1913 年,市场内原来的商贩集资盖房,东安市场初具规模。随后行业与商户增多,逐渐形成了一处包括日用百货、古旧书籍、特种工艺、珠宝钻翠等行业和南北风味的饮食业,以及杂技、相声、大鼓、杂耍、摔跤、拉洋片、看相、算卦等五花八门的"游艺"场所。市场共占地 22 000m²,行业类型多达 70 多种。

　　这种商场大部分仍是平房,部分是两层的楼房,是从旧式商业建筑中脱胎出来的。它们排列成纵横的街弄,在街弄上部搭上简便的顶棚,棚下设摊贩。由于分布错杂零乱,交通、防火都很成问题。但这种布局,使得众多的小店面空间汇集成大片的、连绵的营业面积,可以说是运用简易的技术条件,创造了用地紧凑、综合营业的、富有民族特色的近代新商业建筑。

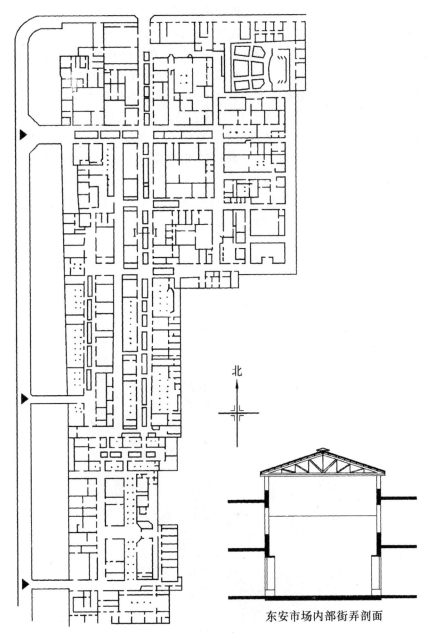

东安市场内部街弄剖面

图 5-21　北京东安市场

（二）国外建筑的引进与借鉴

中国近代公共建筑引进、借鉴国外的同类建筑，主要有三个原因：一是原本没有这种类型建筑，或原来虽有，但与新功能差距很大；二是建筑类型从外国传入，功能较复杂，对近代化要求较高；三是业主资金较雄厚，有条件采用新材料、新结构、新设备。

这类建筑在近代公共建筑中占很大比重，如办公楼、会堂、银行、火车站、体育馆、剧场、电影院、医院、疗养院、高等学校教学楼、大型邮局、大型饭店、大型百货公司等，都属于这类。这些建筑是当时资本主义国家流行的建筑类型,近代化水平较高,平面按功能要求设计,采用近代新材料、新结构、新设备。例如,新剧院里设置了音响、灯光,对照明原理作了处理。舞台设备也趋于完备,有些还作了简易转台。这些都意味着近代中国建筑在现代转型中的突破性进展。

这类建筑大都紧跟国际建筑潮流。例如,1896 年,法国里昂市建成世界上第一家电影院。而中国在 1902 年,就由俄国的摄影师考布切夫在哈尔滨市的中央大街与十二道街交角处,创办了一家电影院,到 1908 年,哈尔滨又建成了敖连特影院。这座影院现名和平电影院,原建筑尚保存良好。这是中国新建筑类型紧跟国外发展的一个现象。就电影院来说,不仅传入的时间相当早,而且后来达到的水平也比较高。如 1933 年建成的上海大光明电影院,由匈牙利建筑师邬达克设计,建筑为钢筋混凝土结构,观众厅设 1 700 余席位,建筑立面用板片横竖交织,门面镶嵌大理石,入口处作乳白色玻璃雨篷,设有大面积玻璃长窗和半透明玻璃灯柱,属于装饰艺术派风格。这座电影院因其规模宏大、装饰豪华、设备齐全、座位舒适、声光清晰,被誉为"远东第一影院"(图 5-22)。

图 5-22　上海大光明电影院

公共建筑新类型的发展,是近代中国建筑转型的最主要体现。通过外国建筑师和中国建筑师的设计和引进、借鉴国外同类型建筑,是这种转型的最快捷途径。这里体现出中国这样"后发外生型现代化"国家在发展过程中呈现的一种"后发优势"。新类型公共建筑在近代中国的发展,呈现出速度较快、出现不少优秀建筑作品的特点。但是基于半殖民地半封建的社会形态以及二元化的社会经济格局,少数大城市的快速发展和广大中小城市和集镇的缓慢转型,都使得新型公共建筑主要局限于大城市和少数中等城市,分布面十分不平衡。

二、近代公共建筑类型的发展

西方建筑体系与理念的进入,对中国近代公共建筑的产生具有十分深远的意义。我国古代只有皇宫、衙署、市肆、馆驿等少量类型的公共建筑,近代受到西方建筑的影响,公共建筑的类型得到了很大的发展,大体有市政建筑、金融建筑、教育建筑、交通建筑、商业建筑、饭店建筑、娱乐建筑以及教堂建筑等。下面对这几类建筑类型举例分析。

(一)市政建筑

市政建筑,早期主要是外国的"领事馆""工部局""提督公署"和清政府的"新政""预备立宪"所涉及的新式衙署、咨议局以及商会大厦之类的建筑(图 5-23)。

图 5-23　南通商会大厦

这类建筑的样式多样,有的是殖民地式的外廊样式,有的是西方国家同类行政、会堂建筑的翻版。1906—1910 年间建于北京的陆军部、军咨府、外务部、邮传部等都属于新式衙署建筑。这批建筑都是高二三层的砖木结构,仿西方形式。有的由外国建筑师设计,构造、装饰与细部等方面符合西式建筑的风格;有的则是非外国建筑师绘图,由中国营造厂承建,带有中西混合的特点。

陆军部南楼,正中凸起一城堡形钟楼,周边环以联券拱廊,两翼山墙和中段北立面采用巴洛克式的曲线形式(图 5-24)。整座建筑的檐口、柱头、柱身、拱券、拱心石、拱伏等部位都有大量砖雕装饰,题材为中国传统的卷草、花篮等。这幢由中国人沈琪"绘具房图",由中国营造厂家施工的建筑,生动地反映出西式单体建筑与中国式总体布局,西式体量造型与中国式细部装饰的双重中西结合。20 世纪 20 年代以后,行政、会堂建筑主要是国民党政府在南京、上海等地建造的各部办公楼、市府大楼和大会堂等,基本上都由中国建筑师设计,外观大多采用了"中国固有形式"。

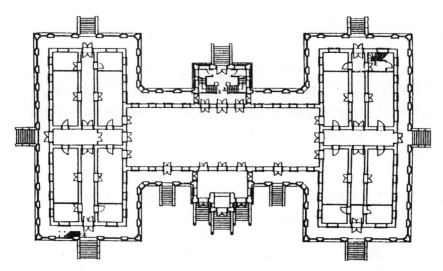

图 5-24　北京陆军部南楼一层平面图

上海的海关大楼,建成于 1927 年,是市政建筑中西式建筑的代表。建筑由 8 层楼和 5 层辅楼组成,是 20 世纪 20 年代上海外滩最高的建筑物。外墙用金山石砌就,顶部的钟楼为整幢建筑的纵轴线,两边门窗及雕刻图案对称、和谐。东立面大门由 4 根粗壮的多立克柱子支撑,正门入口有 4 根希腊多立克式柱,形成门廊,入口大厅藻井以彩色马赛克相拼的帆影海事图案为饰。建筑上部具有装饰艺术派建筑特色。上海海关大楼最著名的是它高耸的钟楼和大钟。海关大楼安装大钟起步于 19 世纪下半叶,1893 年竣工的教堂式江海北关大楼上安装了一座海关大钟。钟楼依次分为钟坠、钟面、主机、鸣钟几部分,是一组调音谐和的鸣钟装置。这座大钟是亚洲第一大钟,也是世界著名大钟之一(图 5-25)。

图 5-25　上海海关大楼

（二）金融建筑

中国近代的金融建筑中尤以银行建筑令人瞩目。从 1845 年第一家外国银行——丽如银行在中国设立开始，到 20 世纪 20 年代，外国银行建筑已遍及全国各大城市。1879 年第一家本国银行——中国通商银行成立，到 1936 年 6 月止，华资银行共达 164 家。这些银行建筑，一则自身有充足的建筑资金，二则需要显示资本雄厚，自然竞相追求高耸、庞大的体量和坚实、雄伟的外观、内景，成为近代大城市中最显眼的建筑物。

上海汇丰银行，即如今的浦东发展银行，被认为是近代中国西方古典主义建筑的最高杰作。此建筑建成于 1923 年，属古典主义风格，它严格遵循了古典主义的比例，上面的檐部、中间的墙柱以及下部的基座，高度之比为 1∶3∶2。正中为穹顶，穹顶基座为仿希腊神殿的三角形山花，再下为六根贯通二至四层的爱奥尼亚式立柱。大楼主体高五层，中央部分高七层，另有地下室一层半。大楼主体为钢框架结构，砖块填充，外贴花岗岩石材。底层中部突出一个八角形门厅，门厅的顶部有 8 幅彩色马赛克镶拼成的壁画，分别描绘了 20 世纪初上海、香港、伦敦、巴黎、纽约、东京、曼谷、加尔各答 8 座城市的建筑风貌。汇丰银行大楼是外滩占地最广，门面最宽，体形最大的建筑，被公认为是外滩建筑群中最漂亮的建筑，被誉为"从苏伊士运河到白令海峡的一座最讲究的建筑"（图 5-26）。

图 5-26　上海汇丰银行

（三）教育建筑

近代教育建筑，除早期的新式学堂和辛亥革命后的公立、私立学校外，教会学校占了很大比重。在教育类建筑中，大学的校园规划和建筑活动最令人瞩目。许多大学校园都是由外国建筑师规划设计的。例如，美国建筑师墨菲就先后参与了北京清华学校、福建协和大学、长沙湘雅医学院、南京金陵女子大学、北平燕京大学等多所大学的规划、设计。这些大学大多沿用国外校园模式，占地规模庞大，功能分区合理，讲究绿化，自然环境优良，有近代化水平较高的建筑群组，有的还采用中国式的建筑风貌，成为近代中国公共建筑中最具组群特色的建筑类型，图 5-27 为南京金陵女子大学的校园规划示意图。

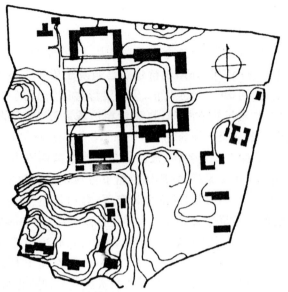

图 5-27　南京金陵女子大学校园规划化示意图

（四）交通建筑

近代交通建筑，以火车站建筑的发展最为显著。近代中国的铁路修建大多为列强所控制，火车站建筑也大多沿用国外的火车站形式。建成于 1903 年的中东铁路哈尔滨站、建成于 1906 年的京奉铁路北京前门东站、建成于 1909 年的津浦铁路济南站，都达到了当时国外火车站的一般水平。

大连火车站，建成于 1937 年，采用钢筋混凝土结构，建筑面积达 8 433m² 。由于该车站处于市中心商业繁华区，设计考虑了人流集散和人货流分离，设置了宽敞的候车大厅和直达二楼的坡道。立面简洁，突出坡道、平台和门前的大广场处理，已是一座现代化的大型火车站建筑（图 5-28）。

图 5-28　大连火车站

（五）商业建筑

20 世纪 20 年代前后，大型百货公司、综合商场等商业建筑陆续在各大城市出现，以上海、天津、汉口等商业活动集中的城市分布最多。

上海"前四大公司"之一的先施公司大楼,位于上海南京东路浙江中路交叉口的西北隅,1917年建成,专营百货。建筑高七层,下面沿马路设廊。沿街为骑楼式券外廊与街道相通,屋顶设有屋顶花园、茶座。大楼转角处立面有一个三层塔楼,其平面由下而上逐层收小且由方变圆,以塔司干式柱支撑。建筑外貌腰线突出,具有文艺复兴风格,局部有巴洛克式装饰。大楼是民族资本创办的上海早期商业楼之一,其塔楼形象是南京路商业街景观标志之一(图 5-29)。

图 5-29　上海先施公司

(六)饭店建筑

20 世纪初,大型饭店建筑也在上海、北京等大城市涌现,到二三十年代向高层建筑发展。

上海国际饭店位于上海市南京西路,建于 1934 年,高二十四层,总高约 86m,是当时亚洲最高的建筑。这座建筑的形式是 20 世纪 20 年代美国摩天大楼的翻版(图 5-30),属装饰艺术风格。

图 5-30　上海国际饭店

（七）娱乐建筑

娱乐性建筑与大众生活关系密切，20世纪以来，电影院、戏剧院、游乐场等大量的娱乐建筑在大城市出现。

上海大世界是上海最大的室内游乐场，素以游艺、杂耍和南北戏剧、曲艺为特色，建成于1925年，位于今西藏中路延安东路交叉口的东南侧，是典型的商业折衷主义风格（图5-31）。建筑共四层，钢筋混凝土结构，总平面呈"L"形。大世界入口处的上空，在四层楼的屋顶上再设四层多边形层层收缩的塔楼，作为标志物，以招徕顾客、游人。

图5-31　上海大世界

（八）教堂建筑

在中国近代建筑中，除了前面的几类，还有一类建筑值得关注——教堂建筑。北京代表性的有西什库教堂、天津有老西开教堂、广州有圣心大教堂。属上海的教堂更多，有江西路圣三一堂、徐家汇天主堂、国际礼拜堂以及佘山的圣母进教之佑堂等。在此分析上海最大的天主教堂徐家汇教堂。

徐家汇天主堂，全名为圣依纳爵天主教堂，位于今上海蒲西路158号，建于1910年，由外国天主教教士南格禄创办，为欧洲中世纪哥特式建筑，高五层，砖木结构，平面呈长十字形，正面向东，两侧建钟楼，高耸入云。大堂顶部两侧是哥特式钟楼，堂脊高18m，钟楼全高约60m，尖顶31m，尖顶上有两个十字架，堂身也有一个十字架。屋顶铺设石墨瓦，外墙用清一色红砖，花岗石镶边，下部勒脚用青石饰面。门窗为哥特式尖拱形，用铅条彩色圣像玻璃窗。正中二层有大玫瑰圆窗。一层并列三个尖拱门，庄重肃穆，有神圣之感（图5-32）。

图 5-32　上海徐家汇大教堂

在近代发展出来的各类型公共建筑中,建筑空间的功能得到了改观,建筑的规模得以扩大。一些大百货公司、大型饭店和银行大厦,也都达到相当大的规模和很高的层数。这些新公共建筑,采用了钢铁、水泥等新材料,采用了砖木混合结构、钢框架结构、钢筋混凝土结构等新结构方式,还采用了供热、供冷、通风、电梯等新设备和新的施工机械。所有这些,构成了近代中国建筑转型最鲜明、最突出的景象。随着国外建筑的传播和中国近代建筑师的成长,我国的建筑从 20世纪初到 30 年代的短短三十年间有了急剧的变化和发展。其中有一些建筑在规模上、技术上、设计水平和施工质量上,都已经接近或达到国外先进水平。

第六章　中国现代建筑的发展

新中国成立后,中国开始了一种完全不同于昔日的伟大进程,根本性地改变了中华民族在世界中的地位,也使中国建筑进入现代化时期。具体而言,自 1949 年起,中国开始了从一个农业大国向工业国发展的历史性转变,这也使得中国城市开始了历史上的新的发展历程。而产业结构的不断调整一方面提高了农业生产率,使多余人口能脱离农村,另一方面也加快了第二、第三产业的发展,增加城市就业人口,增加城市商品粮和其他农副产品供应,加快城市建设。同时,城市化建设的快速发展也推动了中国建筑思潮的发展,也催生了一大批具有代表性的建筑作品。

第一节　城市的规划与建设

一、城市规划与建设的内容

城市建设是国家经济和文化建设的一个重要组成部分。要想有计划地、合理地规划与建设城市,就必须切实做好城市规划与建设工作。

而城市规划与建设工作的基本内容有如下几方面。

(1)调查、搜集和研究城市规划工作所必需的基础资料,这些资料主要包括以下几方面。

①城市自然条件资料,如规划地区的地形、地貌、气象、水文地质和地震等。

②城市环境及其他资料。

③城市技术经济资料,如城市所在地区自然资源的分布和开采利用等资料;城市人口资料;城市土地利用资料;工矿、企事业等单位的现状及发展的技术经济指标等。

④城市现有建筑物及工程设施资料。

(2)拟定城市建设艺术布局的原则和规划方案。

(3)拟定旧市区的利用、改建的原则、步骤和办法。

(4)确定城市各项市政设施和工程措施的原则和技术方案。

(5)根据城市基本建设的计划,安排近期建设项目并为各单项工程提供设计依据。

(6)合理选择城市各项建设用地,确定城市规划的结构,并考虑城市长远的发展方向。具体而言,城市用地分下列几类。

①对外交通运输用地。主要布置城市对外交通运输设施用地,包括铁路、公路的线路和各种站场用地、港口码头、民用机场和防护地带等用地。

②生活居住用地。包括居住用地、公共建筑用地、公共绿地及道路广场用地等。

③防护用地。主要指居住区与工厂、污水处理、公墓、垃圾场等地段之间的隔离地带,水源保

护、防风和防沙林带等用地。

④工业用地。主要指工业生产用地,包括工业用地上的工厂、动力设施、仓库、工厂内的铁路专用线和厂内卫生防护用地等。

⑤其他用地,如监狱、军事基地以及文物和自然保护区等。

⑥公用事业用地。公用设施和工程构筑物的用地,如净水厂、污水处理厂、煤气厂、变电所、市内公共客运的站场和修理厂、消防站、各种管线工程及其构筑物、防洪堤坝、火葬场及公墓等用地。

⑦仓库用地。专门用来存放生活与生产资料的用地,包括国家储备仓库、地区中转仓库、市内生活供应仓库、工业储备仓库、危险品仓库及露天堆场等用地。

(7)根据国民经济计划,在区域规划的基础上,结合城市本身发展条件,提出城市规划任务书,确定城市性质和发展规模,拟定城市发展的各项技术经济指标。

①城市的性质。我国的城市,按性质和功能可分为三类:国家、省和地区级的行政、经济、文化中心城市,如首都、省会等,具有综合性职能;以某种经济职能为主的城市,一般是以工业生产为主,也包括交通枢纽、渔业、林业等职能;特殊职能的城市,如革命圣地、风景名胜的旅游城市。

②城市的规模。即市区和郊区非农业人口的总数,世界各国城市规模分类的标准不同。在我国按人口规模城市可分为四类:100万人口以上为特大城市;50万～100万人口为大城市;20万～50万人口为中等城市;20万人口以下为小城市。

二、城市规划与建设的任务

(一)城市规划的任务

城市规划的任务是根据国民经济的发展计划,在全面研究区域经济发展的基础上,根据历史和自然条件,确定在什么地方建设城市,建设怎样性质和规模的城市。在城市功能布局上要解决好如何满足生产、生活的需要,使各项建设具备可靠的技术、经济性能,为居民创造一个生活舒适,景色宜人的城市环境。这就必须认真地编制城市规划,并以城市规划为依据,进行城市建设和管理。

(二)城市建设的任务

城市建设的任务是根据国家城市发展和建设方针、经济技术政策、国民经济和社会发展长远计划、区域规划,以及城市所在地区的自然条件、历史情况、现状特点和建设条件,布置城市体系;确定城市性质、规模和布局;统一规划、合理利用城市土地;综合部署城市经济、文化、基础设施等各项建设,保证城市有秩序地、协调地发展,使城市的发展建设获得良好的经济效益、社会效益和环境效益。

三、城市规划与建设的发展

总体来说,1949年以来的中国现代城市规划与建设的发展,同中国社会发展一样,也是几上几下,坎坷曲折的。概括起来,大致可以划分为以下几个阶段。

（一）城市恢复与规划的起步期（1949—1952 年）

这一时期,中国的大多数城市,工业基础薄弱,布局极不合理;市政设施及福利事业不足,居住条件恶劣,城市化程度很低,发展也不平衡,内地许多城镇还停留在封建时代,根本没有现代工业与设施。有鉴于此,党中央提出了"城市建设为生产服务,为劳动人民生活服务"的方针,城市工作的重点放在了恢复与发展生产方面,如整修城市道路,增设公共交通,改善供水、供电等设施;维修、改建、新建住宅,改善劳动人民的居住条件;恢复、扩建和新建了一些工业,整治城市环境等。因为经济能力所限,这一时期较为重点的城市建设,主要是一些大城市内的棚户区改造,如上海的肇嘉浜、北京的龙须沟、天津的墙子河等,上海还新建了第一个完整的工人居住区——曹杨新村。

城市规划工作伴随着城市建设的恢复与发展逐渐开始起步。1952 年 8 月,中央政府成立建筑工程部,主管全国建筑工程和城市建设工作,并专设城市建设处。同年 9 月,我国召开全国第一次城市建设座谈会,提出加强城市规划设计工作和在 39 个城市设置城市建设委员会以领导规划和建设工作,并将全国城市按性质与工业建设比重划分为四类,分别为:重工业城市、工业比重较大的改建城市、工业比重不大的旧城市、采取维持方针的一般城市。同时,规定制定城市总体规划要求参照前苏联专家草拟的《编制城市规划设计程序(初稿)》进行。

经过三年的调整、恢复与发展,1952 年,我国设市城市为 160 个,比 1949 年增加了 17.6%,城市人口及其分布都有了很大变化。中国的城市规划与建设,开始步入了一个按规划进行建设的新阶段。

在此期间,值得一提的城市规划与建设项目便是新兴工业城市的规划与建设。

中国第一个五年计划的建设方针是优先发展重工业,在东北地区以及华北、西北一些大城市建设大型工业项目。这些地区被重视的原因有以下三个方面。

(1)重工业基地的基本格局、各种相关设施依然残存,有可能以此为基础重新建设。

(2)当时中国与美国处于严峻的敌对关系,工业城市规划与建设不得不以内陆地区为布局目标。

(3)便于得到前苏联在机械设备方面的援助,且易于运入。

在这样的大背景下,1952 年我国开始了重点工业的城市发展规划和城市建设。此后的城市建设会议确定了重点规划与建设的工业城市,拉开了中国现代城市规划开始于工业城市的步伐。这些工业城市包括:1952 年分为重工业城市(北京、包头);工业较多、作为改造重点的城市(吉林、武汉);工业较少的城市(大连、广州)和其他中小城市。

这一时期规划建设的石家庄、郑州、洛阳、合肥、西宁、大庆等城市,是中国第一代工业城市,都是根据国家计划的安排,依托经济不发达的老城市,或者平地起家,进行了大规模的工业建设发展起来的。

（二）城市规划的引入与发展期（1953—1957 年）

这一时期也属于我国第一个五年计划时期,当时迫于国际形势,为配合以前苏联援助的 156 个重点工程为中心的大规模工业建设,解决好与原有城市的关系,国家急需建立城市规划体系。在这样的情况下,我国引入了"苏联模式"的规划方式,即城市规划是国民经济计划的具体化和延续:国民经济计划—区域规划—城市规划。事实上,前苏联当时的城市规划原理,就是把社会主义城市特征归结为生产性,其职能是工业生产,城市从属于工业,认为社会主义的城市及其规划的最主要的优越性为生产的计划性和土地国有化。

1953年,中共中央下达了"重要的工业城市规划工作必须加紧进行……迅速地拟订城市总体规划草案"的指示;次年,全国城市建设会议要求"完全新建的城市与工业建设项目较多的城市,应在1954年完成城市总体规划设计"。这样,建工部城市建设局设立城市规划处,调集规划技术人员,聘请前苏联城市规划专家来华指导。重点城市的规划,一般由国家和地方城市规划设计部门组成工作组,在前苏联专家指导下进行编制。北京和全国省会城市也逐步建立和加强了城市规划机构,参照重点城市的做法开展了城市规划工作,城市规划逐渐走向普及。至1957年,全国共计150多个城市编制了规划,其中国家审批的有太原、兰州、西安、洛阳等15个城市。

就总体形势上来看,这一时期我国的城市规划与建设工作是成功的,基本上奠定了中国城市规划与建设事业的开创性基础;"城市规划"用语得以统一;确立了以工业化为理论基础、以工业城市和社会主义城市为目标的城市规划学科,并建立了与之相应的规划建设机构,在高等学校设置了城市规划专业,积累和培养了一支城市规划专业队伍;随着大规模工业建设及手工业和工商业的社会主义改造而进行的城市建设,是中国历史上前所未有的。

由于当时全面学习前苏联的一整套城市规划理论与方法,从而造成了中国现代城市建设带有一层明显的适应大规模工业建设需要及协调而对旧城市改造的烙印,这主要表现在我国当时的城市规划与设计套用了前苏联的"社会主义的内容,民族的形式"等政治口号,在城市规划中强调平面构图、立体轮廓,讲究轴线、对称、放射路、对景、双周边街坊街景等古典形式主义手法。这种对前苏联城市规划与设计手法的套用使得我国的城市建设出现了"规模过大,占地过多,求新过急,标准过高"的"四过"现象,忽视了工程经济等问题。

这一时期的城市规划与建设成就中值得一提的便是政治中心北京的城市规划与建设。

对于北京来说,其城市规划的重中之重,莫过于"作为新首都的城市规划"的制定。1949年5月,成立了北京都市计划委员会,着手研究首都的城市规划。9月,又邀请前苏联专家协助研究。中外专家对首都未来发展作了各种不同设想,既有共同点,也产生了分歧点。

由于行政中心位置的分歧,直至1952年底尚未确定正式的城市规划方案,但是实际建设还是按"城内派"的思想进行的。所以,以后在制定城市规划方案时,都是在行政中心设于旧城已成定论的前提下进行的。

(1)总体规划初步方案阶段。1953年3月和1957年3月,先后两次通过了《改建与扩建北京市规划方案》和《北京城市建设总体规划初步方案》。"一五"期间的城市建设,大体上是按照这两个草案的轮廓进行的,目前北京的城市结构布局和道路骨架系统正是在这个时期初步形成的。

下面对这一时期的规划过程作简单介绍。

1953年春,都市计划委员会提出了甲、乙两个方案。规划年限20年,人口规模450万人,用地规模500km²,平均人口密度每公顷90人,大体与当时的莫斯科相同。两个方案的共同点是:适当分散工厂区;住宅区靠近工作区,并与中心区接近,保证生活方便和中心区繁荣;道路系统采取棋盘式与环路、放射路相结合的方式;城市绿化采取结合河湖系统和城市主干道布置,充分绿化,楔入中心区,互相交错联系,形成系统。不同点为:甲方案,是铁路从地下穿过中心区,总站设在前门外;在基本保留原有棋盘式格局的前提下,分别从中心区的东北、东南、西北、西南插入四条放射斜线;保留部分城墙;中央行政区适当分散布置。乙方案,铁路不穿入中心区,总站设于永定门外;完全保留中心区原有棋盘式格局;城墙或全部保留,或全部拆除,只保留城楼;集中布置中央行政区。

1953年夏季,进一步修改以上两个方案,并聘请前苏联专家指导工作,综合提出了《改建与扩建北京市规划草案的要点》,提出了城市建设总方针以及重要规划原则。

1954年10月16日,国家计委对"规划草案"提出了四点意见:不赞成北京作为强大的工业基地;人口规模偏大,以400万人为适合;各项建设指标偏高、偏大、偏多,既不经济,也不易实现;不设置独立的文教区。为此,北京市委对规划草案进行局部修改,并制定了第一期(1954—1957年)城市建设计划和1954年建设用地计划。26日,北京市委将《关于早日审批改建与扩建北京市规划草案的请示》和《北京市第一期城市建设计划要点》两个报告上报中央。这一时期的城市建设,就是按照"计划要点"执行的,具体为:有计划建设工业区;大力兴建高等院校和科研机构;适应政治中心需要,建设办公楼和使馆区;成街成片建设住宅区;建成一批商业、文体卫设施和旅馆等;完成了若干市政骨干工程的建设。

(2)总体规划方案趋于完善。1955年4月,在曾参加过莫斯科规划与改建的前苏联专家指导下,成立都市规划委员会。1957年春拟订完成《北京城市建设总体规划初步方案》,1958年又做了局部修改,其基本规划思想与1953年是一致的,但内容更加丰富和具体化,主要有以下特点:发展大工业和统一建设的思想更加突出;解决水源的设想更加扩大;改建城区的要求更加急迫;建筑层数和标准的规定更加明确。特别是在道路系统规划上,提出了在市区设4个环路,外围设3个公路环,从中心区向外放射18条主要干道,至1982年仍维持这个道路规划设想。

(3)规划方案的重大修改。1958年,正是大跃进和人民公社化运动高潮。9月,北京市委决定对北京城市建设总体规划初步方案作若干重大修改,主要为以下几点。

①在规划的指导方针上,提出"要考虑到将来共产主义时代的需要"。

②在城市布局上,提出了分散集团式的布局形式。

③在工业发展上,提出了控制市区、发展远郊区的设想。

④在居住区组织上,新住宅区一律按人民公社化的原则进行建设。

总之,这个总体规划是在大跃进和人民公社运动这样的特殊形势下修改的,许多观点在当时属于"主观理想",对城市建设产生了一定影响。今天看来"分散集团式"的布局形式,有效地压缩了市区规划城市用地,控制了市区城市规模过大发展,让绿地穿插在市中心区,对市区生态平衡和环境保护还是有利的。

(三)城市规划的动荡与中断期(1958—1977年)

这一时期长达20年,由于政治经济起伏波动较大,也带来了城市规划及其建设的动荡、中断与自发。

1958—1959年的大跃进时期,城市和农村工业遍地开花,天津、上海等大城市规划建设了大量卫星城。青岛城市规划工作座谈会之后,又出现了所谓"快速规划""人民公社规划"等空想主义思潮,导致了城市布局混乱,污染四起。由于工业建设的盲目冒进,各城市不切实际地扩大城市规模,发展大城市,建设一条街,并借国庆十周年之际,盲目过早地改建旧城,大建楼堂馆所。

1960—1962年是中国的三年困难时期,中央计划会议草率地宣布了"三年不搞城市规划"的错误决策,造成机构撤并、人员下放,城市规划事业大为削弱,许多城市又进入无规划的混乱自发建设状况。

1964年开始,在内地建设上实行"进山、分散、隐蔽"的"三线"建设方针,无视城市规划的合理布局,在城市建设上采取的是一种"不要城市、不要规划"的分散主义手法。虽然也出现了一些新型山区工矿城市,如攀枝花、十堰等,但仍是"干打垒"式的低标准、大分散、乡村型城市的规划建设手法。

1966年开始的"文化大革命",致使城市规划及建设处于被迫停滞甚至中断状态。1967年国家停止执行北京城市总体规划,提倡"见缝插针"和"干打垒"搞建设,并波及全国。1968年许多城市的规划机构被撤销,人员下放,资料散失,学科专业停办,致使城市规划基本停顿,城市建设和管理呈现无政府主义状态,名胜古迹和园林绿地被侵占、破坏,违章建筑泛滥,城市布局混乱,造成了许多无法挽救的损失和后遗症。

值得一提的是,这一时期只有两个城市制定了较系统的总体规划,一个是由于"三线建设"而制定的攀枝花钢铁基地的总体规划;另一个是由于地震而进行的重建新唐山总体规划。通过实践检验,这两个城市的规划都是比较成功的。

(四)城市规划及建设的迅速发展期(1978年以后)

十一届三中全会以后,随着我国各项事业的恢复与发展,城市规划受到高度重视,1978年第三次全国城市工作会议,要求认真编制和修订城市总体规划和详细规划;1980年10月,提出"控制大城市规模,合理发展中等城市,积极发展小城市"的城市发展方针;同年12月又颁布了《城市规划编制审批暂行办法》和《城市规划定额指标的暂行规定》;1984年颁布了新中国的第一个城市规划法规——《城市规划条例》;至1986年,全国所有城市都完成了第二轮城市规划的编制与审批工作;1987年后,提出了"控制性详细规划"的概念;1989年,全国人大又通过了《城市规划法》。总之,十一届三中全会以后中国城市规划及其建设已经得到全面恢复,而且开始步入法制的轨道,开始跳出城市规划是"经济计划的具体化"的框子,城市规划观念、内容、方法、手段都发生了深刻变化,并为20世纪90年代走向全面的进步做好了准备。到1985年底,全国设市城市发展到353个,比1978年增加了160个。98%的城市和85%的县城编制城市总体规划,约90%的镇和集镇已有初步的轮廓性规划。全国及各省市均设立了城市规划设计院,健全了城市建设管理机构。城市规划与城市建设学科得到突飞猛进的发展,《城市规划》《城市规划汇刊》复刊,各类专业人才得以全面培养。在城市建设方面,无论是住宅建设还是城市基础设计、城市面貌、历史文化保护、环境保护、小城镇建设、新城开发与旧城再开发等各个领域,均取得了世界瞩目的成就。

进入20世纪90年代以后,我国的城市建设进入一个更快的发展阶段。同时,也出现了一些不正常现象,大工程、大项目、大广场、欧陆风比比皆是,甚至动不动就搞"国际性城市",名目繁多的"别墅区""开发区"遍地开花,造成滥占土地、生态破坏、资金浪费,若干城市在城市更新和开发新区时既未按规划实施,也未按法定程序修订规划,规划形同虚设。另一方面,在和这种现象的斗争中,不少城市也不断加强法制,取得了经验,深圳市率先实行《法定图则》制度,规划科学化、稳定化、公开化。至20世纪90年代末,全国设市城市总体规划编制工作基本结束,新一轮规划具有探索性的时代价值,寻找一些新的方向,突出的是把整体性、多层次性、连续性、经济性等多种观念兼顾融合。

进入 21 世纪以来,中国城市规划与建设出现了一些新的变化和特点。这些新的变化和特点,主要表现在以下几个方面。

1. 城市规划与建设的信息化

工业经济在 20 世纪得到迅速发展,伴随着 20 世纪的悄然离去,作为其重要标志的制造业在发达国家的 GDP 中的比例正日趋下降。进入 21 世纪,信息时代前进的步伐加快,知识经济初现端倪,传统的工业大生产模式将遭到信息经济强有力的挑战。城市规划与建设与时代密切相关。信息时代的到来,城市规划建设为适应时代发展的要求,逐渐产生了城市规划与建设的信息化特征。

城市信息化是对信息时代城市发展方向的描述,就像工业社会城市集聚经济造成环境污染需要园林城市一样。其本质是对物质城市及其相关现象(经济社会特征)统一的数字化重现和认识,是用数字化的手段来处理、分析和管理整个城市,促进城市的人流、物流、资金流、信息流、交通流的通畅、协调。为了适应信息化时代的要求,城市规划与建设对信息高速公路、空间数据基础设施建设十分重视。

(1)城市信息高速公路建设

所谓"信息高速公路"并不是指交通公路,而是指高速、大容量计算机通讯网络。它是通过光纤光缆、通信卫星或电缆把政府机构、科研单位、企业、图书馆、学校、商店以及家家户户的计算机连接起来,利用计算机终端、传真机、电视等终端设备,像使用电话那样方便、迅速地传递和处理信息,从而最大限度地实现信息共享。"信息高速公路"所起的作用除创造丰富的物质财富外,还将深刻地改变人类的生产和生活方式。

我国的信息高速公路建设已初具规模,现已建成包括数据网、光纤骨干网、ATM 异步传输模式网、SHD 同步数字系列网和光纤接入网等在内的通信干线网。全国重要的信息高速公路包括以下几方面。

①中国公用计算机互联网(ChinaNet)

中国公用计算机互联网是中国电信经营管理的基于 Internet 网络技术的中国最大的互联网络接入和信息服务提供商。目前,ChinaNet 的干线速率以 2.048Mbps 为主,并将逐步升至更高速率。ChinaNet 在北京、上海和广州设置有国际出口中继线,实现与国际 Internet 的互联。到 1998 年 6 月,ChinaNet 国际出口带宽已达 64Mbps。

②中国公用分组交换数据网(CHINAPAC)

中国公用分组交换数据网由原邮电部于 1993 年建成。由国家骨干网和各省(自治区、直辖市)的省内网组成,骨干网覆盖到全国各省会城市。与公用电话网互联,通过电话网可以覆盖到已开通电话的所有地区。分组网上提供的多种增值业务包括:电子信箱,可视图文,电子数据交换,数据库检索和传真存储转发业务。

③中国公用数字数据网(CHINA DDN)

中国公用数字数据网是利用光纤(或数字微波和卫星)数字电路和数字交叉连接设备的数字数据网,主要为用户提供永久、半永久型出租业务。该网具有传输时延短,可用传输带宽范围宽(2.4~2048kbps),传输质量高,具有路由自动迂回等特点。特别适合于对传输时延要求高、信息量大的用户的要求。提供的业务有:专用电路业务(用户速率为 2.4~19.6kbps),帧中继业务(用户速率为 9.6~2048kbps),话音/GS 传真业务,虚拟专用网。

④中国教育和科研网(CERNET)

中国教育和科研网是由教育部和主要高等学校联合建设的因特网业务接入和信息服务提供者。其目的是加强信息基础设施建设,提高综合国力,缩小我国与国外先进国家在信息领域的差距,改善我国教育和科研事业的基础条件,促进国内外交流,有利于人才培养;为我国计算机信息网络建设积累经验,并起示范作用。

(2)城市空间数据基础设施建设

为了在"信息高速公路"上表示和查询与城市规划、建设与管理有关的空间信息,就必须建设空间数据基础设施,它是继信息高速公路后又一重要的国家级信息基础设施建设,其主要目的是为解决空间数据上网,即在 Internet-Web 上运行的技术系统由于空间数据比一般数据要复杂得多、在网上传输的难度要大得多的难题而进行的单独研究。空间数据基础设施(NSDI)主要包括:地球空间数据框架、空间数据协调、管理与分发体系、空间数据交换网站和空间数据转换标准。

地球空间数据框架是提供一个可以进行精确地、始终如一地获取、配准和集成地球空间信息的基础。此框架中包括正射影像、大地控制、高程、交通、水系、政区、公用地籍以及资源、环境、社会、经济、历史记录等方面的数据。空间数据协调、管理与分发体系,是组织生产和使用地理数据的人员,建立相应的组织机构,制定有关空间数据的发展战略和政策,建立地理空间数据个人和机构间联系渠道,传输数据和开发数据库。其目标是生产和使用共用的空间地理数据集,共享和开发基础数据资源以提高决策能力。

空间数据交换网站是一个拥有地理空间信息,在地理空间数据生产者、管理者和用户之间的一个分布式电子网络。其用户有权决定保存哪类地理空间数据;了解数据状况(内容、质量及其他特征等);寻找他们需要的数据;根据他们的应用项目,评价数据是否有用;尽可能经济地获取或订购数据。地理空间数据生产者以各种软件工具提供电子形式的元数据(关于数据的数据)。元数据标准规定了不同地理空间数据的元数据的内容,其目的是提供一个共同的标准化的元数据术语和定义。

空间数据转换标准是一个异种计算机间空间数据转换的进程。该标准规定了带有空间参考系信息的矢量和栅格(包括格网)数据的交换约定、寻址格式、结构和内容。标准中包括概念模型、质量报告、传输组件说明和对空间要素和属性的定义。

空间数据基础设施与信息高速公路有着相互依存、相互促进、共同发展的密切关系。计算机硬件和各种应用软件好似高速公路上跑着的车,而基础地理信息好似被运载的货物。为避免出现有路没车或有车没货的现象,应大力发展我国地理信息产业,为社会提供丰富的基础空间信息和软件产品。这样既节约了开发力量和系统投资,又能最大限度地实现基础空间信息的共享。

2. 城市规划与建设的低碳化

20世纪60年代以来,随着世界经济的复苏和城市化的迅猛进程,随之而来的是严重的能源(主要是石油)危机和环境危机,出现了震惊世界的十大公害事件,面对严峻的环境资源问题和生存的迫切性,引起人们对原有生存空间、生活方式和价值观念的反思,进一步激起了人类聚居生态意识的觉醒。而随着我国国人环保意识、生态意识的普遍高涨,要求城市规划与建设的低碳性呼声也越来越高,并逐渐成为21世纪城市规划与建设的重要内容之一。

中国建筑概论

（1）低碳城市的概念

低碳城市以低碳理念为指导，以城市空间为载体，以低碳产业为主导，通过一系列政策、技术、管理措施，在保证居民生活质量不断提高的前提下，建立碳减排城市发展模式，达到经济发展过程中代价最小化、人与自然和谐相处等目标。

需要特别注意的是：低碳城市并不是生态城市也不是绿色城市。生态城市和绿色城市从城市宏观环境入手，侧重于整体环境的营造，其中绿色城市偏重于环境方面，生态城市偏重于系统层次，两者大体一致；而低碳城市对大气中其他元素和污染物、水资源、土壤质量、生物多样性等都没有要求，只强调减少碳排放，侧重于低能耗和新能源利用，而这只是生态城市的一个方面。

（2）科学合理的城市规划是建设低碳城市的关键

城市规划和建设具有刚性性质，一旦形成就很难改变，并会对城市的经济活动、生产方式、生活方式、生态环境等方面产生深远影响。如果一座城市在规划建设开始就不合理，那么在其以后的运行过程中实现碳减排就会很困难。因此科学合理的城市规划担负着建设低碳城市的重要角色，是建设低碳城市的关键。

（3）低碳城市的构成

①新能源的利用

面对即将到来的能源危机，全世界都认识到必须采取开源节流的战略，即一方面节约能源，另一方面开发新能源。面对能源危机，许多国家都在下大力气研究和开发利用"绿色能源"，包括太阳能、生物质能源、风电、水电的新技术新工艺。

绿色能源可概述为清洁能源和再生能源。狭义地讲，绿色能源指氢能、风能、水能、生物能、海洋能、燃料电池等可再生能源，而广义的绿色能源包括在开发利用过程中采用低污染的能源，如天然气、清洁煤和核能等。

②清洁技术

实现低碳生产，就必须实行循环经济和清洁生产。循环经济是一种与环境和谐的经济发展模式，它要求把经济活动组织成一个"资源—产品—再生资源"的反馈式流程，其特征是低开采、高利用、低排放甚或零排放。它要求所有的物质和能源在经济和社会活动的全过程中不断进行循环，得到合理和持久的利用，以把经济活动对环境的影响降低到最小程度。

清洁生产是从资源的开采、产品的生产、产品的使用和废弃物的处置的全过程中，最大限度地提高资源和能源的利用率，最大限度地减少它们的消耗和污染物的产生。循环经济和清洁生产的一个共同目是最大限度地减少高碳能源的使用和 CO_2 的排放，这与低碳城市的要求不谋而合。因此，实施循环经济和清洁生产是低碳城市建设必须坚持的原则和方向。

③绿色建筑

建筑施工和维持建筑物运行是城市能源消耗的大户，低碳城市的一个重要组成部分是绿色建筑。绿色建筑需要既能最大限度地节约资源、保护环境和减少污染，又能为人们提供健康、适用、高效的工作和生活空间。

绿色建筑的建设包括：建筑节能政策与法规的建立；建筑节能设计与评价技术，供热计量控制技术的研究；可再生能源等新能源和低能耗、超低能耗技术与产品在住宅建筑中的应用等；推广建筑节能，促进政府部门、设计单位、房地产企业、生产企业等就生态社会进行有效沟通。在减少碳排放的进程中，绿色建筑的普及和推广具有重要的意义。

④绿色规划

科学的城市规划是建设低碳城市的第一步。城市能源消耗会直接影响到周边区域的环境污染,城市规划除了考虑单个城市自身特点外,还应结合城市所在区域和国家的发展战略来进行考量。

第一,产业规划。在城市发展规划中,要降低高碳产业的发展速度,提高发展质量;要加快经济结构调整,加大淘汰污染工艺、设备和企业的力度;提高各类企业的排放标准;提高钢铁、有色、建材、化工、电力和轻工等行业的准入条件。也就是说,要从决策源头上保证城市总体规划符合可持续发展原则,在规划阶段就推动向低碳城市的方向发展。

第二,交通规划。低碳城市的交通战略可从两个方面实现:一个方面是控制私人交通出行的数量,如果这个数量是下降的,那么在单位排放一定的情况下,城市交通的碳排放就降低;另一个方面是降低单位私人交通工具的碳排放,如果私人交通出行的数量是一定的,那么只要持续降低单位汽车的碳强度,就可以降低整个城市交通的碳排放。以上两个方面说明,低碳城市需要倡导和实施公共交通为主导的交通模式。

⑤绿色消费

减少 CO_2 排放不仅仅是政府的责任,而且个人也应当承担责任。我们应当倡导和实施一种低碳的消费模式,一种可持续的消费模式,在维持高标准生活的同时尽量减少使用消费能源多的产品。在减少碳排放方面,个人的行动非常重要,我们的衣食住行都可以帮助减少碳排放。从日常生活做起,节省含碳产品的使用,实行可持续的消费模式,我们就可以为实现低碳经济、建设低碳城市做出贡献。

第二节 建筑的思潮与作品

以改革开放为界,我国现代建筑历史天然地分为两大时期,前一个时期由于历史环境因素,中国人民不得不主要依靠自力更生完成建立国家工业基础的任务,或者说是统一步伐,节衣缩食、积累资金来完成这一任务,因而将其称为自律期。十一届三中全会以后,中国全面实现改革开放,国家进入新的转型期,因此将其称为开放期。我国的建筑思潮与作品也以改革开放为界,表现出不同特色。

一、建筑的思潮

(一)自律期建筑思潮

20 世纪 50 年代初期,爱国主义与民族传统相联系,产生了一大批以历史主义即从历史传统中发掘建筑语言完成的建筑设计作品,如重庆西南大会堂、南京华东航空学院教学楼、厦门大学建南楼群、中国美术馆、全国政协礼堂、中国伊斯兰教经学院等。

这一时期,复古主义创作也有探索,但步伐小,在反浪费运动前后,建筑表现出更多种的探索,既有针对特定的环境的探索,也有从设计意念上的探索,从而使中国建筑表现出务实与求索的思潮。这种思潮的代表性建筑有北京和平宾馆、北京儿童医院、成吉思汗陵、鲁迅墓和鲁迅纪念馆、北京电报大楼、人民英雄纪念碑与哈尔滨防洪胜利纪念塔等。

20 世纪 50 年代以后的建筑作品,很多都未能摆脱政治因素的影响。20 世纪 50 至 70 年代,中国通过走低工资、低消费、高积累的道路完成了工业社会的经济基础建设。它既缩短了发展时间又避免了两极分化。这个时期的统一、集中是必需的,因此作为经济的集中反映的政治因素,对建筑及其他学科的发展都产生不少的不利影响。这个时期的代表性建筑包括中华人民共和国建国 10 周年前在北京兴建的一系列大型项目,如人民大会堂、中国革命及历史博物馆、军事博物馆、农业展览馆、民族文化宫、北京火车站、毛泽东主席纪念堂、工人体育馆、钓鱼台国宾馆、华侨饭店、民族饭店等。

与整个自律时期大部分建筑无法摆脱沉重的时代的局限性相比,由于政治、经济、文化交流等方面的需要,这一时期还有若干建筑物呈现出另一种自由、轻巧的新风,它们大都集中在援外工程、外事工程和外贸工程中,这些领域实际上是封闭的中国仍然维持着与外部联系与交流的一个狭窄的、有限的开放渠道。由于有关建筑的服务内容与对象不同,即价值主体与价值尺度不同,加上工作机遇,有关设计者得以进入另一种工作状态,从而有可能更多地拓展了自己的思维领域,也有可能在交流中有所收获。这种类型的代表性建筑有 1956 年中国援助蒙古人民共和国的一批援蒙工程、杭州笕桥机场候机楼、扬州鉴真和尚纪念堂、广交会建筑等。

(二)开放期建筑思潮

改革开放打开了堵拦域外文化的堤防,也揭开了禁锢思维的潘多拉盒子,从此建筑师走上了新的历史时期。外国建筑师与外国的建筑材料、技术一道涌入中国,使得中国与域外的建筑文化经历了历史上最为平和的一次碰撞、交流与结合。在这种潮流中,第二代、第三代建筑师如晚霞夕照,金铺满地,第四代和"文化大革命"后的第五代建筑师迅速成为新的弄潮儿,随着抑制前人的樊篱的渐渐解体,他们的生存与工作的条件渐渐改善,设计实践的机会与规模大大增加,从而使得中国的建筑设计水平迅速提高,中国建筑的多元格局也随即呈现。虽然多元中的每个元是什么,并不十分清晰,总体上的多元,又都带有手法主义的痕迹,但这反映了中国这个时期的社会状况,也反映了中国建筑师迎接社会的新需求所面临的机遇与挑战。

总体上来看,开放期的中国建筑思潮主要有以下几种表现。

1. 域外建筑师的涌入

政治上的改革开放最终导致了建筑设计领域向国外开放,大批外国优秀的和不那么优秀的建筑师在经历了发达国家 20 世纪 90 年代以后的不景气后,苦于寻觅设计任务之时获得新的机会,中国的开放与大规模建设使他们欢欣鼓舞,抢滩登陆。对国际先进规范做法和标准的熟悉,对新形制、新材料和新设备的熟悉以及与外国投资者或港台投资者的联系都是他们的优势,他们的弱势是对中国的特有的地理、气候、材料、规划和设计规范不熟悉,对中国的文化不熟悉,因而最初登陆的若干作品,经过经纪人的商业运作,成为所在国、地区的建筑样品对中国的直接出口。随着设计竞赛这一竞争机制的形成及其规范化,优秀的外国建筑师及港台建筑师在努力了解中国文化后,也为 20 世纪 80 年代,特别是 20 世纪 90 年代的城市建设作出了贡献。其代表性建筑作品有北京香山饭店、北京长城饭店、上海金茂大厦等。

2. 中国特色的再探索

以戴念慈等为首的一些设计师对中国建筑的中国特色进行了新的探索。在前一个历史时期，戴念慈曾完成了中国美术馆等一批优秀的国家性工程设计和班达那奈克国际会议厅等一批重要的援外项目设计。在新的历史时期中，他更钟情于对中国特色的再探索。他以对中国本土建筑文化的熟悉及提炼为基础，在设计中摒弃了大屋顶和法式创作的旧路，着意于博采传统的意向，通过对坊和城的要素的提取使建筑展现了当年的历史环境与气氛。与前期的创作相比，探索的步伐是大的，只是中国的开放与国人审美情趣的变化步幅更大，使得若干人们仍认为他的再探索过于保守。这一类的代表性建筑作品有阙里宾舍、辽沈战役纪念馆、北京炎黄艺术馆等。

3. 对时代技术美的追踪

20 世纪 80 年代以后，在赶超世界的大规模建设中，社会对体现时代前进态势的技术美的需求日趋强烈。这样，国外高技派作品必然在国内荡起涟漪，不少外国建筑师就是以高技派的手法赢得重大设计竞赛项目的，这种大环境也激发了中国建筑行业对时代技术美的追求。这类代表性建筑作品有上海东方明珠电视塔等。

4. 在结合的层面上开拓

20 世纪八九十年代，新材料、新技术眼花缭乱地涌入中国，在社会上升起了一轮新的光环，在这一光环的映照下，建筑的诸多要素被重新检验，新材料似乎成了建筑等级的身份证。作为发展中的国家，中国的大量建设项目还未具备普遍采用高技术营造环境的条件，囊中羞涩使得"与国际接轨"与"三十年不落后"的标榜成为新的矫饰。相当一批建筑师认为建筑本来就是建立在一定的物质技术基础上的，技术在历史上本来就是不断进步的，但历史上的技术进步并不是构成优秀建筑设计的先决条件和充分条件，因而在当代的条件下，一些建筑师仍坚持对建筑发展中基本矛盾关系的认识，并结合各自设计队伍的实际情况，选择不同的项目，采用适用性技术，把握尺度，推敲比例，经营空间，将技术与艺术（包括其他造型艺术）相结合，将时代精神与乡土人情相结合，将业主要求与山水人文环境相结合，完成富于艺术精神、富于诗意的一批建筑，齐康、程泰宁、彭一刚、布正伟等即是其中的佼佼者。这类的代表性建筑作品有南京侵华日军大屠杀遇难同胞纪念馆、河南省博物院、浙江省联谊中心等。

5. 新古典风韵的创造

新古典风韵与 20 世纪 80 年代后现代主义思潮及国外新建筑理论与作品传入有密切的联系，其具有较强的理论思考与创新追求。这类建筑的实例甚多，较突出的有富园贸易市场、震元堂、丰泽园饮食服务楼等。

6. 地域文化的表达

地域文化的表达有可以称为新地方主义。新地方主义注意挖掘传统文化遗产，但强调体现场所的空间文化定位，反映地方的文化特色，不停留于对一般古典神韵的追求，因而这些建筑常

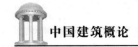

常具有可以识别、可以感受到的地域标志和地域宗教特色。新地方主义是在地球村时空缩小建筑趋同的大形势下,对地域文化日趋珍视的一大潮流,也是我国开放时期地域文化品质获得挖掘与提升的反映。这种类型的建筑作品甚多,如敦煌航站楼、吐鲁番宾馆新楼、上海华东电力大厦、苏州同里湖度假村、广州岭南画派纪念馆等。

二、建筑作品

(一)自律期建筑作品

1. 重庆西南大会堂(图 6-1)

重庆在 20 世纪 50 年代是西南行政区首府,西南大会堂是当时用作干部、群众集会、演出的场所,建筑师张嘉德设计的这个方案是当时送审的唯一的古典形式方案,被选中后于 1951 年开工,1954 年竣工。总建筑面积 25 000m²,坐落在市政府对面的学田湾马鞍山上,依山层叠而上。构思为天坛与天安门等清宫式著名建筑的组合,顶为直径 46m 的钢结构穹顶,有 4 500 座,圆形厅堂音响不佳,宝顶镏金及装饰代价甚高,这在当时是不经济的,但它反映了当时领导人的一种豪迈之情,一种自信心和信仰。设计手法属于复古主义,后来在反浪费、批判复古主义及更晚的运动中设计者被波及。今天它那屹立在 99 级台阶上的雄姿与天际线已使人们淡忘了往日,常被用作山城重庆的象征,比作重庆的悉尼歌剧院。

图 6-1　重庆西南大会堂

2. 厦门大学建南楼群(图 6-2)

20 世纪 50 年代,华侨领袖陈嘉庚筹巨资返国重建他之前倾资创办的厦门大学,聘工程师按自己的想法设计,并直接组织以石构建筑闻名的惠安工匠施工,于 1954 年完工。厦门大学建南楼群是陈嘉庚的建筑思想及教育思想的体现,楼群按地形背山面海,前为大台阶式空场,气势雄伟。同时,该群楼根据教学需要按功能布局,面向广场的墙体用券窗、隔石,唯上部及中楼屋顶为闽南传统,颇有中学为体、西学为用之意,也洋溢着陈氏落叶归根、心存乡梓的爱国爱乡之意。整个楼群建筑依手法论亦当为折中主义。

图 6-2　厦门大学建南楼群

3. 中国美术馆（图 6-3）

中国美术馆原为国庆工程，因经济困难缓期建成于 1962 年，是由戴念慈在清华大学设计小组方案的基础上调整完善并主持完成的，是 20 世纪五六十年代古典形式建筑中口碑甚好的一座，这与建筑作为中国美术馆的功能及当时中国美术界人士对建筑风格的期待与要求有关。该馆的设计显示了设计者高超的造诣，将可能产生沉重感的屋顶与墙体组织得尺度得体，比例、色彩、质感典雅而明快。在檐口构件的光影关系、装饰、面砖色彩等细部都倾注了心血，体形及周围院落空间都给北京市中心增加了一处陶冶性情的气氛与环境。20 世纪 90 年代该馆重新改造与装修后仍在继续使用，是中国美术界举办最高等级展览的场所。该馆的建筑手法亦为折中主义。

图 6-3　中国美术馆

4. 北京和平宾馆（图 6-4）

北京和平宾馆由杨廷宝设计，于 1953 年施工，建成后供"亚洲及太平洋地区和平会议"使用。出于对建造工期、投资及场地、功能的综合考虑，设计者将旅馆布置成一字形；餐厅躲开大树移向西南隅；保留一处四合院供宾馆使用；汽车通道连接前后院，解决停车问题；楼梯、门厅等布置合理紧凑；立面汲取现代主义手法，非常简洁。该平面设计后来作为经典手法载入教科书，但设计方案在当时却曾不予通过,建成后又曾被当成构成主义方盒子批评,在反浪费及批判复古主义后才逐渐被人赞赏。

图6-4 北京和平宾馆

5. 成吉思汗陵(图6-5)

　　一代天骄成吉思汗死后,依蒙古族传统实行秘葬而不建陵墓,由其卫队组成的达斡尔部落将其衣冠兵器和马具等物供于8个白色毡包中。1939年后,为避日本侵略者的劫掠,这8个毡包被迁往甘肃、青海一带,新中国成立后迁回内蒙古伊克昭盟(现鄂尔多斯市),在现自治区南部的伊金霍洛旗兴建成吉思汗新陵园,固定供奉大汗遗物。该陵于1954年兴建,1955年建成,建筑设计者为郭蕴诚等。由于并无前例,亦不可套用汉族陵寝形制,因而具有较大探索性,这座纪念性建筑平面呈对称的"山"字形,3个由过厅连接的蒙古包式大厅一字排开,穹窿顶将蒙古包图案与汉蒙地区佛教建筑上常用的琉璃瓦顶结合起来,不仅造型优美特异,且蒙古族文脉历历在目,开创了内蒙古地区新地方建筑风格的先河。

图6-5 成吉思汗陵

6. 北京电报大楼（图 6-6）

北京电报大楼位于北京长安街上，当时是我国与国外通信的枢纽，也是建国后我国第一幢自行设计和施工的中央通信枢纽工程，工艺部分科技含量甚高，建筑面积达 20 000m²，建筑设计师为林乐义、张兆平等，他们在满足工艺要求前提下，摒弃了其他建筑物还保留的附加物的做法，立面也向更强调框架结构靠拢。该建筑成功的基本处理手法有三种：一是注重比例和位置经营；二是注意上下之间、中央与两侧之间的繁简、虚实对比；三是精心推敲了作为标志的中央钟楼。此外，北京电报大楼的钟楼简洁但有侧角，有细部，后来成为众多建筑效仿的对象。

图 6-6　北京电报大楼

7. 人民英雄纪念碑（图 6-7）

这处纪念性建筑是 20 世纪 50 年代在英雄主义精神鼓舞下完成的，充满了探索性且独具匠心。

图 6-7　人民英雄纪念碑

1949 年开国大典前夕,为了纪念在解放战争、抗日战争以及上溯到 1840 年鸦片战争以来为民族解放而奋斗牺牲的革命烈士,国家决定在天安门广场建人民英雄纪念碑,1952 年开工兴建至 1958 年 4 月竣工。建筑设计方案执笔人为梁思成。雕塑创作的执刀人为刘开渠。该碑的设计肩负了重大的历史重托,凝聚了众多参与者与领导者的智慧。现有的碑型是在排除采用亭、堂、塔、柱、雕塑等方案,排除设陈列室、检阅台等设想后从传统造型中提炼、重组而成。为了加强其艺术感染力,汲取了中外纪念碑身的卷杀手法,碑身扁方,全高 37.94m,略低于天安门城楼,因其挺拔而仍显其高耸,碑身中部为一长 14.7m,宽 2.9m,厚约 1m,重达 60t 的花岗石,系由山东开采运往北京的。考虑到天安门集会的视觉需要,人民英雄纪念碑一改传统习惯,将北立面作为主立面,刻毛泽东手书碑名。

8. 北京火车站(图 6-8)

北京火车站是国庆工程中唯一的城市基础设施,并确实在其后的 40 年中承担了超负荷的工作。当时北京火车站在前门,规划每日客流量约 20 万人,每小时集结量为 14 000 人,设铁路 12 股,每天到站火车 200 对。设计同样采取集思广益的工作路线,由杨廷宝主持,并以南京工学院钟训正等设计的方案为基础,由陈登鳌及北京工业建筑设计院其他设计人员承担施工图设计任务。该建筑第一次在我国采用预应力钢筋混凝土大扁壳,跨度为 35m×35m。由于采用了折中主义手法,北京火车站扁壳的曲线融合在传统屋顶的轮廓线中而未获更多的强调,但对不熟悉技术的旅客而言,它当时无疑仍是一处亲切而又现代的驿站。

图 6-8　北京火车站

9. 毛泽东主席纪念堂(图 6-9)

1976 年 10 月 9 日,中央决定在首都北京建毛泽东主席纪念堂,用以安放保存毛泽东遗体的水晶棺。出于政治的考虑,选址在天安门广场人民英雄纪念碑和正阳门之间的中轴线上,要求一年后建成。设计再次采取了 1958 年的办法,从多个省市请来著名的建筑师,聚集北京共同参与设计。建成后的纪念堂高 30m,是根据在天安门广场金水桥上望纪念堂要能够遮挡正阳门为依据,采取并归纳了几个方案后由国家领导人选定地址的。纪念堂的平面为正方形,南北向设门,每面 11 开间,与太和殿正立面相同。纪念堂为重檐平顶,檐口用黄琉璃饰面,其思路与作品仍与

20 年前的人民大会堂相同。如果说 20 年前的人民大会堂虽然与国外先进设计相比显得滞后，但仍代表了中国当时的最高水平,那么此时的毛泽东主席纪念堂则说明中国的国家性公共建筑设计项目仍然停留在 20 年前的层次上。或者说,在这些项目中,中国的建筑创作者还未找到或者尚未有机会找到突破 20 年前水平的门径。

图 6-9　毛泽东主席纪念堂

10. 扬州鉴真和尚纪念堂(图 6-10)

　　鉴真纪念堂是在 20 世纪 70 年代中日两国不断加强交流的背景下,为纪念中日文化交流的先驱者、扬州唐代大明寺高僧鉴真而建造的。当大屋顶被视为封建主义的象征之后,忽然由于政治的原因,又得以再建,此纪念堂算是一处了。该纪念堂的方案由梁思成先生画就,取材于日本招提寺金堂。施工图设计由扬州市建筑设计院完成,施工时,梁思成已去世,杨廷宝、童寯则对工程给予了甚多的指导。建成后的纪念堂堂前有一幽静的廊院,南侧有门屋,屋内置卧碑一座纪其事。由于有天花,故天花之上不再使用抬梁式构架,以钢木屋架代之,也算是对后来称为"假古董"的禁忌的突破。

图 6-10　扬州鉴真和尚纪念堂

（二）开放期建筑作品

1. 北京香山饭店（图 6-11）

由美国建筑师贝聿铭设计的北京香山饭店是最早的"输入品"，贝聿铭因其中国的出身及对中国文化了解得以最先登陆。他既不满意于苏联的创作道路，也不满意于现代建筑的道路，更不满意于复古主义道，而想表明东方文化与西方文化相融，香山饭店便是他的这种思想的代表作品。香山饭店是一处新古典主义的作品，它的突然降临引起了众多议论。岁月流逝，香山饭店所体现的创作方向，显示了强大的生命力，连同它的菱形窗、白墙、灰色线条等也成为人们竞相效仿的对象。

图 6-11　北京香山饭店

2. 上海金茂大厦（图 6-12）

图 6-12　上海金茂大厦

与北京长城饭店相比,上海金茂大厦对中国文化及其建筑表达则要更细腻一些,它是由美国SOM事务所设计,在 20 世纪 90 年代末建成的。该大厦以高层的方式在容纳多种功能的同时,并没有满足于符号式的表达,设计师运用对密檐塔的韵律、轮廓线、腰檐的分析,结合钢结构的结构要求和构造可能性,完成了变化的转角,最终收成尖顶,从而完成了文化意味的建筑转换,显示了一种理性的典雅气质,是上海浦东诸高层中反映较好的一座。

3. 阙里宾舍(图 6-13)

阙里宾舍位于市中心,右临孔庙,后依孔府,是一座富有传统民族风格的仿明代庭院式建筑,其古朴庄重、淡雅别致的建筑格局与孔府、孔庙的古建筑相得益彰并融为一体,是由我国著名古建筑家戴念慈先生精心设计的,1986 年,在莫斯科国际建筑博览会上夺得建筑设计金奖,1990年,又荣获中国十大建筑设计金奖之盛誉。阙,是古代一种石拄形的门,专立于王宫圣庙或神道之前,用于祭天、祭祖,是神圣居住的象征。里,在古时,八家为邻,三邻为朋,三朋七十二家为里。阙里为地名,孔子当年曾居住于此,阙里宾舍因位于阙里街而得名。阙里宾舍座北朝南,入口处是一堵迎门墙,墙高 3.7m,长 9.2m,墙中心有一圆拱,拱心直对正门中轴线,墙后为停车场,从停车场北望,宾舍主体建筑为双重飞檐,斗栱交错,色泽灰黑古朴。

图 6-13　阙里宾舍

4. 北京炎黄艺术馆(图 6-14)

炎黄艺术馆由著名画家黄冑筹建,这使得该建筑较易脱却官本位的不少制约,在京城一片超级尺度的衙署式建筑中,显得亲切活泼。设计者是刘力,周文瑶、郭明华等,于 1991 年建成。艺术馆有大小展厅 9 个,多功能厅 1 个,设计者着意于"出新意于法度之中,寄妙理于豪放之外",并不介意于何种式样,而注重总体的艺术效果的把握,因而也就不会纠缠在式样、朝代、出典、纹样之类的问题上,而用艺术感受将形体、尺度、比例、质感调动了起来,虽然设计者在细部构造设计方面显得不足,但思路较前人却有了较大的开拓。

图 6-14　北京炎黄艺术馆

5.上海东方明珠电视塔(图 6-15)

上海东方明珠电视塔位于浦东陆家嘴,是大上海景观的交汇处。塔体在功能上不同于昔日,容电视发射、旅游观光、娱乐、购物、旅馆等于一体,总面积达 70 000 m²,地上 38 层,高 468m,为20 世纪亚洲第一高塔,塔体结合城市景观需求,从结构入手表现技术美,采用带斜撑的多简体巨型空间框架结构,连接节点以大小共 11 个球体表现。该塔的抗风、抗震性能好,总体造型也新颖,建成后成为上海新标志。

图 6-15　上海东方明珠电视塔

6.南京侵华日军大屠杀遇难同胞纪念馆(图 6-16)

1985 年建成的南京侵华日军大屠杀遇难同胞纪念馆选址在当年日军枪杀大批中国军民的江东门。该馆的设计将喧嚣的城市尽量摒除在外,而在院落中以较强的艺术象征手法隐喻了那场灾难对中国人民造成的痛苦,探讨了生与死、善与恶的人性课题。在布局上,它是对 30 多年来的碑式、塔式等及对称布局的公式化纪念性建筑的较大突破,设计中以尸骨陈列室的方式就地将历史最残酷的一幕凝结保存,在客观上也开启了我国纪念性建筑强调历史真实性的新阶段。

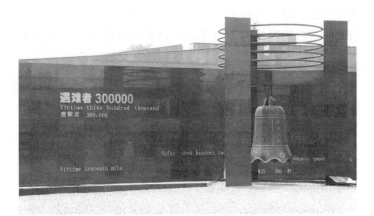

图 6-16 南京侵华日军大屠杀遇难同胞纪念馆

7. 绍兴震元堂(图 6-17)

由戴复东设计的绍兴震元堂具有明确的新古典主义的理念。设计者从挖掘震元二字的文化内涵入手,取出震的卦象。元则归结为本源,元始,以圆象征之,从而将店设计成圆柱形,店内地面置六十四卦图,外墙以汉画像石风格的新浮雕表现中药制作史及震元堂历史,也体现了传统医学中"医、药、易"一体的精神。该馆的气氛恰当,其原因应该归于设计者研究了建筑所处的十字路口的环境,妥善地以圆形的建筑体形适应了周围对它的视觉要求,建筑从外到内,从体形到屋顶到灯具等细部皆颇为费心,从而创造了这座"古而新"的建筑。

图 6-17 绍兴震元堂

8. 吐鲁番宾馆新楼(图 6-18)

1993 年建成的吐鲁番宾馆新楼显示了对新疆地域文化的更深层次的挖掘与驾驭。在吐鲁番宾馆新楼中,设计师汲取维族民居"阿以旺"的精华,在三三度空间的组合上做了创新,以顶部自然采光的大厅为中心组织客房,既解决了大进深时照度的不匀、不足的弊病,又节省了建筑面积和能耗,所采用的逐层错级拱窗处理等与维族拱窗及吐鲁番柏孜克里克等石窟有似与不似之间的联系,体现了吐鲁番地区大量历史遗迹所呈现的残缺美的形态。

图 6-18　吐鲁番宾馆新楼

9. 上海华东电力大厦(图 6-19)

1988 年建成的由上海华东建筑设计院设计的华东电力大厦可算是一大突破。该建筑顶部一方面退台与老摩登取得呼应,也符合上海市关于建筑物对天空遮挡问题的条例规定要求。此外,建筑将上面四层靠南京路的两面做成斜面,与沙逊大厦的孟莎式屋顶取得对话关系。其外墙的深褐色面层沉稳、古旧,与往事有着内在的感应,在外滩大片贵族气息的建筑家庭中,毫不寒伧地摆起了自己的门庭。

图 6-19　上海华东电力大厦

10. 苏州同里湖度假村(图 6-20)

苏州同里湖度假村于 1990 年建成,由正阳卿设计。同里湖度假村是在造价、设施的标准大大提高、功能更加复杂的条件下尝试用新一代的材料与技术完成的作品,它的清新的格调、淡雅的色彩、精巧的细部正是江南建筑文化的新一轮结晶。

图 6-20　苏州同里湖度假村

11. 广州岭南画派纪念馆(图 6-21)

图 6-21　广州岭南画派纪念馆

由莫伯治、何镜堂设计的岭南画派纪念馆可说是新地方主义的一件杰作。岭南画派是绘画界的一大流派,岭南画家看重的是特异性与独创性,一般文化人也看重这一点,因为它是岭南文化与其他文化差异的表征。这样,岭南画馆就不仅作为一个"凿户牖以为室"用以承担画家的第一个期待——为体现岭南画风而提供场所,同时又要以建筑本身直接承担所有文化人士的第二个期待——体现岭南文化的特点。同时岭南文化又有着自己的特点,不少文化人士以至建筑人士都已将之捕捉、归纳与提炼,如它的自由与创造性,它的对域外文化的吸纳性以及它的深层的古老与悠久。困难在于,如何将这些虚的、宏观的、抽象的性质用空间形态语言表达,"梦里寻她千百度"的尝试者当不在少数,莫、何二位建筑师的贡献和成功在于完成了这种转换,他们看到岭南画派与欧洲 19 世纪末的新艺术运动间的内在联系——反古典主义的改革性,贴近民间、自由性等,从而借用新艺术运动中的流畅曲线、铁花饰等为纪念馆定了位,结合馆址的水池与庭园环境等则是为这道新粤菜再添加上传统的广府作料,于是色香味俱全的顶级佳肴呈现在我们面前。

第七章 中国建筑的设计

建筑设计从广义方面来说指的是设计一个建筑物或建筑群所要做的全部工作,而从狭义方面来说指的是建筑物在建造之前,设计者按照建设任务将施工过程和使用过程中所存在的或可能发生的问题事先做好通盘的设想,拟定好解决这些问题的办法、方案,用图纸和文件表达出来。建筑设计是科学和艺术的结合,优秀的建筑都是通过智慧、经验以及敏感性的融合而产生的设计概念。在本章内容中,将对与建筑设计相关的知识进行详细阐述。

第一节 建筑的构思

设计一件好的建筑作品是一项极富挑战性的工作,也是一项极具个性的工作。而要想设计好建筑作品,最重要的是有一个好的建筑构思。通常来说,在进行建筑构思时可以从以下几个方面着手。

一、建筑主题构思

搞建筑设计就好比写文章,首先需要进行主题构思。如果在进行建筑设计时没有主题的构思,那么设计出的建筑作品就会缺少灵魂,只是排排房间或排排房子而已。

进行建筑主题构思,也就是要形成自己的建筑设计观念或理念。而建筑设计观念或理念是由主题而生、由主题而来的,在没有主题之前就不会有建筑设计观念或理念,有了主题之后才会有建筑设计观念或理念。同时,只有对主题有正确的认识,才能形成正确的建筑设计观念或理念,否则将形成错误的建筑设计观念或理念;只有对主题有深刻的认识,才能得出深刻的建筑设计观念或理念,否则将得出肤浅的建筑设计观念或理念。因此可以说,在进行建筑设计时,“想法”是最重要的,它比“方法”“技法”要重要得多,而且如果设计“想法”不对,即使方案本身做得再好,图纸表现再吸引人的眼球,也终会被否定。

当然,建筑设计观念或理念的产生也需要有一定的条件和有效的方法,具体来说有以下几个方面。

(1)积累知识、利用知识。由于知识是创作的工具,是创作的语言,因而在进行建筑设计时,一切与建筑和建筑设计有关的知识不仅要了解得多,而且要懂得如何去应用它。在产生建筑设计观念或理念之前,应以知识为工具,借以认清主题、分析内容、了解情况。在产生了建筑设计观念或理念后,如何将其实施,仍然要以知识为工具,借助于平时积累的设计语言,才能作出具体的方案。总之,建筑设计构思必须要有充分的知识作为基础,否则连观念或理念都弄不清,或主题都抓不住,盲目设计自然不会产生好的效果。

（2）调查认知、深刻思考。在进行建筑设计前要进行调查研究,既要体察入微,又要观察其貌,这样才能真正求解,才可能作出良好的建筑设计。如果不深入洞察,则建筑设计观念或理念就会非常空洞;如果只研究局部而不顾其他,则建筑设计观念会出现偏离。

（3）发散思维、丰富联想。建筑设计的思维一定要"活",要"发散",要"联想",要进行多种想法、多种途径的探索。因此,建筑方案设计一开始,必须进行多方案的探索和比较,在比较中鉴别优化,同时在设计过程中不能自我封闭、故步自封,要通过交流、评议来开阔自己的思维,明确设计的方向,进而完善自己的建筑设计观念或理念。

（4）深厚的功力、勤奋的工作。虽然拥有良好的建筑设计观念或理念非常重要,但是没有深厚的功力,缺少方法、技法,缺少一定的建筑设计处理能力,也很难把好的建筑设计观念或理念通过设计图纸——建筑语言表达出来。同时,在拥有了良好的建筑设计观念或理念后,也需要勤奋的工作,从而使其更加明确和清晰。

二、建筑功能构思

由于在进行建设设计方案评判时,建筑的计划,即立项的目标、功能的需求、运行管理模式、空间的使用与分配、建造方式以及特殊的使用要求和业主的意愿等才是最终的依据,因而从功能要求着手进行建筑设计构思是最基本、最重要也是最实在的。

在进行建筑功能构思时,建筑师要与业主或使用者进行讨论,以了解更多的信息,加强对业主意图的了解,深化对建筑功能使用的理解,从而获得有助于解决问题的信息。但由于业主和使用者一般不太善于表达他们需要什么,因而建筑师在与他们的讨论沟通过程中要善于发现他们的意愿、需要以及最关注什么,甚至要注意发现他们美好的创意,以引发建筑构思的火花。同时,从功能着手进行建筑构思首先要了解建筑的功能,此外还必须了解各类型建筑功能的要求及解决的方式:即该类型建筑的一般平面空间布局的设计模式是什么;每一种模式有什么特点、优点和缺点;在什么情况下应用比较合适,在这方面历史上有哪些经典之例……参考这些积累的知识,并在知己知彼的情况下,作为创新和突破传统模式的基础和出发点。

在进行建筑功能构思时,还需要注意"功能定位"问题。功能定位一般在业主的计划中是明确的,但是设计者对其的认识深度会影响着设计构思的准确性,对于一些综合性的建筑更要深入了解。功能定位以后,把大的功能分区做好,就可以在此基础上建立总体的空间结构体系了。

三、建筑环境构思

（一）环境和建筑构思的关系

任何一栋建筑物的设计,都应使其体形、体量、形象、材料、色彩等与周围的环境(主要是建成环境及自然条件等)相协调。因此,在进行建筑物设计之初,必须对地段环境进行分析,并且要深入现场、踏勘地形、身临其境、寓意于境。也就是说,要把客观存在的"境"与主观构思的"意"有机地结合起来,根据具体环境"目寄心期"。为此,要做好以下两方面的工作。

（1）分析环境特点及其对建筑设计可能产生的影响,客观环境与主观意图的矛盾在哪里,主要矛盾是什么,矛盾的主要方面是什么;是朝向问题还是景向问题;是地形的形状还是基地的大小;是交通问题还是与现存建筑物的关系问题等。只有抓住了主要矛盾,问题才能迎刃而解。

(2)分析所设计的建筑在地段环境中的地位,在建成环境中将要扮演什么角色,是"主角"还是"配角";在建筑群中是主要建筑还是一般建筑;该地段是以自然环境为主还是以所设计的建筑为主;在这个场地中建筑如何布置,采取哪种体形、体量较好等问题。

通过对以上两个方面的理性分析,才可能使设计的新建筑与环境相互辉映、相得益彰、和谐统一、融为一体,否则可能会喧宾夺主,与周围环境格格不入,甚至损坏原有环境或风景名胜,造成难以挽回的后果。

(二)环境的类型与建筑构思

建筑地段的环境虽然千差万别,但总体来说可以归纳为自然型环境和城市型环境两大类。因此,在进行建筑设计构思时,要因地制宜,以客观存在的环境为依据,顺应自然、尊重自然。

1. 自然型环境中的建筑构思

通常来说,自然型环境位于绿化公园地带、环境幽美的风景区或名胜古迹之地,林荫密茂,自然条件好,或地势起伏、乡野景致,或傍山近水、水乡风光。在这样的环境中,建筑物的总体布局要根据"因地制宜""顺应自然""近水楼台先得月"等观念来立意,结合地貌起伏高低,利用水面的宽敞与曲折,把最优美的自然景色尽力组织到建筑物最好的视区范围内。不仅利用"借景"和"对景"的风景,同时也要使建筑成为环境中的"新景",成为环境中有机的组成部分,把自然环境和人造环境融为一体。

因此,这种环境中的建筑设计构思要服从景区的总体要求,极力避免"刹景"和"挡景"的效果。一般来说,应以自然为主,建筑融于自然之中,采用开敞式布局;因地成形,因形取势,灵活自由地布局,避免严整肃然的对称图案,更忌不顾地势起伏,一律将基地夷为平地;要注意珍惜自然,保护环境;要避免采用城市型的巨大体量,可化整为零,分散隐蔽,忽隐忽现。此外,在这种环境下的建筑布局既要考虑建筑内部的空间功能使用,又要考虑视野开阔、陶冶精神的心理要求;既要考虑朝向的要求,又要考虑到景向的要求。而对于朝向和景向问题,一般宜以景向为主,同时建筑本身也要成为景区的观赏点,使建筑入画,融合于景色之中。

2. 城市型环境中的建筑构思

通常来说,城市型环境位于喧闹的市区、街坊、干道或建筑群中,一般地势平坦、自然风景较少、四周建筑物多。在这样的环境中,以建筑为主,且建筑基地多位于整齐的干道或广场旁,受城市规划的限定较多。因此,这类环境中的建筑设计构思应是使建筑空间布局趋于紧凑、严整;有时甚至封闭或半封闭;有时设立内院,创造内景,闹处寻幽;有时积零为整,争取较大的室外开放空间,增加绿化;有时竖向发展,开拓空间,向天争地或打入地下,开发地下空间;有时对于多年树木,"让步可以立根",采取灵活布局,巧妙地保留原有树木,以保护城市中难得的自然环境。同时,也要特别注意与四周建筑物的对应、协调关系,要"应前顾后",左右相瞰,正确地认定自己在环境中的地位与作用。如果是环境中的"主角",就要充分地表现,使其能起到"主心骨"的作用;如果不是"主角",就应保持谦和的态度,自觉地当好"配角",作好"陪衬",不能个个争奇斗艳,竞相突出。

在城市型环境中进行单体建筑设计时,既要考虑到环境,也要有城市设计的观念。从建筑群体环境出发,进行设计构思与立意,找出设计对象与周围群体的关系,如与周边道路的关系,轴线的关系,对景、借景的关系,功能联系关系以及建筑体形与形式关系等。只有当单体建筑的设计与城市形体关系达到良好的匹配关系时,该建筑作品才能充分发挥自身积极的社会效益和美学价值,因为孤立于城市空间环境的建筑很难对环境作出积极的贡献。

(三)自然环境的保护、利用、创造与建筑构思

建筑环境构思最核心的问题就是对建筑与自然环境的关系进行处理。环境是建筑构思的客观依据,它对建筑既有制约的一面,也有促使产生新的建筑形式的一面;它既有要保护的一面,又有可以利用并创造出高于自然的一面。因此要积极、辩证地对待建筑与自然环境的关系,既不能完全受自然支配,毫无意境创造,也不能全然忽视自然的条件和环境的特点,随心所欲地闭门造车,玩弄空间游戏。具体来说,在处理这一关系时,可以从以下几个方面着手。

1. 自然环境的保护与建筑构思

在进行建筑设计时,必须要考虑到对自然环境的保护。特别是在某些情况下,需要在很少破坏原有地形、地貌的环境条件下建成新建筑。这种要求常常促使建筑设计师们进行大胆的构思而创造出新意。

在这方面,国外的一些建筑设想和实践能够对我们产生一定的启发。例如,日本别子铜山矿纪念馆的建设为我们提供了保护自然环境的一个重要思路。这一纪念馆是为了纪念 1690—1972 年别子山铜矿的开采对住友财团事业形成和发展所作出的贡献,在建设时采用了把纪念馆埋设在山中这一朴素的形式。建筑物的一半沿着缓缓的山坡埋入山中,倾斜的混凝土屋面上密栽植物,绿化如景,并且努力模仿旧别子山中砌筑土台的形式,用天然片石筑砌墙恒。斜屋面的内部空间,也宛如昔日暗坑道的模样。这种构思形成了一个既消失又显露,与一般建筑概念完全不同的新意境。它既隐埋于周围绿丛之中,又以人造的混凝土边缘予以表现,仿佛是别子铜山中一块绿色的石台,从而在对自然环境进行了高度的概括的同时又巧妙地保护了自然环境。加拿大温哥华哥伦比亚大学对原有图书馆的扩建工程,也为我们保护自然环境提供了一个重要借鉴。在校园内,扩建图书馆工程唯一的基地就是老图书馆前的一个庭院,一条传统的校园主要林荫大道在此通过。建筑设计师在进行扩建建筑构思时,为了保护前庭和林荫大道,便构思向地下发展,将扩建的图书馆建于前庭林荫大道下,并且通过巧妙设计的采光井为地下图书馆争得了天光。这一工程在建成后,前庭和林荫大道的气氛一如既往,没有遭到任何的损害。

而在我国,对于在旧址基础上进行扩建的建筑设计时,有的将旧址文物撇于一边,新旧建筑无论在总体布局、建筑体形、建筑形象等方面都彼此互不相关,一味突出新建筑物,其效果可想而知;有的虽紧邻旧址建造,但其对称严谨的布局、巨大的体形,高耸入云的"标志",使其在该地段中极为突出,而"旧址"却被冷落,结果喧宾夺主,削弱了纪念文物的意义。

2. 自然环境的利用与建筑构思

在进行建筑设计时,通常都要充分利用自然环境的特点,为创造环境服务。这既是一种经济的途径,又能取得事半功倍的效果。在利用自然环境的特点进行建筑设计构思时,应重于利用自

然、顺其自然,要"巧于因借";要因地成形、因形取势;要无拘远近,借景入画,从而使内外空间互相渗透、互相利用、互相补充,从而融为一体。要特别提醒的是,在进行建筑设计构思时,利用自然、顺其自然并不等于完全受自然所支配,而是在利用中按设计者的构思意境去加工、改造,使其源于自然,高于自然。

香港温索尔大厦的设计建造就是一个很好的例子。香港温索尔大厦建于香港铜锣湾商业区,三面临街,一面面向维多利亚公园,西北面相距两个街区就是美丽的维多利亚海峡。依据这样的环境特点,建筑设计师摒弃了建于街区所沿用的几种常用的建筑体形,而在方形裙楼以上采用了梯形平面的塔体,并使朝向旋转45°,以梯形最宽的一面面向开阔的景区,高41层。人们身居塔内不仅可以观赏维多利亚公园,而且视线可以穿过不太高的街区,俯视景色如画的维多利亚海峡。正是由于这种独特的构思,这座大厦被广泛认为是一座极具想象力的、香港东区最有意义的一座大厦。

3. 自然环境的创造与建筑构思

自然环境有其可以利用的一面,但也存在着很多的不利因素。所谓自然环境的创造,就是将自然环境的不利变为有利,使所创造的室内外空间环境适应人们活动的需要,使工作、居住、休息的环境更舒适、丰富,更人性化和富有自然韵味,使人的生活与自然环境更密切地结合。

在自然环境中,气候条件对建筑的设计和建造有着非常重要的影响。北方地区寒冷,建筑布局多封闭,以创造有利于御寒保暖的空间环境;南方地区炎热,建筑布局宜开敞通透,以创造有利于通风散热的阴凉环境。当前,由于现代技术、现代设备的发展与应用,更要探讨解决"热"或"冷"的问题,创造更有利于节能的新的空间形式。

当代,由于地球自然环境的恶化,生态建筑已成为建筑学发展的新方向,结合气候进行设计已成为普遍的趋势。我国城市化发展迅速,城市中地少人多的矛盾日渐突出,大中城市中高层建筑的发展已成为不可抗拒的趋势。在高层建筑的设计中,由于高高在上,难近自然,因而要向天要地,创造室外的空间环境。实践表明,高层建筑在适当的楼层上结合休息室等公共设施,设计布置天台花园、筑池叠石、盆栽花木,创造空中花园式的自然环境是完全可能的。

四、建筑空间构思

建筑空间构思是建筑设计中不可或缺的核心。但是,建筑空间构思不是简单地由设计任务推断出来,而是取决于建筑师是如何理解和诠释建筑条件和环境的,并且必须使自己的思维置于整个社会环境和自然环境之中,要跳出狭义的建筑来构思建筑。

空间构思首先是概念构思,必须富有挑战性,能激起反响,能为多元的诠释留有空间,但不能像某些设计师把设计方案说成是只有他知道而别人根本看不出来的某种具象形式;不能只停留在平面形式或立面造型,重要的是着眼于内外空间的创造,包括剖面的构思。而社交空间的创造是建筑空间构思中一个基本的、共同的和永恒的设计主题。社交空间的创造就要求建筑师在设计中有意识、有目的地赋予特定的建筑内部空间或外部空间以社交空间的品质,即创造或提供一个能吸引人们正式或非正式,长时间或短时间停留、相遇、交谈、相识的空间场所。也就是说,空间组织方式要有利于促进或增加人们相遇的机会,具有吸引人们注意力的效果。

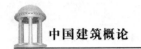

五、建筑仿生构思

1960 年,仿生学作为一门独立的学科正式诞生。所谓仿生学,就是模仿生物来设计技术系统或者使人造技术系统具有类似于生物特征的科学。具体来说就是,研究生物生命系统的结构、特点、功能、能量转换、信息控制等各种优异的特征,并把它们应用于技术系统,改善已有的工程技术设备并创造出新的工艺过程、建筑造型、自动化装置等技术系统的综合性科学。

生物出自于生存的需要,力图使自己适应生存环境,而外在环境又以某种方式作用于生物,彼此相互选择,并且自然界的生物体就是亿万年物竞天择的造化结果,生物的形态和结构是自然演化形成的。因此,从仿生学的角度去研究和发展新的建筑形态和新的结构形式,无疑为建筑创作开辟了一条新的创作途径。为此,建筑师们在这方面进行了很多的探索与实践,创造了一系列崭新的仿生结构体系,这方面的经典实例有美国肯尼迪机场的展翅形壳体结构、美国旧金山的圣玛丽主教堂、台湾东海大学路思义教堂等。

六、建筑技术构思

在建筑设计构思中,技术因素起着非常重要的作用。就建筑设计理念来说,技术知识对其形成有着至关重要的作用。它可以作为技术支撑系统,帮助建筑师实现好的设计理念,甚至能激发建筑师的灵感,成为方案构思的出发点。

建筑结构因素是影响建筑设计构思的技术因素中最为重要的一个,因而在进行建筑技术构思时首先要进行建筑结构构思。所谓建筑结构构思,就是从建筑结构入手进行概念设计的构思,它关系到结构的造型、建筑的建造方式以及建构技术和材料等因素。结构形式是建筑的支撑体系,从结构形式的选择引导出的设计理念,可以充分发挥结构形式与材料本身的美学价值。

在影响建筑设计构思的技术因素中,除了建筑结构因素外,建筑设备因素也不可忽略。就当前运用非常广泛的空调这一建筑设备来说,采用集中空调设施和不采用集中空调的设施——采用自然通风为主,二者设计是不一样的,因而也就有不同的建筑构思方案。

七、建筑地缘构思

由于建筑都是建在特定的地点的,因而在进行建筑设计时要了解它的区位,分析它的地缘环境,以充分地发掘建设地区的地缘文化、人文资源与自然资源,并根据这些人文资源和自然资源的特征和内涵进行创作构思。特别是一些历史文化名城、名镇,名人旅游资源极丰富的风景区、旅游地等,它们是激发建筑师进行地缘构思的广阔空间,很多著名建筑师都曾走过这条创作之路。

近年来,很多大型公共建筑的创作,无论是中国建筑师还是国外建筑师在进行方案创作时都经常应用"地缘构思"法,以表达城市形象、人文精神。

第二节 建筑的空间构成及设计

一、建筑的空间构成

通常来说,建筑空间包括建筑内部空间和建筑外部空间,而其构成包含着物质要素和空间要素两个部分。

(一)物质要素

建筑空间的创造是通过物质要素(物质材料)合理地建构在一起的,而且不同的物质要素在建构建筑空间中起着不同的作用。例如,楼板除了承受水平荷载外,也可以围合和分隔上下垂直空间;墙体除了负有承重作用外,也可围合空间和分隔空间;门窗既可分隔空间又可联系空间等。

一般来说,建筑空间的物质要素又包括以下两种类型,即结构性物质要素和非结构性物质要素。结构性物质要素又称支撑体系,如承重的结构性的墙、柱、梁、板等,它是经过结构计算,科学地确定其大小、尺度和位置的,建成后不能拆动。非结构性物质要素不承重,主要用于围合或分隔空间,如门、窗、顶棚、隔墙填充体等,或装饰性的各类构件。另外,结构性物质要素和非结构物质要素有着根本性的区别,具体体现在以下几个方面。

(1)结构性的物质要素是由专业工程师们经过精确计算共同决定它的位置、形式及尺度的大小;而非结构性的物质要素主要由使用需要或使用者来决定。

(2)结构性的物质要素基本上是固定的,建成后不可改变;而非结构性物质要素是非固定的,可以改变。

(二)空间要素

建筑空间是由上、下水平界面(屋顶、楼板、地面)和垂直界面(柱、墙等)围合而成的。一般来说,各类建筑都是由以下几类空间组成的。

1. 基本使用空间

通常来说,基本使用空间是建筑物的核心组成部分。所谓基本使用空间,就是直接为建筑物使用的基本使用空间,如行政建筑物中的办公室,学校建筑物中的教室、实验室,医院建筑物中的病房、诊室,演出建筑物中的观众厅、舞台,博览建筑物中的陈列室、展厅,体育建筑物中的比赛厅等。

2. 辅助使用空间

辅助使用空间又称附属使用空间、服务性空间,是基本使用空间的辅助服务用房或设备用房,如一般建筑物中的服务房间(卫生间、盥洗室、贮藏室等)、体育建筑物中的为运动员服务的用房(更衣室、淋浴室、按摩室等),以及一些内部工作人员使用的房间及设备用房,如消防室、库房、锅炉室、洗衣室、通风机房等。

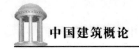

3．交通使用空间

所谓交通使用空间，就是建筑内部相互联系的空间，供人流、物流内部来往联系。通常来说，交通使用空间又包括水平交通空间和垂直交通空间两部分。其中，水平交通空间包括门厅、过厅、川堂、走道、走廊等；垂直交通空间包括楼梯间、电梯间、电梯厅、管道井等。

要特别指出的是，建筑的基本使用空间、辅助使用空间和交通使用空间是按照它们的功用进行的划分，但也不能绝对分开，常常彼此相互联系，如基本使用空间内也总有交通空间以供人通行，剧院的门厅也用作休息等。因此，建筑的基本使用空间、辅助使用空间和交通使用空间是有着密切联系的（图 7-1），通过交通空间，把基本使用空间和辅助使用空间联系成一个有机的整体。

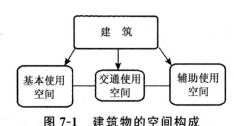

图 7-1　建筑物的空间构成

二、建筑的空间设计

建筑的空间包括基本使用空间、辅助使用空间和交通使用空间三个部分，下面分别对其设计进行阐述。

（一）基本使用空间的设计

1．基本使用空间的设计要求

在进行基本使用空间的设计时，要特别考虑到以下几方面的问题。

（1）房间的大小与形状合适

所有建筑的使用房间，都是为了供一定数量的人在里面活动及布置所需要的家具和设备，因而要求有一定的面积和空间。

①房间的大小

一般来说，影响房间大小的因素有以下几个。

第一，容纳人数。一般说来容量大、容纳人数多的房间，面积也需要大些。例如，餐厅的面积大小主要取决于就餐人数及就餐方式；教室面积大小主要取决于容纳学生人数及布置课桌椅的多少；图书馆的书库面积大小取决于藏书的册数等。房间大小的确定主要是依据我国有关部门及各地区制定的面积定额指标。根据房间的容纳人数及面积定额就可以得出房间的总面积。

第二，家具设备。房间的大小不仅受容纳人数多少的影响，也受人们使用家具的类型和布置方式的影响。

第三,经济条件。国家制定建筑面积定额指标,除考虑人们使用需要外,另一个重要考虑因素就是国家经济条件的可能性。

②房间的形状

通常来说,基本使用空间采用的是规整的矩形的平面,既便于家具的布置和设备的安排,以在使用上充分地利用面积并有较大的灵活性,也便于施工及统一建筑开间和进深。当然,这种并不是基本使用空间的唯一平面形式。当前,有很多的建筑实践已经打破了矩形几何形体的局限,创造了许多更为丰富多彩的使用空间,如弗兰克·劳埃德·赖特在他设计的 Hanna House 中,用六边形作为模数,并以此为基础进行设计。另外,对于较大的基本使用空间如陈列室、候车室、观众厅等来说,更不能认为矩形平面是它们唯一的最佳形状。但是采用非矩形的空间一定要满足内部的使用要求,而且要能较好地解决结构布置、管道安排等问题,要力求简化结构、按一定结构模数设计。

(2)房间的朝向良好

在我国,房间的朝向一般是宜朝南,尤其是居住建筑和公共建筑的主要使用房间更要保证有较好的南向。不过,某些要求光线均匀的房间,如绘图室、美术教室、化验室、药房、手术室等,则要求朝北。

(3)房间的自然采光条件合适

建筑的基本使用空间一般都对自然采光有着较高的要求,尤其是教室、陈列室等,不但要使人看得见,还要使人看得舒适。要保证基本使用空间有良好的自然采光条件,就要考虑到以下几个方面的因素。

①直接的自然光线

这是除影剧院的观众厅等特殊房间以外,绝大多数的基本工作房间所共同的要求,以保证自然卫生的工作条件,为此就要保证房间能直接对外开窗。

②足够的照度和均匀的光线

这是保证正常工作和较好的视觉条件最基本的要求。每种建筑所需要的照度不一,通常最简单的以采光口面积的大小来测算,即以窗子与地板面积的比值作为衡量的标准。另外,均匀的光线对于基本工作房间也非常重要。一般要求光线均匀的房间以朝北布置较适宜,也可在朝南的房间在南向窗子的上口加设遮阳设施。

通常来说,普通房间一般都采用竖向长方形窗子,以保证房间进深方向照度的均匀性,而房间的窗洞上口至房间深处的连线与地面所成的角度不小于 26° 则可以保证室内照度的均匀性。

③光线的方向

在投入房间的光线方向上,要求光线投向房间的主要使用区或工作面上,并要求左向侧光,但又要避免过强的光源直接射入使用者的眼中,产生耀眼的现象。另外,在陈列室、橱窗、阅览室等房间,还要避免阳光的直射,以免展品、商品、图书晒后变质或褪色。

④避免反射光

在布置有大面积的玻璃面或光亮表面的房间时,为了保证看清,避免反射光是相当重要的。因为光线射到玻璃面或油漆的光亮表面,会产生一次反射或二次反射(图 7-2),不但会使人看不清东西,还会使人眼产生疲劳,影响观看效果。

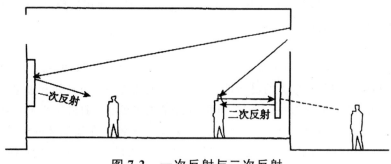

图 7-2　一次反射与二次反射

（4）房间的自然通风条件良好

一般来说，建筑物大都采用自然通风，因而常采用组织穿堂风的办法，即利用房间的门窗开启后所形成的室内外气压差而使室内空气流动通畅。一般室外新鲜空气由对外的窗子进来，由内墙的门、亮子或高窗将室内污浊空气排走，形成良好的穿堂风。前者即为进风口，控制了房间内的气流方向；后者为出风口，其位置影响气流在室内的走向及通风范围的大小。因此，房间门窗开设的平面位置和剖面上的高低对穿堂风的组织效果有着鲜明的影响。另外，对于餐馆、食堂的厨房等一些通气要求较高的特殊房间，需要加设排气天窗，以加强厨房的通风。

（5）室内面积与空间的有效利用

为使用创造方便是各种房间的设计都要遵循的一个要求，因此要合理地组织室内交通路线，尽量缩小交通面积，扩大室内使用面积，使家具布置方便灵活。为此，室内门的布置较为重要。如果门的位置安排不当，既影响室内自然通风，又将直接影响室内交通路线的组织和家具的布置。在宾馆客房、医院病房、办公室等面积小、家具多、人流少的房间里，门的位置主要是考虑家具的布置；而在餐厅、休息厅等面积大、家具布置要求灵活、人流大的房间，门的位置则主要是考虑室内交通路线的组织，使人流活动方便、简捷，不交叉，保证有较完整、安静的使用区，避免交通路线斜穿房间。

2. 基本使用空间的房间开间、进深与层高的设计

（1）房间开间和进深的设计

通常来说，在进行房间开间和进深的设计时，需要考虑到以下几个因素。

①室内基本的家具和必备设备的布置

设计的房间开间和进深必须能满足人们在室内进行活动的要求，因而在进行房间的开间和进深的设计时要进行调查研究和认真的分析，从而提出使用方便、舒适又经济的开间和进深。

②结构布置的经济性和合理性

在进行房间开间和进深的设计时，要采用一定的模数作为统一与协调建筑尺度的基本标准，以减少结构构件种类和规格，同时保证其最具经济合理性。

③房间采光的方式

通常来说，单面采光的房间进深小一些，一般是进深不大于窗子上口离地面高度的二倍；双面采光的房间进深则可增大一倍；采用天窗采光时，房间的进深则不受限制，如图 7-3 所示。

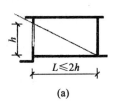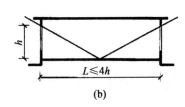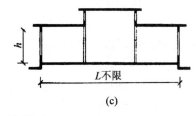

图 7-3 采光方式对房间进深的影响

(a)单侧采光;(b)双侧采光;(c)混合采光

④视觉条件的要求

在教室、讲堂、观众厅、会场等房间,其宽度和长度还要考虑视觉条件的要求,即根据水平视角和垂直视角的要求来决定。这里以电影厅为例进行说明,依据视角的要求,电影厅的宽度应小于或等于 3 倍银幕的宽度加上两侧走道的宽度之和,而其长度则应小于或等于 5 倍银幕的宽度(图 7-4)。

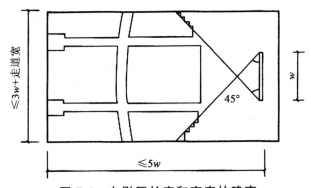

图 7-4 电影厅长度和宽度的确定

此外,进行房间开间和进深的设计时,不仅要协调楼层上下不同使用功能的空间要求,还要考虑楼层的层数、楼层荷载大小,以及柱子的大小等。

(2)房间层高的设计

在进行房间层高的设计时,要特别考虑到以下几个因素。

①楼层或屋顶结构层的高度及构造方式

层高一般指室内空间净高加上楼层结构的高度,因此层高的决定要考虑到结构层的高度。房间如果采用吊平顶时,层高应适当加高;或者当房间跨度较大,梁很高时,即使不吊平顶,也应相应增大层高,否则,会产生压抑感;反之,则可低一点。梁高一般按房间跨度的 1/12～1/8 设置。

②采光、通风和保温

通常来说,进深大的房间为了采光而提高采光口上缘的高度,往往需要增大层高,否则光线不均匀,房间最深处照度较弱。另外,室内热空气上浮,需要足够的空间与室外对流换气,所以房间也不能太低,特别在炎热地区更应略高一点,但过高则室内空间太大,散热多,对冬天的保温不利,当然也不经济。

③房间的不同用途

面积大致相同的房间,由于其用途的不同,室内高度有时也不一。通常来说,门厅、会议厅、

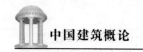

休息厅等公共性的房间,以高一些为宜(3.5~5m),非公共性的空间可以低一点;工作办公用房可适当高一点(3~3.5m),居住用房可以低一点(3m以下);集体宿舍采用单层铺时可以低一些,采用双层铺时则应高一些;某些特殊用房则应根据具体要求来决定。

④房间高与宽的比例

一般来说,面积相差较大的房间,它们的室内高度也应有所不同。面积大的房间,相应地高一点,面积小的房间则可低一些。

⑤建筑的经济效果

实践表明,普通的混合结构建筑物,其层高每增加100mm,单方造价要相应增加1%左右。可见,层高的大小对节约投资具有很大的经济意义。尤其对大量性建造的公共建筑更为显著。因此,大量建造的中小型公共建筑,如中小学、医院、幼儿园等,它们的层高都应有所控制。

(二)辅助空间的设计

一般来说,任何的建筑除了基本使用房间外,还有很大数量的辅助使用空间,包括行政管理用房、盥洗室、卫生间、供应服务用房及设备用房等。这里着重介绍一下卫生间的设计。

1. 卫生间的组成

公共建筑物中卫生间的组成包括厕所、盥洗室、浴室及更衣、存衣等部分,可具体分为以下三种情况。

(1)仅设有公共男、女厕所,如一般办公楼、学校、电影院等,是供学习、工作及文化娱乐活动的公共建筑。

(2)设有公共卫生间,即不仅设有公共厕所,而且还设有公共盥洗室,甚至设置公共浴室。例如一般的托儿所、幼儿园、中小型旅馆、招待所、医院等附有居住要求的公共建筑。

(3)设有专用卫生间,如标准较高的宾馆、饭店、高级办公楼及高级病房、疗养院等建筑。每间客房或病室都设有一套专用卫生间,包括盥洗池和浴缸及便器等卫生洁具。

2. 公共卫生间的设计

一般来说,公共卫生间包括盥洗室、淋浴室、更衣室及存衣设备,而且不同用途的建筑包括不同的组成,附有不同的卫生设备。盥洗室的卫生设备主要是洗脸盆或盥洗槽,在设计时要先确定建筑标准,根据使用人数确定脸盆、水龙头的数量。淋浴室的主要设备是淋浴喷头,有的设置浴盆或大池,还需设置一定数量的存衣、更衣设备。另外,公共卫生间的地面应低于公共走道,以免走道湿潮;地面要设地漏;楼层要用现浇楼板,并做防水层;室内材料应便于清洗;墙面需做台度,高度不低于1 200mm。

(1)医院中公共卫生间的设计

在一般标准的医院中,每一护理单位都设有病人使用的厕所、盥洗室及浴室,而且它们与医务人员使用的厕所、盥洗室分开,并设置在朝北的一面。

具体来说,医院中的厕所应依据病人的特点设坐式及蹲式两种。坐式照顾体弱病人,蹲式较卫生,不易感染,但墙上要做扶手。男、女厕所可各设两个,男、女盥洗室应独立设置,不宜附设在厕所内。而浴室可以设置在底层以靠近锅炉房,也可以分设在各层护理单元中。集中设置一般是设置淋浴,在护理单元里除淋浴外,最好设一浴缸,置于单独小间,供病人使用。

当前,随着医院建设标准的不断提高,不少医院的病房都附设有卫生间,就像宾馆客房一样。而且,卫生的设置主要有两种方式,即靠走道一侧布置,或是将卫生间靠外墙布置,以便于医护人员看护。

(2)宾馆中公共卫生间的设计

在普通标准的宾馆中,每一标准层都设有公共卫生间,包括厕所及盥洗室。在炎热地区附有淋浴设备,位置一般应在交通枢纽附近。

宾馆中公共卫生间较理想的组合方式是通过前室进出,这样既可以避免走道湿潮,又可以遮挡视线,隔绝臭气。

(3)体育建筑中公共卫生间的设计

体育建筑主要是供运动员、裁判员、工作人员及平时进行体育锻炼的业余爱好者使用,通常设有更衣、存衣、淋浴等辅助设施,而且这些辅助设备要便于与比赛场地、练习场地、医务卫生及行政管理部门联系(图7-5)。另外,其交通路线不能通过观众席及其附属部分,而且男、女运动员及主队和客队的更衣、存衣及淋浴设施也必须分开,它们都要与厕所靠近布置。

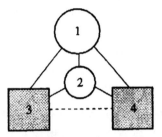

图7-5　体育建筑厕所淋浴设施的平面关系
1. 更衣、淋浴;2. 管理、医务;3. 练习场地;4. 比赛场地

(4)托儿所、幼儿园中公共卫生间的设计

一般来说,托儿所、幼儿园的公共卫生间包括盥洗室、厕所及浴室。盥洗室与厕所可分开设置,也可组合在一起,适当加以分隔。最好每班一套,最多两班合用。浴室以集中设置为宜,全托班可在盥洗室中设浴池。它们的位置应与相应的活动室相通。此外,所有卫生器具的尺度必须与幼儿的身材尺度相适应。

3. 专用卫生间的设计

专用卫生间一般在较高标准的宾馆客房,医院、疗养院的病房以及高级办公室都会设置。专用卫生间一般设置洗脸盆、坐式便器及浴缸或淋浴。浴缸的布置应使管线集中,室内要有足够的活动面积,同时要维修方便。带有专用卫生间的客房、病房及办公室的开间应结合卫生设备的型号、布置、尺度及管道走向、检修一起加以考虑、决定。另外,专用卫生间大多不沿外墙布置以免占去采光面,而采用人工照明与拔风管道;有的也沿外墙布置,它可直接采光通风,省去拔风管道。

(三)交通空间的设计

在建筑物内,各个使用空间之间除了某些情况用门或门洞直接联系外,大多是借助别的空间来达到彼此的联系。这就是建筑物内用于彼此联系的交通,可称它为交通空间。交通空间的设计除了满足平时人流活动的通畅外,还要考虑紧急情况下人员疏散的要求。具体来说,在对交通空间进行设计时,可以从以下几个方面着手。

1. 水平交通的设计

在建筑物内,水平交通是用来联系同一层楼中各个部分的空间,主要包括水平交通枢纽和走道。

(1)水平交通枢纽的设计

一般来说,建筑物内的门厅、过厅和川堂是作为接待、分配、过渡及供各部分联系的交通枢纽,下面分别简述其设计。

①门厅的设计

门厅是人们进入建筑物的必经之地,几乎所有公共建筑中都有,只是规模组成不同而已。因此,门厅的设计是整个建筑物设计的重要部分。而在对门厅进行设计时,要特别考虑到以下几个问题。

第一,门厅是建筑物的主入口,它的位置在总平面中应明显而突出。通常应面向主要道路或人流、车流的主要方向,并且常居建筑物主要构图轴线上。

第二,门厅内交通路线组织应简单明确,符合内在使用程序的要求,避免人流交叉。在某些建筑中,如宾馆,应把交通路线组织在一定的地带,而留出一些可供休息、会客、短暂停留之地。各部分位置应顺着旅客的行动路线,便于问讯、办理登记、存物、会客等工作。

第三,门厅与建筑物内主要的使用房间或大厅应有直接而宽敞的联系。水平方向应与走道紧密相连,以便通往该楼的各个部分;垂直方向应与楼梯有直接的联系,以便通往各层的房间。因此,在门厅内应看到主要的楼梯或电梯,以引导人流,同时楼梯应有足够的通行宽度,以满足人流的集散、停留、通行等要求。

第四,当门厅内的通路较多时,更要保证有足够的直接通道,避免拥挤堵塞和人流交叉,同时门厅内通向各部分的门,走廊,楼梯的大小、位置等的处理应注意方向的引导性。一般来说,可以利用它们的大小、宽窄、布置地位和空间处理的不同而加以区别,明确主次。通向主要部分的通路处理一般较宽畅、空间较大,并且常常布置在主要地位或主轴线上。

第五,在寒冷地区或门面朝北时,为避免冬季冷空气大量进入室内和室内暖气的散失,门厅入口处需设门斗,作为室内外温度差的隔绝地带。门斗的设置应有利于人流进出,避免过于曲折。通常来说,门斗有三种形式(图7-6):直线式布置,两道门设于同一方向,人流通畅,但是冷空气易透入室内;曲折式布置,门设于两个方向,室内外空气不易对流;过于曲折式布置,人行有所不便。

②过厅的设计

在建筑物内,过厅是分配、缓冲及过渡人流的空间。因此,过厅的设计也要能很好地组织人流,并在满足使用要求的前提下,节省建筑面积。通常来说,过厅可以设计在以下几个位置。

第一,设在走道与使用人数较多的大房间相接之处,起着缓冲人流的作用。

第二,设在几个方向过道的相接处或转角处,并与楼梯结合布置在一起,起分配人流的作用。

第三,设在门厅与大厅,或大厅与大厅之间,起着联系和空间过渡的作用,利用过厅将门厅与其他大厅(休息厅、陈列厅、候车厅等)联系起来。

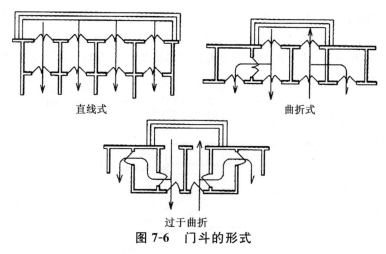

图 7-6　门斗的形式

③川堂的设计

川堂与过厅的意思相仿,它常用于门厅与群众大厅(如比赛厅、会议厅或观众厅)之间。因此,其设计与过厅的设计相仿。

(2)走道的设计

通常来说,走道的布局要直截了当,不要多变曲折。而且,走道本身应有合适的长度、足够的宽度及较好的采光。

①走道的长度

走道的长度取决于采光口、楼梯口或出入口之间的距离,以使它不超过最大的防火距离,避免过长的口袋形走道(即过道的一端无出入口)。

②走道的宽度

走道的宽度必须满足人流交通的要求,根据使用人数和性质而决定,并符合安全疏散的防火规定。走道有的纯属交通联系,有的兼有其他功用,当需兼作其他用途时,就要适当地扩大走道的宽度。例如学校建筑中的或展览建筑走道兼作休息区时,即使是单面走道也需做得宽一点。

③走道的采光

走道的光线除了某些建筑(如大型宾馆)可用人工照明外,一般应有直接自然光线。单面走道没有问题,中间走道的采光一般是依靠走道尽端开窗,利用门厅、过厅及楼梯间的窗户采光,有时也可利用走道两边某些较开敞的房间来改善走道的采光与通风,甚至可采用顶部采光的手法,这在现代建筑中采用较多。在某些情况下也可局部采用单面走道的办法,还有就是依靠房间的门、摇头窗及高窗等进行间接采光。

2. 垂直交通的设计

一般来说,垂直交通主要包括两个部分,即电梯和楼梯。

(1)电梯的设计

当前,电梯在人流频繁或高层建筑中被广泛采用。电梯的入口是位于门厅、各层的侧厅或过厅中,与普通楼梯要相近布置,以保证二者使用灵活,有利于防火。

电梯包括机器间、滑轮间及电梯井三部分。机器间通常设在电梯井的上部,也可与电梯井并列设于底层;滑轮间必须放在电梯井的上部;电梯井内则要安装乘客箱及平衡锤。

需要注意的是,自动扶梯(图 7-7)是连接循环的电梯,借电动机带动,以缓慢的速度不断运行着,一般面向开敞的门厅、大厅布置,通行能力较大,适用于大型航空港、车站、百货公司、超市的营业厅及会客中心中。当前,自动扶梯在公共建筑中的应用越来越普遍,它一方面可以减少人流上、下楼梯的拥挤和疲劳,另一方面可以使人在乘梯时将大厅内的一切一览无遗。

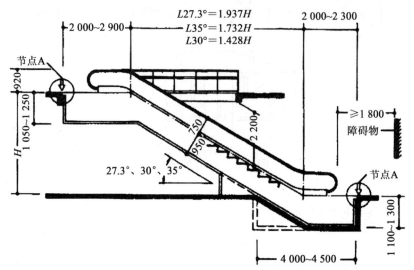

图 7-7　自动扶梯纵剖面(单位:mm)

(2)楼梯的设计

在公共建筑物内,楼梯按使用性质可分主要楼梯、服务楼梯和消防梯。其中,主要楼梯应与主要入口相连,位置明显,而且在设计时要避免垂直交通与水平交通交接处拥挤堵塞,在各层楼梯口处应设一定的缓冲地带。

①楼梯在建筑物中的位置

楼梯在建筑物中的位置要适中、均匀,当有两部以上的楼梯时,最好放在靠近建筑物长度大约 1/4 的部位,以方便使用,同时也要考虑防火安全。另外,楼梯的位置必须根据交通流线的需要来决定。一般建筑应居门厅中,而在展览建筑中应以参观路线的安排为转移,不一定在门厅中,可在一层参观路线的结束处。此外,为了保证工作房间有较多的朝向,楼梯间多半置于朝向较差的一面,或设在建筑物的转角处,以便利用转角处的不便采光的地带,但楼梯间一般也应直接自然采光。

②楼梯的宽度

楼梯的宽度和数量要根据建筑物的性质、使用人数和防火规定来确定。一般来说,公共楼梯净宽不应小于 1.5m,疏散楼梯的最小宽度不宜小于 1.2m。

③楼梯的形式

楼梯的形式,具体来说有以下几种。

第一,直跑式楼梯。它将几段梯段布置于一条直线上,单一方向,但踏步数目要限制,一般每梯段不宜超过 17 级,可以直对门厅,便于人员直接上楼。

第二,二跑楼梯。它一般由二梯段组成,并列布置。这种楼梯最好不要直对门厅入口布置,以免第二跑的斜面对着大门,较难处理,在较宽畅的门厅中可以把它作横向处理,或置于门厅的一角,使门厅内比较整齐美观。

第三,三跑楼梯。它由三个梯段构成,一般置于门厅正中比较气派,也可取得较好效果。

第三节　民用建筑的设计

一、民用建筑平面的设计

（一）房间平面的设计

使用房间是各类建筑的主要部分,是供人们工作、学习、生活、娱乐等的必要房间。在对使用房间进行设计时,应考虑的基本因素包括足够的面积、恰当的形状、良好的朝向、采光和通风、有效利用建筑面积、合理的结构布局和便于施工等。这在上一节内容的"基本使用空间的设计"中已有详细论述,故不再赘述。这里着重讲一下使用房间内门窗的设计。门窗的大小、数量、位置及开启方式直接影响着房间的通风和采光、家具布置的灵活性、房间面积的有效利用、人流活动及交通疏散、建筑外观及经济性等各个方面。

1. 房间门的设计

房间门的主要作用是交通联系,也兼采光和通风的用途。在对其进行设计时,要特别考虑到以下几个因素。

（1）房间门的数量

房间门的数量需要根据使用人数的多少和具体使用要求来确定。按照《建筑设计防火规范》（GB 50016—2006）的要求,当房间使用人数超过 50 人、面积超过 $60m^2$ 时,至少需设两个门。

（2）房间门的宽度

一般来说,房间门的宽度要按通行人流的股数进行计算。一股人流通行宽度为 600mm,而一个人侧身通过宽度为 300mm,所以门的最小宽度（门洞宽）为 650～700mm（一人通行）,一般用于住宅的厕所、浴室。为了能携带物品通过可用 800～900mm 宽的门（一人携带物品通行）,一般 800mm 宽的门常用于住宅的厨房,而 900mm 宽的门常用于住宅的居室等。公共性房间如教室、寝室、客房、办公室等的门宽为 1 000mm（一人正面通行,同时另一人能侧面通行）。

（3）房间门的位置

由于房间门的位置直接影响到家具布置、人流交通和通风等,因而合理地确定门的位置是使用房间设计的重要因素之一。

门的位置应便于家具设备布置,使房间面积得到充分利用。因而在一般情况下,为了节约空间,减少门开启时占用的面积,常将门设于房间一角,这样不但有利于家具的合理布置,且房间面积利用率高。对于集体宿舍,为便于多布置床,又常将门设在房间的墙中央。当房间中门的数量不止一个时,应尽量使门靠拢,以减少交通面积,如带有阳台及套间的房间,共有 3 个门,则这 3 个门在房间的设置不能太分散。

此外,门的位置应方便交通、利于疏散。在使用人数较多的公共建筑中,为便于人流交通和在紧急情况下人们能迅速、安全地疏散,门的位置必须与室内走道紧密配合,使通行线路更加简捷。

（4）房间门的开启方式

一般来说，房间门的开启方向有外开和内开，而大多数房间的门均采用内开方式，可防止门开启时影响室外的人行交通。但是，为便于安全疏散，人流较多的公共建筑，房间的门必须向外开。

当几个门位置比较集中，并经常需要同时开启时，其开启方向要注意，防止其开启时互相碰撞或妨碍人们的通行，如图 7-8 所示。

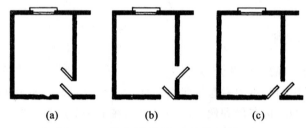

图 7-8　两个门靠近时的相互关系
(a)不好；(b)好；(c)较好

2. 房间窗的设计

在房间内，窗的主要功能是采光和通风，因而在设计时要特别注意以下几个方面。

（1）房间窗的大小

一般来说，影响房间窗的大小的因素主要有房间的使用要求、房间面积及当地日照情况等。根据各种使用要求的房间对采光的不同要求，建筑采光标准分为五级，每级规定了相应的窗地面积比，即房间窗口总面积与地面面积的比值，如表 7-1 所示。

表 7-1　民用房间采光等级表

采光等级	视觉工作特征		房间名称	窗地面积比
	工作或活动要求的精细程度	要求识别的最小尺寸 d(mm)		
Ⅰ	特别精细作业	d≤0.15	绘画室、制图室、画廊、手术室	1/3～1/5
Ⅱ	很精细作业	0.15<d≤0.3	阅览室、医务室、健身房、专业实验室	1/4～1/6
Ⅲ	精细作业	0.3<d≤1.0	办公室、会计室、营业厅	1/6～1/8
Ⅳ	一般作业	1.0<d≤5.0	观众厅、起居室、卧室、盥洗室	1/7～1/9
Ⅴ	粗糙作业	d>5.0	储藏室、门厅、走廊、楼梯间	1/10 以下

在对房间窗的大小进行设计时，可根据窗地面积比进行窗口面积的计算，也可先确定窗口面积，然后按照表中规定的窗地面积比值进行验算。另外，房间窗的大小的设计也要结合通风要求、建筑节能、立面设计等因素综合考虑。南方炎热地区，可适当增大窗的面积以加强室内通风，而寒冷地区为了减少房间采暖的热损失，窗的面积可适当小些。

（2）房间窗的位置

通常来说，在设计房间窗的位置时，要考虑到以下几个因素。

①房间窗的位置应尽量使墙面完整,便于家具和设备布置。

②房间窗的位置应有利于采光。窗在房间中的位置决定了光线的方向及采光的均匀性。内廊式建筑的房间采用单侧采光,这种方式外墙上开窗面积大,但光线不均匀,近窗点很亮,远窗点较暗。外廊式建筑的房间可设双侧窗,在外墙处设普通侧窗,靠外廊墙一侧墙面设普通侧窗或高侧窗,这样采光既均匀,又有利于室内的通风。

③房间窗的位置应有利于通风。房间的自然通风由门窗来组织。室外新鲜空气由上风一侧门窗洞口进入,再通过下风一侧的门窗洞口将污浊空气排走,从而达到室内通风换气的目的。门窗在房间中的位置决定了气流的走向,影响到室内通风的范围。因此,门窗位置应尽量使气流通过活动区,加大通风范围,并应尽量使室内形成穿堂风。

④房间窗的位置应使立面构图整齐协调。

(3)房间窗的开启方向

房间窗的开启方向和房间门一样,也有外开和内开两种方式。而为了避免房间窗开启时占用室内空间,大多数的窗常采用外开方式或推拉开启的方式。

(二)民用建筑平面的组合设计

所谓民用建筑平面的组合设计,就是将民用建筑平面中的使用部分、交通联系部分有机地联系起来,使之成为一个使用方便、结构合理、体型简洁、构图完整、造价经济及与环境协调的建筑物。

1. 民用建筑平面组合设计的要求

(1)要保证民用建筑平面组合的使用功能良好

建筑物的性质不同,也就有不同的功能要求。而一座建筑物的合理性不仅体现在单个房间上,而且很大程度取决于各种房间按功能要求的组合上。因此可以说,使用功能是民用建筑平面组合设计的核心。而要保证民用建筑平面组合的使用功能良好,可以从以下几个方面着手。

①要有合理的建筑物功能分区

所谓合理的建筑物功能分区,就是建筑物若干部分按不同的功能要求进行分类,并根据它们之间的密切程度加以划分,使之分区明确,又联系方便。一般来说,在进行民用建筑平面组合设计时,其功能分区可以从以下几方面进行分析。

第一,内外关系。民用建筑物的组成房间中,有的对外联系密切,直接为公众服务;有的对内联系密切,供内部使用。例如,办公楼中的接待室和传达室是对外的,而各种办公室是对内的;影剧院的观众厅、售票房和休息厅等是对外的,而办公室、管理室和储藏室是对内的。在进行民用建筑的平面组合设计时,要妥善处理功能分区的内外关系,将对外联系密切的房间布置在交通枢纽附近,位置便于直接对外;而将对内性强的房间布置在较隐蔽的位置。

第二,主次关系。民用建筑物中,各房间之间必然存在着主次之分。例如,居住建筑中的居室是主要房间,厨房、厕所和储藏室是次要房间;教学楼中教室和实验室是主要使用房间,办公室、管理室和厕所等则属于次要房间。在进行民用建筑的平面组合设计时,要注意将主要使用房间布置在朝向较好的位置,靠近主要出入口,并有良好的采光、通风条件;次要房间可以布置在条件相对较差的位置。

第三,联系与分隔。在分析民用建筑平面组合中的功能关系时,常根据房间的使用性质如闹与静、净与污等方面进行功能分区，使其既分隔而互不干扰，且又有适当的联系。例如，教学楼中的普通教室、音乐教室和多功能厅，它们之间联系密切，但为防止声音干扰，必须适当隔开。

②要有明确的流线组织

在一些民用建筑物内，不同使用性质的房间在多数情况下的使用过程有一定的先后顺序，即有着较强的流线性。所谓要有明确的流线组织，就是要使各种流线简捷、通畅，不迂回逆行，且尽量避免相互交叉。例如，火车站建筑有旅客进出站路线和行包线，人流路线按先后顺序为：到站—问讯—售票—候车—检票—上车，出站时经由站台验票出站，平面布置时以人流线为主，使进出站及行包线分开并尽量缩短各种流线的长度。

(2)要选择经济合理的民用建筑结构类型

当前，民用建筑常用的结构类型主要有以下几种。

①框架结构

框架结构的特点：支承建筑空间的骨架如梁、板、柱是承重系统，而分隔室内外空间的围护结构和轻质隔墙是不承重的。

框架结构的优点：强度高，整体性好，刚度大，抗震性好，平面布局灵活性大，开间较自由。

框架结构的缺点：钢材、水泥用量大，造价较高。

框架结构的运用：适用于开间、进深较大的商店、教学楼和图书馆之类的公共建筑及多、高层住宅和旅馆等，如图7-9所示。

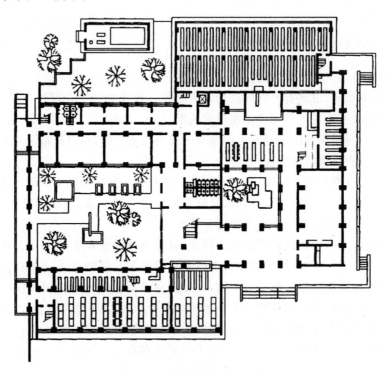

图 7-9　框架结构的平面

②混合结构

混合结构的特点：以砖墙和钢筋混凝土梁板为主要承重构件。

混合结构的优点：构造简单，造价较低。

混合结构的缺点：房间尺寸受钢筋混凝土梁板经济跨度的限制，室内空间小，开间也受到限制。

混合结构的运用：适用于房间开间和进深尺寸较小、层数不多的中小型民用建筑，如住宅、中小学校、医院及办公楼等。

③空间结构

随着建筑技术、建筑材料和结构理论的进步，新型高效的建筑结构也有了飞速的发展，出现了各种大跨度的新型空间结构，如薄壳、网架、悬索和膜结构等。这类结构用材经济，受力合理，并为解决大跨度的公共建筑提供了有利条件。

（3）要合理地布置民用建筑的设备管线

在民用建筑中，设备管线主要包括给水排水、空气调节及电气照明等所需的设备管线，它们都占有一定的空间。在进行民用建筑平面组合设计时，既要考虑到一定的设备位置，同时又要尽量将设备管线集中布置、上下对齐，从而方便使用，且有利于施工和节约管线。

（4）要选择合理的民用建筑体型

民用建筑的体型在一定程度上也影响着其平面组合设计。当然，民用建筑体型本身是离不开功能要求的，它一般是内部空间的直接反映。但是，完美的民用建筑体型要求及不同民用建筑的外部性格特征又会反过来影响其平面布局及平面形状。一般说来，简洁、完整的民用建筑体型无论对缩短内部交通流线，还是对于结构的简化、节约用地、降低造价及抗震性能等都是极为有利的。

2.民用建筑平面组合设计的形式

一般来说，民用建筑平面组合设计的形式主要有以下几种。

（1）套间式组合

①套间式组合的特点

套间式组合是采用穿套的方式按一定的序列组织空间。房间与房间之间相互穿套，不再通过走道联系。其平面布置紧凑，面积利用率高，房间之间联系方便，但各房间使用不灵活，相互干扰大。

②套间式组合的类型

套间式组合依据其空间序列的不同，可以分为两种类型，即放射式和串联式。其中，放射式（图7-10）是将各房间围绕交通枢纽呈放射状布置；串联式（图7-11）是按一定的顺序关系将房间连接起来。

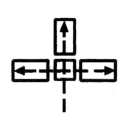

图7-10　放射式空间组合示意

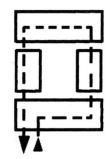

图7-11　串联式空间组合示意

（2）走道式组合

①走道式组合的特点

走道式组合将使用房间与交通联系部分明确分开，各房间沿走道（走廊）一侧或两侧并列布置，通过走道相互联系，使房间安静、不受干扰。因此，单身宿舍、办公楼、医院、学校和疗养院等一般都适合采用这种类型的组合方式。

②走道式组合的类型

走道式组合依据房间与走道布置关系的不同，可以分为两种类型，即内走道和外走道。其中，各房间沿走道两侧布置，平面紧凑，节约用地，外墙长度较短，对寒冷地区建筑有利，但难免出现一部分使用房间朝向较差，且走道采光、通风较差，房间之间相互干扰也较大；外走道可保证主要房间有好的朝向和良好的采光、通风条件，但会造成走道过长、交通面积大、房屋进深小、占地和造价均不够经济。

（3）单元式组合

所谓单元式组合，就是将某些使用关系比较密切的房间，组合成比较独立的单元，再将一种或多种单元按地形和环境情况在水平或垂直方向上重复组合起来成为一幢建筑的组合方式，如图 7-12 所示。

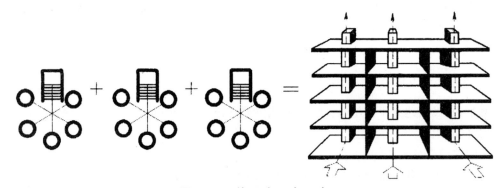

图 7-12　单元式组合示意

①单元式组合的优点

第一，能提高建筑标准化，节省设计工作量，简化施工。

第二，功能分区明确，单元与单元之间相对独立，互不干扰。

第三，布局灵活，能适应不同的地形，形成多种不同组合形式。

②单元式组合的运用

一般来说，单元式组合广泛地用于住宅、医院、托儿所、幼儿园和学校等民用建筑。

（4）大厅式组合

所谓大厅式组合，就是以大厅空间为中心，其他次要空间环绕布置在四周的组合形式，如图 7-13 所示。

①大厅式组合的特点

主体空间体量巨大，人流集中，大空间内具有视、听等使用功能。

②大厅式组合的运用

一般来说，大厅式组合多运用于剧院、电影院和体育馆等民用建筑。

需要注意的是，民用建筑的功能是复杂多变的，除了少数功能比较单一的民用建筑只需采用一种空间组合形式以外,大多数民用建筑都需要以一种组合形式为主,同时采用两种或三种类型的混合式空间组合形式。

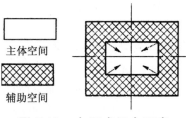

图 7-13 大厅式组合示意

3. 民用建筑平面组合设计的影响因素

影响民用建筑平面组合设计的因素有很多,但最重要的是基地因素。因为任何一个建筑物都不是孤立存在的,而是处于一个特定的环境之中,它在基地上的位置、形状、平面组合、朝向、出入口的布置及建筑造型等都必然受到基地条件的制约。因此,在进行民用建筑平面组合设计时,为了能够使民用建筑既满足使用要求,又能与基地环境协调一致,就必须要进行总平面功能分区,然后在功能分区的基础上进一步确定单体建筑的布置。具体来说,基地因素对民用建筑平面组合设计的影响主要体现在以下几个方面。

(1)基地的大小与形状影响着民用建筑平面组合的形式

基地的大小与形状对民用建筑平面组合的形式有着重要的影响。通常来说,当场地规整平坦时,对于规模小、功能单一的建筑,常采用简单、规整的矩形平面;对于建筑功能复杂、规模较大的公共建筑,可根据功能要求,结合基地情况,采取 L 形、I 形和口字形等组合形式。而当场地平面不规则或较狭窄时,则要根据使用性质,结合实际情况,充分考虑基地环境,采取不规则的平面布置方式。

(2)基地的位置影响着民用建筑的朝向与间距

①基地的位置对民用建筑朝向的影响

在确定民用建筑的朝向时,需要考虑其所在地的日照、主导风向、基地条件等综合因素。具体来说,我国大部分地区处于夏季热、冬季冷的状况,为了保证室内冬暖夏凉的效果,民用建筑物的朝向应为南向、南偏东或偏西少许角度,在严寒地区由于冬季时间长、夏季不太热,应争取日照,建筑朝向以东、南、西为宜;要根据当地的气候特点及夏季或冬季的主导风向,适当调整民用建筑物的朝向,使夏季可获得良好的自然通风条件,而冬季又可避免寒风的侵袭;对于人流集中的公共建筑,房屋朝向主要应考虑人流走向、道路位置和邻近建筑的关系,对于风景区建筑,则应以创造优美的景观作为考虑朝向的主要因素。

②基地的位置对民用建筑间距的影响

在进行民用建筑的平面组合设计时,为了保证所有的建筑物都能有良好的日照和通风条件,就必须使建筑物之间有一定的间距。也就是说,日照间距是为了保证房间有一定的日照时数而建筑物彼此互不遮挡所必须具备的距离。

对于大多数的民用建筑来说,日照是确定房屋间距的主要依据,但有的民用建筑由于环境及使用功能的要求,房屋间距要求更高,如学校教学楼和医院建筑等。

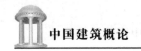

(3)基地的地形条件影响着民用建筑平面组合的布置方式

通常来说,当基地的地形是坡地时,则应将民用建筑平面组合与地面高差结合起来,以减少土方量,并造成富于变化的内部空间和外部形式。

二、民用建筑剖面的设计

民用建筑平面的设计主要是用来解决民用建筑内部空间的水平方向上的问题,而民用建筑剖面的设计主要研究对竖向空间的处理,具体包括房间剖面形状与尺寸的确定、房间各部分的高度的确定以及建筑剖面组合方式的确定等内容。

(一)房间剖面形状与尺寸的确定

一般来说,房间剖面的形状和尺寸是由以下几个因素决定的。

1. 房间的使用要求

一般来说,房间的使用要求决定着民用建筑的剖面形状与尺寸,具体又体现在以下几个方面。

(1)房间的视线要求影响房间的剖面形状与尺寸

影剧院的观众厅、体育馆的比赛大厅和教学楼中的阶梯教室等民用建筑的房间对视线有一定的要求。这类房间除平面形状、大小满足一定的视距、视角要求外,其地面应有一定的坡度,以保证良好的视觉要求,即能够舒适、无遮挡地看清对象。通常来说,地面的升起坡度与设计视点的选择、视线升高值、排距和座位的排列方式等因素相关,特别是设计视点的选择。

所谓设计视点,就是按设计要求所能看到的极限位置,即划分可见与不可见范围的界限。设计视点以上是可见范围,而设计视点与人眼睛的连线称为设计视线。民用建筑由于功能及观看对象性质的不同,其设计视点的选择也不一致。例如,阶梯教室的设计视点常选在讲台桌面,大约距地面 1 100mm 处;体育馆的设计视点定在篮球场边线或边线上空 300~500mm 处;电影院的设计视点定在银幕底边的中点,这样可以保证观众看清银幕的全部等。而且,设计视点的选择是否合理,是衡量视觉质量好坏的重要标准,也直接影响地面升起的坡度和经济性。设计视点愈高,视野范围愈小,地面升起坡度就平缓;而设计观点愈低,视觉范围愈大,房间地面升起坡度愈大。一般来说,当观察对象低于人的眼睛时,地面起坡大;反之则起坡小,如图7-14 所示。

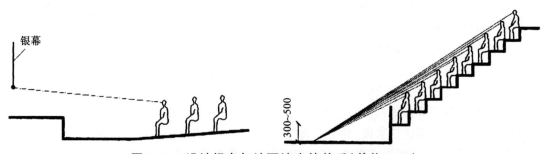

图 7-14 设计视点与地面坡度的关系(单位:mm)

（2）房间的音质要求影响房间的剖面形状与尺寸

对于影剧院这样的民用建筑来说，其大厅的音质要求也影响着响房间的剖面形状与尺寸。为了保证室内声场分布均匀，防止出现空白区、回声和聚焦等现象，在其剖面设计中要注意顶棚、墙面和地面的处理。其中，顶棚的高度和形状是保证听得清楚、真实的一个重要因素。它的形状应使大厅各座位都能获得均匀的反射声，并能加强声压不足的部位。一般说来，凹面易产生聚焦，声场分布不均匀；凸面是声扩散面，不会产生聚焦，声场分布均匀。因此，大厅顶棚应避免采用凹曲面或拱顶。同时，为了有效地利用声能，加强各处直达声，必须使大厅地面逐渐升高。

2. 房间的结构

房间的结构对民用建筑的剖面形状与尺寸也有一定的影响。一般来说，矩形的剖面形状规整简单，利于采用梁板式结构布置，同时施工也较简单，常用于大量民用建筑。即使有特殊要求的房间，在能够满足使用要求的前提下，也应优先考虑采用矩形剖面。

3. 房间的采光和通风要求

通常来说，房间进深不大，可以采用侧窗采光和通风；房间进深较大，侧窗不能满足室内的采光和通风要求时，还需设置各种形式的天窗，从而形成各种不同的剖面形状，如图 7-15 所示。

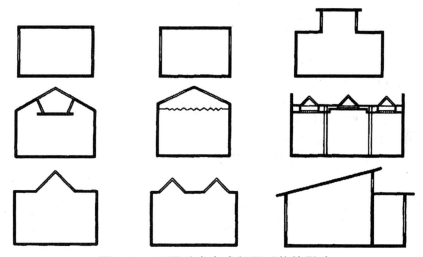

图 7-15　不同采光方式剖面形状的影响

（二）房间各部分高度的确定

1. 房间内外的地面高差

一般的民用建筑为了防止室外雨水流入室内和防止墙身受潮，常把室内地坪适当提高，以便建筑物室内外地面形成一定高差。但是要注意，室内外地面高差必须要适当。高差过大会增加建筑物高度和土石方工程量，而高差过小难以保证基本要求。

对于大量的民用建筑来说，室内外地面高差常取 400～600mm；而仓库类建筑为便于运输，室内外地面高差以不超过 300mm 为宜;对于地下水位较高或雨量较大的地区,以及对防水要求较高的建筑物,可适当提高室内地面以防止室内过潮。

2. 房间高度的确定

对于民用建筑房间的剖面设计来说,首先需要对房间的高度进行确定,这是因为房间的高度恰当与否会直接影响房间的使用性、经济性及室内空间的艺术效果等。而房间的高度又包括房间的净高和房间的层高。所谓房间的净高,就是楼地面到结构层(梁、板)底面或顶棚下表面之间的距离;所谓房间的层高,就是该层楼地面到上一层楼面之间的距离(图 7-16)。通常来说,房间高度的确定受到以下几个因素的影响。

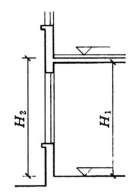

图 7-16　房间的净高与层高

H_1—净高;H_2—层高

(1)房间的空间比例

实践表明,房间的空间高度会对人产生精神感受,不同的比例尺度给人不同的心理效果。通常来说,面积大的房间高度要高一些,面积小的房间则可适当降低。而高而窄的比例易使人产生兴奋、激昂、向上的情绪,且具有严肃感,但过高就会觉得不亲切;宽而矮的空间使人感觉宁静、开阔、亲切,但过低又会使人产生压抑、沉闷的感觉。

(2)房间的类型、使用人数及面积

房间的类型、使用人数及面积大小不同,对房间净高的要求也有所不同。例如,卧室使用人数少、面积不大,其净高常取 2.8～3.0m,但不能低于 2.4m;而教室使用人数多、面积相应增大,因而其净高也要相应增加,一般取 3.3～3.6m 等。

(3)房间内人体的活动

人体活动的尺度对房间的净高有着直接的影响。因此,为了保证人们的正常活动,房间的最小净高应以人举手不接触到顶棚为宜,即不能低于 2.2m。

(4)房间内家具设备的要求

房间的家具设备及人们使用家具设备的必要空间,也直接影响到房间的净高和层高。例如,学校内的学生宿舍通常设有双层床,因而其净高要比一般的住宅适当提高,通常不能低于 3.2m;医院手术室的净高应考虑手术台、无影灯及手术操作所必需的空间;演播室的净高应考虑灯光效果所需的空间,一般不能低于 4.5m;游泳馆比赛大厅的净高应考虑跳水台的高度、跳水台至顶棚的最小高度等。

（5）房间的采光和通风要求

房间的采光和通风要求不仅影响着房间的剖面形状与尺寸,还影响着房间的高度。一般来说,房间的高度应有利于天然采光和自然通风,以保证房间必要的学习、生活及卫生条件。室内光线的强弱和照度是否均匀,与窗户的宽度、位置和窗户在剖面中的高低有关房间里光线的照射深度,主要靠窗户的高度来解决,进深越大,要求窗户上沿的位置要高,即相应房间的净高也要高一些。另外,房间的净高也受室内进出风口在剖面上的高低位置的影响。潮湿和炎热地区的民用房屋,经常利用空气的气压差,来组织室内穿堂风,如在内墙上开设高窗,或在门上设置亮窗等改善室内的通风条件,在这些情况下,房间净高就相应要高一些。

（6）房间的结构高度及布置方式

在满足房间净高要求的前提下,层高尺寸随结构层的高度而变化（图7-17）。通常结构层越高,则层高越大;结构层高度小,则层高相应也小。在相同净高的情况下,结构布置不同,房屋的层高也相应不同。

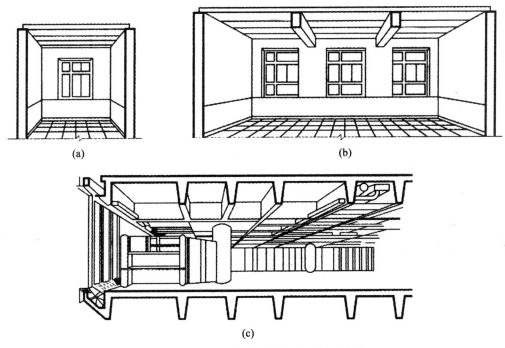

图7-17　结构高度对房间高度的影响
(a)承重墙;(b)墙和大梁承重;(c)双向承重梁

（7）经济性

民用建筑的层高是影响其造价的一个重要因素,因此在满足使用要求和卫生要求的前提下,适当降低层高可相应减小房屋的间距、节约用地、减轻房屋自重、改善结构受力情况、节约材料和能源等。

3. 房间内窗台高度的确定

对于一般的民用建筑来说,其窗台高度主要考虑方便人们工作和学习,保证书桌上有充足的光线,一般采取 900~1 000mm,窗台距桌面高度控制在 100~200mm,保证桌面上充足的光线并

使桌上纸张不致被风吹出窗外。

对于一些有特殊要求的房间,其窗台的高度相对一般的民用建筑应有所变化。例如,卫生间和浴室窗台可提高到 1 800mm 左右;托儿所和幼儿园及医院儿童病房窗台高度应考虑儿童的身高及较小的家具设备,故而要较一般民用建筑低一些;展览建筑由于室内墙面要布置展品,因而要将窗台提高到 1 800mm 以上,从而形成高侧窗,并消除和减少眩光;公共建筑的房间、疗养建筑和旅游建筑,为使室内阳光充足和便于观看室外景色,丰富室内空间,常将窗台做得很低,甚至采用落地窗等。

(三)民用建筑剖面组合方式的确定

民用建筑中各类房间的高度和剖面形状、房屋的使用要求和结构布置特点等因素都影响着其剖面的组合方式。通常来说,民用建筑剖面的组合方式主要有以下几种。

1. 单层剖面的组合方式

单层剖面便于房间中各部分人流或物品可以和室外直接联系,多适用于覆盖面及跨度较大的结构布置。一些顶部要求自然采光和通风的房屋,也常采用单层的剖面组合方式。当然,单层的剖面组合方式也有一定的缺点,其中最主要的是很不经济。

2. 多层剖面的组合方式

通常来说,多层剖面的室内交通联系比较紧凑,适用于有较多相同高度房间的组合,垂直交通通过楼梯联系。因此,多层的剖面组合方式应注意上下层墙、柱等承重构件的对应关系,以及各层之间相应的面积分配。

3. 高层剖面的组合方式

由于城市用地、规划布局等因素的影响,旅馆和办公楼等建筑也可采用高层剖面的组合方式(图 7-18)。高层剖面能在占地面积较小的条件下建造使用面积较多的房屋,因而这种组合方式有利于室外辅助设施和绿化等的布置。不过,高层建筑的垂直交通需用电梯联系,管道设备等设施也较复杂,因而费用较高。

4. 错层剖面的组合方式

所谓错层剖面,就是在建筑物纵向或横向剖面中,房屋几部分之间的楼地面,高低错开。一般来说,错层的剖面组合方式主要适用于结合坡地地形来建造住宅、宿舍及其他类型的房屋。

5. 跃层剖面的组合方式

通常来说,跃层剖面的组合方式主要用于住宅建筑中,这些房屋的公共走廊每隔 1~2 层设置一条,每个住户可有前后相通的一层或上下层的房间,住户内部以小楼梯上下联系。采用跃层剖面的组合方式的住宅,节约公共交通面积,各住户之间的干扰较少,但跃层房屋的结构布置和施工比较复杂。

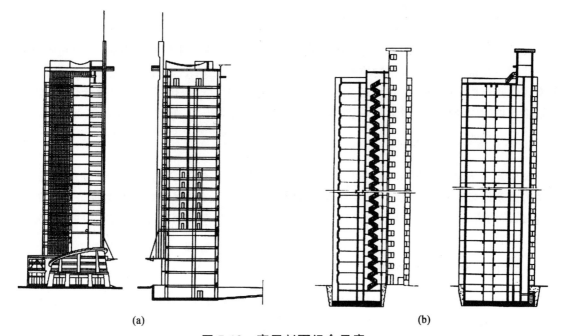

(a)   (b)

图 7-18　高层剖面组合示意

(a)某办公楼侧立面及剖面图;(b)某高层住宅楼剖面图

三、民用建筑体型和立面的设计

(一)民用建筑体型和立面设计的要求

在对民用建筑的体型和立面进行设计时,需要遵守一定的要求,具体来说有以下几个方面。

1. 要与民用建筑的使用功能的要求和特征相符合

民用建筑是为了满足人们生产和生活需要而创造出的物质空间环境,但其由于使用功能和室内空间等的不同,外部体型及立面特征也会有所不同。例如,综合办公楼体型高低错落、变化统一,体现简洁明快的风格;纪念性建筑体型及立面厚重、稳固,形成一种庄严、肃穆的建筑风格;教学楼体型和立面设计表达了一种秩序、纪律的特点;城市多层住宅建筑,通过重复排列的阳台、尺度不大的窗户形成生活气息浓郁的居住建筑风格等。

2. 要与城市规划及基地环境的要求相符合

民用建筑是构成城市空间和环境的重要因素,不可避免地要受到城市规划、基地环境的某些制约,因而建筑基地的地形、地质、气候、方位朝向、形状、大小、道路、绿化及原有建筑群的关系等,都对民用建筑外部形象有极大影响。通常来说,位于自然环境中的建筑要因地制宜,结合地形起伏变化使建筑高低错落、层次分明并与环境融为一体;位于城市街道和广场的建筑物,一般由于用地紧张,受城市规划约束较多,因而多结合地形,布局灵活。

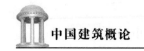

3. 要能够反映出物质技术条件的特点

民用建筑是运用大量的材料并通过一定的结构、施工技术等手段构建而成,因此其体型及立面设计必然在很大程度上受到物质技术条件的制约,并反映出结构、材料和施工的特点。同时,随着现代新结构、新材料、新技术的发展,给民用建筑外形设计提供了更大的灵活性和多样性。特别是各种空间结构的大量运用,更加丰富了建筑物的外观形象,使建筑造型千姿百态。

4. 要与社会经济条件相适应

民用建筑从总体规划、建筑空间组合、材料选择、结构形式、施工组织至维修管理等,都会受到经济因素的影响。通常来说,民用建筑外形设计应本着勤俭的精神,在严格保证质量的前提下,尽量节约资金。对于一些大量性建筑,标准可以低一些,而国家重点建设的某些大型公共建筑,标准则可高一些。

(二)民用建筑体型的设计

对于民用建筑来说,体型就是其轮廓,反映了民用建筑的总的体量大小、组合方式及比例尺度等。一般来说,民用建筑体型的设计要遵循建筑形式美的基本规律,结合使用要求和结构、构造、材料、设备和施工等物质技术手段,从大处着手,逐步深入,相互协调,力争达到完美境界。

1. 民用建筑体型的组合方式

民用建筑体型的组合方式,具体来说有以下几种。

(1)单一体型

所谓单一体型,就是将复杂的内部空间组合到一个完整的体型中去。运用单一体型的民用建筑,通常外观各面基本等高,平面多呈正方形、矩形、圆形和 Y 形等,而且没有明显的主从关系和组合关系,造型统一简洁,轮廓分明,给人以鲜明而强烈的印象。

(2)复杂体型

所谓复杂体型,就是由两个以上的体量组合而成的,通常适用于功能关系比较复杂的建筑。民用建筑的设计在运用复杂体型时,需要注意以下几个方面。

①根据功能要求将民用建筑物分为主要部分和次要部分,分别形成主体和附体。进行组合时应突出主体,有重点,有中心,主从分明,巧妙结合以形成有组织、有秩序又不杂乱的完整统一体。

②运用体量的大小、形状、方向、高低和曲直等方面的对比,可以突出主体,破除单调感,从而求得丰富、变化的造型效果。

③要注意均衡与稳定的问题。因为所有民用建筑物都是由具有一定重量感的材料建成的,一旦失去均衡就会使建筑物轻重不均,失去稳定感。民用建筑体型组合包括对称与非对称两种方式(图 7-19)。对称的民用建筑体型的构图是均衡的,容易取得完整的效果;而非对称的民用建筑体型的构图要特别注意各部分体量的大小变化,以求得视觉上的均衡。

(3)单元组合体型

住宅、学校和医院等一般的民用建筑,常常采用单元组合体型。单元组合体型就是将几个独立体量的单元按一定方式组合起来,其特点有以下几个。

①由于单元的连续重复,形成了强烈的韵律感。

②建筑物没有明显的均衡中心及体型的主从关系。

③组合灵活,建筑单元可结合基地大小形状、朝向和地形起伏变化随意增减,高低错落。

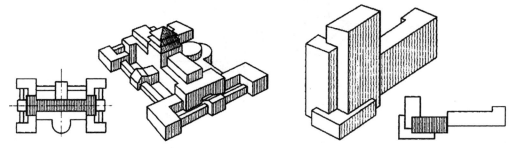

图 7-19　对称性体型与非对称性体型示意

2. 民用建筑体量的连接方式

通常来说,由不同大小、高低、形状和方向的体量组成的民用建筑都存在着体量之间的联系和交接处理,而且这一问题既影响到民用建筑体型的完整,又影响到其使用功能和结构的合理性。具体来说,民用建筑体量的连接方式主要有以下几种。

(1)直接连接

直接连接就是在民用建筑的体型组合中,将不同体量的面直接相连,如图 7-20 所示。这种连接方式具有体型分明、简洁,整体性强的优点,常用于功能要求联系紧密的建筑。

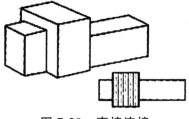

图 7-20　直接连接

(2)以走廊或连接体相连

以走廊或连接体相连可以使各体量之间相对独立而又互相联系,如图 7-21 所示。走廊可以开敞或封闭,可以是单层或多层,建筑整体给人以轻快、舒展、空透的感觉。

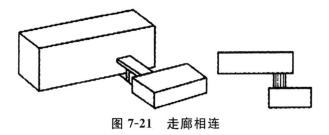

图 7-21　走廊相连

(3)咬接连接

咬接连接是民用建筑体型的组合设计中较为常用的一种方式,其特点是各体量之间相互穿

插,体型较复杂,但组合紧凑,整体性强,还有利于获得有机整体的效果,如图 7-22 所示。

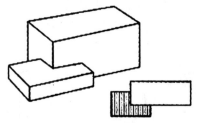

图 7-22　咬接连接

3. 民用建筑体型的转角与转折

(1)民用建筑体型的转角

在丁字路口、十字路口或任意角度的转角地带等特定的基地位置和地形条件下布置民用建筑物时,其体形需作转角处理,不仅可以使之与地形环境协调吻合,有效地利用土地,而且可以表现出建筑物统一完整的造型效果。

(2)民用建筑体型的转折

民用建筑体型的转折,就是民用建筑沿道路或地形的变化作曲折变化。这种形式的临街部分一般是长方形平面的简单变形和延伸,具有简洁流畅、自然大方、完整统一的外观形象。

第四节　工业建筑的设计

一、工业建筑概述

工业建筑是指供人们进行工业生产所需的各种不同用途的建筑物和构筑物的总称,也称为工业厂房或车间。

(一)工业建筑的特点

工业建筑的特点,具体来说有以下几个。

1. 工业建筑的内部空间大

大多数的工业建筑,尤其是单层厂房由于要求设备多,各部分生产关系密切并要适应起重运输产品的需要,需要设置有多种起吊运输设备。因此,与民用建筑相比,工业建筑的跨度和高度均较大,门窗尺寸也较大。

2. 工业建筑的屋顶面积大,构造复杂

工业建筑的内部空间很大,从而形成了大面积的屋顶,这给屋顶的防水、排水带来了困难。同时,依据生产工艺和劳动保护的需要,应满足采光、通风等方面的要求,而为了有效采光、散热和除尘,需在屋顶上设置天窗,增加了屋顶构造的复杂程度。

3. 工业建筑大多采用大型构件

工业建筑的荷载、跨度和高度都很大,因而其构件的内力大、截面大、用料多。因此,多数工业建筑的结构采用大型的钢筋混凝土构件或钢构件构成的结构体系。

(二)工业建筑的类型

工业建筑依据不同的分类标准,可以分成不同的类型,具体如下。

1. 依据工业建筑的层次进行分类

依据工业建筑的层次,可以将其分为以下几类。

(1)单层工业建筑

单层工业建筑约占工业建筑总量的75%左右,广泛地应用于各种工业企业。它能满足大型生产设备、振动设备或重型起重运输设备等对空间和结构的要求,因而多用于机械制造、冶金和纺织等车间。另外,单层工业建筑按照跨度可分为单跨工业建筑和多跨工业建筑(图7-23)。

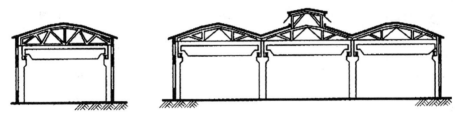

图7-23　单跨工业建筑和多跨工业建筑

(2)多层工业建筑

多层工业建筑(图7-24)适用于垂直方向组织生产和工艺流程的生产企业,以及生产设备和产品重量较轻的企业,因而多用于电子、食品加工和精密仪器等车间。

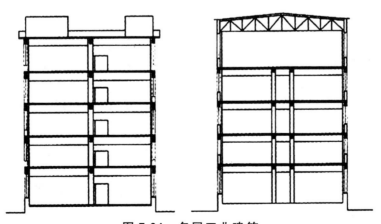

图7-24　多层工业建筑

(3)混合层次工业建筑

混合层次工业建筑(图7-25)内既有单层跨,又有多层跨,多用于化学和电力等行业。

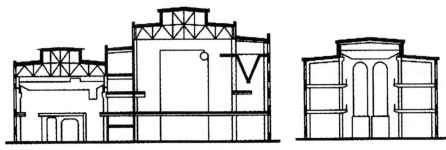

图 7-25　混合层次工业建筑

2. 依据工业建筑的用途进行分类

依据工业建筑的用途,可以将其分为以下几类。

(1)主要生产厂房

主要生产厂房是指用于完成由原料到成品的主要生产工序的厂房,如机械制造厂中的铸造车间、机械加工车间及装配车间等。这类工业建筑的建筑面积大,在全厂生产中占有重要地位。

(2)辅助生产厂房

辅助生产厂房是指为主要生产工业建筑服务的各类厂房,如工厂中的机修车间和工具车间等。

(3)运输工具用房

运输工具用房是指用于停放、检修各种运输工具的库房,如汽车库和电瓶车库等。

(4)储藏用库房

储藏用库房是指用来储存生产原料、半成品或成品的仓库,如油料库、金属材料库和成品库等。

(5)动力用厂房

动力用厂房是指为全厂提供能源和动力供应的厂房,如机械制造厂中的变电站、发电站、锅炉房和压缩空气站等。

3. 依据工业建筑内部的生产状况进行分类

依据工业建筑内部的生产状况,可以将其分为以下几类。

(1)冷加工车间

冷加工车间就是在正常温度、湿度条件下进行生产的车间,如机械加工和装配等车间。

(2)热加工车间

热加工车间就是在生产过程中散发大量热量、烟尘的车间,如炼钢、轧钢和铸造等车间。

(3)洁净车间

洁净车间就是产品的生产对空气的洁净度要求很高的车间,如医药、集成电路等生产车间。

(4)恒温、恒湿车间

恒温、恒湿车间就是产品的生产对室内温度、湿度的稳定性要求很高的车间,如精密仪器和纺织等车间。

二、工业建筑的设计

(一)工业建筑设计的影响因素

工业建筑设计的影响因素,具体来说有以下几个。

1. 生产工艺流程

生产工艺流程指的是从原料进入车间,经过一系列加工程序,制成半成品或成品,直到运出车间的全部过程。由于不同产品的车间有不同的生产工艺流程,因而在对其进行设计时,需要先由工艺师据此对建筑提出工艺要求图,然后再由建筑设计师根据此图的要求进行建筑设计,于是就形成了多种形式的平面和剖面的工业厂房。

2. 生产条件

有一些工业产品本身或其生产设备,对生产环境有特殊要求,如恒温、恒湿、防振、洁净及无菌等。为了满足上述要求,在进行工业建筑设计时就要采取相应的措施。例如,纺织厂为创造一定温、湿度的生产环境,除了可以采用空气调节装置外,还可在建筑上将锯齿形天窗设在朝北的方向,以免阳光直接射入室内,引起温湿度的波动过大,影响生产。

3. 生产、起重运输设备

生产、起重运输设备对于工业建筑内柱网的确定有着重要影响。柱网就是在车间纵横定位线相交处设置承重柱所形成的网格,其确定应根据生产设备的外形尺寸、布置方式、设备的操作、检修及加工工件的运输等空间要求和根据各种规格的起重运输设备的经济跨度来决定。当车间的生产设备较大,或者大型生产设备的基础与厂房的柱基有矛盾时,可采用局部取消柱,扩大跨度的处理措施。为适应厂房生产工艺和生产设备的更新换代,灵活布置,可采用扩大柱网的设计手法,使吊车纵横向布置,使用灵活。

生产、起重运输设备对于工业建筑高度的确定也有着重要影响。对于一个厂房来说,其高度通常指室内地面至屋架下弦的距离,但标高并不注写在屋架下弦,而是注写于柱的顶部。同时,为了避免因个别高大的生产设备而提高整个厂房的高度,造成浪费,可将其布置在两榀屋架之间或局部地坑内(图 7-26)。

4. 卫生防护

一般来说,工厂在生产过程中会产生一些对人体和建筑结构有害的因素,如高温、高湿、烟、尘、振动、噪声以及有毒的物质、有侵害性的化学气体和液体,还有火灾、爆炸、辐射等。为保障工人的身体健康,安全生产和防止建筑结构遭受侵蚀,除改进生产工艺外,还应在厂房设计时采取合理的防护措施,如冶炼、铸造、金属热加工等车间中常设有巨大的熔炼炉及加热炉,在生产过程中散发出大量的余热,而其对工人的身体健康和厂房结构都不利,因而应将余热尽快地排出室外。为此,除了采取机械通风和局部降温措施外,还要合理地进行车间平剖面设计,如在车间采用两侧开窗的"一"字形、"冂"字形或"E"字形等。

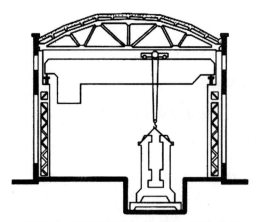

图 7-26　利用局部地坑降低厂房高度

（二）工业建筑总平面的设计

在进行工业建筑的总平面设计时，需要重点对以下几个方面的问题进行考虑。

1. 功能分区

在进行工业建筑的总平面设计时，功能分区占有非常重要的地位。所谓功能分区，就是将性质相同或相近的建筑物或构筑物就近布置，组成各区段。而各区段布置的合理与否，将直接影响工厂的生产效率、产品质量和工人的健康。通常来说，工业建筑需要包括以下几个功能分区。

（1）动力区

动力区包括变配电站、锅炉房、煤气站、压缩空气站等，是工业生产的心脏。因此在进行工业建筑的总平面设计时，要将其布置在厂区的能耗负荷中心，或靠近能耗较大的车间布置，以减少能量的损耗，但同时也要考虑对环境的影响。

（2）行政办公和生活福利区

行政办公和生活福利区又称厂前区，包括行政办公用房（厂长办公、党团工会、治保人事、劳动工资、计财会计、技术管理、化验和销售等部门）以及生活福利用房（托儿所、幼儿园、食堂、宿舍、招待所、卫生院及文化娱乐等）。为了方便工厂人员上下班和对外的工作联系，在进行工业建筑的总平面设计时，通常将本区布置在工厂的主要出入口处，同时在主导风向的上风位，以免受生产车间排出的烟尘和其他有害气体的危害；也有的将其与生产区隔离设置。

（3）生产区

对于工业建筑来说，生产区是主体。一般来说，生产区由主要生产车间（机械制造厂中的铸工车间、锻工车间、机械加工车间、机械装配车间等）或主要生产构筑物（净水厂的泵房、沉淀池、滤池、清水池及吸水井等）所组成。

在进行工业建筑的总平面设计时，要将生产区布置在靠近厂前区的位置，同时将有污染的车间（铸工车间、锻工车间、氯库等）布置在主导风向的下风位。

（4）构筑物

泵房、水塔、净水设施、冷却塔等为满足生产、生活需要的构筑物，在对其进行布置时应注意厂区的美观问题。

（5）仓储区

通常来说，仓储区包括原材料库、半成品库和发货成品库等，在对其进行布置时要考虑到货流运输的方便。

2. 各生产车间的相对位置

通常情况下，工业产品要经过几个车间的加工才能完成。因此，在进行工业建筑的总平面设计时，在厂区功能分区基本确定的基础上，还应根据产品的加工程序来确定各生产车间的相对位置。在这一过程中，要将联系较密切的车间就近布置，以缩短加工件的运输路线，避免其往返交错。

3. 厂区道路

厂区道路在工业建筑的总平面设计时也有着非常重要的地位。通常来说，厂区的车道分为单车道和双车道两类。其中，单车道的宽度不能小于 3.5m，双车道的宽度不能小于 6m。另外，车道转弯半径也要进行合理设计。一般情况下，车道的转弯半径要依据车辆的型号和是否挂有拖车来确定，如图 7-27 所示。

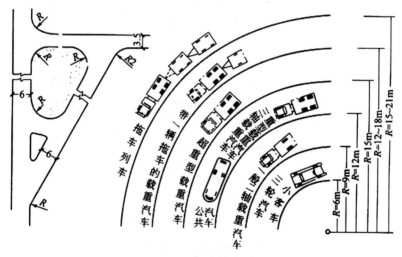

图 7-27　车道转弯半径

4. 人与货流的组织

在工业厂区内，交通运输是非常繁忙的，因为从原材料进厂到成品出厂始终离不开机械化运输，再加上进出厂的人流较大，若组织不当就可能会造成交通阻塞和伤亡事故。因此，在进行工业建筑的总平面设计时，要将人流与货流分开，避免交叉迂回，使其井然有序。

5. 厂区绿化

厂区绿化可以减少环境污染，创造良好的卫生与生产条件。通常来说，厂区绿化由花草和树木组成。树木的种类繁多，有针叶树、阔叶树、常绿树、落叶树、乔木和灌木之分；花卉分草本、木本，其开花季节、花期长短和对自然界的适应能力随种类而异。在运用树木进行绿化时，应以一种树木为主,高低变化,避免平直呆板和杂乱无章。同时还要考虑树叶色彩随季节而变化的观赏效果以及所选树种适应当地的气候和生长条件。

(三)工业建筑剖面的设计

工业建筑剖面的设计,这里以单层工业建筑为例进行说明。对于单层工业建筑的剖面设计来说,其内容包括以下几个方面。

1. 单层工业建筑剖面形式的确定

常见的单层工业建筑的剖面形式,如图 7-28 所示。通常来说,单层工业建筑的剖面形式与生产工艺、车间的采光、通风要求、屋面的排水方式及结构类型等有关。

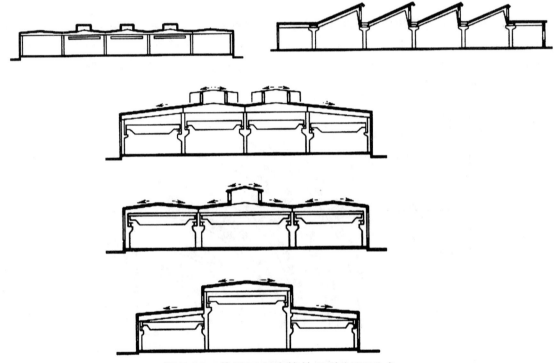

图 7-28　单层工业建筑的几种剖面形式

2. 单层工业建筑高度的确定

单层工业建筑的高度是由室内地面到屋顶承重结构下表面的距离。如果屋顶承重结构是倾斜的,则单层工业建筑的高度是由室内地面到屋顶承重结构的最低点。为方便室内外运输,单层工业建筑的室内外高差不宜过大。

在确定单层工业建筑的高度时,还要考虑到对柱顶标高的确定。通常来说,无吊车厂房的柱顶标高由最大生产设备的高度和安装、检修设备时所需的高度确定,同时还应满足采光和通风等要求;而有吊车厂房的柱顶标高受吊车类型和吊车布置方式等因素的影响,应考虑生产设备的最大高度、被吊物体的最大高度等参数。

需要特别提醒的是,单层工业建筑的高度对工程造价有直接的影响。而充分利用厂房内部空间,降低厂房高度,可以有效地降低造价。

3. 单层工业建筑的采光与通风

(1)单层工业建筑的采光

单层工业建筑的采光大多利用天然采光的方式。天然采光就是是利用自然光线进行室内照明,而单层工业建筑天然采光包括上部采光、侧面采光和混合采光等形式。

①上部采光

上部采光是通过天窗实现的,有着照度均匀、采光率高等优点,但是构造复杂,且需要很高的造价。

②侧面采光

侧面采光又可以分为单侧采光和双侧采光两种类型。其中,单侧采光光线不均匀,适用于进深较小的厂房;双侧采光可以提高厂房采光的均匀程度,满足较大进深厂房的采光要求。

③混合采光

混合采光同时利用上部采光和侧面采光,通常适用于仅用单一的侧面采光或上部采光不能满足照度要求的厂房。

(2)单层工业建筑的通风

单层工业建筑的通风大多利用自然通风的方式,即利用室内外温差造成的热压和风吹向建筑物而在不同表面上形成的压力差来实现通风换气。

(四)工业建筑立面的设计

工业建筑立面的设计也是工业建筑设计的一个重要组成部分。在对工业建筑的立面进行设计时,应体现朴素大方、简洁明快、技术先进的设计原则,同时要确保窗口组合和墙面划分合理以及立面装修既经济又美观。

第八章　中国建筑的材料

建筑材料是人类建筑活动所用一切材料的总称,它是一切建筑工程的物质基础,是人类与自然环境之间的重要媒介,直接影响人类的生活和社会环境。建筑材料的发展是随着人类社会生产力的不断发展和人民生活水平的不断提高而向前发展的。现代科学技术的发展,使生产力不断提高,人民生活水平不断改善,这就要求建筑材料的品种与性能更加完备,不仅要求经久耐用,而且要求建筑材料具有轻质、高强、美观、保温、吸声、防水、防震、防火、节能等功能。在本章内容中,我们将主要对中国建筑的材料进行简要阐述。

第一节　建筑材料概述

一、建筑材料的概念

建筑材料是指在建筑工程中所应用的各种材料的总称,主要包括以下几方面的材料。
(1)施工过程中所用的材料,如钢、木模板及脚手杆、跳板等。
(2)构成建筑物本身的材料,如木材、钢材、石灰、水泥、砂石、玻璃、烧结砖、防水材料等。
(3)各种建筑器材,如给水排水设备,采暖通风设备,电气、空调、电信、消防设备等。

二、建筑材料的分类

建筑材料的品种很多,可以从不同的角度进行分类,我们通常采用根据化学成分和根据使用功能分两种分类方法。

(一)根据化学成分对建筑材料进行分类

根据化学成分,可以将建筑材料分为无机材料、有机材料及复合材料三种。

1. 无机材料

无机材料包括金属材料和非金属材料两种类型。
(1)金属材料
金属材料包括黑色金属和有色金属两种类型。
①黑色金属
普通钢材、非合金钢、低合金钢、合金钢等都属于黑色金属。

②有色金属

铝、铝合金、铜及其合金等都属于有色金属。

(2)非金属材料

非金属材料包括天然石材、烧土制品、玻璃及熔融制品、胶凝材料、混凝土类。

①天然石材

毛石、料石、石板材、碎石、卵石、砂等属于天然石材。

②烧土制品

烧结砖、瓦、陶器、炻器、瓷器等属于烧土制品。

③玻璃及熔融制品

玻璃、玻璃棉、岩棉、铸石等属于玻璃及熔融制品。

④胶凝材料

胶凝材料可以分为气硬性和水硬性两种,石灰、石膏、菱苦土、水玻璃属于气硬性的胶凝材料;各类水泥则属于水硬性的胶凝材料。

⑤混凝土类

砂浆、混凝土、硅酸盐制品属于混凝土类。

2. 有机材料

有机材料包括植物质材料、合成高分子材料、沥青材料三种。

(1)植物质材料

木材、竹板、植物纤维及其制品等属于植物质材料。

(2)合成高分子材料

塑料、橡胶、胶黏剂、有机涂料等属于合成高分子材料。

(3)沥青材料

石油沥青、沥青制品等属于沥青材料。

3. 复合材料

复合材料包括金属—非金属复合、非金属—有机复合两种。

(1)金属—非金属复合

钢筋混凝土、预应力混凝土、钢纤维混凝土等都属于金属—非金属复合。

(2)非金属—有机复合

沥青混凝土、聚合物混凝土、玻纤增强塑料、水泥刨花板等都属于非金属—有机复合。

(二)根据使用功能对建筑材料进行分类

根据使用功能,可以将建筑材料分为建筑结构材料、墙体材料、建筑功能材料、建筑器材等。

1. 建筑结构材料

建筑结构材料是指构成基础、柱、梁、框架屋架、板等承重系统的材料。砖、石材、钢材、钢筋混凝土、木材等都属于建筑结构材料。

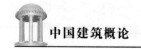

2. 墙体材料

墙体材料是指构成建筑物内、外承重墙体及内分隔墙体的材料。石材、砖、空心砖、加气混凝土、各种砌块、混凝土墙板、石膏板及复合墙板等都属于墙体材料。

3. 建筑功能材料

建筑功能材料是指不作为承受荷载,且具有某种特殊功能的材料。包括保温隔热材料(绝热材料)、吸声材料、采光材料、防水材料、防腐材料、装饰材料。

(1)保温隔热材料(绝热材料)

膨胀珍珠岩及其制品、膨胀蛭石及其制品、加气混凝土等属于保温隔热材料(绝热材料)。

(2)吸声材料

毛毡、棉毛织品、泡沫塑料等属于吸声材料。

(3)采光材料

各种玻璃属于采光材料。

(4)防水材料

沥青及其制品、高聚物改性沥青防水材料、高分子防水材料等都属于防水材料。

(5)防腐材料

煤焦油、涂料等都属于防腐材料。

(6)装饰材料

石材、陶瓷、玻璃、涂料、木材等都属于装饰材料。

4. 建筑器材

建筑器材是指为了满足使用要求,而与建筑物配套的各种设备。电工器材及灯具、水暖及空调器材、环保器材、建筑五金等都属于建筑器材。

三、建筑材料的性质

建筑物中,各个建筑部位都起到一定的作用。例如,梁、板、柱以及承重墙体主要承受荷载作用;屋面要承受风霜雨雪且能保温、防水;基础除承受建筑物全部荷载外,还要承受冰冻及地下水的侵蚀;墙体要起到抗冻、隔声、保温隔热等作用。这就要求用于不同建筑部位的建筑材料应具有相应的性质。

(一)材料的组成与结构

建筑材料所具有的各种性质,主要取决于材料的组成和结构状态,所以我们首先要对材料的组成及结构的相关知识进行简要阐述。

1. 材料的组成

材料的组成是指材料的化学成分和矿物组成。例如,无机非金属材料是由金属元素和非金属元素所组成,其化学成分常以其氧化物含量百分数的形式表示。金属元素与非金属元素按一定的化学组成和结构特征构成矿物,矿物具有一定的分子结构和性质。无机非金属材料可由不同矿物构成,其性质受矿物组成及其含量的影响。当材料与外界自然环境以及各类物质接触时,它们之间必然要按照物理和化学的变化规律发生作用,结果会导致材性、材质发生变化,甚至破坏。

2. 材料的结构

材料的结构是指从原子、分子水平直至宏观可见的各个层次的结构状态。一般可分为微观结构、亚微观结构和宏观结构三个结构层次。

(1)微观结构

微观结构是指材料内部在原子、离子、分子层次的结构,常用电子显微镜及 X 射线衍射分析手段来研究。根据质点在空间中分布状态不同,可以分为晶体和非晶体两种。

①晶体

晶体是指质点在空间中作周期性排列的固体。晶体具有固定的几何外形、各向异性及最小内能。然而晶体材料是由众多晶粒不规则排列而成,因此晶体材料失去了一定几何外形和各向异性的特点,表现出各向同性。由于晶体具有最小内能,所以能够使晶体材料表现出良好的化学稳定性。

②非晶体

非晶体亦称为玻璃体,是一种不具有明显晶体结构的结构状态。熔融状态的物质经急冷后即可得到质点无序排列的玻璃体。具有玻璃体结构的材料具有各向同性;无一定的熔点,加热时只能逐渐软化。由于玻璃体物质的质点未能处于最小的内能状态,因此它有向晶态转变的趋势,是一种化学不稳定结构,具有良好的化学活性。如水淬矿渣与石灰在有水的条件下,在常温即可发生化学反应。

(2)亚微观结构

亚微观结构是指用光学显微镜观察研究的结构层次,它包括金属的晶体组织;晶体粒子的粗细、形态、分布状态;玻璃体、胶体及材料内孔隙的形态、大小、分布等结构状态。由于所有晶体材料都是由众多不规则排列的晶粒组成,因此晶体材料的性质往往取决于晶粒的形状、组成、大小以及各种晶粒间的比例关系。

(3)宏观结构

宏观结构亦称构造,是指放大镜或直接用肉眼即可分辨的结构层次。根据不同的标准,可以将宏观结构分为不同的种类。

①根据构成形态进行分类

根据构成形态,可以将宏观结构分为纤维结构、聚集结构、散粒结构以及层状结构。

a. 纤维结构

木材、玻璃纤维、矿棉等都属于纤维结构,这类材料的性质与纤维的排列秩序、疏密程度等密切相关。

b. 聚集结构

水泥混凝土、砂浆、沥青混凝土、塑料等都属于聚集结构。这类材料是由填充性的集料被胶结材料胶结聚集在一起而形成。其性质主要取决于集料及胶结材料的性质以及结合程度。

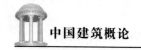

c. 散粒结构

砂、石及粉状或颗粒状的材料(粉煤灰、膨胀珍珠岩等)都属于散粒结构。它们的颗粒形状、大小以及不同尺寸颗粒的搭配比例对其堆积的疏密程度有很大影响。

d. 层状结构

胶合板、纸面石膏板等都属于层状结构,这类材料的性质与叠合材料的性质及胶合程度有关。往往各层材料在性质上有互补关系,从而增强了整体材料的性质。

②根据孔隙尺寸进行分类

根据孔隙尺寸,可以将宏观结构分为微孔结构、致密结构以及多孔结构。

a. 微孔结构

水泥制品、石膏制品及烧土制品等都属于微孔结构。

b. 致密结构

金属、玻璃、致密的天然石材等都属于致密结构。

材料孔隙的多少、大小及其特征对材料的性能影响极大,如重量大小、吸湿性与吸水性、绝热性能、抗冻、吸声性能、抗渗、抗侵蚀等均受材料孔隙及其特征的影响。

c. 多孔结构

加气混凝土、泡沫塑料等都属于多孔结构。

材料的宏观结构是影响材料性能的重要因素。尽管组成和微观结构相同,宏观构造不同的材料也会具有不同的工程性质,如玻璃砖与泡沫玻璃具有不同的使用功能;如果组成和微观结构不同,但只要宏观结构相同也可有相似的工程性质,如泡沫玻璃与泡沫塑料都可以作为绝热材料。

(二)材料的基本物理性质

材料的基本物理性质是表示材料物理状态特点的性质。主要的物理状态参数包括以下几方面。

1. 密度

密度俗称比重,是材料在绝对密实状态下单位体积的质量,可以用以下公式表示:

$$\rho = \frac{m}{V}$$

在以上公式中,ρ 表示材料的密度(g/cm^3);m 表示干燥材料的质量(g);V 表示材料在绝对密实状态下的体积(cm^3)。

绝对密实体积是指只有构成材料的固体物质本身的体积,即固体物质内不含有孔隙的体积。除钢材、玻璃等少数材料外,绝大多数材料都有一些孔隙。在测定含有孔隙材料的密度时,应把材料磨成细粉,干燥后用排液法测出细粉的实体积,作为材料绝对密实的体积。材料磨得越细,测得的数值就越接近它的绝对密实体积。

2. 堆积密度

堆积密度是指粉状材料(如水泥)或粒状材料(如砂、石)在堆积状态下单位体积的质量。可以用以下公式表示:

$$\rho_0' = \frac{m}{V_0'}$$

在以上公式中,ρ_0' 表示堆积密度(kg/m³);m 表示材料的质量(kg);V_0' 表示材料的堆积体积(m³)。

材料的堆积体积包含了材料固体物质体积、材料内部的孔隙体积和散粒材料之间的空隙体积。在建筑工程中,计算材料的用量和构件自重,进行配料计算,确定材料堆放空间及组织运输时,经常要用到材料的密度、表观密度和堆积密度进行计算。常用建筑材料的密度、表观密度、堆积密度及孔隙率如表 8-1 所示。

表 8-1　常用建筑材料的密度、表观密度、堆积密度及孔隙率

材料名称	密度 (g/cm³)	表观密度 (kg/m³)	堆积密度 (kg/m³)	孔隙率 (%)
石灰岩	2.60	1 800～2 600	—	0.6～1.5
花岗岩	2.60～2.90	2 500～2 800	—	0.5～1.0
碎石(石灰岩)	2.60	—	1 400～1 700	—
砂	2.60	—	1 450～1 650	—
水泥	2.80～3.20	—	1 200～1 300	—
烧结普通砖	2.50～2.70	1 600～1 800	—	20～40
普通混凝土	2.60	2 100～2 600	—	5～20
轻质混凝土	2.60	1 000～1 400	—	60～65
木　材	1.55	400～800	—	55～75
钢　材	7.85	7 850	—	—
泡沫塑料	—	20～50	—	95～99

3. 表观密度

表观密度俗称容量,是材料在自然状态下单位体积的质量。可以用以下公式表示:

$$\rho_0 = \frac{m}{V_0}$$

在以上公式中,ρ_0 表示材料的表观密度(g/cm³ 或 kg/m³);m 表示材料的质量(g 或 kg);V_0 表示材料在自然状态下的体积(cm³ 或 m³)。

材料在自然状态下的体积是指除了固体物质本身的体积外,还包括材料体积内的孔隙体积。

表观密度与含水情况有关。因此,在测定含水状态材料的表观密度时,需要同时测定其含水率,并加以注明。如果没有注明其含水率,是指其干表观密度。

4. 密实度

密实度是指材料体积内固体物质所充实的程度。密实度可以用以下公式表示:

$$D = \frac{V}{V_0} \text{ 或 } D = \frac{\rho_0}{\rho}$$

在以上公式中,D 表示密实度。

5. 空隙率

空隙率是指散粒材料在堆积状态下,其颗粒之间的空隙体积与堆积体积之比的百分数。空隙率用下式表示:

$$P_0 = \frac{V_0' - V_0}{V_0'} \times 100\% \text{ 或 } P_0 = \left(1 - \frac{\rho_0'}{\rho_0}\right)$$

在以上公式中,P_0 表示散粒材料的空隙率。

空隙率的大小反映了散粒材料的颗粒互相填充的密实程度。

6. 孔隙率

孔隙率是指材料中孔隙体积与材料在自然状态下的体积之比的百分数。孔隙率可以用以下公式表示:

$$P = \frac{V_0 - V}{V_0} \times 100\% \text{ 或 } P = \left(1 - \frac{\rho_0}{\rho}\right) \times 100\%$$

在以上公式中,P 表示材料的孔隙率。

孔隙率的大小直接反映了材料的致密程度。孔隙按本身尺寸大小又有粗孔、细孔之分。材料内部的孔隙可分为连通的和封闭的两种。连通孔隙不但彼此贯通且与外界相通,而封闭孔隙不仅彼此不连通,而且与外界隔绝。孔隙是否封闭及孔隙的粗细称为材料的孔隙构造(或称孔隙特征)。孔隙率的大小及孔隙特征与材料的强度、吸水性、抗渗性、抗冻性和导热性等许多性质都有密切关系。

(三)材料的力学性质

1. 材料的强度

材料的强度是指材料在力(荷载)作用下抵抗破坏的能力。当材料承受外力时,内部就产生应力。应力随着外力逐渐增加而相应增大,直到维系材料内部质点间联系的作用力不再能抵抗这种应力时,材料才会被破坏,此时的极限应力就是材料的强度。根据外力作用方式的不同,材料强度有抗拉、抗压、抗剪、抗弯(抗折)强度等,如图8-1所示。

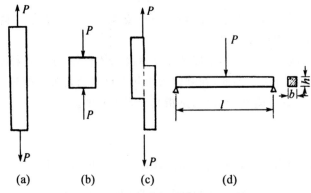

图8-1 材料承受各种外力示意图

(a)抗拉;(b)抗压;(c)抗剪;(d)抗弯

材料的强度主要取决于材料成分、结构及构造。不同种类的材料,其强度不同;即使同类材料,由于组成、结构或构造的不同,其强度也有很大差异。疏松及孔隙率较大的材料,其质点间的联系较弱,有效受力面积减小,孔隙附近产生应力集中,故强度低。某些具有层状或纤维状构造的材料在不同方向受力时所表现强度性能不同,即所谓各向异性。

材料的强度通常可以通过破坏性试验进行测定。将试件放在材料试验机上,施加荷载,直至破坏,根据破坏时的荷载,就可以计算出材料的强度。

材料的抗压、抗拉及抗剪强度的计算公式如下:

$$R = \frac{P}{F}$$

在以上公式中,R 表示材料的极限强度(MPa);P 表示材料破坏时最大荷载(N);F 表示试件受力截面面积(mm^2)。

材料的抗弯强度与试件受力情况、截面形状及支承条件有关。一般试验方法是将条形试件(梁)放在两支点上,中间作用一集中荷载。对矩形截面试件,其抗弯强度用下式计算:

$$R_w = \frac{3PL}{2bh^2}$$

在以上公式中,R_w 表示抗弯极限强度(MPa);P 表示弯曲破坏时最大荷载(N);L 表示两支点的间距(mm);b、h 表示试件截面的宽、高(mm)。

大部分建筑材料根据其极限强度的大小,划分为若干不同的强度等级。砖、石、水泥、混凝土等材料,主要根据其抗压强度划分强度等级。建筑钢材的钢号主要按其抗拉强度划分。将建筑材料划分为若干强度等级,对合理选用材料、掌握材料性能、正确进行设计和控制工程质量都是具有积极意义的。

2. 材料的硬度和耐磨性

(1)材料的硬度

硬度是材料表面能抵抗其他较硬物体压入或刻画的能力。不同材料的硬度测定方法不同,例如,钢材、木材和混凝土的硬度用钢球压入法测定。通常,硬度大的材料耐磨性较强,但不易加工。在工程中,有时可用硬度间接推算材料的强度。

(2)材料的耐磨性

耐磨性是材料表面抵抗磨损的能力。材料的耐磨性与硬度、强度及内部构造有关。材料的耐磨性用磨损率表示。

需要注意的是,在建筑中,用于地面、楼梯踏步、人行道路等处的材料,必须考虑其硬度和耐磨性。

3. 材料的脆性和韧性

(1)材料的脆性

当材料受力达到一定程度后,突然破坏,而破坏时并无明显的塑性变形,材料的这种性质称为脆性。脆性材料的抗拉强度比抗压强度往往要低很多,仅为抗压强度的 1/50～1/5。所以脆性材料主要用于承受压力。砖、石材、陶瓷、玻璃、普通混凝土、普通灰铸铁等都属于脆性材料。

（2）材料的韧性

在冲击或动力荷载作用下，材料能吸收较大的能量，同时也产生较大的变形而不致破坏的性质称为韧性（冲击韧性）。以材料破坏时单位面积所消耗的功表示。

脆性材料的冲击韧性很低。而钢材、木材则属于韧性材料。钢材的抗拉和抗压强度都很高，它既适用于承受压力，也适用于承受拉力及弯曲。对用于地面、轨道、吊车梁等有动力荷载作用的部件，要考虑材料的韧性。

4. 材料的弹性和塑性

（1）材料的弹性

材料在外力作用下产生变形，当外力取消后，变形即行消失，材料能够完全恢复原来形状的性质称为弹性。这种完全消失的变形称为弹性变形。材料的弹性变形曲线如图 8-2 所示。材料的弹性变形与外力（荷载）成正比。

（2）材料的塑性

在外力作用下材料产生变形，如果取消外力，仍保持变形后的形状尺寸，并且不产生裂缝的性质称为塑性。这种不能消失的变形称为塑性变形或永久变形。许多材料受力不大时，仅产生弹性变形；受力超过一定限度后，即产生塑性变形，如建筑钢材。有的材料在受力时弹性变形和塑性变形同时产生，如图 8-3 所示。如果取消外力，则弹性变形 ab 可以消失，而其塑性变形 ob 则不能消失，如混凝土。

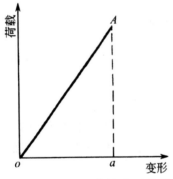
图 8-2　材料的弹性变形曲线

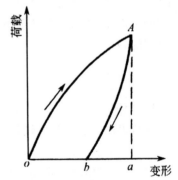
图 8-3　材料的弹塑性变形曲线

（四）材料的光学性质

1. 光泽度

光泽度是指材料表面反射光线能力的强弱程度。它与材料的颜色及表面光滑程度有关，通常来说，颜色越浅，表面越光滑其光泽度就越大。光泽度越大，表示材料表面反射的光线能力就越强。光泽度用光电光泽计测得。

2. 透光率

透光率又称为透光系数，是指光透过透明材料时，透过材料的光能与入射光能之比。玻璃的透光率与组成及厚度有关。厚度越厚，透光率越小。普通窗用玻璃的透光率约为 0.75～0.90。

（五）材料的声学性质

1. 隔声

隔声是指材料阻止声波的传播，是控制环境中噪声的重要措施。

声波在空气中传播遇到密实的围护结构，如墙体时，声波将激发墙体产生振动，并使声音透过墙体传到另一空间中。空气对墙体的激发服从"质量定律"，即墙体的单位面积质量越大，隔声效果越好。因此，砖及混凝土等材料的结构隔声效果都很好。结构的隔声性能用隔声量表示，隔声量是指入射与透过材料声能相差的分贝（dB）数。隔声量越大，隔声性能越好。

2. 吸声

声波传播遇到材料表面时，一部分将被材料吸收，并转变为其他形式的能。被吸收的能量 E_a 与传递给材料表面的总声能 E_0 之比称为吸声系数。用 α 表示：

$$\alpha = \frac{E_a}{E_0}$$

吸声系数评定了材料的吸声性能。任何材料都有一定的吸声能力，只是吸收的程度有所不同，并且，材料对不同频率的声波的吸收能力也有所不同。因此通常采用频率为 125、250、500、1 000、2 000、4 000Hz 的平均吸声系数 $\alpha > 0.2$ 的材料称为吸声材料。吸声系数愈大，表明材料的吸声能力就越强。

（六）材料与水有关的性质

1. 材料的吸水性和吸湿性

（1）材料的吸水性

吸水性是指材料能在水中吸收水分的性质。吸水性的大小用吸水率表示，而吸水率则可以根据以下公式进行计算：

$$W = \frac{m_1 - m}{m} \times 100\%$$

在以上公式中，W 表示材料的重量吸水率（%）；m 表示材料在干燥状态下的质量；m_1 表示材料在吸水饱和状态下的质量。

材料的吸水性不仅取决于材料本身是亲水的还是憎水的，也与其孔隙率的大小及孔隙特征有关。如果材料具有细微而连通的孔隙，其吸水率就大。如果是封闭孔隙，那么水分就难以渗入。粗大的孔隙，水分虽然容易渗入，但仅能润湿孔壁表面，而不容易在孔隙内存留，所以有封闭或粗大孔隙的材料，它的吸水率是较低的。

（2）材料的吸湿性

材料不但能在水中吸收水分，也能在空气中吸收水分，所吸水分随空气中湿度的大小而变化。材料在潮湿空气中吸收水分的性质称为吸湿性。材料孔隙中含有水分时，则这部分水的质量与材料质量之比的百分数叫做材料的含水率。与空气湿度达到平衡时的含水率称为平衡含水率。木材吸收空气中的水分后，会降低强度，增加表观密度，导致体积膨胀。绝热材料吸收水分

后,导热性能提高,绝热性能降低。

2. 材料的亲水性和憎水性

当材料与水接触时,可以根据材料表面被水润湿的情况将材料分为亲水性材料和憎水性(或疏水性)材料两类。

润湿就是水被材料表面吸附的情况,它和材料本身的性质有关。例如材料分子与水分子间的相互作用力大于分子本身之间的作用力,则材料表面能被水所润湿。此时,在材料、水和空气三相的交点处,沿水滴表面所引的切线与材料表面所成的夹角(称润湿角)$\theta \leqslant 90°$(图 8-4a),这种材料称亲水材料。润湿角 θ 越小,则润湿性就越好。如果材料分子与分子间的相互作用力小于水分子本身之间的作用力,则材料表面不能被水润湿,此时,润湿角 $\theta > 90°$(图 8-4b),这种材料称为憎水材料。

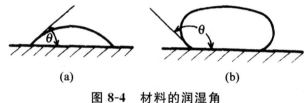

(a)   (b)

图 8-4　材料的润湿角

(a)亲水材料;(b)憎水材料

天然石材、砖、混凝土、钢材、木材等大多数建筑材料都属于亲水材料。沥青、某些油漆、石蜡等材料属于憎水材料。憎水材料不仅可作防水材料用,而且还可以用于处理亲水材料的表面,以降低其吸水性,提高材料的防水、防潮性能。

3. 材料的耐水性

耐水性是指材料长期在饱和水作用下不破坏,强度也无显著降低的性质。随着含水量的增加,由于材料内部分子间的结合力减弱,强度会有不同程度的降低。例如花岗岩长期浸泡在水中,强度将降低 3% 左右;而普通黏土砖和木材所受的影响更为明显。材料的耐水性可以用软化系数表示:

$$软化系数 = \frac{材料在吸水饱和状下的抗压强度}{材料在干燥状态下的抗压强度}$$

软化系数是位于水中和经常处于潮湿环境中的重要构件,其范围波动在 0～1 之间,需要选用软化系数不低于 0.75 的材料。软化系数大于 0.80 的材料,通常可认为是耐水的。

4. 材料的抗冻性

抗冻性是材料在吸水饱和状态下,能经受多次冻结和融化作用而不破坏,强度也无显著降低的性质。以试件能经受的冻融循环次数表示材料的抗冻等级。材料抗冻性的高低取决于材料的吸水饱和程度和材料对结冰时体积膨胀所产生的压力的抵抗能力。抗冻性良好的材料,对于抵抗温度变化、干湿交替等风化作用的性能也强。所以抗冻性常作为矿物材料抵抗大气物理作用的一种耐久性指标。处于温暖地区的建筑物,虽然没有冰冻作用,但是为了抵抗大气的风化作用,确保建筑物的耐久性,对材料往往也会提出一定的抗冻性要求。

5. 材料的抗渗性

抗渗性也称为不透水性,是指在压力水作用下材料抵抗水渗透的性能。抗渗性的高低与材料的孔隙率及孔隙特征有关。绝对密实或具有封闭孔隙的材料,实际上是不透水的。此外,材料毛细管壁的亲水性或憎水性,对抗渗性也有一定的影响。材料的抗渗性可以用渗透系数来表示。渗透系数可以根据以下公式进行计算:

$$K = \frac{Q}{Ft} \cdot \frac{d}{H}$$

在以上公式中,K 表示渗透系数($cm^3/cm^2 \cdot h$ 或 cm/h);Q 表示渗水量(cm^3);F 表示渗水面积(cm^2);d 表示试件厚度(cm);H 表示水头差(cm);t 表示渗水时间(h)。

除此之外,材料的抗渗性也可以用抗渗等级来表示。如混凝土的抗渗等级是按标准试件在28d 龄期所能承受的最大水压确定。

需要注意的是,地下建筑、基础、管道等经常受到压力水或水头差的作用,所用材料应具有一定的抗渗性。各种防水材料对抗渗性也有一定的要求。

（七）材料的放射性

放射性是某些物质因衰变而放出射线的性能。放射性辐射强度高,会对人的健康产生不利的影响,反之,对人们生活和健康不产生影响。在建筑材料使用上,通常以材料的放射性核素含量作为衡量材料安全性的标准。我国国标 GB 6566—2010《建筑材料放射性核素限量》中对建筑材料的放射性水平作出了限制。材料的放射性水平用内照射指数 I_{Ra} 及外照射指数 I_r 表示:

$$I_Ra = \frac{C_{Ra}}{200}$$

在以上公式中,C_{Ra} 表示建筑材料中天然放射性核素镭—226 的放射性比活度,单位为贝可/千克($Bq \cdot kg^{-1}$);200 表示仅考虑内照射情况下,标准规定的建筑材料中放射性核素镭—226 的放射性比活度限量,单位为贝可/千克($Bq \cdot kg^{-1}$)。

$$I_r = \frac{C_{Ra}}{370} + \frac{C_{Th}}{260} + \frac{C_K}{4200}$$

在以上公式中,C_{Ra}、C_{Th}、C_K 分别为建筑材料中天然放射性核素镭—226、钍—232 和钾—40 的放射性比活度,单位为贝可/千克($Bq \cdot kg^{-1}$);370、260、4200 分别为仅考虑外照射情况下,标准规定的建筑材料中天然放射性核素镭—226、钍—232 和钾—40 在其各自单独存在时本标准规定的限量,单位为贝可/千克($Bq \cdot kg^{-1}$)。

对装修材料放射性水平大小划分为 A、B、C 三类。

A 类:A 类装修材料中天然放射性核素镭—226、钍—232、钾—40 的放射性比活度同时满足 $I_{Ra} \leq 1.0$ 和 $I_r \leq 1.3$,其使用范围不受限制。

B 类:B 类装修材料中 $I_{Ra} \leq 1.3$ 和 $I_r \leq 1.9$,不可用于Ⅰ类民用建筑的内饰面,但可用于Ⅰ类民用建筑的外饰面及其他一切建筑物的内、外饰面。其中,Ⅰ类民用建筑包括老年公寓、住宅、托儿所、学校、医院、办公楼、宾馆等。Ⅱ类民用建筑包括商场、文化娱乐场所、书店、图书馆、展览馆、体育馆、公共交通等候室、餐厅、理发店等。

C 类:C 类装修材料应满足 $I_r \leq 2.8$。C 类装修材料只可用于建筑物外饰面及室外其他用

途。$I_r > 2.8$ 的花岗石,只可以用于海堤、碑石、桥墩等人类很少涉及的地方。

(八)材料的热工性质

在建筑中,为了维持室内温度,从而为生产和生活创造适宜的条件,并节约建筑物的使用能耗,常常要求建筑材料除满足必要的强度及其他性能要求外,还应具有一定的热工性质。

1. 热容量

材料受热时吸收热量或冷却时放出热量的性能就是热容量。材料吸收或放出的热量可由以下公式进行计算:

$$Q = C \cdot G \cdot (t_2 - t_1) \text{ 或 } C = \frac{Q}{G \cdot (t_2 - t_1)}$$

在以上公式中,Q 表示材料吸收或放出的热量(J);G 表示材料的质量(g);C 表示材料的比热[J/(g·K)];$(t_2 - t_1)$ 表示受热或冷却前后的温差(K)。

材料的热容量大小可以用比热表示,即 1g 材料升高温度 1K 时所需的热量。水的比热最高为 4.19J/(g·K),所以材料的含水量增加,比热就相应地会增大。墙体、屋面或其他部位采用热容量高的材料时,能在热流变动或采暖、空调工作不均衡时缓和室内温度的变化,从而保持室内温度的稳定。

2. 导热性

当材料两面存在温差时,热量从材料一面通过材料传导至另一面的性质称为材料的导热性。导热性用热导率(导热系数)表示。热导率可以用以下公式进行计算:

$$\lambda = \frac{Qa}{FZ(t_2 - t_1)}$$

在以上公式中,λ 表示热导率[W/(m·K)];Q 表示传导热量(J);a 表示材料厚度(m);F 表示热传导面积(m^2);Z 表示热传导时间(h);$(t_2 - t_1)$ 表示材料两侧温差(K)。

在物理意义上,热导率为单位厚度的材料,当两侧温差为 1K 时,在单位时间内通过单位面积的热量。材料的热导率越小,绝热性能越佳。热导率小于 0.23W/(m·K)的材料,可称为绝热材料。几种典型材料的热工性质指标如表 8-2 所示。

表 8-2 几种典型材料的热工性质指标

材 料	热导率 [W/(m·K)]	比 热 [J/(g·K)]	材 料	热导率 [W/(m·K)]	比 热 [J/(g·K)]
铜	370	0.38	绝热用纤维板	0.05	1.46
钢	55	0.46	玻璃棉板	0.04	0.88
花岗石	2.9	0.80	泡沫塑料	0.03	1.30
普通混凝土	1.8	0.88	冰	2.20	2.05
普通黏土砖	0.55	0.84	水	0.60	4.19
松木(横纹)	0.15	1.63	密闭空气	0.025	1.00

热导率与材料内部的孔隙构造有密切关系。由于密闭空气的热导率很小[$\lambda=0.025\text{W}/(\text{m}\cdot\text{K})$]，所以一般来说，材料的孔隙率越大其热导率越小。但如孔隙粗大或贯通，由于增加热的对流作用，材料的热导率反而提高。材料受潮或受冻后，热导率会大大提高。这是由于水和冰的热导率比空气的热导率高很多[分别为 $0.60\text{W}/(\text{m}\cdot\text{K})$ 和 $2.20\text{W}/(\text{m}\cdot\text{K})$]。因此，在设计、构造和施工时，应采取有效措施，使绝热材料经常处于干燥状态，以使材料的绝热效能得到充分发挥。

（九）材料的装饰性能

装饰材料在房屋建筑中是一种不可缺少的材料。这里所说的装饰材料主要是指内外墙面、地面和顶棚等的饰面材料。

1. 装饰材料的选用原则

（1）在选用装饰材料时，应从建筑物的使用要求出发，不仅要求表层的美观，而且要求它具有多种功能，使装饰材料能长期保持它的特征和适宜的环境，并能有效地保护主体的结构材料。

（2）在选用装饰材料时，应结合建筑物的特点，使之与室内外环境相协调；应使材料的颜色深浅合适，色调柔和美丽；应运用装饰材料的花纹、图案及材料的粗糙或细致、平滑或凹凸，巧妙地拼装成各种花式图案，最大限度地表现装饰材料的装饰效果。如用金黄色琉璃瓦做屋面的北京故宫，金碧辉煌、熠熠生辉，使宫殿显得富丽堂皇、古色古香；而以宝蓝色琉璃瓦做屋面的广州中山纪念堂，坐落在苍翠的林荫中，给人以端庄、肃穆、安详、幽静之感。现代城市的建筑群多采用浅淡色调的材料，涂喷或镶贴于墙面，使建筑物的艺术造型与城市整体环境和绿化相融合，更显示出现代化城市的欣欣向荣、明快流畅和雅致宜人。

2. 装饰材料的基本要求

（1）装饰材料的光泽

光泽是材料表面的一种特性。光线射到物体上，一部分被反射，一部分被吸收，如果是透明的，则有部分光线透过物体。如果被反射光线分散在各个方向，称漫反射，如果反射光线集中在与光线的入射角对称的角度中，则成为镜面反射。镜面反射是材料产生光泽的主要原因。即光泽是光线射于物体，受其表面反射或曲折变化而发生的光辉。

（2）装饰材料的颜色

材料的颜色是材料对光谱的反射，不同的光源射在同一物体上，会有不同的颜色。从物理角度来说，颜色是光能，无光是无色的。从生理、心理学来说，颜色是眼部神经与脑细胞感应的联系。颜色是一种感受，它能使人产生不同的感觉，不同的感情，造就宜人的环境。因此，材料的颜色是选材的重要因素。

（3）装饰材料的质感

质感是人们对材料质地的感受。材料的质感不仅取决于饰面材料的性质，而且还取决于生产工艺及施工方法。如磨光的花岗石板用于楼、地面或墙、柱面的装饰时显得高贵华丽；剁斧成粗糙面的花岗石作大型雕像时，显得粗犷、坚强而有力。对于与人们活动密切接触的部位，选择有良好质感的材料就显得特别重要。

（4）装饰材料的表面组织及形状尺寸

由于装饰材料所用的原材料、生产工艺及加工方法的不同，可以把材料做成密实或疏松、细

致或粗糙、平整或凹凸的花纹、图案;对板材和砖块则做成一定的形状和尺寸,以便拼装成各种线条或图式。

（十）材料的耐久性

所谓材料的耐久性,是在使用条件下,在各种因素作用下,在规定使用期限内不破坏,也不失去原有性能的性质。耐久性是材料的一种综合性质,诸如抗冻性、抗风化性、抗老化性、耐化学侵蚀性等均属于耐久性的范围。此外,材料的强度、抗渗性、耐磨性等性能也与材料的耐久性有密切关系。

材料在建筑物的使用过程中,除受到各种外力作用外,还长期受到各种使用因素和自然因素的破坏作用。这些破坏作用有物理作用、化学作用、生物作用、机械作用。物理作用包括温度和干湿的交替变化、循环冻融等。温度和干湿的交替变化引起材料的膨胀和收缩,长期、反复的交替作用,会使材料逐渐破坏。在寒冷地区,循环的冻融对材料的破坏甚为明显。化学作用包括酸、碱、盐等液体或气体对材料的侵蚀作用。生物作用包括昆虫、菌类等的作用而使材料蛀蚀或腐朽。机械作用包括荷载的持续作用、反复荷载引起材料的疲劳、冲击疲劳、磨损等。

一般矿物质材料,如石材、砖瓦、陶瓷、混凝土、砂浆等,暴露在大气中时,主要受到大气的物理作用;当材料处于水位变化区或水中时,还受到环境水的化学侵蚀作用。金属材料在大气中易遭锈蚀。木材及植物纤维材料,常因虫蚀、腐朽而遭到破坏。沥青及高分子材料,在阳光、空气及热的作用下,会逐渐老化、变质而破坏。

为了提高材料的耐久性,可以根据使用情况和材料特点采取相应的措施,如提高材料本身对外界作用的抵抗性(提高材料的密实度、采取防腐措施等);设法减轻大气或周围介质对材料的破坏作用(降低湿度、排除侵蚀性物质等);也可用其他材料保护主体材料免受破坏(如覆面、抹灰、油漆涂料等)。

第二节　金属材料

金属材料包括黑色金属和有色金属两大类。黑色金属是指以铁元素为主要成分的金属及其合金,如建筑钢材和生铁。有色金属是指黑色金属以外的,如铝、铜、镁、铅、锌等金属及其合金。本节将对建筑钢材、生铁、铝及铝合金、铅和铜等金属材料进行简要介绍。

一、建筑钢材

（一）建筑钢材的优缺点

1. 建筑钢材的优点

建筑钢材主要有以下几种优点。

（1）强度高

建筑钢材的强度很高,表现为抗拉、抗压、抗弯及抗剪强度都很高。在建筑中可用作各种构件和零部件。在钢筋混凝土中,能弥补混凝土抗拉、抗弯、抗剪和抗裂性能较低的缺点。

（2）塑性好

在常温下钢材能接受较大的塑性变形。钢材能接受冷弯、冷拉、冷拔、冷轧、冷冲压等各种冷加工。冷加工能改变钢材的断面尺寸和形状,并改变钢材的性能。

（3）品质均匀、性能可靠

钢材性能的利用效率比其他非金属材料为高。

除以上优点外,建筑钢材的优点还包括:钢材的韧性高,能经受冲击作用;可以焊接或铆接,便于装配;通过热处理方法,可在相当大的程度上改变或控制钢材的性能;能进行切削、冲压、热轧和锻造。

2. 建筑钢材的缺点

建筑钢材的主要缺点是易腐蚀,使用时需要加以保护。钢材表面与周围环境接触,在一定条件下,可发生相互作用而使钢材表面腐蚀。腐蚀不仅会造成钢材的受力截面减小,表面不平整导致应力集中,降低了钢材的承载能力;还会使钢材的疲劳强度大为降低,尤其是显著降低钢材的冲击韧性,使钢材脆断。

（1）钢材腐蚀的种类

根据钢材表面与周围介质的不同作用,一般把钢材的腐蚀分为以下两种。

①化学腐蚀

由非电解质溶液或各种干燥气体（如 O_2、CO_2、SO_2、Cl_2 等）所引起的一种纯化学性质的腐蚀,无电流产生。这种腐蚀多数是氧化作用,在钢材表面形成疏松的氧化物,在干燥环境下进展很缓慢,但在温度和湿度较高的条件下,这种腐蚀进展很快。

②电化学腐蚀

电化学腐蚀是钢材与电解质溶液相接触而产生电流,形成原电池作用而发生的腐蚀。钢材中含有铁素体、渗碳体、非金属夹杂物,这些成分的电极电位不同,也就是活泼性不同,有电解质存在时,很容易形成原电池的两个极。钢材与潮湿介质空气、水、土壤接触时,表面覆盖一层水膜,水中溶有来自空气中的各种离子,这样便形成了电解质。首先钢中的铁素体失去电子即 $Fe \rightarrow Fe^{2+} + 2e$ 成为阳极,渗碳体成为阴极。在酸性电解质中 H^+ 得到电子变成 H_2 跑掉;在中性介质中,由于氧的还原作用使水中含有 OH^-,随之生成不溶于水的 $Fe(OH)_2$;进一步氧化成 $Fe(OH)_3$ 及其脱水产物 Fe_2O_3,即红褐色铁锈的主要成分。

（2）钢材腐蚀的防止

混凝土中的钢筋腐蚀后,产生体积膨胀,使混凝土顺筋开裂。因此为了确保钢材在工作过程中不产生腐蚀,必须采取防腐措施。具体来说,防止钢材腐蚀的主要方法有以下几种。

①保护膜法

利用保护膜使钢材与周围介质隔离,从而避免或减缓外界腐蚀性介质对钢材的破坏作用。例如在钢材的表面喷刷涂料、搪瓷、塑料等;或以金属镀层作为保护膜,如锌、锡、铬等。

②电化学保护法

无电流保护法是在钢铁结构上接一块较钢铁更为活泼的金属如锌、镁,因为锌、镁比钢铁的电位低,所以锌、镁成为腐蚀电池的阳极遭到破坏（牺牲阳极）,而钢铁结构得到保护。这种方法对于那些不容易或不能覆盖保护层的地方,如蒸汽锅炉、轮船外壳、地下管道、港工结构、道桥建

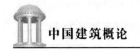

筑等常被采用。

外加电流保护法是在钢铁结构附近,安放一些废钢铁或其他难熔金属,如高硅铁及铅银合金等,将外加直流电源的负极接在被保护的钢铁结构上,正极接在难溶的金属上,通电后则难熔金属成为阳极而被腐蚀,钢铁结构成为阴极得到保护。

③合金化

在碳素钢中加入能提高抗腐蚀能力的合金元素,如镍、铬、钛、铜等制成不同的合金钢。

(二)建筑钢材的分类

根据不同的标准,可以将建筑钢材分为不同的种类。

1. 根据用途进行分类

根据用途,可以将建筑钢材分为以下几大类。

(1)结构钢

结构钢是主要用于建筑结构及机械零件的钢,一般为低、中碳钢。

(2)工具钢

工具钢是主要用于各种刀具、量具及模具等工具的钢,一般为高碳钢。

(3)特殊钢

特殊钢是具有特殊的物理、化学及机械性能的钢,如不锈钢、耐酸钢、耐热钢、耐磨钢等。

(4)专用钢

专用钢是指为满足特殊的使用环境条件下或使用荷载下的专用钢材,如桥梁专用钢、钢轨专用钢等。

2. 根据化学成分进行分类

根据化学成分,可以将建筑钢材分为以下几大类。

(1)碳素钢

碳素钢的化学成分主要是铁,其次是碳,所以将其称为碳素钢或铁碳合金。通常其含碳量为 $0.02\% \sim 2.06\%$。除铁、碳外还含有少量的硅、锰和微量的硫、磷等元素。碳素钢按含碳量多少又可分为低碳钢($C < 0.25\%$)、中碳钢($0.25\% \leqslant C \leqslant 0.60\%$)和高碳钢($C > 0.60\%$)。

(2)合金钢

合金钢是在炼钢过程中,为改善钢材的性能,加入某些合金元素而制得的钢种。硅、锰、钛、钒、铌、铬等都是常用的合金元素。按合金元素总含量不同,可以将合金钢可分为以下几大类。

第一,低合金钢,合金元素总含量小于 5%。

第二,中合金钢,合金元素总含量为 $5\% \sim 10\%$。

第三,高合金钢,合金元素总含量大于 10%。

土木工程中所使用的钢材大多为低碳钢和低合金钢。

3. 根据产品种类进行分类

根据产品的种类,可以将建筑钢材分为型材、板材、管材和金属制品四类。

（1）型材

型材为钢结构用钢，主要有角钢、工字钢、槽钢、方钢、吊车轨道、金属门窗、钢板桩型钢等，如图 8-5 所示。

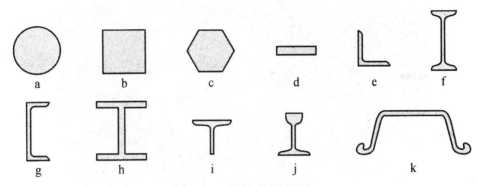

图 8-5　型钢截面类型

(a)圆钢；(b)方钢；(c)六角钢；(d)扁钢；(e)角钢；(f)工字钢；(g)槽钢；(h)H 形钢；
(i)T 字形钢；(j)钢轨；(k)钢板桩

（2）板材

板材主要是钢结构用钢，建筑结构中主要采用中厚板与薄板，如图 8-6 所示。

图 8-6　板材

（3）管材

管材主要用于桁架、塔桅等钢结构中，如图 8-7 所示。

（4）金属制品

土木工程中主要使用的金属产品有钢丝、钢丝绳以及预应力钢丝及钢绞线。

图 8-7　管材

（三）建筑钢材的性质

建筑钢材的性质包括强度、塑性、弹性、硬度以及韧性等方面的内容。

1. 强度

建筑钢材的强度包括屈服强度、疲劳强度、极限抗拉强度。

（1）屈服强度

屈服强度也称为屈服极限，是指钢材在静载作用下，开始丧失对变形的抵抗能力，并产生大量塑性变形时的应力。如图 8-8 所示，在屈服阶段，锯齿形的最高点所对应的应力称为上屈服点（$B_{上}$）；最低点对应的应力称为下屈服点（$B_{下}$）。由于上屈服点不稳定，所以国标规定以下屈服点的应力作为钢材的屈服强度，用 σ_s 表示。中、高碳钢没有明显的屈服点，通常以残余变形为 0.2% 的应力作为屈服强度，用 $\sigma_{0.2}$ 表示，如图 8-9 所示。

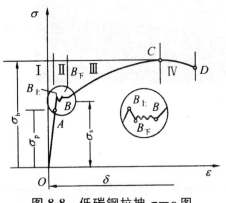

图 8-8　低碳钢拉抻 $\sigma - \varepsilon$ 图

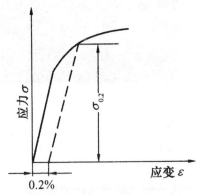

图 8-9　硬钢的条件屈服点

屈服强度对钢材的使用有着重要的意义,当构件的实际应力达到屈服点时,将产生不可恢复的永久变形,这在结构中是不允许的,因此屈服强度是确定钢材容许应力的主要依据。

(2)疲劳强度

钢材承受交变荷载的反复作用时,可能在远低于屈服强度时突然发生破坏,这种破坏称为疲劳破坏。钢材疲劳破坏的指标即疲劳强度,或称疲劳极限。疲劳强度是试件在交变应力作用下,不发生疲劳破坏的最大主应力值,一般把钢材承受交变荷载 106～107 次时不发生破坏的最大应力作为疲劳强度。

(3)极限抗拉强度

极限抗拉强度简称抗拉强度,是指钢材在拉力作用下能承受的最大拉应力,如图 8-8 第Ⅲ阶段的最高点。抗拉强度虽然不能直接作为计算的依据,但抗拉强度和屈服强度的比值即强屈比,用 $\dfrac{\sigma_b}{\sigma_s}$ 表示,在工程上很有意义。强屈比越大,结构的可靠性越高,即防止结构破坏的潜力越大;但此值太小时,钢材强度的有效利用率太低,钢材的强屈比一般应大于 1.25。因此屈服强度和抗拉强度是钢材力学性质的主要检验指标。

2. 塑性

在工程中,钢材的塑性通常用伸长率(或断面收缩率)和冷弯来表示。

(1)伸长率

伸长率是指试件拉断后,标距长度的增量与原标距长度之比,符号为 δ,常用％表示:

$$\delta = \frac{l_1 - l_0}{l_0} \cdot 100\%$$

钢材的伸长率如图 8-10 所示。

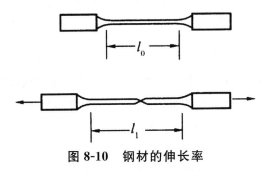

图 8-10　钢材的伸长率

(2)断面收缩率

断面收缩率是指试件拉断后,颈缩处横截面积的减缩量占原横截面积的百分率,符号 δ,常以％表示。

为了测量方便,常用伸长率表征钢材的塑性。伸长率是衡量钢材塑性的重要指标,δ 越大,说明钢材塑性越好。伸长率与标距有关,对于同种钢材 $\delta_5 > \delta_{10}$。

(3)冷弯

冷弯是指钢材在常温下承受弯曲变形的能力。冷弯是通过检验试件经规定的弯曲程度后,弯曲处外面及侧面有无裂纹、起层、鳞落和断裂等情况进行评定的。一般用弯曲角度 α 以及弯心直径 d 与钢材厚度或直径 a 的比值来表示。弯曲角度越大,而 d 与 a 的比值越小,表明冷弯性能

越好。如图 8-11 所示。

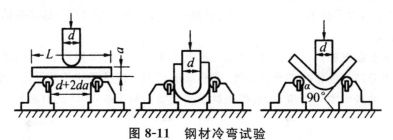

图 8-11　钢材冷弯试验

d—弯心直径；a—试件厚度或直径；α—冷弯角（90°）

冷弯也是检验钢材塑性的一种方法，并与伸长率存在着有机的联系，伸长率大的钢材，其冷弯性能必然好，但冷弯试验对钢材塑性的评定比拉伸试验更严格、更敏感。冷弯有助于暴露钢材的某些缺陷，如气孔、杂质和裂纹等。在焊接时，局部脆性及接头缺陷都可通过冷弯而发现，所以钢材的冷弯不仅是评定塑性、加工性能的要求，而且也是评定焊接质量的重要指标之一。对于重要结构和弯曲成型的钢材，冷弯必须合格。

3. 弹性

从图 8-8 中可以看出，钢材在静荷载作用下，受拉的 OA 阶段应力和应变成正比，这一阶段称为弹性阶段，具有这种变形特征的性质称为弹性。在此阶段中应力和应变的比值称为弹性模量，即 $E=\dfrac{\sigma}{\varepsilon}$，单位为 MPa。弹性模量是衡量钢材抵抗变形能力的指标，E 越大，使其产生一定量弹性变形的应力值也就越大；在一定应力下，产生的弹性变形越小。在工程上，弹性模量反映了钢材的刚度，是钢材在受力条件下计算结构变形的重要指标。建筑常用碳素结构钢 Q235 的弹性模量 $E=(2.0\sim2.1)\times10^5\,\mathrm{MPa}$。

4. 硬度

硬度是在表面局部体积内抵抗其他较硬物体压入产生塑性变形的能力，通常与抗拉强度有一定的关系。目前测定钢材硬度的方法很多，最常用的有布氏硬度，以 HB 表示。

5. 韧性

冲击韧性是指钢材抵抗冲击荷载而不破坏的能力。规范规定是以刻槽的标准试件，在冲击试验的摆锤冲击下，以破坏后缺口处单位面积上所消耗的功来表示，单位为 J，符号为 a_k，如图 8-12 所示。a_k 越大，冲断试件消耗的能量就越多，或者说钢材断裂前吸收的能量越多，这就说明钢材的韧性就越好。

钢材的冲击韧性与钢的化学成分、冶炼与加工有关。通常，钢中的 P、S 含量较高，夹杂物以及焊接中形成的微裂纹等都会降低冲击韧性。此外，钢的冲击韧性还受温度和时间的影响。常温下，随着温度的下降，冲击韧性降低很小，此时破坏的钢件断口呈韧性断裂状；当温度降至某一温度范围时，a_k 突然发生明显下降，如图 8-13 所示，钢材开始呈脆性断裂，这种性质称为冷脆性，发生冷脆性时的温度（范围）称为脆性临界温度（范围）。低于这一温度时，a_k 降低趋势又缓和，但此时 a_k 值很小。在北方严寒地区选用钢材时，必须对钢材的冷脆性进行评定，此时选用的钢材的脆性临界温度应比环境最低温度低些。由于脆性临界温度的测定工作复杂,规范中通常是根据气温条件规定－20℃或－40℃的负温冲击值指标。钢的冲击韧性还会随时间的延长,发生缓慢的降低过程。

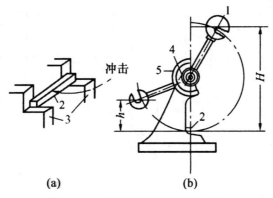

图8-12　冲击韧性试验原理图

(a)试件装置;(b)摆冲式试验机工作原理图

1. 摆锤;2. 试件;3. 试验台;4. 刻度盘;5. 指针

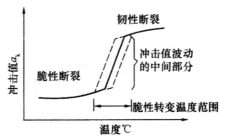

图8-13　温度对冲击韧性的影响

(四)化学成分对建筑钢材性质的影响

1. 碳对建筑钢材性质的影响

碳是决定钢材性质的主要元素。碳对钢材力学性质影响如图8-14所示。随着含碳量的增加,钢材的强度和硬度相应提高,而塑性和韧性相应降低。当含碳量超过1%时,钢材的极限强度开始下降。此外,含碳量过高还会增加钢的冷脆性和时效敏感性,降低抗大气腐蚀性和可焊性。

2. 氧、氮对建筑钢材性质的影响

氧和氮大部分以化合物形式存在,都能部分溶于铁素体中,这些非金属夹杂物,降低了钢材的力学性质,特别是严重降低了钢的韧性,并能促进时效,降低可焊性,所以在钢材中氧和氮都有严格的限制。

3. 磷、硫对建筑钢材性质的影响

(1)磷对建筑钢材性质的影响

磷是降低钢材可焊性的元素之一,磷与碳相似,能使钢的屈服点和抗拉强度提高,塑性和韧性下降,显著增加钢的冷脆性,磷的偏析较严重,焊接时焊缝容易产生冷裂纹。因此,在碳钢中,磷的含量有严格的限制,但在合金钢中,磷可改善钢材的抗大气腐蚀性和耐磨性,也可作为合金元素。

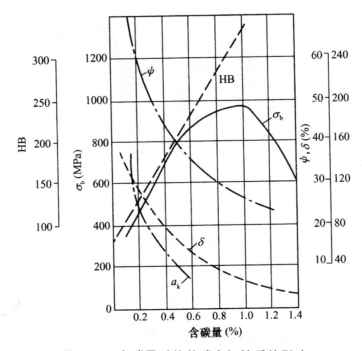

图 8-14 含碳量对热轧碳素钢性质的影响

σ_b—抗拉强度;a_k—冲击韧性;HB—硬度;δ—伸长率;φ—断面收缩率

(2)硫对建筑钢材性质的影响

硫在钢材中以 FeS 形式存在,FeS 是一种低熔点化合物,当钢材在红热状态下进行加工或焊接时,FeS 已熔化,使钢的内部产生裂纹,这种在高温下产生裂纹的特性称为热脆性。热脆性大大降低了钢的热加工性和可焊性。此外,硫偏析较严重,降低了冲击韧性、疲劳强度和抗腐蚀性,因此在碳钢中,硫也要严格限制其含量。

4. 硅、锰对建筑钢材性质的影响

硅和锰是在炼钢时为了脱氧去硫而有意加入的元素。由于硅与氧的结合能力很大,因而能夺取氧化铁中的氧形成二氧化硅进入钢渣中,其余大部分硅溶于铁素体中,当含量较低时(<1%),可以提高钢的强度,对塑性和韧性的影响不大。锰对氧和硫的结合力分别大于铁对氧和硫的结合力,因此锰能使有害的 FeO、FeS 分别形成 MnO、MnS 而进入钢渣中,所以可以有效消除钢材的热脆性。其余的锰溶于铁素体中,使晶格歪扭阻止滑移变形,使钢的强度得到了显著的提高。

总之,化学元素对钢材的性质有着显著的影响,因此在钢材标准中都对主要元素的含量加以规定。化学元素对钢材性能影响如表 8-3 所示。

表 8-3　各类化学元素对钢材性能的影响

化学元素	对钢材性能的影响
碳（C）	C↑强度、硬度↑塑性、韧性↓可焊性、耐蚀性↓冷脆性、时效敏感性↑；C>1%，C↑强度↑
硅（Si）	Si<1%，Si↑强度↑；Si>1%，Si↑塑性韧性↓↓可焊性↓冷脆性↑
锰（Mn）	Mn↑强度、硬度、韧性↑耐磨、耐蚀性↑热脆性↓，Si、Mn 为主加合金元素
钛（Ti）	Ti↑强度↑↑韧性↑塑性、时效↓
钒（V）	V↑强度↑时效↓
铌（Nb）	Nb 强度↑塑性、韧性↑Ti、V、Nb 为常用合金元素
磷（P）	P↑强度↑塑性、韧性、可焊性↓↓偏析、冷脆性↑↑耐磨、耐蚀性↑
氮（N）	与 C、P 相似，在其他元素配合下 P、N 可作合金元素
硫（S）	偏析↑力学性能、耐蚀性、可焊性↓↓
氧（O）	力学性能、可焊性↓时效↑S、O 属杂质

二、生铁

生铁是指含碳量>2%的铁碳合金。除含碳量较高外，生铁还含有较多的硅、锰、磷、硫等元素。常用的是灰口生铁，其中碳全部或大部分呈石墨的形式存在，断口呈灰色，所以称灰铸铁或简称铸铁。铸铁是工业上用途十分广泛的一种黑色金属材料，它具有良好的铸造性能，易于切削加工，成本低。铸铁性脆，无塑性，抗压强度较高，但抗拉和抗弯强度不高，在建筑中不宜用作结构材料。常用铸铁的实际含碳量为 3%～3.5%，抗拉强度 120～240MPa。

在建筑中大量采用铸铁水管，用作上下水道及其连接件，其他如排水沟、地沟、窨井等盖板也多用之。在工业与民用建筑和建筑设备中，广泛采用铸铁制作暖气片及各种零部件。铸铁也是一种常用的建筑装修材料，用于制作门、窗、栏杆、栅栏及某些建筑小品。

三、铝及铝合金

铝及其合金具有一系列优越的性能，是一种有发展前途的建筑材料。近年以来，铝及其合金已在建筑中获得十分广泛的应用。

（一）铝

纯铝的密度为 $2.7g/cm^3$，性质活泼，在空气中能与氧结合形成致密坚固的 Al_2O_3 薄膜，这层 Al_2O_3 膜虽然非常薄，但能保护下层铝金属不再继续氧化，因此，铝在大气中有良好的抗蚀能力。铝的缺点是弹性模量低、热膨胀系数大、不易焊接、价格较高。

纯铝（代号 L）的铝含量在 98.8% 以上。纯铝的强度不高（$\sigma_b=80\sim100MPa$），延伸性良好（$\delta=40\%$），可加工成铝板、铝箔和铝型材。

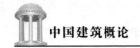

（二）铝合金

铝合金通常是以铝为主的铝—铜—镁—锰—硅—锌等的合金。铝合金有防锈铝合金（LF）、硬铝合金（LY）、超硬铝合金（LC）、锻铝合金（LD）、铸铝合金（LZ）等区分。

铝合金由于延伸性好，硬度低，可锯可刨，可通过热轧、冷轧、挤压、冲压、弯曲、卷边等加工，制成不同尺寸、不同形状和截面的型材。

铝合金进行着色处理（氧化着色或电解着色），可获得不同的色彩，常见的有青铜、棕、金等色。尚有化学涂膜法，用特殊的树脂涂料，在铝材表面形成稳定、牢固的薄膜，作为着色和保护。

铝合金在建筑构造及装修、装饰上，常用作门窗、卷闸门、墙板、幕墙、屋面板、顶棚、装饰板、龙骨以及栏杆、扶手等。

目前，我国各地所产的铝及铝合金材料已构成较完整的系列。使用时，可以根据需要和要求，参考有关手册和产品目录，对铝及铝合金的品种和规格，作出合理选择。

由于铝及铝合金的固有特性，与建筑钢材相比，强度低，弹性模量小，价格性能比高，使铝及铝合金目前较少用作承重结构材料。

四、铅和铜

（一）铅

铅是一种柔软的低熔点（327℃）金属，抗拉强度很低（$\sigma_b = 20\text{MPa}$），延展加工性能非常好。由于铅的熔点低，便于熔铸，易于锤击成型，所以常用作钢铁管道接口的嵌缝密封材料。铅板和铅管是工业上常用的耐腐蚀材料，能经受浓度80％的热硫酸和浓度92％的冷硫酸的侵蚀。铅板是射线的屏蔽材料，能防止 X 射线和 γ 射线的穿透，常用于医院、实验室和工业建筑中的 X、γ 射线操作室和屏蔽。

（二）铜

铜及铜合金是一种古老的建筑材料，曾广泛用作建筑上的装饰及各种零部件。纯铜的延展性极好，可压延成薄片（紫铜片）和线材，是良好的止水材料和电的传导材料。在各种铜合金中，最常用的是黄铜（铜锌合金）和青铜（铜锡合金），铜合金的特点是强度较高，耐磨，耐蚀。

目前，我国除采用黄铜质的水暖零件外，建筑五金、各种装饰和零部件偶尔也采用铜及铜合金材料。另外，黄铜粉（俗称金粉）常代替"贴金"，用于调制装饰涂料。

第三节　木材及其制品

木材是一种古老的工程材料。由于具有一些独特的优点，在出现众多新型土木工程材料的今天，木材仍在工程中占有重要地位，特别在装饰领域，常用来制作门窗、家具和地板等。本节将对木材及其制品的相关知识进行简要介绍。

一、木材的优缺点

（一）木材的优点

木材具有很多的优点，具体来说主要包括以下几方面。

(1)轻质高强。

(2)易于加工(如锯、刨、钻等)。

(3)有较高的弹性和韧性。

(4)能承受冲击和振动作用。

(5)导电和导热性能低。

(6)木纹美丽，装饰性好。

（二）木材的缺点

木材在存在一定的优点的同时也存在着一些缺点，具体来说，这些缺点主要包括以下几方面。

(1)构造不均匀，各向异性。

(2)易吸湿、吸水，因而产生较大的湿胀、干缩变形。

(3)易燃、易腐。

二、木材的分类

木材的种类很多，根据不同的标准可以将其分为不同的种类。

（一）根据树种进行分类

根据树种，可以将木材分为针叶树和阔叶树两大类。

1. 针叶树

针叶树树干通直高大，表观密度小，质软，纹理直，易加工。针叶树木材胀缩变形较小，强度较高，常含有较多的树脂，较耐腐朽。针叶树木材是主要的建筑用材，广泛用作各种构件、装修和装饰部件。常用松、云杉、冷杉、杉、柏等树种。

2. 阔叶树

阔叶树树干通直部分一般较短，大部分树种的表观密度大，质硬。这种木材较难加工，胀缩大，易翘曲、开裂，建筑上常用作尺寸较小的零部件。有的硬木经加工后，出现美丽的纹理，适用于室内装修，制作家具和胶合板等。常用的树种有栎、柞、水曲柳、榆、桦、椴木等。

（二）根据加工程度和用途进行分类

根据加工程度和用途的不同，可以将木材分为原木、杉原条、板方材等。

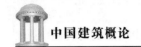

1.原木

原木是指伐倒后,经修枝,并截成一定长度的木材。

2.杉原条

杉原条是指只经修枝、剥坯,没有加工造材的杉木。

3.板方材

板方材是指按一定尺寸锯解、加工成的板材和方材。

(1)板材

板材是指截面宽度为厚度3倍及3倍以上者。

(2)方材

方材是指截面宽度不足厚度的3倍者。

三、木材的构造

(一)木材的宏观构造

木材的宏观构造是指用肉眼和放大镜能观察到的组织。工程中所用的木材主要取自树干,树干可以分为树皮、形成层、木质部和髓心四个部分。而木材主要使用木质部,木材的宏观构造主要是指木质部的构造,通常用横切面、径切面和弦切面三个构造来观察,如图8-15所示。

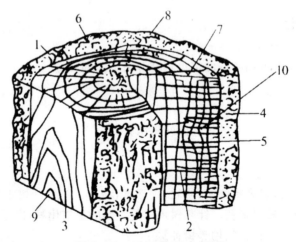

图8-15 树干的三个切面

1.横切面;2.径切面;3.弦切面;4.树皮;5.木质部;6.年轮;7髓线;8.髓心;9.节子;10.斜纹

从横切面可以观察到木材的年轮、髓线及髓心等。髓心居于树干中心,是最早形成的木质部分,其材质松软,强度较低,容易腐朽。髓线是以髓心为中心横贯年轮而呈放射状分布的横向细胞组织,它长短不一,在树干生长过程中起着横向输送和储藏养料的作用。年轮是指在木材横切面上的同心圆圈。一般树木每年生长一圈,同一年轮内有深浅两部分组成。春季树木树液多,木质生长快,质软,色浅,称为春材或早材;在夏秋两季,木质生长缓慢,质硬,色深,称为夏材或晚材。树种相同时,如果年轮分布细密且均匀,则材质好。晚材所占比例越高,木材的表观密度越大,则其强度也就越高。

从弦切面可以看出,包含在树干或主枝木材中的枝条部分称为节子,节子与周围木材紧密连生、构造正常称为活节;由枯死枝条形成的节子称为死节。节子破坏木材构造的均匀性和完整性,对木材的性能有重要的影响。

从径切面可以看出,木材中纤维排列与纵轴方向不一致所出现的倾斜纹理称为斜纹,斜纹主要降低木材的强度。

(二)木材的微观构造

木材的微观构造是指在显微镜下所见到的木材组织。从显微镜下可观察到木材是由无数管状细胞结合而成(图 8-16、图 8-17)。每个细胞都有细胞壁和细胞腔。其中,细胞壁由若干层细纤维组成,其纵向连接较横向牢固,造成细胞壁纵向强度高,横向强度低。组成细胞壁的纤维之间有微小的空隙能渗透和吸附水分。

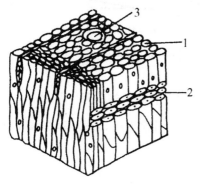

图 8-16　马尾松的显微构造

1. 导管;2. 髓线;3. 木纤维

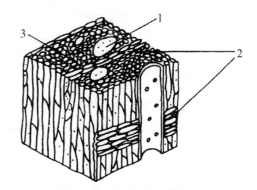

图 8-17　柞木的显微构造

1. 管胞;2. 髓线;3. 树脂道

细胞本身的组织构造在很大程度上决定了木材的性质。木材组织均匀、细胞壁厚、腔小者,如夏材细胞,木质坚密,表观密度大,强度高,但湿胀干缩率也大。而春材细胞,则壁薄、腔大,故质地松软,强度低,但干缩率小。

四、木材的性质

(一)木材的物理性质

木材的物理性质包括含水率、湿胀干缩性及表观密度等。

1. 含水率

木材的含水率是指木材中水分的重量与干燥木材重量的比率。木材中的水分可以分为存在于细胞和细胞间隙中的自由水(毛细管水)及存在于细胞壁内纤维之间的吸附水。当木材中仅有细胞壁内充满水,达到饱和状态,而细胞腔及细胞间隙中无自由水时,称为纤维饱和点。木材纤维饱和点一般为 $25\%\sim35\%$,它是含水率是否影响强度和胀缩性能的转折点。

潮湿的木材能在干燥的空气中失去水分,而干燥的木材则能从周围的空气中吸收水分,吸收水分的这一性质称为吸湿性。当木材的含水率与周围空气相对湿度达成平衡时,称为木材的平衡含水率。木材平衡含水率会随着使用环境的温度、湿度而变化,如图 8-18 所示。

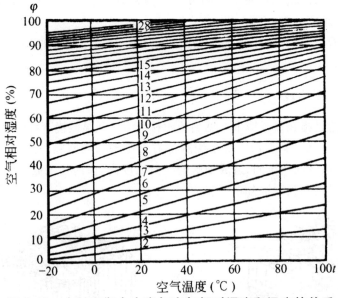

图 8-18　木材平衡含水率与空气相对湿度和温度的关系

木材在使用过程中,为避免发生含水率的大幅度变化,而引起干缩、开裂,宜在加工之前,将木材干燥至较低的含水率。

2. 湿胀干缩性

当木材从潮湿状态干燥至纤维饱和点时,木材的表观密度会有所减小,但其尺寸基本不变。当干燥至纤维饱和点以下时,细胞壁中的吸附水开始蒸发,木材发生收缩。反之,干燥的木材吸湿,将发生体积膨胀,直到含水率达纤维饱和点为止,此后木材含水量继续增加,体积基本上不再变化,如图 8-19 所示。

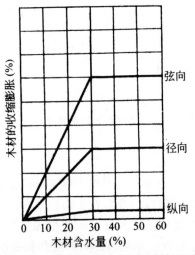

图 8-19　含水率对木材胀缩的影响

木材由于构造的不均匀性,在不同方向的干缩值会有所不同。顺纹方向干缩最小,约为 $0.1\%\sim0.35\%$,径向干缩较大,约为 $3\%\sim6\%$;弦向干缩最大,约为 $6\%\sim12\%$(均为最大干缩率值)。因此,湿材干燥后,其截面尺寸和形状会发生明显的变化,如图 8-20 和图 8-21 所示。就其功能而言,木材的干缩会对其使用产生很大的影响,会使木材产生裂缝或翘曲变形,从而导致木结构的结合松弛或凸起,装修部件的破坏等。

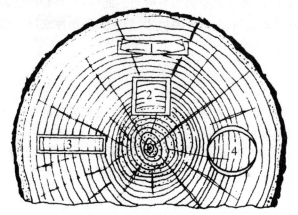

图 8-20　木材干燥后截面尺寸形状的改变

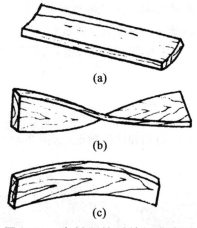

图 8-21　木材干缩后的翘曲变形

(a)瓦形翘曲;(b)扭曲;(c)弓形翘曲

3. 表观密度

木材表观密度的变化范围很大,常用木材的气干表观密度平均为 $500kg/m^3$,而密度均为 $1.55g/cm^3$,说明木材的孔隙率很大。根据木材表观密度的大小,可以评价木材的物理力学性质,可用以鉴别木材的品种,并估计木材的工艺性能。

(二)木材的力学性质

木材的各向异性,不但表现在物理性质方面,对木材的各项力学性能,同样具有明显的方向性,主要表现在以下几方面。

1. 抗弯强度

木材具有良好的抗弯性能,抗弯强度约为顺纹抗压强度的1.5~2倍。所以在建筑工程中,木材常用作受弯构件,如梁、桁条、脚手架、地板等。木梁受弯时内部应力比较复杂,在梁的上部是顺纹受压,下部为顺纹受拉,而在水平面则有剪力。此外,木材受弯破坏时,通常在受压区会首先达到强度极限,但并不立即破坏,随着外力增大,产生大量塑性变形,当受拉区域内纤维达到强度极限时才引起破坏。

2. 抗拉强度

木材各项力学强度中以顺纹抗拉强度最高,为顺纹抗压强度的2~3倍。而木材的横纹抗拉强度最低,只及顺纹抗压强度的5%~30%。

木材的顺纹抗拉强度虽高,但由于受拉杆件连接处应力复杂,所以在顺纹抗拉强度未达到极限值之前,其他应力已引起了破坏但不能充分得到利用。

3. 抗压强度

顺纹抗压强度是木材各种力学性质中的基本指标。这种受力类型在工程中使用最广泛,如柱、桩及桁架的斜撑和上弦杆。木材的顺纹抗压强度较高,为30~70MPa。顺纹受压破坏是细胞壁丧失稳定的结果,而非纤维的断裂。横纹抗压强度远小于顺纹抗压强度,通常只有顺纹抗压强度的10%~30%。横纹受压是由于细胞被挤紧、压扁、产生较大的变形所致,也不是木纤维破坏。

4. 抗剪强度

抗剪强度可分为顺纹剪切、横纹剪切和横纹剪断,如图8-22所示。

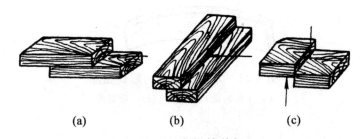

图 8-22 木材的剪切
(a)顺纹剪切;(b)横纹剪切;(c)横纹剪断

顺纹剪切强度只有顺纹抗压强度的15%~30%,而横纹剪切强度还要低。横纹剪断是将木纤维横向剪断,其强度很高,约为顺纹抗剪强度的4~5倍。

为了便于比较,木材各种强度之间的关系如表8-4所示。

表 8-4　木材各种强度间的关系

抗压		抗拉		抗弯	抗剪	
顺纹	横纹	顺纹	横纹		顺纹	横纹剪断
1	1/10～1/3	2～3	1/20～1/3	$1\frac{1}{2}$～2	1/7～1/3	1/2～1

五、木材的处理

(一)木材干燥的处理

为使木材在使用过程中保持其原有的尺寸和形状,避免发生变形、翘曲和开裂等,保证正常使用,木材在加工、使用前必须进行干燥处理。

木材的干燥处理方法可以根据树种、木材规格、用途和设备条件选择。常见的干燥法有自然干燥法与人工干燥法两种。自然干燥法不需要特殊设备,干燥后木材的质量较好,但干燥时间长,占用场地大,只能干到风干状态。采用人工干燥法,时间短,可干至窑干状态,但如干燥不当,会因收缩不匀,而引起开裂。木材的最后锯解、加工,应在干燥之后。

(二)木材防火的处理

木材是易燃物质,所以在有火灾危险的地方,要做好木材的防火处理。木材的防火处理,通常是将防火涂料刷于木材表面,也可把木材放入防火涂料槽内浸渍。根据胶结性质,防火涂料分油质防火涂料、氯乙烯防火涂料、硅酸盐防火涂料和可赛银(酪素)防火涂料。前两种防火涂料能抗水,可用于露天结构上;后两种防火涂料抗水性差,可用于不直接受潮湿作用的木构件上。

(三)木材腐朽的处理

由于木腐菌的侵入,木材会逐渐改变其颜色和结构,使细胞壁受到破坏,物理力学性质随之发生变化,最后变得松软易碎,呈筛孔状或粉末状等形态,即称为腐朽。木材的腐朽是由真菌侵害而引起的,引起木材腐朽的真菌有腐朽菌、变色菌及霉菌三种。腐朽菌是以细胞壁为养料,供自身生长繁殖,会导致木材腐朽破坏;变色菌是以细胞腔内含物为养料,并不破坏细胞壁,所以这两种菌类对木材的破坏作用是很小的;霉菌只寄生在木材表面,通常叫发霉。木材的自然防腐等级如表 8-5 所示。

表 8-5　木材的自然防腐等级

级　别	树种举例	用　途
第一级(最耐腐)	侧柏、梓、桑、红豆杉、杉……	可做室外用材
第二级(耐腐)	槐、青岗、小叶栎、栗、银杏、马尾松、樟、榉……	可做室外用材,最好做保护处理
第三级(尚可)	合欢、黄榆、白栎、三角枫、核桃木、枫杨、梧桐……	适用保护处理或防腐处理的室外、室内用
第四级(最差)	柳、杨木、南京椴、毛泡桐、乌柏、榔榆、枫香……	非经防腐处理不适于室外使用

防止木材腐朽的方法有以下两种。

第一,创造条件使木材不适于真菌寄生和繁殖。具体办法是将木材干燥至含水率在20%以下,在储存和使用木材时,要注意通风排湿,对于木构件表面应刷以油漆,要保证木结构经常处于干燥状态。

第二,将木材变为有毒物质,使其不适于做真菌的养料。具体办法是用化学防腐剂对木材进行处理,处理方法有表面涂刷法、表面喷涂法、浸渍法、冷热槽浸透法、压力渗透法等。常用防腐剂有水溶性防腐剂和油质防腐剂两种。油质防腐剂有煤焦油、蒽油、林丹五氯酸合剂等。水溶性防腐剂有氯化锌、氟化钠、氟硅酸钠、硼铬合剂、硼酸合剂等。

六、木材制品

我国是少林国家,林木生长速度缓慢,这与我国国土生态建设和环境保护需要及国家建设事业大量耗用木材的矛盾十分突出。因此,要求建筑工程中在经济合理的条件下,尽可能少用木材,使用中更应避免大材小用、长材短用、优材劣用;并充分利用木材的边角废料,生产各种人造板材,以提高木材的利用率。人造板材是利用木材或含有一定量纤维的其他植物为原料,采用一般的物理和化学方法加工而成的。这类板材与天然木材相比,板面宽、表面平整光洁,没有节子、虫眼和各方异性等缺点,不翘曲、不开裂,经加工处理后还具有防火、防水、防腐、防酸等性能,因此在许多行业中得到了广泛的应用。常用的人造板材品种有热固性树脂浸渍纸高压装饰层积板、胶合板、纤维板、刨花板软木壁纸、旋切微薄术、木质合成金属装饰材料等。

(一)热固性树脂浸渍纸高压装饰层积板(HPL)

热固性树脂浸渍纸高压装饰层积板是由专用纸浸渍氨基树脂(主要是三聚氰胺树脂)、酚醛树脂经热压(压力不低于4.9MPa)制成的板材。按用途分为平面(P)、立面(L)和平衡面(H);按外观、特性分为有光(Y)、柔光(R)、双面(S)和滞燃(Z)。各种规格的装饰板其技术条件应满足《热固性树脂装饰层压板》GB 7911—87的要求。

(二)胶合板

胶合板是利用原木,沿年轮旋切成大张薄片,经干燥、涂胶,按纹理交错重叠,在热压机上加压制成。胶合板有3、5、7等多层,常用的是三合板和五合板。胶合板的木材利用率高,材质均匀,不翘不裂,装饰性好,是建筑中广泛应用的一种人造木板。

(三)纤维板

纤维板是以木材或其他植物纤维为原料,经分离成纤维,施加或不施加添加剂,成型热压而成的板材。因成型时温度和压力的不同可将纤维板分为硬质、半硬质、软质三种。纤维板构造均匀,而且完全克服了木材的各种缺陷,不易变形、翘曲和开裂,各方面强度一致并有一定的绝缘性。

(四)刨花板

刨花板是利用刨花碎片等,经过干燥,加黏合剂拌合,经压制而成的板材。所用的黏合剂可为植物胶、合成树脂、水泥、菱苦土等。这种板材常用于代替木材,作为建筑物的一般装修,如隔断板、顶棚、屋面板、封檐板、绝热板以及制作家具等。

(五)软木壁纸

软木壁纸是继 PVC 壁纸、织物壁纸、金属壁纸之外的一种新型的贴墙材料,是由软木纸与基纸复合而成,特别适用于室内墙面和顶棚的装修。软木壁纸是以栓皮(软木的树皮)为原料,经粉碎、筛选和风选的颗粒加胶粘剂后,在一定压力和温度下胶合而成。它保持了原软木的材质,手感好、隔声、吸声、典雅舒适,气氛温和。

(六)旋切微薄木

旋切微薄木由色木、桦木或树根瘤多的木段,经水蒸软化后,旋切成 0.1mm 左右的薄片,与坚韧的薄纸胶合而成,多加工成卷状。用树根可制得"鸟眼"花纹,花纹美丽动人,装饰性好,可压贴在胶合板或其他板材表面,作墙、门和橱柜的面板。

(七)木质合成金属装饰材料

木质合成金属装饰材料是用木质经金属化处理而成的新型装饰、装修材料。它是以木材、木纤维作芯材,再合成金属层(铜或铝),在金属层上进行着色氧化、电镀贵重金属,再涂膜保护等工序加工制成。木质芯材金属化后克服了木材易遭腐朽、虫蛀、易燃等缺点,同时又保留了木材易于加工、安装的优良工艺性;木质芯材金属化后使它具有如同金属的质感。木质合成金属装饰材料可制成方形、半圆形、多边形断面的木条、木线或薄板。此外,用木质合成金属装饰材料装饰门框、墙面、柱面、顶棚,使建筑物显得金碧辉煌,使木质的建筑空间成为梦幻般的金堆银砌似的宫殿。

第四节 水 泥

水泥是最重要的建筑材料,广泛应用于工业、农业、水利、交通、城市建设、海港和国防建设中,既可作为胶凝材料与骨科及增强材料制成混凝土、钢筋混凝土、预应力混凝土构件,也可配制砌筑砂浆、防水砂浆用于建筑物砌筑、抹面、装饰等,已成为任何建筑工程都不可缺少的建筑材料。

一、水泥的分类

(一)根据用途和性能进行分类

根据水泥的用途及性能,可以将其分为通用水泥、专用水泥和特性水泥。

1. 通用水泥

通用水泥是指用于一般土木建筑工程的水泥,如硅酸盐水泥、普通硅酸盐水泥、矿渣硅酸盐

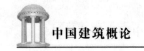

水泥、火山灰硅酸盐水泥、粉煤灰硅酸盐水泥、复合硅酸盐水泥等。

2. 专用水泥

专用水泥是指有专门用途的水泥,如道路硅酸盐水泥、砌筑水泥、油井水泥等。

3. 特性水泥

特性水泥是指某种性能比较突出的水泥,如快硬硅酸盐水泥、低热水泥、抗硫酸盐水泥等。

(二)根据主要水硬性物质名称进行分类

根据水泥的主要水硬性物质名称,可以将其分为硅酸盐水泥(即国外通称的波特兰水泥)、铝酸盐水泥、硫铝酸盐水泥、氟铝酸盐水泥、磷酸盐水泥、以火山灰性或潜在水硬性材料以及其他活性材料为主要组分的水泥。

二、水泥的贮存

水泥在贮存时需要注意以下几点。

(一)分类贮存

不同品种、不同标号的水泥应分别存放,不可混杂。

(二)贮存期不宜过长

贮存期过长,空气中的水汽、二氧化碳作用会降低水泥强度。一般来说,贮存三个月后的强度约降低 10%~20%。所以,水泥存放期一般不应超过三个月。快硬水泥、高铝水泥的规定贮存期限更短(分别为一、二个月)。过期水泥,使用时必须经过试验,并按试验重新确定的标号使用。

(三)注意防潮防水

不同品种、不同标号的水泥应分别存放,不可混杂。水泥受潮后即产生水化作用,凝结成块,影响水泥的正常使用。所以运输和贮存时应保持干燥。对袋装水泥,地面垫板要高出地面30cm,四周离墙 30cm,堆放高度一般不超过 10 袋。存放散装水泥时,地面要抹水泥砂浆。

三、硅酸盐水泥

(一)硅酸盐水泥的生产

石灰质原料和黏土质原料是硅酸盐水泥的主要原材料,石灰质原料可以采用石灰石、白垩、石灰质凝灰岩和泥灰岩等。将几种原材料按一定比例混合后磨细制成生料,然后将生料送入回转炉或入窑煅烧,煅烧后得到以硅酸钙为主要成分的水泥熟料,再与适量石膏共同磨细,最后得到硅酸盐水泥成品。概括来说,硅酸盐水泥的主要生产工艺过程为"两磨"(磨细生料、磨细水泥)

和"一烧"(生料煅烧成熟料)。硅酸盐水泥的生产工艺流程如图 8-23 所示。

图 8-23　硅酸盐水泥生产的工艺流程

(二)硅酸盐水泥的矿物组成

硅酸盐水泥熟料的主要矿物组成及其含量范围如表 8-6 所示。

表 8-6　硅酸盐水泥熟料的主要矿物组成及其含量范围

熟料矿物	简写	含量
硅酸三钙($3CaO \cdot SiO_2$)	C_3S	42%～61%
硅酸二钙($2CaO \cdot SiO_2$)	C_2S	15%～32%
铝酸三钙($3CaO \cdot Al_2O_3$)	C_3A	4%～11%
铁铝酸四钙($4CaO \cdot Al_2O_3 \cdot Fe_2O_3$)	C_4AF	10%～18%

除以上矿物成分外,还有少量游离氧化钙(CaO)、游离氧化镁(MgO)等。

表 8-6 的四种熟料矿物中,硅酸钙(包括硅酸三钙和硅酸二钙)是主要的,约占 70% 以上。四种矿物单独与水作用时所表现的特性如表 8-7 所示。

表 8-7　水泥熟料矿物的特性

矿物名称	性 能		
	凝结硬化速度	水化放热量	强 度
硅酸三钙($3CaO \cdot SiO_2$)	快	大	高
硅酸二钙($2CaO \cdot SiO_2$)	慢	小	早期低、后期高
铝酸三钙($3CaO \cdot Al_2O_3$)	最快	最大	最低
铁铝酸四钙($4CaO \cdot Al_2O_3 \cdot Fe_2O_3$)	快	中	中

从表 8-7 中可以看出,不同熟料矿物与水作用时所表现出的性能是不同的。水泥是由几种矿物组成的混合物,改变熟料中矿物组成的相对含量,水泥的技术性能会随之变化。例如提高硅酸三钙的含量,可以制得快硬高强水泥。

(三)硅酸盐水泥的凝结和硬化

了解水泥的凝结和硬化过程,对于了解水泥的性能和使用是很重要的。水泥加水拌和后,最初形成具有可塑性的浆体,然后逐渐变稠失去可塑性,这一过程称为凝结。此后,强度逐渐提高,并变成坚硬的石状物体水泥石,这一过程称为硬化。水泥的凝结和硬化过程是人为地划分的,实际上是一个连续的复杂的物理化学变化过程,这些变化决定了水泥的一系列的技术性能。

硅酸盐水泥遇水后,各熟料矿物与水发生化学反应,形成水化物,并放出一定的热量,其反应式如下:

$$2(3CaO \cdot SiO_2) + 6H_2O \rightarrow 3CaO \cdot 2SiO_2 \cdot 3H_2O + 3Ca(OH)_2$$

$$2(2CaO \cdot SiO_2) + 4H_2O \rightarrow 3CaO \cdot 2SiO_2 \cdot 3H_2O + Ca(OH)_2$$

$$3CaO \cdot Al_2O_3 + 6H_2O \rightarrow 3CaO \cdot Al_2O_3 \cdot 6H_2O$$

$$4CaO \cdot Al_2O_3 \cdot Fe_2O_3 + 7H_2O \rightarrow 3CaO \cdot Al_2O_3 \cdot 6H_2O + CaO \cdot Fe_2O_3 \cdot H_2O$$

在上述反应中,硅酸三钙的水化反应很快,水化放热大,生成的水化硅酸钙以胶体微粒析出,并逐渐凝聚成为凝胶。经电子显微镜观察,水化硅酸钙仅是颗粒尺寸与胶体相同,而实际上呈结晶较差的箔片状或纤维状颗粒。生成的氢氧化钙较快地溶解于水中,当溶液中的浓度达到过饱和后,便呈六方晶体析出。硅酸二钙水化反应的产物与硅酸三钙基本相同,而它水化反应极慢,水化放热小。铝酸三钙水化反应极快,水化放热非常多,生成的水化铝酸钙为立方晶体。铁铝酸四钙水化反应快,水化放热中等,生成的水化产物为水化铝酸三钙和水化铁酸一钙。水化铝酸三钙和水化铁酸一钙是不稳定的产物,它们在氢氧化钙饱和溶液中能与氢氧化钙进一步反应,生成六方晶体的水化铝酸四钙和水化铁酸四钙。

纯熟料磨细后,凝结时间非常短,使用非常不方便。为了调节水泥的凝结时间,熟料磨细时,掺有适量(3%左右)的石膏,这些石膏与部分水化铝酸钙反应,生成难溶于水的水化硫铝酸钙的针状晶体 $3CaO \cdot Al_2O_3 \cdot 3CaSO_4 \cdot 31H_2O$,水化硫铝酸钙的存在,使水泥的凝结时间得以延缓。

水泥浆在空气中硬化时,表面形成的氢氧化钙还能与空气中的二氧化碳反应生成碳酸钙。

综上所述,硅酸盐水泥水化反应后,生成的主要水化产物为水化硅酸钙、氢氧化钙、水化铝酸钙、水化铁酸钙、水化硫铝酸钙等。

以上所述的是水泥水化时所发生的主要化学反应。在发生化学反应的同时,却又发生着一系列的物理化学变化,它使水泥凝结并硬化。水泥凝结和硬化过程的机理比较复杂。一般解释是:当水泥加水拌和后,在水泥颗粒表面即发生化学反应,生成的水化产物聚集在颗粒表面形成凝胶薄膜,它使水泥反应减慢。表面形成的凝胶薄膜使水泥浆体具有可塑性。生成的胶体状水化产物在某些点接触后会构成疏松的网状结构,使浆体失去流动性和部分可塑性,这时为初凝。之后,由于薄膜的破裂,使得水泥与水又迅速而广泛地接触,从而生成较多量的水化硅酸钙凝胶、氢氧化钙和水化硫铝酸钙晶体等水化产物,它们相互接触,当达到一定程度时,浆体会完全失去可塑性,建立起充满全部间隙的紧密的网状结构,并在网状结构内部不断充实水化产物,使水泥具有一定的强度,这时为终凝。当水泥颗粒表面重新为水化产物所包裹,水化产物层的厚度和致密程度不断增加,水泥浆体趋于硬化,形成具有较高强度的水泥石。

通过以上分析可知,水化是水泥产生凝结硬化的前提,而凝结硬化是水泥水化的结果。水泥的水化和硬化过程是一个连续的过程。凝结和硬化又是同一过程的不同阶段,凝结标志着水泥浆失去流动性而具有一定的塑性强度,硬化则表示水泥浆固化后所建立的网状结构具有一定的机械强度。需要注意的是,水泥的凝结和硬化,除了与水泥的矿物组成有关外,还与以下因素有关。

第一,水泥的细度。水泥颗粒细,水化快,凝结与硬化也快。

第二,水泥的拌和水量。拌和水量多,水化后形成的胶体稀,水泥的凝结和硬化就慢。

第三,水泥的湿度。水泥石的强度只有在潮湿的环境中才能不断增长,若处于干燥环境中,当水分蒸发完毕后,水化作用将无法继续进行,硬化即行停止,强度也不再增长,所以混凝土工程在浇筑后2~3周的时间内,必须注意洒水养护。水泥石的强度随着硬化时间而增长,一般在3~7d内强度增长最快,在28d以内增长较快,以后渐慢,但持续时间很长。

第四,水泥的温度。温度对水泥的水化以及凝结和硬化的影响很大,当温度高时,水泥的水化作用加速,从而凝结和硬化的速度也就加快,所以采用蒸汽养护是加速凝结和硬化的方法之一。当温度低时,凝结和硬化的速度减慢;当温度低于0℃时,水化基本停止。因此,冬期施工时,需采用保温措施,以保证水泥正常凝结。

(四)硅酸盐水泥的技术要求

1. 细度

细度是影响水泥性能的重要物理指标。颗粒愈细,与水起反应的表面积愈大,水化作用愈快愈完全。凝结硬化的速度加快,早期强度也就愈高,但硬化收缩较大,水泥易于受潮。水泥愈细,粉磨过程能耗愈大,使水泥成本提高。水泥细度可用比表面积或 $80\mu m$ 方孔筛的筛余量表示。国家标准规定硅酸盐水泥细度用比表面积表示,合格的硅酸盐水泥的比表面积应大于 $300m^2/kg$。

2. 凝结时间

水泥凝结时间分为初凝时间和终凝时间。

(1)初凝时间

初凝时间为从水泥加水拌和起至水泥浆开始失去可塑性所需的时间。水泥的初凝不宜过早,以便在施工时有足够的时间完成混凝土和砂浆的搅拌、运输、浇筑和砌筑等操作。

(2)终凝时间

终凝时间为从水泥加水拌和起至水泥浆完全失去可塑性并开始产生强度所需的时间。水泥的终凝时间不宜过迟,以使混凝土在浇捣、施工完毕后,尽快地硬化,达到一定的强度,以利于下一步施工工艺的进行。

国家标准规定硅酸盐水泥的初凝时间不得早于45min,终凝时间不得迟于6.5h。

3. 强度

水泥的强度是水泥性能的重要指标,也是评定水泥强度等级的依据。国家标准规定水泥强度用软练法检验,即将水泥和标准砂按1:3的比例混合,加入规定数量的水,按规定方法制成标准尺寸的试件,在标准条件下养护后进行抗折、抗压强度试验,根据3d和28d龄期的强度,硅酸盐水泥分为42.5、42.5R、52.5、52.5R、62.5和62.5R共六个强度等级,普通硅酸盐水泥分为42.5、42.5R、52.5和52.5R四个强度等级(R为早强型)。两种水泥在各龄期的强度值不得低于表8-8中的数值。

表 8-8　硅酸盐水泥和普通硅酸盐水泥的强度(GB 175—2007)

品种	强度等级	抗压强度(MPa)		抗折强度(MPa)	
		3d	28d	3d	28d
硅酸盐水泥	42.5	17.0	42.5	3.5	6.5
	42.5R	22.0	42.5	4	6.5
	52.5	23.0	52.5	4.0	7.0
	52.5R	27.0	52.5	5.0	7
	62.5	28.0	62.5	5.0	8.0
	62.5R	32.0	62.5	5.5	8.0
普通硅酸盐水泥	42.5	17.0	42.5	3.5	6.5
	42.5R	22	42.5	4.0	6.5
	52.5	23	52.5	4	7.0
	52.5R	27.0	52.5	5.0	7.0

4. 密度和表观密度

(1)密度

硅酸盐水泥的密度主要决定于熟料的矿物组成,它也是测定水泥细度指标比表面积的重要参数,一般在 3.1～3.2g/cm³ 之间。

(2)表观密度

硅酸盐水泥在松散状态时的表观密度,一般在 900～1 300kg/m³ 之间,紧密状态时可以达1 400～1 700kg/m³。

5. 体积安定性

水泥在硬化过程中体积均匀变化的性能就是体积安定性。体积安定性不良一般是由于熟料中所含游离氧化钙或游离氧化镁或掺入石膏量过多所导致的。熟料中所含游离氧化钙或游离氧化镁都是过烧的,水化很慢,往往在水泥硬化后才开始水化,这些氧化物在水化时体积剧烈膨胀,使水泥石开裂。当石膏掺量过多时,在水泥硬化后,石膏与水化铝酸钙反应生成三硫型水化硫铝酸钙,体积膨胀,也会引起水泥石开裂。安定性不合格的试饼如图 8-24 所示。

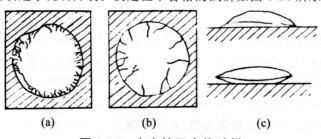

图 8-24　安定性不合格试饼

(a)崩溃;(b)龟裂;(c)弯曲

以上试验法只能用于检验游离氧化钙所引起的水泥体积安定性。游离氧化镁需要在压蒸条件下才能加速水化,而石膏的危害需长时间在常温水中才能发现,两者均不便于快速检验,所以国家标准规定,水泥熟料中游离氧化镁含量不得超过 5.0%,三氧化硫含量不得超过 3.5%,以控制水泥的体积安定性。

　　6. 标准稠度用水量

　　按一定方法将水泥调制成具有标准稠度的净浆所需的用水量就是所谓的标准稠度用水量。标准稠度用水量是测定水泥的凝结时间和安定性所用净浆的拌和水量的依据,也是水泥基本性能指标之一。硅酸盐水泥的标准稠度用水量一般在 23%～31% 之间。

　　7. 水化热

　　水泥的水化是放热反应,水泥在凝结硬化过程中放出的热量,称为水泥的水化热。水泥的水化放热量和放热速度主要取决于水泥的矿物组成和细度。水化放热对大体积混凝土构筑物是有害的,对一般建筑的冬期施工则是有利的。

　　(五)硅酸盐水泥的腐蚀及防止方法

　　1. 硅酸盐水泥腐蚀的原因

　　在某些侵蚀性液体或气体作用下,水泥石的结构会逐渐遭到破坏,使其强度降低,以致全部溃裂,这种现象称为水泥的腐蚀。引起水泥腐蚀的原因很多,主要包括以下几种。
　　(1)一般酸性水腐蚀
　　某些地下水或工业废水中常含有游离的酸性物质,这种酸性物质能与水泥石中的氢氧化钙作用生成相应的钙盐,所生成的钙盐或在水泥石孔隙内形成结晶,或易溶于水,从而产生一定的破坏作用,这种破坏作用称为一般酸性水腐蚀。
　　(2)硫酸盐腐蚀
　　在海水、地下水及盐沼水中常含有大量的硫酸盐,这些硫酸盐与水泥石中的某些化合物反应,会生成能产生膨胀的结晶体,使水泥石结构破坏,称为硫酸盐腐蚀。
　　(3)碳酸腐蚀
　　在工业污水和地下水中常溶解有较多的二氧化碳,这些二氧化碳与水泥石中的氢氧化钙作用生成易溶于水的化合物而引起水泥石的破坏,称为碳酸腐蚀。
　　(4)软水腐蚀(溶出性腐蚀)
　　冷凝水、蒸馏水、雨水、雪水以及含重碳酸盐甚少的河水及湖水都属于软水。水泥石中氢氧化钙易溶解于软水,氢氧化钙的溶出会促使水泥石中其他水化物分解,而引起水泥石结构的破坏,强度降低。硬化水泥石受到软水溶析时,各种水化物中,溶解度最大的氢氧化钙首先会被溶出。当在静止及无水压的情况下,由于周围的水迅速被溶出的氢氧化钙所饱和,使溶解作用中止,氢氧化钙的溶出仅限于表面,影响不大。但当水泥石在流动水及压力水作用下,氢氧化钙会不断溶解流失,使水泥石结构的密实度降低,影响其性能。由于氢氧化钙不断溶出,水泥石中氧化钙浓度降低,当低于其他水化物能稳定存在的极限浓度时,就会引起这些水化物的分解,从而使水泥石结构遭到破坏,强度不断降低。

除了上述四种主要的腐蚀作用外,还有一些其他物质,如糖类、脂肪及强碱等对水泥也有腐蚀作用。一般来说,碱的溶液对水泥无害,因水泥水化物中的氢氧化钙本身就是碱性化合物。只有当碱溶液的浓度较高时,才会对硬化水泥石发生缓慢腐蚀,而温度升高则会使腐蚀作用加速。

2. 硅酸盐水泥腐蚀的防止方法

从对引起硅酸盐水泥腐蚀的原因可以看出,使硅酸盐水泥遭受腐蚀的根本原因,在于水泥石本身成分中存在有引起腐蚀的氢氧化钙和水化铝酸钙;另外也由于水泥石本身不够密实,使侵蚀性介质易于进入内部。因此根据产生腐蚀的原因,可采取以下防腐蚀措施。

第一,根据侵蚀环境特点,选择适当品种的水泥。

第二,尽量提高水泥石的密实度,减少渗透作用,如降低水灰比,掺加外加剂和混合材料等。

第三,当侵蚀作用较强时,可在混凝土或砂浆表面设置耐腐蚀性强且不透水的防护层,如采用耐酸石材、耐酸陶瓷、沥青及塑料等材料。

四、铝酸盐水泥

(一)铝酸盐水泥的矿物组成

铝酸盐水泥(又称矾土水泥)是以铝矾土和石灰石为原料,经煅烧制得的以铝酸钙为主要成分的熟料,经磨细制成的水硬性胶凝材料。铝酸盐水泥的主要矿物成分是铝酸一钙($CaO \cdot Al_2O_3$,简式 CA)和二铝酸一钙($CaO \cdot 2Al_2O_3$,简式 CA_2),还有少量硅酸二钙(C_2S)及其他铝酸盐。

(二)铝酸盐水泥的水化与硬化

铝酸盐水泥的水化和硬化主要是铝酸一钙的水化和结晶作用。在不同的温度下,铝酸一钙的水化生成物也不同。温度在20℃以下时,其反应公式如下:

$$CaO \cdot Al_2O_3 + 10H_2O \longrightarrow CaO \cdot Al_2O_3 \cdot 10H_2O$$
$$CA \qquad\qquad\qquad CAH_{10}$$

温度在20℃~30℃时,其反应公式如下:

$$2(CaO \cdot Al_2O_3) + 11H_2O \longrightarrow 2CaO \cdot Al_2O_3 \cdot 8H_2O + Al_2O_3 \cdot 3H_2O$$
$$C_2AH_8 \qquad\qquad 氢氧化铝凝胶$$

温度高于30℃时,其反应公式如下:

$$2(CaO \cdot Al_2O_3) + 12H_2O \longrightarrow 3CaO \cdot Al_2O_3 \cdot 6H_2O + 2(Al_2O_3 \cdot 3H_2O)$$
$$C_3AH_6 \qquad\qquad 氢氧化铝凝胶$$

从以上公式中可知,在较低温度下,水化物主要是CAH_{10}和C_2AH_8,呈细长针状和板状结晶连生体,形成骨架。析出的氢氧化铝凝胶填充于骨架空隙中,形成密实的水泥石。所以铝酸盐水泥水化后密实度大、强度高。当温度大于30℃时,水化生成物为C_3AH_6,强度则大为降低。

需要指出的是,CAH_{10}和C_2AH_8都是不稳定的,会逐步转化为C_3AH_6。这种转变会因温度升高而加速。晶体转变的结果,使水泥石析出游离水,增大了孔隙率;同时由强度高的晶体转化成强度低的C_3AH_5。由此可见,铝酸盐水泥在正常使用时,虽然硬化快、早期强度很高,但后期强度会大幅度下降,在湿热环境尤其严重。

(三)铝酸盐水泥的技术要求

1. 细度

比表面积不小于 $300m^2/kg$ 或 $0.045mm$ 筛余不得超过 20%。

2. 强度

铝酸盐水泥按 Al_2O_3 的含量百分数分为四类:
CA-50　$50\% \leqslant Al_2O_3 < 60\%$
CA-60　$60\% \leqslant Al_2O_3 < 68\%$
CA-70　$68\% \leqslant Al_2O_3 < 77\%$
CA-80　$77\% \leqslant Al_2O_3$
各类型水泥各龄期强度不得低于表 8-9 中的数值。

表 8-9　铝酸盐水泥各龄期胶砂强度值

水泥类型	抗压强度(MPa)				抗折强度(MPa)			
	6h	1d	3d	28d	6h	1d	3d	28d
CA-50	20	40	50		3.0	5.5	6.5	
CA-60		20	45	85		2.5	5.0	10.0
CA-70		30	40			5.0	6.0	
CA-80		25	30			4.0	5.0	

3. 凝结时间(胶砂)

CA-50、CA-70、CA-80 初凝时间不得早于 30min,终凝时间不得迟于 6h;CA-60 初凝时间不得早于 60min,终凝时间不得迟于 18h。

(四)铝酸盐水泥的特性与应用

(1)早期强度增长快,1d 强度可达最高强度的 80% 以上,所以比较适用于紧急抢修工程及要求早期强度高的特殊工程。

(2)长期强度有降低的趋势,强度降低可能是由于晶体转化造成,因此,在一般的混凝土结构工程中应禁止使用。另外,铝酸盐水泥不宜用于长期承重的结构及处在高温高湿环境的工程中。

(3)水化热大,且放热速度快,一天内即可放出水化热总量的 $70\% \sim 80\%$,因此铝酸盐水泥适用于冬期施工的混凝土工程,不宜用于大体积混凝土工程。

(4)耐热性较高,如采用耐火粗细骨料(铬铁矿等)可制成使用温度达 1 300~1 400℃的耐热混凝土。

(5)最适宜的硬化温度为 15℃ 左右,一般不得超过 25℃。因此铝酸盐水泥不适用于高温季节施工,也不适合采用蒸汽养护。

(6)铝酸盐水泥与硅酸盐水泥或石灰相混不但产生闪凝,而且由于生成高碱性的水化铝酸钙,使混凝土开裂,甚至破坏。因此,施工时除不得与石灰和硅酸盐水泥混合外,也不得与尚未硬化的硅酸盐水泥接触使用。

(7)抗硫酸盐侵蚀性强、耐酸性好,但抗碱性极差,不得用于接触碱性溶液的工程。

五、硫铝酸盐水泥

硫铝酸盐水泥是以无水硫铝酸钙为熟料主要成分的一种新型水泥。主要品种有快硬硫铝酸盐水泥、无收缩硫铝酸盐水泥、自应力硫铝酸盐水泥等。此类水泥以其早期强度高、干缩率小、抗渗性好、耐蚀性好,而且生产成本低等特点,在混凝土工程中得到广泛应用。下面主要对硫铝酸盐类水泥中的快硬硫铝酸盐水泥做简要介绍。

(一)快硬硫铝酸盐水泥的组成

凡以适当成分的生料,经煅烧所得以无水硫铝酸钙和硅酸二钙为主要成分的熟料,加入适量石膏磨细制成的早期强度高的水硬性胶凝材料,称为快硬硫铝酸盐水泥,代号为 R·SAC。

快硬硫铝酸盐水泥中的主要矿物成分有无水硫铝酸钙($4CaO·3Al_2O_3·CaSO_4$)、硅酸二钙($2CaO·SiO_2$)、石膏($CaSO_4·2H_2O$)。

(二)快硬硫铝酸盐水泥的水化反应

快硬硫铝酸盐水泥合水后,能迅速地与水发生复杂的水化反应。主要水化产物有水化硫铝酸钙晶体($3CaO·Al_2O_3·3CASO_4·32H_2O$,$3CaO·Al_2O_3·3CaSO_4·12H_2O$)、水化硅酸钙凝胶和铝胶。硬化后的水泥石,强度迅速增长,形成的水泥石以水化硫铝酸钙晶体为骨架,在骨架间隙中填充凝胶体,而且硬化过程有微膨胀,因此水泥石密度大,强度高。

(三)快硬硫铝酸盐水泥的技术要求

行业标准《快硬硫铝酸盐水泥》JC 714—1996 规定的技术要求如下所示。

(1)游离氧化钙水泥中不允许出现游离氧化钙。

(2)比表面积不得低于 $350m^2/kg$。

(3)凝结时间初凝不得早于 25min,终凝不得迟于 3h。

(4)强度各龄期强度均不得低于表 8-10 中的数值。

表 8-10　各龄期强度值 JC 714—1996

标号	抗压强度(MPa)			抗折强度(MPa)		
	1d	3d	28d	1d	3d	28d
425	34.5	42.5	48.0	6.5	7.0	7.5
525	44.0	52.5	58.0	7.0	7.5	8.0
625	52.5	62.5	68.0	7.5	8.0	8.5
725	59.0	72.5	78.0	8.0	8.5	9.0

(四)快硬硫铝酸盐水泥的特性和应用

1. 水化放热快

快硬硫铝酸盐水泥水化速度快,水化放热快,又因早期强度增长迅速,不易发生冻害,所以适用于冬季施工,但不宜用于大体积混凝土工程。

2. 凝结硬化快、早期强度高

快硬硫铝酸盐水泥凝结硬化快,早期强度高,以 3d 强度表示标号。该水泥 12h 已有相当高的强度,3d 强度与硅酸盐水泥 28d 相当。特别适用于抢修、堵漏、喷锚加固工程。

3. 耐蚀性好

快硬硫铝酸盐水泥硬化后的水泥石中不含 $Ca(OH)_2$、水化铝酸钙($3CaO \cdot Al_2O_3 \cdot 6H_2O$),又由于水泥石密实度高,所以耐软水、酸类、盐类腐蚀的能力好。适用于有耐蚀性要求的混凝土工程。

4. 微膨胀、密实度大

快硬硫铝酸盐水泥水化生成大量钒矾石晶体,产生体积膨胀,而且水化需要大量结晶水,所以硬化后水泥石致密不透水。适用于有抗渗、抗裂要求的接头、接缝的混凝土工程。

5. 耐热性差

由于快硬硫铝酸盐水化产物中含大量结晶水,遇高温失去结晶水结构疏松、强度下降。所以不宜用于有耐热要求的混凝土工程。

6. 低碱度

快硬硫铝酸盐水泥水泥石碱度低,对钢筋保护能力差,不适用于重要钢筋混凝土结构。由于碱度低,特别适用于玻璃纤维增强的混凝土制品。

第五节　涂　料

涂料是一类能涂覆于物体表面,并在一定条件下形成连续和完整涂膜的材料的总称。建筑物用的各类材料在受日光、大气、雨水等的侵蚀后,会发生腐朽、锈蚀和粉化,采用涂料能在材料表面形成一层致密而完整的保护膜,可保护基体免受侵害,延长使用寿命,美化环境。好的涂料应能满足使用功能上的要求,并具有适当的黏度和干燥速度,所形成的涂膜应能与基面牢固结合,具有一定的弹性、硬度和抗冲击性。同时应有良好的遮盖能力。

一、涂料的组成

涂料是由多种材料调配而成的复合物质,每种材料赋予涂料不同的性能,但是其主要成分是

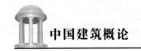

相同的,具体来说,主要包括以下几种成分。

(一)主要成膜物质

主要成膜物质包括油料(植物种子和动物的脂肪)和树脂(天然树脂和合成树脂)两类。天然油料的各方面性能,特别是耐腐蚀、耐老化性能都不如许多合成树脂,因此很少用它单独做防腐蚀涂料,但它能对一些金属氧化物或金属皂化物起到防锈作用,所以油料可用来改性各种合成树脂以制备防锈底漆。树脂分为天然树脂和合成树脂。天然树脂包括沥青、天然橡胶等,合成树脂可包括环氧树脂、酚醛树脂、乙烯类树脂等。

(二)次要成膜物质

次要成膜物质主要是指颜料。颜料是涂料的重要成分之一,它以微细粉状均匀分散于涂料介质中,赋予涂料色彩和质感。在涂料中加入颜料,不仅能使涂料更具有装饰性,更重要的是能改善涂料的物理和化学性能,提高涂层的机械强度、附着力、抗渗性和防腐蚀性能等,还可滤除有害光波,增进涂层的耐候性和保护性。按功能,颜料可分为着色颜料、防锈颜料(如红丹、磷酸辛、铝粉、云母)、体质颜料(如滑石粉、碳酸钙、硫酸钡)等。

(三)辅助成膜物质

辅助成膜物质包括溶剂、稀释剂和其他一些功能化辅助材料,如增塑剂(提高漆膜的柔韧性和抗冲击性)、触变剂(降低涂料在涂刷过程中的粘度以利于施工)、催干剂(加速漆膜的干燥)、固化剂、表面活性剂、防霉剂、紫外线吸收剂、防污剂等。

二、涂料的基本类型

涂料可以分为溶剂型涂料、水溶性涂料和乳胶漆三种,其具体情况如表 8-11 所示。

表 8-11　涂料的基本类型

类型	制作工艺	优 点	缺 点
溶剂型涂料	以高分子合成树脂为主要物质,有机溶剂为稀释剂,加入适量的颜料、填料(体质颜料)及辅助材料,经研磨而成	涂膜薄而坚硬,有一定的耐水性	有机溶剂价格高、易燃,挥发物质对人体有害
水溶性涂料	以水溶性树脂为主要成膜物质,以水为稀释剂,并加适量颜料、填料及辅助材料,经研磨而成	直接溶于水中,无毒、无味、工艺简单、涂膜光洁、平滑、耐燃性及透气性好、价格低廉	耐水性较差,潮湿地区易发霉
乳胶漆	将合成树脂以 0.1～0.5pm 的细微粒子分散于有乳化剂的水中构成乳液,以乳液为主要成膜物质,并加入适量颜料、填料和辅助原料共同研磨而成	以水为分散介质,无易燃溶剂,施工方便,可在潮湿基层上施工,耐候性、透气性好	必须在 10℃ 以上气温条件下施工

三、涂料中的外墙涂料

外墙涂料的主要功能是装饰和保护建筑物的外墙面,使建筑物外貌整洁美观,并延长其使用寿命。因此,外墙涂料一般色彩丰富多样,耐水性、耐候性、耐沾污性良好,施工及维修方便。在建筑中,常用的外墙涂料详见表 8-12。

表 8-12 常用外墙涂料

涂料名称	主要成膜物质	制作工艺	特点
过氯乙烯涂料	过氯乙烯树脂	在过氯乙烯树脂中掺入增塑剂、稳定剂、颜料和填充料等经混炼、切片后溶于有机溶剂中而成	有良好的耐腐蚀性、耐水性及抗大气性;涂料层干燥后,柔韧富有弹性,不透水,能适应建筑物因温度变化而引起的伸缩;与抹灰面、石膏板、纤维板、混凝土和砖墙粘结良好,可连续喷涂,用于外墙,美观耐久,防水,耐污染,便于洗刷
苯乙烯焦油涂料	苯乙烯焦油	在苯乙烯焦油为中掺加颜料、填充料及适量有机溶剂等,经加热熬制而成	具有防水、防潮、耐热、耐碱及耐弱酸的特性,与基面粘结良好,施工方便
聚乙烯醇缩丁醛涂料	聚乙烯醇缩丁醛树脂	以醇类溶剂为稀释剂,加入颜料、填料,经搅拌、混合、溶制、过滤而成	具有柔韧、耐磨、耐水等性能,并具有一定的耐酸碱性
丙烯酸酯涂料	热塑性丙烯酸酯合成树脂	由苯乙烯、丙烯酸丁酯、丙烯酸等单体,加入引发剂过氧化苯甲酰,溶剂二甲苯、醋酸丁酯等,通过溶液聚合反应而成	耐候性良好,长期光照、日晒、雨淋不易变色、粉化、脱落,与墙面结合牢度好,可在严寒季节施工,都能很好干燥成膜
聚氨酯系涂料	聚氨酯树脂或聚氨酯与其他树脂复合物	在聚氨酯树脂或聚氨酯与其他树脂复合物中加入颜料、填料、辅助材料组成的优质外墙涂料	具有橡胶般的高弹性性质,对基层裂缝有较大应变性,其涂层可耐 5 000 次以上伸缩疲劳而不发生断裂,有较好的耐水性、耐酸碱性,表面光泽度好,呈瓷砖样的质感,耐沾污性、耐候性好,经 1 000h 加速耐候试验,其伸长率、硬度、抗拉强度几乎不降低。但施工时应注意防火
彩色瓷粒外墙涂料(又称砂壁状建筑涂料)	丙烯酸类合成树脂	以丙烯酸类合成树脂为基料,以彩色瓷粒及石英砂粒等作骨料,掺加颜料及其他辅料配制而成	涂层色泽耐久,抗大气性和耐水性好,有天然石材的装饰效果,艳丽别致,是一种性能良好的外墙饰面
彩色复层凹凸花纹外墙涂料	水泥和细骨料	由水泥和细骨料组成,掺加适量缓凝剂,拌合成而成	可形成凹凸的富有质感的花纹,起罩光、着色及装饰作用

续表

涂料名称	主要成膜物质	制作工艺	特点
乙—顺乳胶漆	醋酸乙烯和顺丁烯二脂二丁酯	由醋酸乙烯和顺丁烯二脂二丁酯两种单体,用乳化剂和引发剂在一定温度下进行乳液聚合反应,制得乙—顺共聚乳液,掺入颜料、填料与助剂,经分散混合后配制而成	耐冻融性、耐水性及耐污染性均佳
乙—丙乳胶漆及厚涂料	乙—丙共聚乳胶液体	由醋酸乙烯和一种或几种丙烯酸酯单体借助非离子型乳化剂和无机过氧化物引发剂的作用,在一定温度下进行共聚反应制得乙—丙共聚乳胶液后,掺入颜料、填料、助剂、防霉剂等,经分散、混合后制成	有良好的光稳定性和耐候性;抗冻性、耐水性、耐污染性良好
无机建筑涂料	碱性金属硅酸盐或硅溶胶	在硅酸钠、硅酸钾、硅酸锂及其混合物加入相应固化剂或有机合成树脂乳液而成	耐水性能优异,水中浸泡 500h 无破坏;粘结力强,适用于混凝土预制板、砂浆、砖墙、石膏板等;耐老化性达 500～800h;成膜温度低(−5℃),施工方便,生产效率高,原材料来源丰富

四、涂料中的内墙涂料

内墙涂料主要功能是起装饰和保护室内墙面的作用,使其达到美观整洁。除色彩丰富、细腻外,内墙涂料还要求色彩浅淡、明亮,涂层质地平滑柔和,而且要有耐水性和耐洗刷性,同时透气性良好,涂刷方便,重涂容易,能够使室内保持优雅的生活环境。在建筑中,常用的内墙涂料详见表 8-13。

表 8-13　常用内墙涂料

涂料名称	主要成膜物质	制作工艺	特点
聚乙烯醇水玻璃涂料(又称 106 涂料)	聚乙烯醇树脂水溶液和钠水玻璃	在聚乙烯醇树脂水溶液和钠水玻璃中掺加颜料、填料及少量外加剂,经研磨加工而成	成本低、无毒、无臭味,能在稍潮湿的水泥和新、老石灰墙面上施工,粘结力好,干燥快,涂层表面光洁,能配成多种色彩(如奶白、奶黄、淡青、玉绿、粉红等色),装饰效果好
聚乙烯醇缩甲醛内墙涂料(又称 803 涂料)	聚乙烯醇缩甲醛	在聚乙烯醇缩甲醛为中掺加颜料、填料、石灰膏及其他助剂,经研磨加工而成	这种涂料无毒、无臭味,可喷可刷,涂层干燥快,施工方便,与新、老石灰墙面粘结良好。涂料色彩多样,装饰效果好,尚具有耐水、耐洗刷等特性

涂料名称	主要成膜物质	制作工艺	特点
聚醋酸乙烯乳液涂料	聚醋酸乙烯乳液	以聚醋酸乙烯乳液和颜料、填料,经混合配制而成,如果掺入云母粉、粗细砂粒能形成质感粗糙的涂层,称为乳液厚质涂料	该乳液涂料色泽好,抗大气性和耐水性高,无毒,不污染环境,施工操作方便,适用于砂浆、混凝土、木材表面的喷涂,涂膜透气性良好,涂膜细腻、平滑,有一定装饰效果
滚花涂料	108胶,106胶	由108胶,106胶和颜料、填充料等,分层刷涂、打磨、滚涂而成	这种涂料滚花后,貌似壁纸,色调柔和,美观大方,质感强;施工方便,耐水、耐久性好
氯—偏共聚乳液内墙涂料	氯乙烯—偏氯乙烯	由氯乙烯、偏二氯乙烯和丙烯酸丁酯三元共聚而成	该涂料具有无毒、无味、耐水、耐磨、涂膜快干、光洁美观、施工简便、耐碱、耐化学性、耐洗刷性好、附着力强等特点,可用于工业与民用建筑内墙及地下防潮工程
芳香内墙涂料	聚乙烯醇	以聚乙烯醇为基础原料,经过一系列化学反应制成基料,添加特种合成香料,颜料及其他助剂加工而成	具有色泽鲜艳、气味芳香、浓郁无毒、清香持久的特点,并具有净化空气、驱虫灭菌的功能,同时具有洗涤性、耐水性、涂膜表面光洁、附着力强、不脱粉等特性,适用于住宅楼宇、医院、宾馆等的内墙
内墙花样涂料	丙烯酸共聚乳液	以丙烯酸共聚乳液加以体质颜料、着色颜料和各种助剂制成	附着力强,硬度高,并带有光泽,耐污染,可喷涂、辊涂、刷涂,也可做成复层花样涂料,用于室内装饰,具有较好的装饰效果

五、涂料中的地面涂料

地面涂料主要功能是装饰和保护室内地面,使地面清洁美观,同时与墙面装饰相适应,让居住者处于优雅的室内环境之中,还要求涂料与地面有良好的粘结性能以及耐碱性、耐水性、耐磨性和抗冲击性,不易开裂或脱落,施工方便,重涂容易。在建筑中,常用的地面涂料详见表8-14。

表8-14　常见地面涂料

涂料名称	主要成膜物质	制作工艺	特点
过氯乙烯地面涂料	过氯乙烯树脂	在过氯乙烯树脂中掺入增塑剂、稳定剂和填料等,经混炼、滚轧、切片后溶于有机溶剂中配制而成	具有一定硬度、强度、抗冲击性、附着力和抗水性,生产工艺简单,施工方便,涂膜干燥快,涂布后,地面光滑美观,易于清洗

续表

涂料名称	主要成膜物质	制作工艺	特点
苯乙烯地面涂料	以苯乙烯焦油	在熬炼处理苯乙烯焦油后,加入颜料、填料、有机溶剂等原料而成	涂膜干燥快,与水泥砂浆、混凝土有很强的粘结力,同时有一定的耐磨性、抗水性、耐酸性和耐碱性,用于住宅建筑地面,效果良好
不饱和聚酯涂料	不饱和聚酯370－2	在不饱和聚酯370－2中加入固化剂过氯化环己酮,将其与苯二甲酸二丁酯共同研磨成浆,常用环烷酸钴为促进剂,用大理石渣作填料可制成磨石状地面	固化很快,一般12h后可以上人,进行磨光,缺点是固化后收缩较大,日后在使用过程中可能产生裂缝或起鼓现象
环氧树脂地面涂料	环氧树脂	固化剂为乙二胺、二乙烯三胺、三乙烯四胺等多胺类,为了改善其柔软性,常加入苯二甲酸二丁酯。稀释剂采用二甲苯、丙酮等,再加颜料、填料(细骨料以滑石粉为好,粗骨料选用砂或其他材料)经混合而成	与普通地面施工方法相同,但施工前地面必须干燥。地面可做成大理石花纹或仿水磨石地面等。涂布地面后进行养护,夏季4～8h,冬季为1～2d可固化,为使其充分固化,养护一星期后再交付使用。如果在使用前进行打蜡处理,则可提高其装饰效果和耐污染性
聚氨酯地面涂料	聚氨酯树脂	由聚氨酯预聚体、交联固化剂和颜料、填料等所组成	耐磨、耐水、抗渗、耐油、耐腐蚀,弹性好
聚乙烯醇缩甲醛胶水泥涂料	水溶性乙烯醇缩甲醛胶	用水溶性乙烯醇缩甲醛胶与普通水泥和一定量的氧化铁颜料组成	光洁美观,具有一定耐磨性、耐水性、耐热性、抗冲击性、耐化学药品性等

六、涂料中的防水涂料

防水涂料是为隔绝雨水、地下水及其他水渗透的材料。防水涂料的质量与建筑物的使用寿命密切相关。目前防水涂料的品种很多,特别是新型防水涂料,涂刷在防水基层上,在常温下就可固化,形成具有一定弹性的涂膜防水层,不仅防水性能好,而且安全性好,不必加热熬制,同时具有温度适应性强、操作简便等特点。目前,常用的防水涂料详见表8-15。

表8-15　常见防水涂料

涂料名称	特点
聚乙烯醇缩丁醛防水装饰涂料	成膜性好,粘结力强,漆膜柔韧、耐磨、耐晒,具有较好的防水性能,可配制成各种颜色,装饰效果良好
苯乙烯焦油涂料	具有良好的防水性和粘结力,有一定的耐酸、耐碱性。适用于各种轻型屋面板构件的自防水

续表

涂料名称	特点
氯丁橡胶—海帕伦涂料	弹性好,耐候性及抗基层发丝裂纹的能力较好
聚氨酯涂膜防水涂料	柔软、耐水、抗裂,富有弹性
JG-1 型防水冷胶料	高温不流淌,低温不脆裂,弹塑性能良好,粘结力强,干燥速度快,老化缓慢,操作简便,可在零摄氏度以下施工
JM-811 型防水涂料	具有较好的耐化学腐蚀性、抗渗性、粘结性和弹性,可以冷作业施工
JG-2 型防水冷胶料	有橡胶弹性、耐低温性、粘结性、不透水性,高温下不流淌,低温下不开裂,无毒无味

七、涂料中的其他涂料

(一)卫生灭蚊涂料

卫生灭蚊涂料以聚乙烯醇、丙烯酸酯为主要成膜物质,配以高效低毒的杀虫剂,加助剂配合而成。其色泽鲜艳、遮盖力强、耐湿擦性能好,对蚊蝇、蟑螂等虫害有很好杀灭作用。同时又具有耐热性、耐水性,附着力强,高效低毒,无不良反应,可用于居民住宅、食品贮藏室、医院、部队营房等工程。

(二)防静电涂料

防静电涂料以聚乙烯醇缩甲醛为基料,掺入防静电剂和多种助剂加工配制而成。具有质轻、层薄、耐磨、不燃、附着力强、有一定弹性、耐水性好等特点。

(三)超耐候型涂料

超耐候型建筑涂料以氟树脂涂料为代表,人工老化在 4 000 小时以上,耐候可达 20 年以上。特点是耐沾污性和化学稳定性好,雨水冲刷墙面后涂层如新涂刷的一样。可常温干燥,施工性能好。不足之处为生产工艺复杂,设备要求高,为了满足超耐候性要求,用的颜料以陶瓷颜料为主。

(四)高耐候弹性建筑涂料

高耐候弹性建筑涂料的涂膜具有优异的弹性,伸长可达 600%～800%,弹性附着力大于10MPa,即使在 $-20℃$ 仍具有良好的弹性和挠曲性,可解决底材 0.1～3mm 的裂缝,耐候性可达10～15 年。该涂料具有优异的耐候性、耐酸碱性、耐沾污性和防水性及很好的装饰性能和复合功能性,应用前景十分广阔。

(五)发光涂料

发光涂料是指能在夜间能指示、起标志作用的涂料。涂料由成膜物质、填充剂、荧光颜料等组成。具有耐候性、耐油性、抗老化性和透明性。可用于标志牌、广告牌、交通指示器、电灯开关、

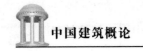

钥匙孔、门窗把手等。

（六）金属闪光色彩的气溶胶涂料

同醇酸树脂和丙烯酸树脂溶解到一些在常压条件下为气体、在加压密闭容器中为液体作动力溶剂的材料中,当打开容器喷嘴时,这种溶剂就能自动地喷射到建筑物上成膜。其动力溶剂为有机氟烃类和石油馏分中的低分子烃类等。加颜料、填料尚可配制各种色彩的涂料。

（七）纳米涂料

纳米是长度的计量单位,为 1m 的十亿分之一。人们把颗粒直径小于 100nm 的粉粒集合体称为纳米微粒。纳米微粒在"高档涂料"体系中,以其独特的物理、化学性能,包括常规材料所不具备的小尺寸效应、量子尺寸效应和表面界面效应,大幅度提高了涂料产品的悬浮稳定性、流变性、耐水洗刷性、附着力、光洁度、对比率、抗老化性和涂膜的表面硬度及自洁能力。目前的纳米涂料主要有硅基纳米涂料和纳米抗菌涂料。

1. 硅基纳米涂料

硅基纳米涂料是通过特殊工艺引入活性有机硅材料而制成的,具有高耐候性、耐沾污性,极佳的防水性,柔韧性好,硬度高,在隔热性能、保色性等方面也极具优势。

2. 纳米抗菌涂料

纳米抗菌涂料是采用稀土激活无机抗菌剂与纳米材料技术相结合的方式而制成的涂料,涂层的耐洗刷性、耐老化性及耐沾污性能均有显著增强,能够有效抑制细菌、霉菌的生长,吸收分解空气中的有机物及异味,可以有效地解决由于目前建筑密封性增强带来的有害气体不能尽快排出室外等环境污染问题。

（八）油漆涂料

油漆涂料的主要类型见表 8-16。

表 8-16　主要的油漆涂料

油漆涂料名称	制作工艺	特点
天然漆	漆树上取得的液汁,经部分脱水并过滤而得的棕黄色黏稠液体	漆膜坚硬,富有光泽,耐久、耐磨、耐油、耐水、耐腐蚀、绝缘、耐热($\leqslant 250℃$),与基底材料表面结合力强;缺点是黏度高而不易施工(尤其是生漆),漆膜色深,性脆,不耐阳光直射,抗强氧化剂和抗碱性差,漆酚有毒
调和漆	在熟干性油中加入颜料、溶剂、催干剂等调和而成	质地均匀,稀稠适度,漆膜耐蚀、耐晒,经久不裂,遮盖力强,耐久性好,施工方便,适用于室内外钢铁、木材等材料表面

续表

油漆涂料名称	制作工艺	特点
清漆	将树脂溶于溶剂中,加入适量催干剂而成	一般不掺颜料,涂刷于材料表面,溶剂挥发后干结成光亮的透明薄膜,能显示出材料表面原有的花纹。清漆易干,耐用,并能耐酸、耐油、可刷、可喷、可烤
磁漆(瓷漆)	在清漆基础上加入无机颜料而成	漆膜光亮、坚硬,酷似瓷(磁)器,附着力强,适用于室内装修和家具,也可用于室外的钢铁和木材表面
喷漆	由硝化纤维、醇酸树脂、溶剂或掺加颜料等配制而成	漆膜坚硬,附着力大,富有光泽,耐酸、耐热性好,是室内木器家具、金属装修件的常用涂料
夜光油漆	在调制时加入了一种能发光的光粉	白天可以储存光能,到了晚上则释放光能,涂在楼房的楼梯及走廊等处,在夜间不开灯也能方便行走
有机硅耐高温防腐漆	由有机硅树脂、超细锌粉、特种耐高温抗腐蚀颜料填料及助剂、固化剂、有机溶剂等组成	可常温自干,具有耐热、耐候性、耐腐蚀等优良性能,并具有电绝缘和良好的装饰性,可长期耐 40℃ 高温

第六节　混凝土

一、混凝土的结构

混凝土是当代最主要的土木工程材料之一。它是由胶结材料,骨料和水按一定比例配制,经搅拌振捣成型,在一定条件下养护而成的人造石材。混凝土具有原料丰富,价格低廉,生产工艺简单的特点,因而使其用量越来越大;同时混凝土还具有抗压强度高,耐久性好,强度等级范围宽,使其使用范围十分广泛。普通混凝土的缺点是表观密度大,抗拉强度低,性脆。

混凝土的结构如图 8-25 所示。

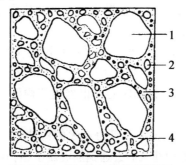

图 8-25　混凝土结构示意图

1—石子;2—砂;3—水泥浆;4—空气

由图 8-25 可以看出,水泥浆包裹砂粒并填充砂子空隙组成砂浆,砂浆包裹粗骨料并填充粗骨料的空隙,组成密实整体。

水泥浆起着胶结作用,并在拌合物中有减小砂粒、石子间摩擦的"润滑"作用,其用量多少对拌合物流动性和混凝土硬化后的性能有显著影响。骨料一般不与水泥起化学作用,其功用是构成混凝土骨架,减少水泥用量和减小混凝土体积收缩。

在普通混凝土中,水泥约占混凝土总重的 10%～15%,其余均为砂、石骨料,砂、石比例为 1:2 左右,空气的体积含量为 1%～3%。

二、混凝土的种类

关于混凝土的种类,依据不同的划分标准可有多种类型。

(1)按胶结材种类可分为水泥混凝土、沥青混凝土、硅酸盐混凝土、石灰混凝土、石膏混凝土及聚合物混凝土等。

(2)按表观密度可分为重混凝土、普通混凝土和轻混凝土。

(3)按用途可分为防水混凝土、结构用混凝土、装饰混凝土、耐火混凝土、耐酸混凝土及防辐射混凝土等。

(4)按施工工艺可分为普通混凝土、泵送混凝土、喷射混凝土、压力灌浆混凝土、离心混凝土等。

为了克服混凝土抗拉强度低的缺陷,人们还将水泥混凝土与其他材料复合,出现了钢筋混凝土、预应力混凝土、各种纤维增强混凝土及聚合物浸渍混凝土等。

三、混凝土的强度

混凝土拌合物经硬化后,应达到规定的强度要求。通常以混凝土的抗压强度作为其力学性能的总指标。混凝土的强度常常是混凝土抗压强度的简称。

(一)混凝土的强度等级

混凝土的强度等级是根据标准立方体试件(150mm×150mm×150mm)在标准条件下(温度 20±3℃,相对湿度 90% 以上)养护 28d 的抗压强度标准值确定的。所谓抗压强度标准值是指具有 95% 保证率的立方体抗压强度,也就是混凝土立方体抗压强度测定值的总体分布低于该值的百分率不超过 5%。

混凝土强度等级用符号 C 与其立方体抗压强度标准值 R^b(以 MPa 计)表示。分 C15、C20、C25、C30、C35、C40、C45、C50、C55、C60、C65、C70、C75、C80 共 14 个等级。

为了保证工程质量并节约水泥,设计时必须根据建筑构件所处部位及承受荷载的性质,选用不同强度等级的混凝土,具体如下。

C15～C20——用于垫层、基础、地坪及受力不大的构件。

C30～C40——用于工业与民用建筑的普通钢筋混凝土结构中的梁、板、柱、楼梯、屋架等部位。

C40 以上——用于吊车梁、预应力钢筋混凝土构件、大跨度结构及特种结构。

(二)混凝土强度的影响因素

1. 水泥强度和水灰比

混凝土的强度主要取决于水泥石的强度及其与骨料间的黏结力,两者都随水泥强度和水灰比而变。水灰比是混凝土中用水量与用灰(水泥)量的重量比,其倒数称为灰水比,是配制混凝土的重要参数。水灰比较小,混凝土中所加水分除去与水泥化合之后剩余的游离水较少,组成的水泥石中水泡及气泡较少,混凝土内部结构密实,孔隙率小,强度较高;反之,水灰比较大时,在水泥石中存在较多较大的水孔或气孔,在骨料表面(特别是底面)常有水囊或水槽孔道,不仅减小受力截面,而且在孔的附近以及骨料与水泥石的界面上产生应力集中或局部减弱,使混凝土的强度明显下降。

大量试验证明,在材料条件相同的情况下,混凝土强度随水灰比的增大而呈有规律下降的曲线关系。在常用的水灰比范围内(0.30~0.80),混凝土的强度与水泥标号和灰水比呈直线关系。

2. 骨料的质量

骨料本身强度一般都比水泥石的强度高(轻骨料除外),所以不直接影响混凝土的强度;但若使用低强度或风化岩石、含薄片石较多的劣质骨料时,会使混凝土的强度降低。表面粗糙并富有棱角的碎石,因与水泥的黏结力较强,所配制的混凝土强度较高。

3. 养护条件(温度和湿度)

当周围环境的温度较高,新拌或早期混凝土中的水泥水化作用加速,混凝土强度发展较快,反之温度较低,强度发展就慢。当温度降至零摄氏度以下,混凝土强度中止发展,甚至因受冻而破坏。周围环境干燥或者有风,则混凝土失水干燥,强度停止发展,而且因水化作用未能充分完成,造成混凝土内部结构疏松,甚至在表面出现干缩裂缝,对耐久性和强度均属不利。为保证混凝土在浇筑成型后正常硬化,应按有关施工规程,对混凝土表面进行覆盖,及时浇水养护,在一定的时间内保持足够的湿润状态。

4. 强度与龄期的关系

混凝土在正常养护条件下,强度在最初几天内发展较快,以后逐渐变慢,增长过程可延续数十年之久。混凝土强度随龄期而增长的曲线如图 8-26 所示。

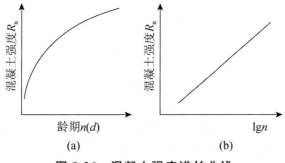

图 8-26　混凝土强度增长曲线

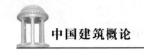

　　实践证明,混凝土在龄期为 3～6 个月时,其强度可较 28d 时高出 25％～50％。若建筑物的某个部位在 6 个月以后才可能满载使用,则该部位混凝土的设计强度可适当调整。水工混凝土由于施工期长,设计强度以 90d 强度确定,与一般建筑用混凝土(以 28d 强度确定)相比,可节约水泥。

四、混凝土的耐久性

　　为使混凝土结构或构件长期发挥其效能,正常工作,除要求混凝土具有设计的强度外,还应在所处的自然环境及使用条件下,具有相应的耐久性。混凝土的和易性良好、水灰比小、浇捣密实者孔隙率低,裂缝少,则外界水分和有害介质侵入较难,混凝土的耐久性较高。建筑设计人员在设计时应充分注意到混凝土的耐久性,具体主要从耐磨性、耐化学侵蚀性、干缩、抗渗性、抗碳化性、抗冻性几个方面入手。

(一)耐磨性

　　混凝土抵抗机械磨损的能力称为耐磨性,它与混凝土强度有密切的关系。提高水泥熟料中硅酸三钙和铁铝酸四钙的含量,提高石子的硬度,有利于混凝土的耐磨性。对一般有耐磨性要求的混凝土,其强度等级应在 C30 号以上,而耐磨性要求较高时应采用不低于 C40 的混凝土,并把表面做得平整光滑;对于磨损比较严重的部位,则应采用环氧砂浆、环氧混凝土、钢纤维混凝土、钢屑混凝土或聚合物浸渍混凝土等做成耐冲磨的面层;对于煤仓或矿石料斗等则需用铸石镶砌。

(二)耐化学侵蚀性

　　混凝土的化学侵蚀主要是水泥石在外界侵蚀性介质作用下受到破坏所引起的,故混凝土的耐侵蚀性与所用水泥的品种及混凝土本身的密实度有关。密实的和孔隙处于封闭状态的混凝土,环境水不易侵入,耐蚀性较强。

(三)干缩

　　混凝土因毛细孔和凝胶体中水分蒸发与散失而引起的体积缩小称为干缩,当干缩受到限制时,混凝土会出现干缩裂缝而影响耐久性。在一般工程设计中,采用的混凝土线收缩量为 0.000 15～0.000 2。混凝土收缩过大,会引起变形开裂,缩短使用寿命,因而在可能条件下,应尽量降低水灰比,减少水泥用量,正确选用水泥品种,采用洁净的砂石骨料,并加强早期养护。

(四)抗渗性

　　混凝土内部互相连通的孔隙和毛细管通路,以及蜂窝、孔洞等,都会造成混凝土渗水。实践证明,混凝土的水灰比小时抗渗性强,反之则弱,而当水灰比大于 0.6 时,抗渗性显著恶化。掺用适量加气剂,由于产生了不连通的微泡,截断了渗水的孔道,可以改善混凝土的抗渗性。

　　有抗渗要求的建筑构件,通常根据作用水头与构件最小厚度的比值来确定要求的抗渗等级。混凝土抗渗等级是按 28d 龄期的混凝土标准试件不透水时所能承受的最大水压确定。抗渗等级可分为 P6、P8、P10 及 P12 等级,分别表示一组 6 个试件中 4 个未发现有渗水现象时的最大水压为 0.6、0.8、1.0 及 1.2MPa。

(五)抗碳化性

碳化作用是空气中的二氧化碳由表及里向混凝土内部逐渐扩散,使其中氢氧化钙生成碳酸钙的反应的过程。由于水泥中氢氧化钙的中性化,使碱度降低,从而减弱了混凝土对钢筋的防锈保护作用且显著增加混凝土的收缩,使表面碳化层产生微细裂缝,混凝土的抗拉、抗折强度降低。为提高混凝土的抗碳化性,应该优先选用普通水泥或硅酸盐水泥,而不宜采用粉煤灰水泥或火山灰水泥,并须采用较小的水灰比,制成密实的混凝土,其钢筋的保护层厚度也应相应加大。

(六)抗冻性

混凝土的抗冻性以抗冻等级表示,以 28d 龄期的混凝土试件所能承受的冻融循环次数确定。如 F50,F100,分别表示混凝土能够承受反复冻融次数为 50 和 100 次。

混凝土抗冻等级的选择,是根据混凝土建筑物所在地区的气候条件、混凝土所处的部位和冬季水位变化频繁程度而定。为保证所用混凝土具有适应使用条件所需的密实度和抗冻性,在《普通混凝土配合比设计规程》(JGJ 55—2011)中规定了最大水灰比值和最小水泥用量值,如表 8-17 所示。

表 8-17 混凝土的最大水胶比和最小胶凝材料用量

环境类别	环境条件	最大水胶比	最小胶凝材料用量(kg)		
			素混凝土	钢筋混凝土	预应力混凝土
一	1. 室内干燥环境 2. 无侵蚀性静水浸没环境	0.60	250	280	300
二 a	1. 室内潮湿环境 2. 非严寒和非寒冷地区的露天环境 3. 非严寒和非寒冷地区与无侵蚀性的水或土体直接接触的环境 4. 严寒和寒冷地区的冰冻线以下与无侵蚀性的水或土体直接接触的环境	0.55	280	300	300
二 b	1. 干湿交替环境 2. 水位频繁变动环境 3. 严寒和寒冷地区的露天环境 4. 严寒和寒冷地区的冰冻线以上与无侵蚀性的水或土壤直接接触的环境	0.50	320		

续表

环境类别	环境条件	最大水胶比	最小胶凝材料用量（kg）		
			素混凝土	钢筋混凝土	预应力混凝土
三 a	1. 严寒和寒冷地区冬季水位变动区环境 2. 受除冰盐影响环境 3. 海风环境	≤0.45		330	

注：当用活性掺合料取代部分水泥时，表中的最大水灰比及最小水泥用量即为替代前的水灰比和水泥用量。

五、混凝土外加剂

混凝土外加剂一般指掺量在水泥重量 5％以下能起改性作用的物质，它的用量不多，但对改善拌合物的和易性，调节凝结硬化时间，控制强度发展和提高耐久性等方面起着显著作用。实践表明，在混凝土中合理使用外加剂具有良好的技术经济效果。近年来混凝土外加剂获得迅速的发展和推广，已成为混凝土的第五组分。最常用的外加剂为减水剂、引气剂（加气剂）、早强剂、速凝剂、缓凝剂和防水剂等，这里主要介绍减水剂、早强剂（快硬剂）和引气剂（加气剂）。

（一）减水剂

能保持混凝土工作性不变而显著减少其拌合水量的外加剂称为减水剂。减水剂多为表面活性物质。这些表面活性物质加入水泥浆中后定向吸附在水泥颗粒表面，加大了水泥颗粒间的静电斥力，使水泥颗粒充分分散，破坏其凝聚体结构，把原来凝聚体中包裹的游离水释放出来，有效地增加了拌合物的流动性。若保持工作性或流动性不变，则可大幅度减少拌合水，获得降低水灰比、提高密实性、增加强度，增强抗渗、抗冻性的良好效果。若保持原设计要求的强度不变，在混凝土中掺用适量减水剂则可在降低用水量的同时降低水泥用量。在混凝土中采用减水剂，可达到节约水泥的效果。

（二）早强剂（快硬剂）

加速混凝土早期强度发展的外加剂称为早强剂。早强剂对硅酸三钙和硅酸二钙的水化有催化作用，可用于冬季施工或抢修工程中。应用最早、价廉易得的早强剂是氯化钙，它易溶于水，对混凝土兼有一定的塑化作用。三乙醇胺与氯化钠、亚硝酸钠、二水石膏或硫酸钠等复合作用，可制成复合早强剂。

（三）引气剂（加气剂）

引气剂指加入混凝土中能产生微小气泡的外加剂。引气剂具有降低固—液—气相界面张力、提高气泡膜强度、并使气泡排开水分而吸着于固相（水泥粒子）表面的能力，能在搅拌过程中使混凝土内的空气形成孔径为 0.01～2mm 的微泡，稳定均匀分布于混凝土中，改进拌合物的流动性。由于新拌混凝土中的水分均匀地分布于大量微小气泡的表面，从而改善了拌合物的保水性和黏聚性,改善孔的结构特征(微小、封闭、均布),明显提高混凝土的抗渗性和抗冻性。但混凝土的强度常随含气量的增加而下降。引气剂掺量过大,会严重影响混凝土质量。

第七节 其他材料

除了上述材料外,在建筑中,还有不少其他材料,如合成高分子材料、防水材料、绝热材料、吸声材料、装饰材料、结构材料、围护材料等,此处主要介绍前四种。

一、合成高分子材料

合成高分子材料是指以高分子材料为主要成分或者作为辅助添加剂,在建筑工程中使用的各类材料,又称为化学建材,其主要原料是高分子化合物。高分子材料作为建材中主要成分使用的包括建筑塑料、建筑涂料、建筑胶粘剂、防水密封材料等,作为辅助添加剂的包括各种减水剂、增稠剂及聚合物改性砂浆中添加的高分子乳液或可再分散聚合物胶粉等。

由于高分子材料具有密度低、比强度(强度与质量之比)高、易加工成型、耐水、耐候、耐化学腐蚀及良好的装饰性等特点,已经成为继水泥、钢材、木材之后发展最为迅速的第四大类建筑材料,具有良好的发展前景。

(一)高分子化合物的基本知识

1. 高分子化合物的定义

高分子化合物是由千万个原子彼此以共价键连接的大分子化合物,通常指高聚物或聚合物。它的分子量很大,但其化学组成却比较简单,一个大分子往往是由许多相同的、简单的结构单元通过共价键重复连接而成。它是生产建筑塑料、胶粘剂、建筑涂料、高分子防水材料等材料的主要原料。

2. 高分子化合物的制备方法

由单体制备高分子化合物的基本方法有加聚反应和缩聚反应。

加聚反应是由相同或不相同的低分子化合物,相互加合成聚合物而不析出低分子副产物的反应,其生成物称"加聚物"。常见的加聚物有聚乙烯、聚氯乙烯、聚苯乙烯等。

缩聚反应是由许多相同或不同低分子化合物相互缩合成聚合物并析出低分子副产物的反应,其生成物称"缩聚物"。常见的缩聚物有酚醛树脂、环氧树脂、有机硅等。

3. 高分子化合物的分类

高分子化合物分类方法很多,常见的有以下两种。

(1)按分子链的几何形状分类

高分子化合物按其链节在空间排列的几何形状,可分为线型聚合物和体型聚合物。线型聚合物各链节连接成一长链,如图 8-27(a)所示,或带有支链,如图 8-27(b)所示,这种聚合物可以溶解在一定的溶剂中,可以软化,以至熔化。体型聚合物是线型大分子间相互交联,形成网状的三维聚合物,如图 8-27(c)所示,这种聚合物加热时不软化,也不能流动,一般不溶于有机溶剂,强度、硬度、脆性较高,塑性较差,只有少数的具有溶胀性。

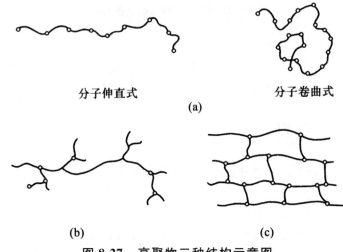

分子伸直式　　　　　　　　　　分子卷曲式
(a)

(b)　　　　　　　　　　(c)

图 8-27　高聚物三种结构示意图

(a)线型结构;(b)支链型结构;(c)网状体型结构

(2)按热性质分类

高分子化合物按其在热作用下所表现的性质不同,可分为热塑性聚合物和热固性聚合物。

线型结构的聚合物为热塑性聚合物,它的密度、熔点都较低,主要包括所有的加聚物和部分缩聚物。

体型结构的聚合物为热固性聚合物,它的密度和熔点都较高,其特点是坚硬、脆性大,缺乏弹性和塑性,主要包括大部分缩聚物。

4. 高分子化合物的主要性质

(1)物理力学性质

高分子化合物的密度小,导热性很小,是一种很好的轻质保温隔热材料。它的电绝缘性好,是极好的绝缘材料。它的比强度高,是极好的轻质高强材料。由于它的减震、消音性好,一般可制成隔热、隔声和抗震材料。

(2)化学及物理化学性质

①老化

在光、热、大气作用下,高分子化合物的组成和结构会发生变化,致使其性质变化如失去弹性、出现裂纹、变硬、脆或变软、发黏失去原有的使用功能,这种现象称为老化。

②耐腐蚀性

一般的高分子化合物对侵蚀性化学物质(酸、碱、盐溶液)及蒸汽的作用具有较高的稳定性。但有些聚合物在有机溶液中会溶解或溶胀,使几何形状和尺寸改变,性能恶化,使用时应注意。

③可燃性及毒性

聚合物一般属于可燃的材料,但可燃性受其组成和结构的影响有很大差别。如聚苯乙烯遇明火会很快燃烧起来,而聚氯乙烯则有自熄性,离开火焰会自动熄灭。一般液态状态的聚合物几乎全部有不同程度的毒性,而固化后的聚合物多半是无毒的。

(二)高分子在建筑材料中的应用

1. 建筑塑料

与传统的水泥混凝土、钢材、木材等相比,高分子建筑塑料具有节能、自重轻、耐水、耐化学腐蚀、外观美丽以及安装方便等优点,已经广泛地应用于各个建筑领域。目前,已广泛使用的建筑塑料有给排水系统、电器护套系统、热收缩管系统、塑料门窗系列、板材、壁纸、地板卷材、地板毡、装饰装修材料、卫生洁具和家具等。在制备上,塑料以天然树脂或合成树脂为主要材料,在一定温度和压力下塑制成型。

(1)塑料的基本组成

塑料主要由以下几种成分组成。

第一,树脂。树脂是塑料中的主要组分,在单组分塑料中树脂含量接近100%,多组分塑料中树脂的含量约占30%~70%。树脂分为天然树脂和合成树脂,在现代塑料工业中主要采用合成树脂。

第二,填料。填料又称为填充料。填料一般为化学性质不活泼的粉状、片状和纤维状的固体物质。常用的粉状填料如滑石粉、木粉、石灰石粉、炭黑等,片状填料如棉布、纸张、木材单片等,纤维状填料如石棉纤维、玻璃纤维等。

第三,增塑剂。增塑剂为分子量小、熔点低、难挥发的有机化合物。增塑剂可以增加塑料的柔顺性和可塑性,减小材料的脆性。常用的增塑剂有邻苯二甲酸二甲酯、邻苯二甲酸二辛酯、二苯甲酮、樟脑等。

第四,稳定剂。稳定剂的加入可以防止某些塑料在外界环境作用下的过早老化,延长塑料的使用寿命。稳定剂应是耐水、耐油、耐化学侵蚀的物质,能与树脂相容,并在成型过程中不发生分解。常用的稳定剂有抗氧化剂和紫外吸收剂等。

第五,固化剂。固化剂可以在聚合物中生成交联键,使聚合物材料的耐热性能得到极大提高,由受热可塑的线型结构变成体型的热稳定结构。固化剂的种类很多,随塑料品种及加工条件的不同而异。

第六,着色剂。着色剂可以使塑料具有绚丽的色彩和光泽。着色剂除满足色彩要求外,还应具有分散性好,附着力强,不与塑料成分发生化学反应,不退色等特性。

第七,润滑剂。润滑剂的加入是出于加工成型的要求。它可以防止在加工过程中将模具粘住,能改善塑料在加工成型时的流动性和脱模性。常用的润滑剂有硬脂酸钙、石蜡等。

除以上的组分外,根据塑料制品的用途,还可以加入相应的添加剂使塑料具有特定的性能。

(2)常用的建筑塑料

建筑塑料几乎已应用于建筑物的每个角落,美化了环境,提高了建筑物的功能,还节省能源。从加工成型的角度来看,建筑塑料分为热塑性塑料和热固性塑料两类。

热塑性塑料在建筑高分子材料中占80%以上,以热塑性树脂为基本材料,一般具有线型或支链结构,受热时会软化而受压进行模塑加工,冷却至软化点以下能保持模具形状。其质轻、耐磨、润滑性好、着色力强,但耐热性差、易变形、易老化。常用的热塑性塑料有聚乙烯、聚氯乙烯、

聚丙烯、聚苯乙烯等。

热固性塑料以热固性树脂为主要材料,加工成型后成为不溶不熔状态,一般具有网状体型结构,受热后不会再软化,强热会分解破坏。热固性塑料的耐热性、刚性、稳定性较好。常用的热固性塑料有酚醛树脂、环氧树脂、聚氨酯、聚酯、脲醛树脂等。

2. 建筑胶粘剂

胶粘剂又称粘合剂、粘结剂,是一种能在两个物体表面间形成薄膜,并能把它们紧密粘结在一起的物质。胶粘剂在建筑上的应用十分广泛,是不可缺少的配套材料之一。随着现代建筑工业的发展,许多装饰材料和特种功能材料在安装施工时均会涉及它们与基体材料的粘结问题。此外,混凝土裂缝和破损也常采用胶粘剂进行修补,粘结比传统方法更灵活、方便、可靠,因此粘结技术和粘结材料是发展最快的新技术之一。

(1)胶粘剂的组成

胶粘剂是一种由多组分物质组成的,具有粘结性能的材料。根据各种材料的不同粘结要求,胶粘剂的粘结性能各异,因此其组成比较复杂。除了其粘结作用的基本组成粘剂(粘料)外,为了使胶粘剂起到较好的粘结效果,一般还要加入一些配合剂。

第一,粘料。粘料是胶粘剂的基本组成,又称基料,它使胶粘剂具有粘结特性。粘料一般由一种或几种聚合物配合组成。用于结构受力部位的胶粘剂以热固性树脂为主,而用于变形较大部位的胶粘剂则以热塑性树脂或橡胶为主。

第二,固化剂。固化剂是调节或促进固化反应的单一物质或混合物,能使胶粘剂与粘结材料发生交联反应,使线型分子转变为体型分子,形成不溶不熔的网状结构的高聚物,常用的有酸酐类、胺类等。

第三,填料。填料一般不参加化学反应,加入填料可以降低胶粘剂的成本并改善胶粘剂的性能,如增大粘度,减小收缩性,提高强度和耐热性。常用的填料有石英粉、滑石粉、水泥以及各种金属与非金属氧化物。

第四,稀释剂。稀释剂用于调节胶粘剂的粘度、增加胶粘剂的涂敷浸润性。一般情况下,稀释剂的用量越大则粘结强度越小。

第五,偶联剂。偶联剂的分子一般都含有两部分性质不同的基团。常用的偶联剂有硅烷偶联剂,如 KH550、KH560。

第六,增塑剂。增塑剂通常是高沸点、不易挥发的液体或低熔点的固体,其应该具有较好的与基料的相容性及耐热、耐光、抗迁移性。常用的增塑剂有磺酸苯酚、氯化石蜡等。

此外,为了满足某些特殊的要求,有时还要在胶粘剂中加入防腐剂、防震剂、稳定剂等。

(2)常用胶粘剂

常用的胶粘剂主要有热塑性树脂胶粘剂、热固性树脂胶粘剂和橡胶胶粘剂。

热塑性树脂胶粘剂主要有聚醋酸乙烯酯乳液胶粘剂和聚乙醇缩甲醛胶,前者常用作非结构型胶粘剂,粘结各种非金属材料,如木材、塑料壁纸、陶瓷等,还可配制乳液涂料、乳液腻子等;后者常用于粘结塑料壁纸和玻璃布等,也可用于配制内、外墙和地面用的涂料及腻子等。

热固性树脂胶粘剂主要有环氧树脂和丙烯酸酯类胶粘剂,前者与金属、木材、塑料、橡胶、混凝土等均有很高的粘结力,还可用于混凝土构件补强,裂缝修补,配制涂料和防水防腐材料等,有万能胶之称;后者也称"瞬干胶",胶使用方便,胶结表面不必打毛,且容易清除,如常用的 502 胶。

橡胶胶粘剂是以橡胶为基料配制而成的胶粘剂,富有柔韧性,有优异的耐蠕变、耐挠曲及耐冲击震动等特性,起始粘结性高,但耐热性差,用于橡胶、金属和非金属等多种材料的粘结。常用的这类胶粘剂有氯化天然橡胶胶粘剂、氯丁橡胶胶粘剂、丁苯橡胶胶粘剂等。

二、防水材料

防水材料是建筑工程不可缺少的主要建筑材料之一,它在建筑物中起防止雨水、地下水与其他水分渗透的作用。随着科学技术的进步,防水材料的品种、质量都有了很大发展。具体而言,在建筑工程中,常用的防水材料有以下几种。

(一)沥青材料

沥青是一种憎水性的有机胶结材料,它不仅本身构造致密,且能与石料、砖、混凝土、砂、木料、金属等材料牢固地粘结在一起。以沥青或以沥青为主要组成的材料和制品,都具有良好的隔潮、防水、抗渗及耐化学腐蚀、电绝缘等性能,主要用于屋面、地下以及其他防水工程、防腐工程和道路工程。

1. 石油沥青

石油沥青是石油原油经蒸馏等提炼出各种石油产品(如汽油、煤油、柴油、润滑油等)以后的残留物,或再经加工而得的产品。它能溶于二硫化碳、氯仿、苯等有机溶剂中,在常温下呈褐色或黑褐色的固体、半固体或黏稠液体状态,受热后变软,甚至具有流动性。

石油沥青是由碳及氢组成的多种碳氢化合物及其衍生物的混合体。由于石油沥青的化学组成复杂,因此从使用角度,可将沥青中化学特性及物理、力学性质相近的化合物划分为若干组,包括油分、树脂(沥青脂胶)、地沥青质,这些组即称为"组分"。

石油沥青的技术性质主要包括黏性、塑性、温度敏感性、大气稳定性、耐蚀性、防水性等。前四种性质是石油沥青材料的主要性质,针入度、延度、软化点是评价沥青质量的主要指标,也是决定沥青牌号的主要依据。此外,石油沥青施工中安全操作的温度用闪点、燃点表示。闪点是指沥青加热至挥发出可燃气体,与火焰接触闪火时的最低温度。燃点是表示若继续加热,一经引火,燃烧就将继续下去的最低温度。施工熬制沥青的温度不得超过闪点。

选用沥青材料时,应根据工程性质(房屋、道路、防腐)及当地气候条件,所处工作环境(屋面、地下)来选择不同牌号的沥青(或选取两种牌号沥青混合使用)。在满足使用要求的前提下,尽量选用较大牌号的石油沥青,以保证在正常使用条件下,石油沥青有较长的使用年限。

一般情况下,屋面沥青防水层不但要求黏度大,以使沥青防水层与基层牢固粘结,更主要的是按其温度敏感性选择沥青牌号。对于夏季气温高,而坡度又大的屋面,常选用 10 号、30 号石油沥青,或者 10 号与 30 号或 60 号掺配调整性能的混合沥青。但在严寒地区一般不宜直接选用 10 号石油沥青,以防冬季出现冷脆破裂现象。

当沥青用于地下防潮、防水工程时,一般对软化点要求不高,但其塑性要好,黏性较大,以使沥青层能与建筑物粘结牢固,并能适应建筑物的变形,而保持防水层完整,不遭破坏。

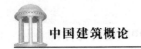

2. 改性沥青

建筑上使用的沥青要求具有一定的物理性质和黏附性,即低温下有弹性和塑性;高温下有足够的强度和稳定性;加工和使用条件下有抗"老化"能力;与各种矿料和结构表面有较强的黏附力;对构件变形的适应性和耐疲劳性。通常石油加工厂制备的沥青不能满足这些要求,为此,常采用以下方法对石油沥青进行改性。

(1)橡胶改性沥青

橡胶是以生胶为基础加入适量的配合剂组成的具有高弹性的有机高分子化合物。即使在常温下它也具有显著的高弹性能,在外力作用下会产生很大的变形,除去外力后能很快恢复原来的状态。橡胶是沥青的重要改性材料,它和沥青有很好的混溶性,并能使沥青具有橡胶的优点,如高温变形性小,低温柔性好等。此外沥青中掺入橡胶后,可使其性能得到很好的改善,如耐热性、耐腐蚀性、耐候性等得以提高。橡胶改性沥青可制成卷材、片材、胶粘剂、密封材料和涂料等,用于道路路面工程、密封材料和防水材料等。常用的品种有氯丁橡胶改性沥青、丁基橡胶改性沥青和再生橡胶改性沥青等。

(2)树脂改性沥青

用树脂对石油沥青进行改性,使沥青的耐寒性、耐热性、粘结性和不透气性提高,如石油沥青加入聚乙烯树脂改性后可制成冷粘贴防水卷材等。常用的品种有古马隆树脂改性沥青、聚乙烯树脂改性沥青、聚丙烯树脂改性沥青、酚醛树脂改性沥青等。

(3)橡胶和树脂改性沥青

橡胶和树脂同时用于改善沥青的性质,使沥青具有橡胶和树脂的特性,如耐寒性,且树脂比橡胶便宜,橡胶和树脂又有较好的混溶性,故效果较好。橡胶和树脂改性沥青主要有卷材、片材、密封材料和防水涂料等。

(4)稀释沥青

稀释沥青是用稀释剂对沥青稀释的产物,它是将沥青熔化后,用汽油或煤油、轻柴油、苯等溶剂(稀释剂)溶合而配成的沥青涂料。由于它多在常温下用于防水工程的底层,故名冷底子油。它的流动性好,便于喷涂,将稀释沥青涂刷在混凝土、砂浆或木材等基面后,能很快渗透进基面,溶剂挥发后,便与基面牢固结合,并使基面有憎水性,为粘结同类防水材料创造了有利条件。稀释沥青通常随用随配,若贮存时,应使用密闭容器,以防止溶剂挥发。

(5)沥青玛蹄脂

沥青玛蹄脂是在沥青中掺入适量粉状或纤维状矿质填充料经均匀混合而制成,主要用于粘贴卷材、嵌缝、接头、补漏及做防水层的底层。沥青玛蹄脂中掺入填充料,不仅可以节省沥青,更主要的是为了提高沥青玛蹄脂的粘结性、耐热性和大气稳定性。填充料加入量一般为10%~30%,由试验决定。

沥青玛蹄脂有冷用及热用两种。冷用沥青玛蹄脂是将沥青熔化脱水后,缓慢地加入稀释剂,再加入填充料搅拌而成,它可在常温下施工,改善劳动条件,同时减少沥青用量,但成本较高。在配制热沥青玛蹄脂时,应待沥青完全熔化脱水后,再慢慢加入填充料,同时应不停的搅拌至均匀为止,要防止粉状填充料沉入锅底。填充料在掺入沥青前应干燥并宜加热。

(6)沥青的掺配

某一种牌号的石油沥青往往不能满足工程技术要求,因此需用不同牌号沥青进行掺配。

进行两种沥青掺配时,首先按下述公式计算,然后再进行试配调整:

$$较软沥青掺量(\%)=\frac{较硬沥青软化点-要求的软化点}{软硬沥青软化点-较软沥青软化点}\times100$$

$$较硬沥青掺量(\%)=100-较软沥青掺量$$

(二)防水卷材

卷材是一种用来铺贴在屋面或地下防水结构上的防水材料。防水卷材分为有胎卷材和无胎卷材两类,凡用厚纸、石棉布、玻璃布、棉麻织品等作为胎料,浸渍石油沥青、改性石油沥青或合成高分子聚合物等制成的卷状材料,称"有胎卷材"(亦称"浸渍卷材");以沥青、橡胶或树脂为主体材料,配入填充料改性材料等添加料,经混炼、压延或挤出成型而制得的卷材称"无胎卷材"。

按其基材种类分,防水卷材可分为沥青基防水卷材、改性沥青防水卷材和高分子防水卷材三大类。目前我国最常见的防水卷材是改性沥青防水卷材类。

1. 沥青防水卷材

(1)油纸及油毡

油纸是以熔化的低软化点的沥青浸渍原纸所制成的一种无涂盖层的纸胎防水卷材,适用于建筑防潮和包装,也可用于多层防水层的下层。

油毡是用较高软化点的热沥青,涂盖油纸的两面,然后再涂或撒隔离材料所制成的一种纸胎防水卷材,适用于多层防水层的各层和面层。

(2)其他有胎卷材

沥青玻璃布油毡是以玻璃纤维织成的布作胎基,直接用高软化点沥青浸涂玻璃布两面,撒上滑石粉或云母粉而成的一种防水卷材。这种油毡是重要工程中常用的防水卷材,也常用于金属管道(热管道除外)防腐保护层等。

其他有胎卷材还有以麻布、合成纤维等为胎基,经浸渍、涂敷、撒布制成的石油沥青麻布油毡、沥青玻璃纤维油毡等。它们的性能均好于纸胎沥青油毡,更适合用于地下防水、屋面防水层、化工建筑防腐工程等。

2. 改性沥青防水卷材

改性沥青防水卷材分弹性体改性沥青防水卷材和塑性体改性沥青防水卷材两大类。

(1)弹性体改性沥青防水卷材

弹性体改性沥青防水卷材是热塑性弹性体改性沥青(简称弹性体沥青)涂盖在经沥青浸渍后的胎基两面,上表面撒以细砂、矿物粒(片)料或覆盖聚乙烯膜,下表面撒以细砂或覆盖聚乙烯膜所制成的防水卷材,适用于建筑屋面、地下及卫生间等的防水防潮,以及游泳池、隧道、蓄水池等的防水工程,尤其适用于寒冷地区的建筑物防水,并可用于Ⅰ级防水工程。胎基材料主要为聚酯无纺布、玻璃纤维毡,也可使用麻布或聚乙烯膜。目前,国内生产的主要为 SBS 改性沥青柔性防水卷材。弹性体沥青防水卷材施工时可用热熔法施工,也可用胶粘剂进行冷粘贴施工,其包装、贮运基本与石油沥青油毡相似。

（2）塑性体改性沥青防水卷材

塑性体改性沥青防水卷材是热塑性树脂改性沥青（简称塑性体改性沥青）涂盖在经沥青浸渍后的胎基两面，在上表面撒以细砂、矿物粒（片）料或覆盖聚乙烯膜，下表面撒以细砂或覆盖聚乙烯膜所制成的一种沥青防水卷材。胎基材料有玻纤毡、聚酯毡等。其适用范围除了与弹性体改性沥青防水卷材的适用范围基本一致外，尤其适用于高温或有强烈太阳辐射地区的建筑物防水。目前生产的主要为 APP 改性沥青防水卷材。

3. 高分子防水卷材

高分子防水卷材系以橡胶或高聚物为主要原料，掺入适量填料、增塑剂等改性剂经混炼造粒、压延等工序制成的防水卷材。目前国内应用较广的高分子防水卷材主要有三元乙丙橡胶防水卷材、氯丁橡胶防水卷材和聚氯乙烯防水卷材。

（1）三元乙丙橡胶防水卷材

三元乙丙橡胶防水卷材是以三元乙丙橡胶为主体，掺入适量的填充料、硫化剂等添加剂，经密炼、压延或挤出成型及硫化而制成。三元乙丙橡胶是一种合成橡胶，因而三元乙丙橡胶卷材宜用合成橡胶胶粘剂粘贴，粘贴可采用全粘贴或局部粘贴等多种方式。它适用于屋面、地下、水池防水，化工建筑防腐等。

（2）氯丁橡胶防水卷材

氯丁橡胶防水卷材是以氯丁橡胶为主体，掺入适量的填充剂、硫化剂、增强剂等添加剂，在经过密炼、压延或挤出成型及硫化而制成。氯丁橡胶卷材宜用氯丁橡胶胶粘剂粘贴，施工方法用全粘法。它适用于屋面、桥面、蓄水池及地下室混凝土结构的防水层等。

（3）聚氯乙烯防水卷材

聚氯乙烯防水卷材是以聚氯乙烯为主体，掺入填充料、软化剂、增塑剂及其他助剂等，经混炼、压延或挤出成型而成。聚氯乙烯本身的低温柔性和耐老化性较差，通过改性之后，性能可以得到改善，可以满足建筑防水工程的要求。它除适用地下、屋面等防水外，尤其适用特殊要求防腐工程。

（三）防水油膏

防水油膏是表面能够成膜的粘结膏状材料，广泛用于钢筋混凝土大型屋面板和墙板的接缝处，作为嵌缝之用，也叫密封材料，主要包括以下两种。

1. 氯丁橡胶油膏

氯丁橡胶油膏是以氯丁橡胶和丙烯系塑料为主体材料，掺入少量增塑剂、硫化剂、增韧剂、防老剂、溶剂填充料配制而成的一种黏稠膏状体，主要用于屋面及墙板的嵌缝，也可用于垂直面纵向缝、水平缝和各种异形变形缝等。

2. 沥青建筑油膏

沥青建筑油膏是以石油沥青为基料，加入改性材料、稀释剂及填充料混合制成的冷用膏状材料。改性材料有废橡胶粉和硫化鱼油。稀释剂有重松节油、机油。填充料有石棉绒和滑石粉等。它适用于预制屋面板的接缝及各种大型墙板拼缝的防水处理。在使用时，应保证板缝洁净干燥，先涂刷一道冷底子油,待其干燥后即嵌填油膏。油膏表面可加石油沥青、油毡、砂浆、塑料为覆盖层。

(四)其他防水材料

1. 防水剂

防水剂是由化学原料配制而成的一种能起到速凝和提高水泥砂浆或混凝土不透水性的外加剂,主要包括以下三种。

(1)有机硅防水剂

有机硅防水剂为有机硅酸钠的水溶液,涂布于建筑物表面,由于钠盐被空气中的碳酸气分解而生成不溶解性的有机硅聚合物的防潮防水涂膜,适用于一般建筑物排水防潮涂饰,尤其适用于潮湿物表面涂饰,能防止由于风化及冷热循环而引起的开裂,并能减少污染。

(2)氯化铁防水剂

氯化铁防水剂主要由氯化亚铁、三氯化铁,及少量的氯化钙、氯化铝、盐酸以及用来改善其性能的其他外加剂。将氯化铁防水剂掺入水泥砂浆或混凝土中,能增加砂浆或混凝土的密实性,能显著提高抗渗性(抗水和抗汽油)并能提高强度,适用于地下室、水池、水塔及设备基础的刚性防水,以及其他结构物的防水、堵漏等。

(3)金属皂类防水剂

它是采用碳酸钠、氢氧化钾等碱金属化合物,掺入氨水、硬脂酸和水配制而成的一种乳白色浆体,掺入水泥后能生成不溶性的物质,堵塞硬化后混凝土内的各种毛细孔隙,形成憎水性壁膜,因而能显著提高砂浆或混凝土的密实性和不透水性,适用于民用建筑屋面、地下室、水池、水塔等的防水抹面砂浆或拌制防水混凝土。

2. 粉状防水材料

粉状防水材料(拒水粉或防水粉),是利用矿物粉或其他粉料与有机憎水剂、抗老剂和其他助剂等采用机械力化学原理,使基料中的有效成分与添加剂经过表面化学反应和物理吸附作用,生成链状或网状结构的拒水膜,包裹在粉料的表面,使粉料由亲水材料变为憎水材料,达到防水效果。粉状防水材料具有松散、应力分散、透气不透水、不燃、抗老化、性能稳定等特点,适用于屋面防水、地面防潮,地铁工程的防潮、抗渗等。

粉状防水材料目前主要有两种类型。一种是以轻质碳酸钙为基料,通过与脂肪酸盐作用形成长碳链憎水膜包裹在粉料表面;另一种是以工业废渣(炉渣、矿渣、粉煤灰等)为基料,利用其中有效成分与添加剂发生反应,生成网状结构拒水膜,包裹其表面。这两种粉末即为拒水粉。

三、绝热材料

绝热材料是指建筑上将主要起到保温、隔热作用,且导热系数不大于 $0.23W/m \cdot K$ 的材料,主要用于屋面、墙体、地面、管道等的隔热与保温,以减少建筑物的采暖和空调能耗,并保证室内的温度适宜于人们工作、学习和生活。绝热材料的基本结构特征是轻质(体积密度不大于 $600kg/m^3$)、多孔(孔隙率一般为 $50\%\sim95\%$)。绝热材料除应具有较小的导热系数外,还应具有适宜的强度、抗冻性、防火性、耐热性、耐低温性、耐腐蚀性,有时还需具有较小的吸湿性或吸水性等。

(一)绝热材料绝热性能的影响因素

绝热材料的绝热性能主要用热导率表示。材料的热导率决定于材料构造和表现密度、湿度和温度,也与热流方向等因素有关。

1. 材料构造和表观密度的影响

材料中固体物质的导热能力要比空气大得多,表观密度小的材料,孔隙率高,热导率小。热导率尚与材料孔隙大小及特征等有关。在孔隙率相同条件下,孔隙尺寸大,热导率就大;孔隙互相连通比封闭而不相连通者,热导率大。对于表观密度较小的材料,特别是纤维状材料,当表观密度低于某一极限时,热导率反而会增大。这是由于孔隙增大,且互相连通的孔隙增多,而使热对流作用加强之故。

2. 湿度和温度的影响

材料受潮后,其热导率增大,在多孔材料中最为明显。这是由于在材料的孔隙中有了水分(包括水蒸气和液态水)后,除孔隙中剩余的空气分子的导热、对流外,部分孔壁结成冰,热导率将更大。

材料的热导率随温度增高而增大。温度升高时,材料固体分子的热运动增强,同时材料孔隙中空气的导热和孔壁间的辐射作用也增强。当温度在 $0 \sim 50℃$ 时这种影响并不显著,只有处于高温或低温下的材料,才会考虑这种温度影响。

3. 热流方向的影响

对于各向异性的材料,如木材等纤维质材料,当热流平行于纤维延伸方向时,热流受到阻力小,而热流垂直于纤维方向时,热流受到阻力大。

在以上各项因素中,以表观密度和湿度的影响为最大。

(二)常用绝热保温材料的主要组成、特性和应用

常用绝热保温材料的主要组成、特性和应用见表8-18。

表 8-18 常用绝热保温材料的主要组成、特性和应用

品种	主要性质	主要组成材料	主要应用
矿渣棉	体积密度≤150kg/m³、导热系数≤0.044W/(m·K),最高使用温度为650℃	熔融矿渣用离心法制成的纤维絮状物	绝热保温填充材料
岩棉	体积密度≤150kg/m³、导热系数<0.044W/(m·K)	熔融岩石用离心法制成的纤维絮状物	绝热保温填充材料
沥青岩棉毡	体积密度为 130~160kg/m³、导热系数为 0.049~0.052W/(m·K)、最高使用温度250℃	以沥青粘结岩棉,经压制而成	墙体、屋面、冷藏库等
岩棉板(管壳、毡、带等)	体积密度≤40~300kg/m³、导热系数为0.043~0.052W/(m·K)、最高使用温度为400~600℃	以酚醛树脂粘结岩棉,经压制而成	墙体、屋面、冷藏库、热力管道等

续表

品种	主要性质	主要组成材料	主要应用
玻璃棉	体积密度为 8～40kg/m³、导热系数为 0.041～0.042W/(m·K)、最高使用温度为 400℃	熔融玻璃用离心法等制成的纤维絮状物	绝热保温填充材料
玻璃棉毡（带、毯、管壳）	体积密度为 10～120kg/m³、导热系数为 0.042～0.062W/(m·K)、最高使用温度为 250～400℃	玻璃棉、树脂胶等	墙体、屋面等
膨胀珍珠岩	体积密度为 200～350kg/m³、导热系数为 0.06～0.12W/(m·K)、最高使用温度为 800℃	珍珠岩等经焙烧、膨胀而得	保温绝热填充材料
膨胀珍珠岩制品（块、板、管壳等）	体积密度为 200～500kg/m³、导热系数为 0.055～0.116W/(m·K)、抗压强度≥0.2～0.3MPa,水玻璃膨胀珍珠岩制品的性能较好	水玻璃、水泥、沥青等胶结膨胀珍珠岩而成	屋面、墙体、管道等,但沥青珍珠岩制品仅适合在常温或负温下使用
膨胀蛭石	堆积密度为 80～200kg/m³、导热系数为 0.046～0.07W/(m·K)、最高使用温度为 1 000～1 100℃	蛭石经焙烧、膨胀而得	保温绝热填充材料
膨胀蛭石制品（块、板、管壳等）	体积密度为 300～400kg/m³、导热系数为 0.076～0.105W/(m·K)、抗压强度为 0.2～1.0MPa	以水泥、水玻璃等胶结膨胀蛭石而成	屋面、管道等
泡沫玻璃	体积密度为 150～600kg/m³、导热系数≤0.066W/(m·K)、抗压强度≥0.3～15MPa,吸水率≥0.5%,抗冻性强,最高使用温度为 400℃,为高级保温绝热材料	碎玻璃、发泡剂等经熔化、发泡而得,气孔直径为 0.1～5mm	墙体或冷藏库等
聚苯乙烯泡沫塑料	体积密度为 15～60kg/m³、导热系数为 0.039～0.041W/(m·K)、抗折强度为 0.1MPa,吸水率≤2%～6%,最高使用温度为 75℃,为高效保温绝热材料	聚苯乙烯树脂、发泡剂等经发泡而得	墙体、屋面、冷藏库等
硬质聚氨酯泡沫塑料	体积密度为 25～35kg/m³、导热系数≤0.022～0.026W/(m·K)、抗压强度≥0.08～0.18MPa,耐腐蚀性高,体积吸水率≤3%～4%,使用温度-60℃～120℃,可现场浇筑发泡,为高效保温绝热材料	异氰酸酯和聚醚或聚酯等经发泡而得	墙体、屋面、冷藏库、热力管道等
塑料蜂窝板	导热系数为 0.046～0.058W/(m·K)、抗压强度与抗折强度高、抗震性好	蜂窝状芯材两面各粘贴一层薄板而成	围护结构

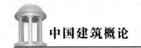

四、吸声材料

吸声材料是指在建筑中将主要起到吸声作用,且吸声系数不小于 0.2 的材料,主要用于大中型会议室、教室、报告厅、礼堂、播音室、影剧院等的内墙壁、吊顶等。吸声材料主要分为多孔吸声材料、柔性吸声材料(具有封闭孔隙和一定弹性的材料,如聚氯乙烯泡沫塑料等)。其中,多孔吸声材料是最重要和用量最大的吸声材料。

(一)多孔吸声材料

多孔性吸声材料是比较常用的一种吸声材料,具有大量内外连通的微孔和连续的气泡,通气性良好。当声波入射到材料表面时会很快地顺着微孔进入材料内部,引起空隙内的空气振动,由于摩擦、空气黏滞阻力和材料内部的热传导作用,使相当一部分声能转化为热能而被吸收。多孔材料吸声的先决条件是声波易于进入微孔,不仅在材料内部,在材料表面上也应当是多孔的。它具有良好的高频吸声性能。在建筑装修中,吸声材料的厚度,材料背后是否有空气层,以及材料的表面状况,对吸声性能都有影响。

(1)材料表观密度和构造的影响。多孔材料表观密度增加,意味着微孔减少,能使低频吸声效果有所提高,但高频吸声性能却下降。合理选择吸声材料的表观密度对求得最佳的吸声效果是十分重要的。表观密度过大或过小,都会对多孔材料的吸声性能产生不利的影响。材料孔隙率高,孔隙细小,吸声性能较好;孔隙过大,效果较差。但过多的封闭微孔,对吸声并不一定有利。

(2)材料厚度的影响。多孔材料的低频吸声系数,一般随着厚度的增加而提高,但厚度对高频的影响不显著。材料厚度增加到一定程度后,吸声效果的变化就不明显。所以为提高材料的吸声性能而无限制地增加厚度是不适宜的。

(3)背后空气层的影响。大部分吸声材料都是周边固定在木龙骨上,安装在离墙 5~15cm 处。材料背后空气层的作用相当于增加了材料的厚度,吸声效能一般随空气层厚度增加而提高。当材料离墙面的安装距离(即空气层厚度)等于 1/4 波长的奇数倍时,可获得最大的吸声系数。根据这个原理,借调整材料背后空气层厚度的办法,可达到提高吸声效果的目的。

(4)表面特征的影响。吸声材料表面的空洞和开口孔隙,对吸声是有利的。当材料吸湿或表面喷涂油漆,孔口充水或堵塞,会大大降低吸声材料的吸声效果。

(二)常用吸声材料的主要组成、特性与应用

建筑上对吸声材料的主要要求有较高的吸声系数,同时还应具有一定的强度、耐候性、装饰性、防火性、耐火性、耐腐蚀性等。常用吸声材料的主要组成、特性与应用见表 8-19。表中主要为多孔吸声材料,同时也给出了穿孔板吸声结构常用的两种穿孔吸声板。

表 8-19　常用吸声材料的主要性质

品种	厚度(cm)	体积密度(kg/m³)	不同频率下的吸声系数						其他性质	装置情况
			125	250	500	1000	2000	4000		
石膏砂浆（掺有水泥、玻璃纤维）	2.2		0.24	0.12	0.09	0.30	0.32	0.83		粉刷在墙上
水泥膨胀珍珠岩板	2	350	0.16	0.46	0.64	0.48	0.56	0.56	抗压强度为0.2~1.0MPa	贴实
岩棉板	2.5	80	0.04	0.09	0.24	0.57	0.93	0.97		贴实
	2.5	150	0.07	0.10	0.32	0.65	0.95	0.95		
	5.0	80	0.08	0.22	0.60	0.93	0.98	0.99		
	5.0	150	0.11	0.33	0.73	0.90	0.80	0.96		
	10	80	0.35	0.64	0.89	0.90	0.96	0.98		
	10	150	0.43	0.62	0.73	0.82	0.90	0.95		
矿渣棉	3.13	210	0.10	0.21	0.60	0.95	0.85	0.72		贴实
	8.0	240	0.35	0.65	0.65	0.75	0.88	0.92		
玻璃棉	5.0	80	0.06	0.08	0.18	0.44	0.72	0.82		贴实
	5.0	130	0.10	0.12	0.31	0.76	0.85	0.99		
超细玻璃棉	5.0	20	0.10	0.35	0.85	0.85	0.86	0.86		贴实
	15.0	20	0.50	0.80	0.85	0.85	0.86	0.80		
脲醛泡沫塑料	5.0	20	0.22	0.29	0.40	0.68	0.95	0.94	抗压强度大于0.2MPa	贴实
软质聚氨酯泡沫塑料	2.0	30~40			0.11	0.17		0.72		贴实
	4.0	30~40			0.24	0.43		0.74		
	6.0	30~40			0.40	0.68		0.97		
	8.0	30~40			0.63	0.93		0.93		
吸声泡沫玻璃	4.0	120~180	0.11	0.32	0.52	0.44	0.52	0.33	开口孔隙率达40%~60%、吸水率高、抗压强度0.8~4.0MPa	贴实
地毯	厚		0.20		0.30		0.50			铺于木搁栅楼板上
帷幕	厚		0.10		0.50		0.60			有折叠、靠墙装置

品种	厚度（cm）	体积密度（kg/m³）	不同频率下的吸声系数						其他性质	装置情况
			125	250	500	1000	2000	4000		
☆装饰吸声石膏板（穿孔板）	1.2	750～800		0.08～0.12	0.60	0.40	0.34		防火性、装饰性好	后面有5～10cm的空气层
☆铝合金穿孔板	0.1								孔径6mm、孔距10mm、耐腐蚀、防火、装饰性好	后面有5～10cm的空气层

注：1. 表中数值为驻波管法测得的结果；

2. 材料名称前有☆者为穿孔板吸声结构。

第九章　中国建筑的构造

在进行建筑设计时,不但要解决空间的划分和组合、外观造型等问题,而且还必须考虑建筑构造上的可行性。为此,就要研究能否满足建筑物各组成部分的使用功能;在构造设计中综合考虑结构选型、材料的选用、施工的方法、构配件的制造工艺,以及技术经济、艺术处理等问题。本章在介绍相关建筑构造基本知识的基础上,重点介绍中国民用建筑、工业建筑的构造知识。

第一节　建筑构造概述

一、建筑构造的基本知识

(一)建筑的基本组成部分

建筑物尽管其使用功能、外部造型千差万别,但其构造组成基本相同。主要由基础、墙或柱、楼地面、楼梯、屋顶、门窗等几部分组成(图9-1)。

从图中可以看到典型的建筑物(房屋)各个组成部分的位置和名称。屋顶和外墙构成了整个房屋的外壳,以抵御风沙、雨雪的侵袭,使其冬能保温、夏能隔热,起到安全围护作用。

内墙起分隔空间的作用,按功能要求可将房屋的内部空间分隔出走道、厅堂及大小不一的房间。

楼板层起分隔上下楼层的作用。楼层间的竖向联系需设置楼梯、电梯、自动扶梯或坡道等。

为满足室内采光、通风的要求,在墙体或屋顶上设窗。

为满足各房间的既分隔又联系的要求,就要在墙上设门。

基础是将房屋荷载直接传递给地基的埋于地面以下的承重构件。

(二)建筑结构的基本构件

建筑结构的常见构件大体有下列九种。

板——指覆盖一个具有较大平面尺寸但却有较小厚度的平面形构件,通常在水平方向设置,承受垂直于板面方向的荷载,以受弯曲为主。

梁——指承受垂直于其纵轴方向荷载的直线形构件,其截面尺寸小于其长向跨度,以受弯曲、受剪切为主。

柱——指承受平行于其纵轴方向荷载的直线形构件,其截面尺寸小于其高度,以受压缩、受弯曲为主。

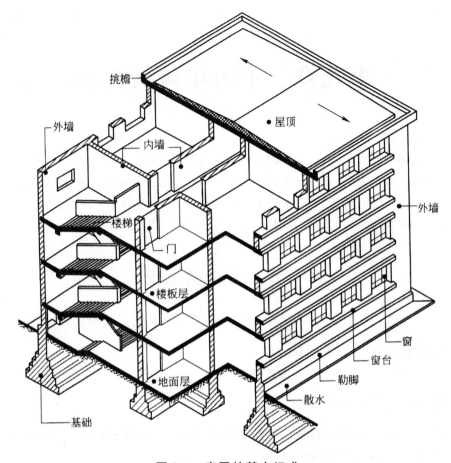

图 9-1　房屋的基本组成

墙——指承受平行于及垂直于墙面方向荷载的竖向平面构件,其厚度小于墙面尺寸,以受压缩为主,有时也受弯曲。

杆——指截面尺寸小于其长度的直线形杆件,承受与其长度方向一致的轴力(拉伸或压缩),多用于组成桁架或网架或用于单独承受拉力的拉杆。

栱——指承受沿其纵轴平面内荷载的曲线形构件,其截面尺寸小于其弧长,以受压缩为主,也受弯曲。

壳——一种曲面形且具有很好空间传力性能的构件,能以极小的厚度覆盖大跨度空间,以受压缩为主。

索——一种以柔性受拉钢索组成的构件,具有直线形或曲线形。

膜——一种用薄膜材料(如玻璃纤维布等)制成的构件,只能受拉伸。

这里重点介绍板、梁、柱、栱。

1. 板

板指平面尺寸较大而厚度较小的受弯构件,通常水平放置,但有时也斜向设置(如楼梯板)或竖向设置(如墙板)。板可以用钢材、木材和钢筋混凝土材料做成,在我国绝大多数建筑物的楼板是钢筋混凝土板。板在建筑工程中一般应用于楼板、屋面板、基础板、墙板等。

一般来说,板可按以下不同方法进行分类(图9-2)。

(1)按平面形状分,有正方形板、矩形板、圆形板、扇形板、三角形板、梯形板等。

(2)按支承边数分,有单边、两对边、两侧边、三边、四边、四角点支承等。

(3)按支承约束分,有自由边(沿边无反力、无弯矩,板端可发生转角)、简支边(沿支承边有反力、无弯矩,板端可发生转角)、固定边(沿支承边有反力、有弯矩,板端无转角)、连续边(沿支承边有反力、有弯矩,板端有转角)。

(4)按截面形状分,有板片状(钢)、实板状(钢混、木)、空心状(钢混)、正倒槽形(钢混)、单双T形(钢混)、夹心叠合(钢混、木)、密肋(钢混)、压型钢板(钢)等。

(5)按所用材料分,有木板、钢板、钢筋混凝土板、预应力板等。

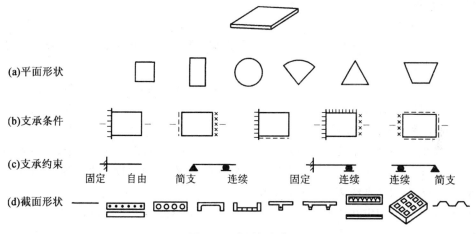

图9-2　板的分类

(a)正方形、矩形、圆形、扇形、三角形、梯形板;(b)一边支承、两对边支承、两相邻侧边支承、三边支承、四边支承;
(c)自由边、简支边、固定边、连续力;(d)板片、实板、空心、单双T形、叠合夹心、密肋、压型钢板

(6)按受力形式可分为单向板和双向板。单向板指板上的荷载沿一个方向传递到支承构件上的板,双向板指板上的荷载沿两个方向传递到支承构件上的板。当矩形板为两边支承时为单向板;当有四边支承时,板上的荷载沿双向传递到四边,则为双向板。如图9-3、图9-4所示。但是,当板的长边比短边长很多时,板上的荷载主要沿短边方向传递到支承构件上,而沿长边方向传递的荷载则很少,可以忽略不计,这样的四边支承板仍认定其为单向板。

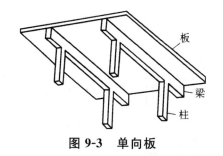

图9-3　单向板

图9-4　双向板

除以上分类外板还可组合成空间结构,如V形折板结构等。它们的受力情况不仅是承受垂直于板面的荷载,还要作为空间结构的一些组合构件,承受因空间作用所产生的相应内力。

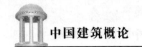

2. 梁

梁是工程结构中的受弯构件,通常水平放置,但有时也斜向设置以满足使用要求,如楼梯梁。至今,梁已成为建筑水平跨越结构体系中最主要的,也是应用最广、类型最多的构件,短到住宅的开间或进深梁(跨度为 3～6m),长到屋面大梁或舞台大梁(跨度可达 20～30m),重如承受上百吨吊车的吊车梁(截面高可达 2～3m)。

梁的截面高度与跨度之比一般为 1/8～1/16,高跨比大于 1/2 的单跨梁和高跨比大于 1/2.5 的连续梁称为深梁;梁的截面高度通常大于截面的宽度,但因工程需要,梁宽大于梁高时,称为扁梁;梁的高度沿轴线变化时,称为变截面梁。

梁有以下几种类型。

(1)按截面形式分

可分为矩形梁、T 形梁、倒 T 形梁、L 形梁、Z 形梁、槽形梁、箱形梁、空腹梁、叠合梁等。

(2)按所用材料分

可分为钢梁、钢筋混凝土梁、预应力混凝土梁、木梁以及钢与混凝土组成的组合梁等。

(3)按其常见支承方式分

按其常见支承方式分,有以下几种。

简支梁:梁的两端搁置在支座上,但支座仅使梁不产生平动(沿 X 轴、Y 轴、Z 轴运动),可自由转动(沿 Rx、Ry、Rz 轴转动)。为使梁不产生水平移动,在一端加设水平约束。该处的支座称为铰支座,另一端不加水平约束的支座称为滚动支座。

悬臂梁:梁的一端固定在支座上,使该端不能转动,也不能产生平动,称为固定支座。另一端可以自由转动和移动,称为自由端。

左端固接右端铰接梁:在悬臂梁的自由端加设滚动支座。

两端固接梁:梁的两端都是固定支座。

四跨铰接梁接梁:具有两个以上支座的梁。

(4)按其在结构中的位置分

可分为主梁、次梁、连梁、圈梁、过梁等,如图 9-5 所示。主梁除承受板直接传来的荷载外,还承受次梁传来的荷载。次梁一般直接承受板传来的荷载,再将板传来的荷载传递给主梁。连梁连接两构件使其成为一个整体,而又不承受主要竖向荷载。圈梁一般用于砖混结构,将整个建筑连成一体,增强结构的抗震性能。过梁一般用于门窗洞口的上部,用以承受洞口上部结构的荷载。

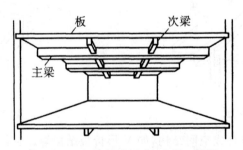

图 9-5 建筑楼盖中的主梁、次梁

（5）按所用材料分

可分为钢梁、钢筋混凝土梁、预应力混凝土梁、木梁以及钢与混凝土组成的组合梁等。

3. 柱

柱是工程结构中承受压力、承受弯矩的竖向构件。柱按截面形式可分为方柱、圆柱、管柱、矩形柱、工字形柱、H 形柱、L 形柱、十字形柱、双肢柱、格构柱；按所用材料可分为石柱、砖柱、砌块柱、木柱、钢柱、钢筋混凝土柱、劲性钢筋混凝土柱、钢管混凝土柱和各种组合柱；按柱的破坏特征或长细比可分为短柱、长柱及中长柱；按受力特点可分为轴心受压柱和偏心受压柱（图 9-6）。

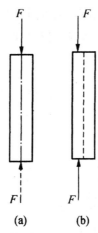

图 9-6　轴心受压与偏心受压柱

（a）轴心受压柱；（b）偏心受压柱

其中，钢柱常用于大中型工业厂房、大跨度公共建筑、高层建筑、轻型活动房屋、工作平台、栈桥和支架等。钢柱按截面形式可分为实腹柱和格构柱（图 9-7）。实腹柱指截面为一个整体，常用截面为工字形截面，格构柱指柱由两肢或多肢组成，各肢间用缀条或缀板连接。

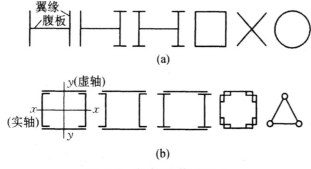

图 9-7　钢柱的截面形式

（a）实腹柱；（b）格构柱

4. 拱

拱为曲线结构，主要承受轴向压力，广泛应用于拱桥，在建筑中应用较少，其典型应用为砖混。拱按铰数可分为三铰拱、无铰拱、双铰拱、带拉杆的双铰拱，如图 9-8 所示。

结构中的砖砌门窗拱形过梁,亦有拱形的大跨度结构。

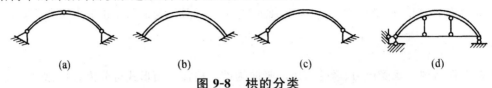

图 9-8　拱的分类

(a)三铰拱;(b)无铰拱;(c)双铰拱;(d)带拉杆的双铰拱

(三)特种结构

特种结构是指具有特种用途的工程结构,包括高耸结构、海洋工程结构、管道结构和容器结构等,本节仅介绍工业中常用的几种特种结构,包括烟囱、水塔、水池、筒仓。

1. 烟囱

烟囱是工业中常用的构筑物,是把烟气排入高空的高耸结构,能改善燃烧条件,减轻烟气对环境的污染。烟囱的构造图如图 9-9 所示。

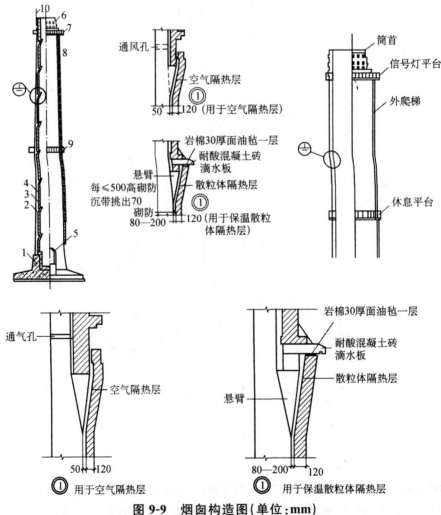

图 9-9　烟囱构造图(单位:mm)

烟囱分为砖烟囱、钢筋混凝土烟囱和钢烟囱三类。

(1)砖烟囱

砖烟囱的高度一般不超过50m,多数呈圆截锥形,外表面坡度约为2‰~3‰。筒壁厚度约为240~740mm,用普通黏土砖和水泥石灰砂浆砌筑。为防止环向生温度裂缝,筒身每隔1.5m左右设一道预应力扁钢环箍或在水平砖缝中配置环向钢筋。位于地震区的砖烟囱、筒壁内尚须加配纵向钢筋。为减少现场砌筑工程量,可采用尺寸较大的组合砌块、石块、耐热混凝土砌块等砌筑。

构筑砖烟囱可以就地取材,可以节省钢材、水泥和模板;砖的耐热性能比普通钢筋混凝土好;由于砖烟囱体积较大,重心较其他材料建造的烟囱低,故稳定性较好。其缺点是自重大,材料数量多;整体性和抗震性能较差;在温度应力作用下易开裂;施工较复杂,手工操作多,需要技术较熟练的工人。

(2)钢筋混凝土烟囱

钢筋混凝土烟囱多用于高度超过50m的烟囱,一般采用滑模施工。钢筋混凝土烟囱的外形为圆锥形,沿高度有几个不同的坡度,坡度变化范围为0‰~10‰。筒壁厚度约为140~800mm,常用混凝土等级为C15—C40,钢筋混凝土烟囱按内衬布置方式的不同,可分为单筒式、双筒式和多筒式。

单筒式烟囱的内衬紧靠外筒。

双筒式烟囱内衬筒与外筒完全分开,两筒间有较宽的检修通道,内衬筒可以分段支承于外筒壁上,也可以做成独立的自承重形式,其特点是外筒壁基本上不受烟气的温度作用和侵蚀。

多筒式烟囱用在多台锅炉合用一个烟囱并要求烟囱顶部烟气的出口流速基本保持不变的情况,一般一台锅炉设置一个排烟管。

钢筋混凝土烟囱的优点是自重较小,造型美观,整体性、抗风、抗震性好,施工简便,维修量小。一般而言,烟囱越高,造价越高。对高烟囱来说,钢筋混凝土烟囱的造价明显比砖烟囱低,在我国,钢筋泥凝土高烟囱的造价大大低于钢的高烟囱造价。目前,世界各国越来越趋向于使用钢筋混凝土烟囱。

(3)钢烟囱

钢烟囱按其结构可分为拉线式、自立式和塔架式。

拉线式钢烟囱耗钢量小,但拉线占地面积大,宜用于高度不超过50m的烟囱。

自立式钢烟囱一般上部呈圆柱、下部呈圆锥形,筒壁钢板厚6~12mm,建造高度不超过120m。

塔架式钢烟囱整体刚度大,常用于高度超过120m的高烟囱;塔架式钢烟囱由塔架和排烟管组成,塔架是受力结构,平面呈三角形或方形,塔架内可以设置一个或几个排烟管。

钢烟囱自重小,有韧性,抗震性能好,适用于地基差的场地,但耐腐蚀性差,需经常维护。

2. 水塔

水塔是储水和配水的高耸结构,是给水工程中常用的构筑物,用来保持和调节给水管网中的水量和水压。水塔由水箱、塔身和基础三部分组成。水塔按建筑材料分为钢筋混凝土水塔、钢水塔、砖石塔身与钢筋混凝土水箱组合的水塔。水箱也可用钢丝网水泥、玻璃钢和木材建造。塔身一般用钢筋混凝土或砖石做成圆筒形,塔身支架多用钢筋混凝土钢架或钢构架。水塔基础有钢筋混凝土圆板基础、环板基础、单个锥壳与组合锥壳基础和桩基础。当水塔容量较小、高度不大时，也可采用砖石材料砌筑的刚性基础。

水塔按形式分为圆柱壳式(图 9-10)和倒锥壳式(图 9-11)，在我国这两种形式应用最多，此外还有球形、箱形、碗形和水珠形等多种形式的水塔。

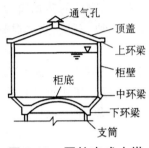

图 9-10 圆柱壳式水塔

图 9-11 倒锥壳式水塔

3. 水池

水池同水塔一样用于储水。不同的是水塔用支架或支筒支承，而水池多建造在地面或地下。

(1)水池的构造组成

下面以圆形水池为例来介绍水池的构造。

圆形水池由顶盖、池壁和底板三部分组成。

①水池顶盖

水池顶盖可采用整块平板、肋形梁板、无梁楼盖结构或球形壳(锥壳)结构。

水池直径为 6m 以下时，顶盖可用平板式；直径为 6～10m 时，可采用有一个支柱的圆平板；当水池直径较大时，宜采用中间多柱支承的形式，顶盖可用现浇式无梁楼盖或装配式楼盖。此时，支柱可用方格网布置和环状布置，柱网尺寸一般为 4～6m；对于直径较大，但小于 15m，容积为 600m³ 以内的水池，顶盖一般采用薄壳结构，薄壳顶盖厚度一般为 8～10cm，配置环形和辐射形钢筋。

②水池池壁

圆形水池的池壁高度一般为 3.5～6m，池壁厚度主要取决于环向拉力作用下的抗裂度，不宜小于 12cm。

③水池底板

水池的底板与水池顶盖结构相似，可采用平板结构、无梁楼盖结构、倒球形壳(锥形)结构。

(2)水池的分类

①按水池的施工方法分

可分为预制装配式水池和现浇整体式水池。目前推荐用预制圆弧形壁板与工字形柱组成池壁的预制装配式圆形水池，预制装配式矩形水池则用 V 形折板作池壁。

②按水池的配筋形式分

可分为预应力钢筋混凝土水池和非预应力钢筋混凝土水池。

③按水池的材料分

可分为钢水池、钢筋混凝土水池、钢丝网水泥水池、砖石水池等。其中，钢筋混凝土水池具有耐久性好、节约钢材、构造简单等优点，应用最广。

④按水池的平面形状分

可分为矩形水池和圆形水池(图 9-12)。矩形水池施工方便,占地面积少,平面布置紧凑;圆形水池受力合理,可采用预应力混凝土。经验表明,小型水池宜采用矩形,深度较浅的大型水池也可采用矩形,200 立方米以上的中型水池宜采用圆形池。考虑到地形条件也可采用其他形式的水池,如扇形水池,为节约用地,还可采用多层水池。

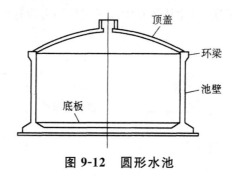

图 9-12　圆形水池

4. 筒仓

筒仓是贮存粒状和粉状松散物体的立式容器,可作为生产调节短期使用的附属设施,也可作为长期贮存粮食的仓库。

根据所用的材料,筒仓可做成钢筋混凝土筒仓、钢筒仓和砖砌筒仓。钢筋混凝土筒仓又可分为整体式浇筑和预制装配、预应力和非预应力的筒仓。

按照平面形状的不同,筒仓可做成圆形、矩形(正方形)、多边形和菱形,目前国内使用最多的是圆形和矩形(正方形)筒仓。圆形筒仓的直径为 12m 或 12m 以下时,采用 2m 的倍数;12m 以上时采用 3m 的倍数。

按照筒仓的贮料高度与直径或宽度的比例关系,可将筒仓分为深仓和浅仓(图 9-13)。浅仓和深仓的划分界限为:

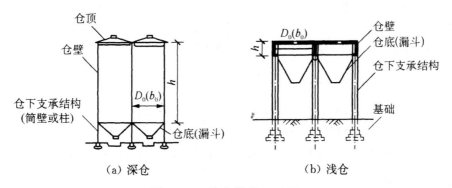

图 9-13　筒仓结构示意图

当 h/D_0(或 h/b_0)$\geqslant 1.5$ 时为深仓;

当 h/D_0(或 h/b_0)< 1.5 时为浅仓。

其中:

h 表示贮料计算高度;

D_0 表示圆形筒仓的内径；

b_0 表示矩形筒仓的短边（内侧尺寸）或正方形筒仓的边长（内侧尺寸）。

浅仓结构主要作为短期贮料用。由于在浅仓中所贮备的松散物料的自然坍塌线不与对面仓壁相交（图 9-14a），一般不会形成料拱，因此可以自动卸料。

深仓结构主要供长期贮料用。深仓中松散物料的自然坍塌线与对面仓壁相交（图 9-14b），会形成料拱而引起卸料时的堵塞，因此从深仓中卸料需用动力设施或人力。

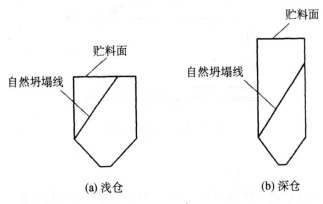

图 9-14　浅仓和深仓自然坍塌线示意图

二、建筑构造的设计原则

（一）有利于结构安全，满足建筑物的各项使用功能要求

建筑物除根据荷载大小、结构的要求确定构件的必须尺度外，在构造上需采取措施，以保证构件与构件之间的连接，使之有利于结构的安全和稳定。

在建筑设计中，由于建筑物的功能要求和某些特殊需要，如保温、隔热、隔声、吸声、防射线、防腐蚀、防振等，给建筑设计提出了技术上的要求。为了满足使用功能的需求，在构造设计时，必须综合有关技术知识，进行合理的设计、计算，并选择经济合理的构造方案。

（二）适应当地的施工技术水平，适应建筑工业化的需要

建筑构造设计必须与当地的生产力发展水平、施工技术水平相适应，否则难以实现。

为确保建筑工业化的顺利进行，在构造设计时，应大力推广先进技术，选择各种新型建筑材料，采用标准设计和定型构件，为制品生产工厂化、现场施工机械化创造有利条件。

（三）经济合理

造价指标是构造设计中不可忽视的因素之一。在构造设计时，应厉行节约。尽量利用工业废料，要从我国国情出发，做到因地制宜，就地取材。

（四）注意美观

构造方案的处理是否精致和美观，会影响建筑物的整体效果，因此，也需事先予以充分考虑研究。

总之,在构造设计中,应全面贯彻"适用、安全、经济、美观"的建筑方针,并考虑建筑物的使用功能、所处的自然环境、材料供应情况以及施工条件等因素,进行分析、比较,确定最佳方案。

第二节　民用建筑的构造

一、地基与基础

基础是房屋埋在地面以下的承重构件,它承受房屋上部的全部荷载并传递到土层上。基础底面下承受压力的土层称为地基。地基与基础对房屋的安全和使用年限具有重要的作用。如基础设计不慎,地基处理不当,可使建筑物下沉过多或出现不均匀沉降,引起墙身开裂,严重的可导致建筑物的倾斜或垮塌。因此,在设计前,必须对地基处的土质和地下水位进行详细探测,认真分析研究,科学设计,以免后患。

(一)地基

在作基础设计时,须先掌握当地土质的性质以及地下水的水质与水位。作为地基土,其单位面积所能承受基础传下来的荷载的能力,叫做地基的允许承载力,也称地耐力。以 t/m² 或 kg/cm² 来表示。

地基分为岩石类、碎石类、砂类、黏性土等多种。其允许承载力差别很大。就是同一种土质,由于它们的物理结构不同,其允许承载力也不同。硬质的岩石可达 400t/m² 以上,淤泥则低于 10t/m² 以下。

若地基允许承载力与基底压力不相适应时,则须设法加固地基。如基础下面仅局部为松软土层时,则可将该部分土挖去,换以砂、石屑等;若软弱土层较深时,则须做桩基。在建筑工程的地基内有地下水存在时,地下水位的变化、侵蚀性等,对建筑工程的稳定性、施工及正常使用都有很大的影响,必须采取相应措施。

(二)基础

基础的底宽与其底面积有关,而基底面积的大小是由基础所承受的荷载和地基的承载能力来决定的,用公式表示如下:

$$P \leqslant R$$

式中　P——基底面积传递给地基的平均压力,t/m²;

R——地基允许承载力,t/m²。

1. 基础的类型

(1)按基础形式分

按基础形式分为独立式基础和联合基础。

①独立式基础

独立式基础用于柱下,呈块状。其形式有阶梯形、锥形、杯形等(图9-15)。

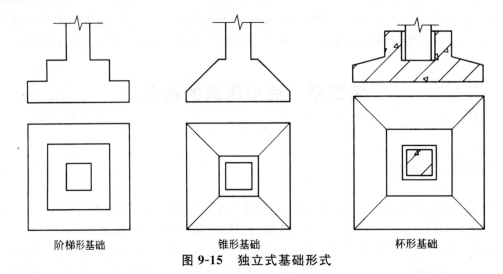

阶梯形基础　　　　　　锥形基础　　　　　　杯形基础

图 9-15　独立式基础形式

②联合基础

联合基础又可分为带形基础、十字梁基础、筏片基础、箱形基础(图 9-16)。

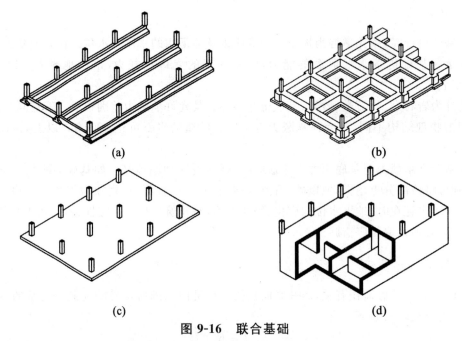

(a)　　　　　　　　　　(b)

(c)　　　　　　　　　　(d)

图 9-16　联合基础

(a)带形基础;(d)十字梁基础;(c)筏片基础;(d)箱形基础

　　带形基础(图 9-16a)又称条形基础。多用于砖石材质的承重墙下,呈条状。所用材料常与墙身相同。基础的最下部常采用灰土或三合土。

　　十字梁基础(图 9-16b)又称条块联合基础。为适应较软弱地基,常将独立基础纵横连接,以成条形或十字梁基础。

　　筏片基础(图 9-16c)又称满堂基础。当地基特别软而上部结构荷载又很大,联合基础仍不能满足设计要求时,就可将整个建筑物的基底设计成钢筋混凝土筏片基础。

　　箱型基础(图 9-16d)。当筏片基础埋置较深,且建筑物设有地下室时,可考虑将地下室整体浇筑成箱体,形成箱形基础。

(2)按基础用材分

按基础用材可分为砖基础、石材基础、混凝土基础、毛石混凝土基础、钢筋混凝土基础。

(3)按材料的传力性能分

按材料的传力性能,基础分为刚性基础和柔性基础两种。

①刚性基础

使用耐压材料做成的砖基础、石材基础、混凝土基础、毛石混凝土基础属于刚性基础。刚性基础以材料的刚性角(α)来控制基础宽度。刚性基础的传力按照材料的刚性角范围内传递,如图 9-17 所示。为充分发挥、利用材料的耐压性能,刚性基础仅适用于荷载较小、地基承载力较好的建筑。

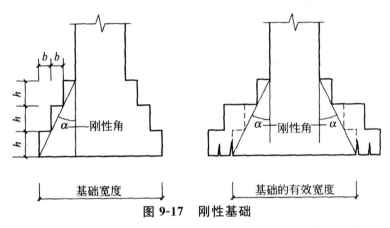

图 9-17 刚性基础

刚性基础的断面形式与刚性角 α 有关,刚性角常以基础挑出部分的宽度 b 与其高度 h 的比值表示(表 9-1)。

表 9-1 刚性基础台阶高宽比的允许值

基础类型	材料及质量要求		台阶高宽比的允许值		
			P≤10	10<P≤20	20<P≤30
混凝土基础	C10 混凝土		1∶1.0	1∶1.0	1∶1.25
	C7.5 混凝土		1∶1.0	1∶1.25	1∶1.25
砖砌基础	砖不低于 MU7.5	M5 砂浆	1∶1.5	1∶1.5	1∶1.5
		M2.5 砂浆	1∶1.5	1∶1.5	—
三合土基础	体积比 1∶2∶4~1∶3∶6 (石灰、砂、骨料)		1∶1.5	1∶2.0	
灰土基础	体积比 3∶7 或 2∶8		1∶1.25	1∶1.5	
毛石基础	M2.5~M5 砂浆		1∶1.25	1∶1.5	
	M1 砂浆		1∶1.5	—	
毛石混凝土基础	C7.5~C10 混凝土		1∶1.0	1∶1.25	1∶1.50

注:1. P——基础底面处的平均压强,t/m^2;

2. 阶梯形毛石基础的每阶伸出长度不宜大于 200cm。

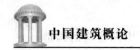
②柔性基础

用钢筋混凝土为材料的基础称柔性基础。它不仅能承受较大的压力而且还能承受较大的拉力,适用于荷载较大、地基承载力较差的建筑。

在基础宽度和埋置深度相同的条件下,柔性基础比刚性基础的断面小 1/3,由此可见柔性基础比刚性基础省材料,减少了对地基的压力,如图 9-18 所示。

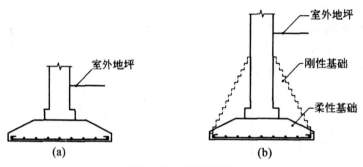

图 9-18 柔性基础

(a)柔性基础;(b)刚性、柔性基础的用料比较

2. 基础埋置深度

由室外设计地坪到基础底面的距离称为基础埋置深度,如图 9-19 所示。

基础的埋置深度,在保证安全的前提下,尽可能浅埋,但必须埋在腐殖土以下。此外,影响基础埋深的因素是多方面的。

(1)冰冻深度

冰冻对基础有很大的影响。地基土冻结后因土中含水,就会发生膨胀,将基础拱起,解冻后再行落下,这样周而复始,导致房屋墙体开裂、垮塌。因此基础底面必须埋置在冰冻线以下,一般为 200mm。

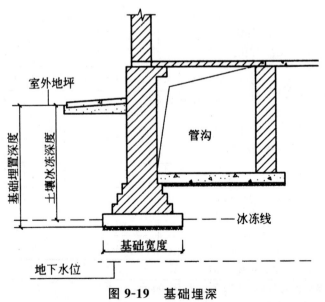

图 9-19 基础埋深

（2）地下水位

地下水位对基础埋深也有很大的影响。地基土的承载力与其含水率大小有直接的关系，地下水位上下波动，地基的承载力也随之变化，就会扰动基础，引起上部结构的破坏。因此，基础埋深最好选择在最高地下水位以上。否则，应采取相应的技术措施。

（3）地基的地质构造

基础下面的土层因土质结构不同，其承载能力也会有较大的差异。因此，基础应埋置在承载力较高的地层上。

二、地下室

房间地面低于室外设计地面的平均高度大于该房间平均净高 1/2 者称为地下室；若大于 1/3 且不大于 1/2 者称为半地下室。地下室、半地下室的侧墙和底板处于地面以下，长期受地下水和潮气的侵蚀。因此，防水、防潮在地下室工程设计中就成了重要问题。根据地下室地面设置在地下水位的上、下来决定采用防潮或防水措施。当地下室地面埋设在地下最高水位以上时，地下室不会受地下水的侵入，此时只做防潮处理即可，否则就要做防水处理。地下室防潮、防水的基本方法有设置防潮、防水层法和降、排水法。

（一）地下室防潮、防水层法

防潮、防水层法：利用材料的不透水性，阻止湿气或地下水透过侧墙和底板进入地下室。

1. 防潮层法

在地下室的外墙外侧设置防潮层，其做法是：先在外墙外侧抹水泥砂浆（高于散水 300mm 以上），然后涂刷防水材料（冷底子油一道，热沥青两道至散水），再在其外侧回填隔水层（图 9-20a）。

2. 防水层法

地下室防水层法有三种，分别是外防水、内防水和墙体自防水。

（1）外防水就是将防水层设在地下室外墙的外侧（图 9-20b），防水效果好但维修困难。

（2）内防水是将防水层设在地下室外墙的内侧（图 9-20c），施工方便，好维修，但防水效果较差。

（3）墙体自防水是优化混凝土骨料级配，加强混凝土的密实性，再掺入适量的外加剂以提高混凝土的抗渗性能，达到防水的目的（图 9-20d）。

（二）降、排水法

降、排水法主要是用人工方法排出地下水，使地下水位降低，减少压力水对地下室的入侵。此做法需要设置一些引水、抽水设备，建成后还要经常管理和维修。

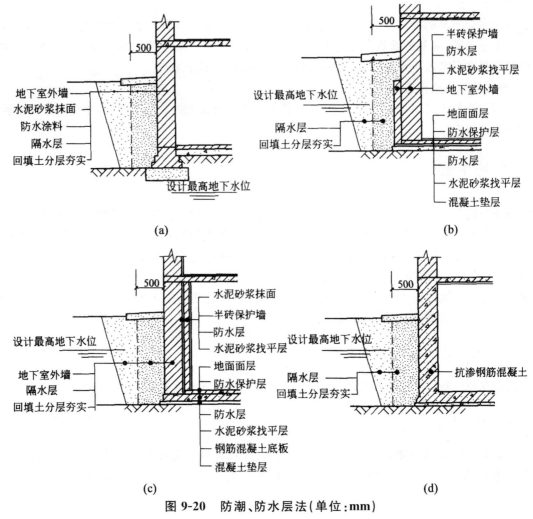

图 9-20　防潮、防水层法(单位:mm)

(a)地下室防潮做法;(b)地下室外防水做法;(c)地下室内防水做法;(d)地下室自防水做法

三、墙

(一)墙的分类

根据墙体的所在位置分为内墙、外墙。内墙的主要功能是分隔空间,要求有重量轻、厚度薄和良好的隔声性能。外墙直接接触室外,它起着房屋的外围护作用,要求有良好的隔声、保温隔热、防水耐潮和耐冲击的性能。

根据墙体的受力状态分为承重墙、非承重墙。承重墙承担屋顶和楼板传递下来的荷载,要求有良好的抗压性能。非承重墙仅承担墙体自身的荷载,不承担屋顶和楼板的荷载。

根据墙体的用料又分为土墙、砌石墙、砖墙、砌块墙、混凝土墙、钢筋混凝土墙和各类幕墙等,不一而足。

稍后重点介绍承重墙的布置方式和墙体构造。

（二）承重墙的布置方式

承重墙的布置方式，可分为横墙承重、纵墙承重、纵横墙混合承重（图 9-21）。

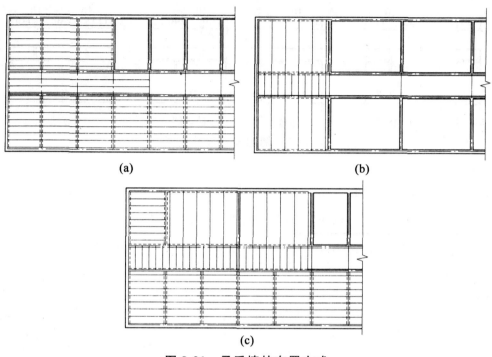

(a)　(b)

(c)

图 9-21　承重墙的布置方式

(a)横墙承重；(b)纵墙承重；(c)纵横墙混合承重

1. 横墙承重

楼板的荷载由横墙承受，如图 9-21(a)所示。此方案的特点是增强了建筑物的横向抵抗力，提高了房屋的抗震性能。但该承重方案，房间的面积受限，给使用带来不便。

2. 纵墙承重

楼板的荷载由纵墙承受，如图 9-21(b)所示。此方案的特点是平面布置分隔灵活，但房屋刚度较差，应根据设计规范的要求设置横向拉墙，以加强建筑物的横向刚度。

3. 纵横墙混合承重

楼板的荷载分别由纵横墙承受，如图 9-21(c)所示。此方案的特点是平面布置分隔比较灵活，建筑物的刚度较大，但预制楼板构件的类型较多。

（三）墙体构造

1. 块材墙构造

块材墙是用预制的块材砌筑而成的墙体，如砖墙、砌块墙等。

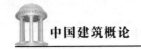

（1）砖墙

砖墙的基本尺寸按国家统一标准规定是 53×115×240（厚×宽×长）。砖墙的厚度是由砖的尺寸决定的,有半砖（一二墙）墙、一砖墙（一四墙）、一砖半墙（三六墙）、二砖墙（四八墙）等（图 9-22）。

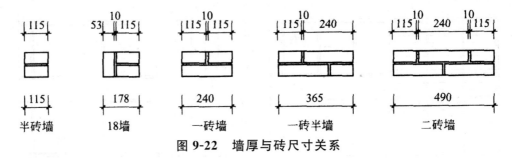

图 9-22　墙厚与砖尺寸关系

（2）砌块墙

砌块外墙的通常工程做法如表 9-2 所示。

表 9-2　砌块外墙的通常工程做法

基层墙体①	保温隔热层和固定方式②	保护层③	饰面层④	构造示意图
承重混凝土空心砌块 炉渣混凝土空心砌块 加气混凝土砌块	岩棉或聚苯板（用锚栓或用锚筋固定）,抹保温灰等做法	钢丝网一道,水泥砂浆、抗裂砂浆罩面	外墙涂料或贴面砖	

2. 隔墙构造

（1）块材隔墙

①砖隔墙

为减轻其自重并少占房间面积,砖隔墙多采用单砖墙（120mm 厚）或 1/4 砖墙（60mm 厚,多用于面积小、无洞口的洗手间、厨房等隔墙）。为了隔墙的稳固,其高度控制在 3m 以下,宽度控制在 5m 以内。若需加高或加宽,应采取加固措施。一般在隔墙与其他墙体或柱子的交界处预埋两根 $\phi4 \sim \phi6$ 锚拉钢筋,其竖向间距 500mm 左右。每隔 10~15 皮砖砌入 $\phi6$ 钢筋两根,两端要深入承重墙体（图 9-23）。隔墙上部与楼板交接处,有两种做法,如图 9-23 上部所示,左侧为"斜砌砖挤紧",右侧为"竹木楔挤紧"。

②砌块隔墙

常用的砌块有加气混凝土砌块、粉煤灰硅酸盐砌块、空心砖等。其加固措施与砖隔墙类似,如图 9-24 所示。

（2）轻骨架隔墙

轻骨架隔墙由骨架及墙面材料两部分组成。骨架有木骨架、金属龙骨架。墙面材料有板条抹灰、纸面石膏板、高压水泥板、钢板网抹灰及多种人造板材面层。这里主要介绍板条抹灰隔墙和金属龙骨架隔墙。

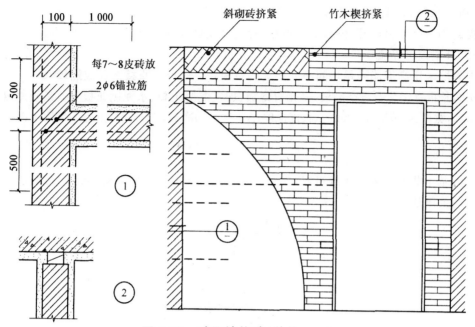

图 9-23　砖隔墙构造(单位:mm)

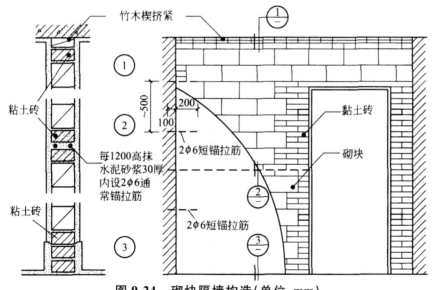

图 9-24　砌块隔墙构造(单位:mm)

①板条抹灰隔墙

此种隔墙有自重轻、厚度薄、易拆装等优点,但防水、防潮、防火、防虫、隔声等性能均较差。木骨架由上槛、下槛、立筋、斜撑等组成。其断面一般为(40~50)×(70~100)mm,立筋的间距为400~600mm,斜撑间距1.2m左右。木骨架两侧钉木板条,板条间留约10mm宽的缝隙,在其上抹灰。

②金属龙骨隔墙

这种隔墙的骨架用薄壁金属型材做龙骨,它具有自重轻、强度大、整体性好、防火、防潮等优点。隔墙的骨架构造及各部名称,基本和木骨架相同,有上槛、下槛、立筋、横撑等。立筋的间距一般为 400～600mm，具体视隔墙面层板材的规格尺寸而定。

为提高隔声性能，可在两侧板材间填充松散、多孔材料，如岩棉等。

（3）无骨架板材隔墙

此种隔墙采用高度能满足房间净高要求的条板，不做骨架，直接装配成隔墙。

常用的条板有碳化石灰空心板、多孔石膏板、加气混凝土板、水泥刨花板等。条板厚度一般为 60～100mm，宽度为 600～1 000mm，长度应略小于房间的净高。安装时，条板下端用木楔顶紧。

3. 外墙构造

外墙的基本断面由多种元素组成，如图 9-25 所示，下面主要对勒脚、防潮层、窗台、过梁、圈梁等进行简要阐述。

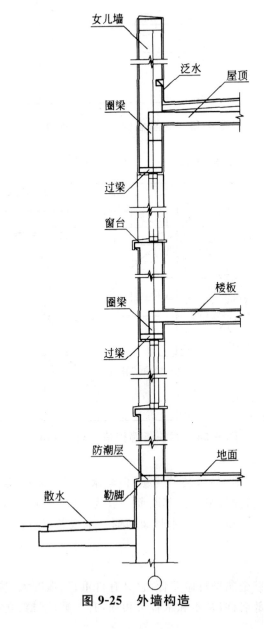

图 9-25　外墙构造

（1）勒脚

勒脚系指基础顶面到室内外地坪之间这一段墙体。勒脚易受地表水的侵蚀和外力撞击，多将该处墙体加厚或采用抗潮耐碱、坚固耐久的材料，如天然石材、混凝土等。也可将暴露在室外的黏土砖勒脚采用水泥砂浆抹面或块材贴面等措施以提高其耐久程度。

（2）防潮层

①防潮层的位置

防潮层的位置与地面垫层材料有关，至少应高于室外地坪150mm以上。当室内地面垫层为不透水的密实材料时，防潮层设于垫层处；当地面垫层为透水材料时，防潮层设于高于地面60mm的踢脚板处；当内墙体两侧地面有高差时则应在墙身中设置高低不一的两道防潮层，并应在回填土一侧设垂直防潮层。

②防潮层的做法

防潮层的做法有三种：第一种为油毡防潮层，是在1∶3水泥砂浆找平层上，干铺油毡一层或做一毡二油，此做法防潮效果较好，但耐久性差，破坏了墙体的整体性，不利于建筑抗震。第二种是防水水泥砂浆防潮层，用1∶2水泥砂浆并掺入3％～5％（按水泥重量比）防水剂，抹20mm厚，或连续砌筑三皮砖，此做法一旦墙体开裂，防潮效果会大受影响。第三种是钢筋混凝土防潮层，是目前常用的做法，浇筑厚60mm或120mm，宽同墙厚的细石混凝土，内配钢筋（纵向3ϕ6～8、横向ϕ4中距300mm）。

（3）窗台

以窗框为界分为内窗台和外窗台。外窗台的作用是排除顺窗流下的雨水，窗台应向外坡，避免雨水渗入墙身和室内。内窗台的作用是保护窗台阳角不被碰损和台面抗冷凝水的侵害，其用材多选用强度高、耐擦拭的天然石、人造石、水泥砂浆或木材等，如图9-26所示。

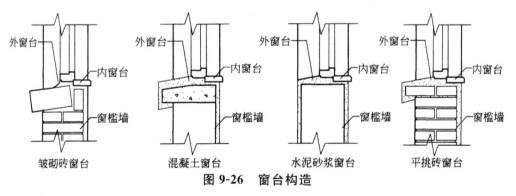

图9-26　窗台构造

（4）过梁

设于门窗洞口上的承重构件称过梁。

过梁设置在门窗洞口上，用以支承洞口上的荷载。常用的有砖拱过梁、钢筋砖过梁、钢筋混凝土过梁。

①砖砌平拱过梁

一般用于洞口宽＜1 200mm，地基无不均匀沉降的清水外墙的小型民用建筑中。随着黏土砖的限用和抗震要求的提高，当前此做法已很少被采用。

②钢筋砖过梁

钢筋砖过梁又称平砌砖过梁。砌筑时先在洞口模板上铺20～30mm厚M10水泥砂浆，其中

放置不少于两根 $\phi6$ 钢筋,钢筋弯钩伸入支座内不少于 240mm。上面用不低于 M5 砂浆砌 5～7 皮砖,且高度不小于洞口净跨的 1/4。这种做法,当前亦很少采用。

③钢筋混凝土过梁

钢筋混凝土过梁,坚固耐久,有较大的抗弯、抗剪强度,可用在跨度较大的洞口上。当房屋可能产生不均匀下沉或受振动时尤为适宜。预制钢筋混凝土过梁施工方便,是目前广泛采用的一种过梁。为砌筑方便,过梁断面的高、宽尺寸应与墙砌体用材的规格配合一致。截面形式为矩形、L 形。过梁两端搭入墙内 240mm,如图 9-27 所示。

(5)圈梁

圈梁起加强房屋整体刚度的作用,沿建筑物外墙和部分内墙,连续并封闭地设置。圈梁的数量应根据建筑物的高度、层数、墙的厚度、地基情况和抗震要求等条件确定。圈梁一般设在房屋的檐口、窗顶、楼层或基础顶面处,沿砌体墙水平方向设置。

当屋盖或楼板采用预制板时,圈梁顶标高就是板底标高;当采用现浇板时,圈梁的顶标高同屋盖或楼板顶标高,圈梁和现浇板浇筑在一起。

民用房屋,且层数为 3～4 层时,应在檐口标高处设置圈梁一道。当层数超过 4 层时,应在所有纵横墙上隔层设置。

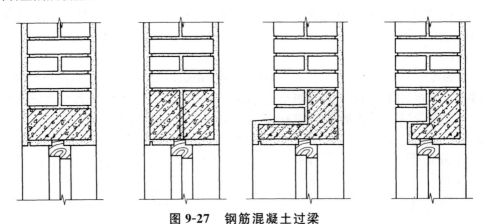

图 9-27　钢筋混凝土过梁

单层建筑,当檐口高度在 5～8m 时,可仅在檐口处设圈梁一道。高于 8m 时,应增设圈梁。若为砌块或块石砌体时,檐高 4～5m 可仅在檐口处设圈梁一道,大于 5m 应增设圈梁。

圈梁常见的做法有钢筋砖圈梁和现浇钢筋混凝土圈梁(图 9-28)。

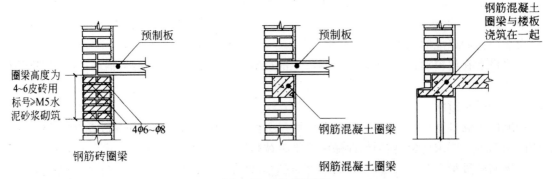

图 9-28　构造圈梁

值得注意的是,当建筑物的长度较大,或建筑平面有瓶颈,部分建筑高度、房间的使用荷载相差较大,或地基的土质有变化的地段,受温度变化和地震等因素的影响,会引发建筑物基础的不均匀沉降,墙体不规则开裂,甚至导致房屋的垮塌。为避免这类事故的发生,在建筑物的设计中,应于相应部位预留竖向缝隙,将建筑物从上到下分成两个或多个独立体,即变形缝。应该指出,预留变形缝在构造上必须对其加以处理,以满足建筑功能和美观要求,这就增加了施工的复杂性,也是导致不经济的一个因素。因此在建筑设计时,应尽量不设变形缝。这时可通过验算温度应力、加强配筋、改进施工工艺(如分段浇筑混凝土)或适当调整基底面积、处理地基土的办法来解决。对于地震区,可通过简化建筑形式、增加结构刚度和延性等措施来解决。换言之,只有当采用上述措施仍不能防治结构开裂或破坏,或者在经济上明显不合理时才考虑设置变形缝。

四、楼板层与地面层

楼板层是分隔建筑物上下空间的水平承重构件,要求它不仅有足够的强度,还要有足够的刚度(指楼板承受荷载后,其中部分向下弯曲最大的变形限度),给人以安全感。并要求其有良好的防水、防火、隔声的物理性能。此外,地面层还要有很好的防潮性能。

(一)楼板层

楼板层由楼板面层、结构层(承重层)、顶棚层三部分组成(图 9-29)。

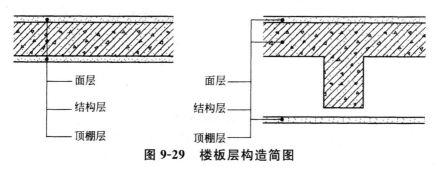

图 9-29　楼板层构造简图

1. 面层

楼板层的面层是人们日常生活、工作和生产活动直接接触的部位。要求它具备坚固、耐磨、不起尘、防火、防虫蛀、光洁平整、易清洗等性能。对特殊的房间还要能满足防静电、耐腐蚀等要求。

面层的名称常以面层材料命名,如水泥砂浆地面、水磨石地面、木地面等。

面层按其使用材料和施工方法的不同一般分为整体地面、块材地面、木地面、地板革和地毯等地面。

2. 结构层

楼板层的结构层按构成材料可分为木楼层、钢楼层及钢筋混凝土楼层。目前木楼层和钢楼层较少应用。钢筋混凝土楼层,不仅有较好的强度和刚度,而且还有耐久、防水、不燃烧等优点,所以目前被广泛用于楼板层。其缺点是自重大,每立方米达 2 400～2 500kg。

这里重点介绍钢筋混凝土楼板层的构造做法。

（1）现浇钢筋混凝土楼板

楼板一般由梁、板构成；较大的房间由主梁、次梁、楼板构成（图9-30）。主梁高度是跨度的1/15～1/10，跨度一般为5～8m。次梁高度一般是其跨度的1/20，跨度一般为3～6m，次梁间距为1.5～2.5m。主、次梁断面梁宽是梁高的1/2～1/3。

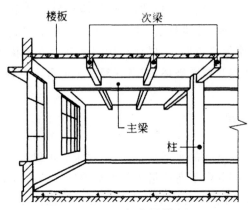

图9-30　主次梁楼板

在跨度较大房间近乎方形（长短边比小于1.5的矩形房间），可采用主次梁等高的井字梁楼板，也称井字梁楼盖。梁高是短边的1/18。

房间要求楼板下平整而又不做吊顶，可取消主次梁，直接将楼板搁置在柱子上，这种楼板称做无梁楼板或无梁楼盖。为降低楼板在柱顶处的剪力，常在柱顶设柱帽。

房间较小时，可由墙体代替主梁，乃至次梁。楼板的荷载直接传到墙体上，板底平整，模板简单。楼板厚60～100mm。

（2）预制装配式钢筋混凝土楼板

预制装配式钢筋混凝土楼板类型，有圆孔板、槽型板、实心平板。它们是在工厂生产的，也可在现场预制加工。采用这种楼板可减少工期和模板消耗，但易产生裂缝，在穿管较多的房间（如厨房、洗手间等）不宜采用。预制装配式钢筋混凝土楼板的整体刚度比现浇钢筋混凝土楼板差。为提高房屋的抗震性能，在多震地区目前已较少使用，即使采用也要在板端连接部位采取加固措施。

（3）装配整体式钢筋混凝土楼板

这是一种预制装配与现浇相结合的楼板类型。如密肋空心砖楼板、预制小梁现浇楼板等。其优点是自重轻、隔声效果较好。常用于中小型民用建筑中。

3. 顶棚层

顶棚层的做法，按照房间的使用要求不同，有板下直接抹灰和吊顶棚两种。

直接抹灰顶棚，就是在钢筋混凝土梁板上直接抹灰。一般做法是钢筋混凝土梁板上先刷水泥浆一道，再用混合砂浆或水泥砂浆打底，然后刮腻子刷涂料。这种顶棚做法简单，造价低，常被采用。

吊顶棚的基本做法是，在钢筋混凝土楼板浇筑时预埋吊筋或焊接吊筋的埋件，也可拆模后在吊筋部位下胀管螺栓将吊筋焊于胀管上。吊筋固定主龙骨，次龙骨固定于主龙骨上，继而走线，最后封板、挖灯孔,刮腻子刷涂料。也可采用各种装饰面板。吊筋、主次龙骨的断面及间距视材料而定,其基本构造做法如图 9-31 所示。当结构层底面不平整(有槽形板肋、主次梁或管线等),而房间使用又要求顶棚平整不见管线,这就需要做吊顶棚。

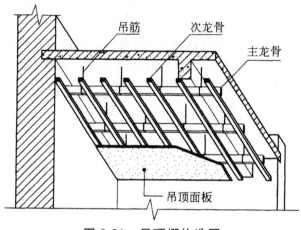

图 9-31　吊顶棚构造图

(二)地面层

地面层的构造做法如图 9-32 所示。

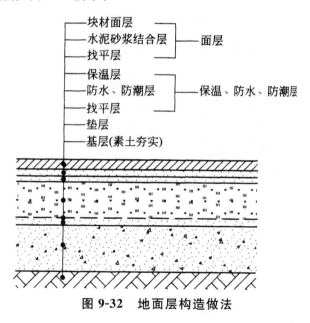

图 9-32　地面层构造做法

　　首层地面层由面层、垫层、基层三部分组成。为提高防潮保温性能,在面层和垫层之间增加防潮层和保温层(如有防水要求,可增设防水层)。在该层中可敷设管径不大的管线。

　　首层地面层面层做法同楼板层面层;垫层常采用混凝土材料,其标号、厚度根据使用荷载要求而定。

五、楼梯、台阶与坡道

(一)楼梯

楼梯是楼层间的主要垂直交通设施,它的宽度、坡度和踏步级数都应满足人流通行、安全疏散和搬运家具、设备的要求与方便。楼梯的位置和数量取决于平面布置和疏散的要求。楼梯由楼梯平台(楼层平台、休息平台)、梯段板、栏杆扶手等组成(图 9-33)。

1. 楼梯尺寸

(1)楼梯基本要求

楼梯平台的宽度≥梯段宽度;梯段宽度在满足消防疏散要求的前提下,还应满足搬运家具、设备的需要,居住建筑的梯段宽度一般为 1.10～1.30m,公共建筑为 1.40～2.00m,室外疏散梯≥0.90m。一个梯段称一跑,一跑的踏步数不大于 18 步,不少于 3 步。

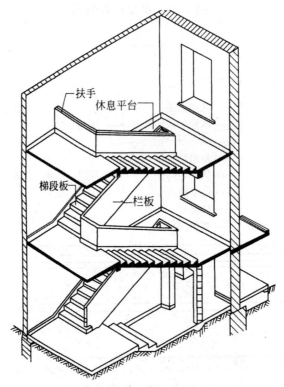

图 9-33 楼梯组成

(2)楼梯坡度及踏步尺寸

楼梯的坡度控制在 20°～45°之间,以 30°为宜,公共活动场所可适当放缓些。楼梯坡度取决于踏步(由踢面和踏面组成)的高(h)、宽(b)比(图 9-34),踏步高度常为 150～180mm(表 9-3),相对应的宽度为 300～250mm,高宽比的经验公式:$2h+b=600～620mm$。住宅和一般公建的楼梯踏步尺寸见表 9-3。

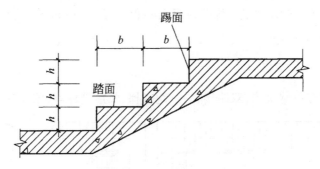

图 9-34　踏步尺寸

表 9-3　住宅、一般公共建筑的楼梯踏步尺寸

名称	住宅	学校	影剧院	医院	幼儿园
踏步高(mm)	150～175	140～160	120～150	150	120～150
踏步宽(mm)	300～250	340～280	350～300	300	280～250

(3)扶手高度

为了安全,楼梯必须设置栏杆扶手。其高度指从踏步面宽的中心至扶手顶面的距离,为900mm,顶层楼梯平台上的水平栏杆扶手高度不得低于 1 100mm(图 9-35)。

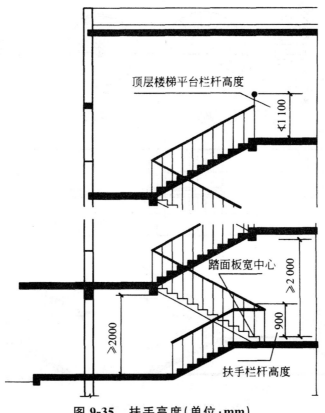

图 9-35　扶手高度(单位:mm)

此外，楼梯平台下的梁距地面、踏面的距离不得小于 2 000mm。楼梯平台的宽度≥梯段宽度。

2. 楼梯的建筑形式及结构形式

楼梯常见的形式有单跑楼梯、双跑楼梯、三跑楼梯、弧形楼梯等(图 9-36)。

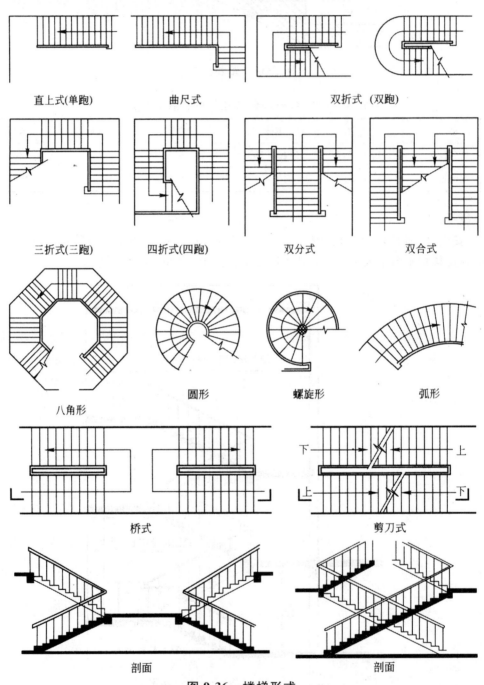

图 9-36　楼梯形式

按楼梯的用材可分为木楼梯、钢楼梯、钢筋混凝土楼梯。钢筋混凝土楼梯有较好的强度和刚度,其耐久性、抗震性及防火性能均佳,目前被广泛采用。这里重点介绍钢筋混凝土楼梯,其结构形式分为板式楼梯和梁板式楼梯。

(1)板式楼梯

楼梯上的荷载由梯段板直接传给楼梯平台梁,再传到墙上;也可将平台板与梯段合一直接传给墙体,由于板的跨长加大,须相应增加梯段板和平台板的厚度。

(2)梁板式楼梯

梯段板是楼梯的重要组成部分。其梯段板上的荷载通过斜梁传给平台梁,再传到墙上去。

3.钢筋混凝土楼梯的施工方式

钢筋混凝土楼梯,按施工方式可分为现浇式钢筋混凝土楼梯和装配式钢筋混凝土楼梯。

(1)现浇钢筋混凝土楼梯

现浇钢筋混凝土楼梯,随着工程的进展,逐层浇筑。其整体性较好,但比装配式钢筋混凝土楼梯费工、费时。

(2)装配式钢筋混凝土楼梯

装配式钢筋混凝土楼梯,按尺寸大小不同,有小型、中型和大型装配式钢筋混凝土楼梯。选用哪一种,要根据构件生产、运输和吊装能力而定。这里主要介绍小型、大型两种。

①小型构件装配式楼梯

小型构件装配式楼梯的踏步板多采用钢筋混凝土预制板,常见的有四种形式,如图9-37所示。(a)为"一"字形,(b)、(c)为"L"形,(d)是"三角"形。踏步板两端支承在墙体或斜梁上。这种构件体积小、重量轻,可不用大型起重设备,施工简单。但整体性和抗震性能差,当前较少采用。

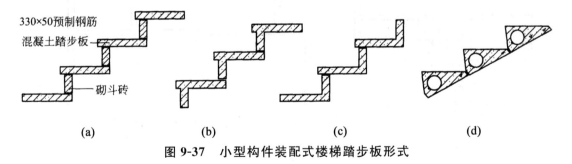

图9-37 小型构件装配式楼梯踏步板形式

②大型构件装配式楼梯

梯段斜梁和踏步板、平台梁和平台板分别预制成两块整板如图9-38所示。在施工现场用起重设备吊装,其优点是施工速度快。

4.楼梯间

楼梯间分为开敞式、封闭式、扩大封闭式和防烟楼梯间。不设门的楼梯间称开敞式楼梯间;设防火门的楼梯间称封闭式楼梯间;将封闭式楼梯间的底层扩大到整个门厅,并在通向门厅的走道和房间的出入口处设防火门,这样的楼梯间称扩大封闭楼梯间;封闭楼梯间应加设消防前室,同时进行人工送、排风,使楼梯间的风压大于消防前室,消防前室的风压又大于走道,这样的楼梯间称防烟楼梯间,如图 9-39 所示。

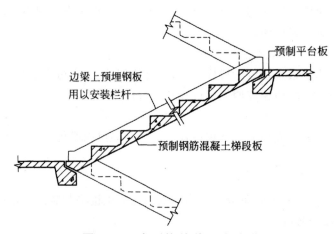

图 9-38 大型构件装配式楼梯

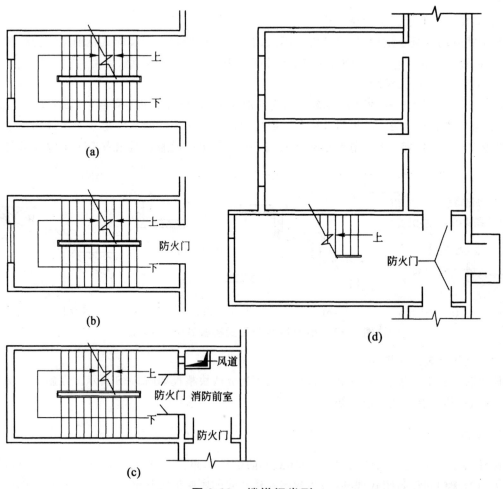

图 9-39 楼梯间类型

(a)开敞楼梯间平面;(b)封闭式楼梯间平面;(c)防烟楼梯间平面;(d)扩大封闭式楼梯间平面

楼梯是建筑物的重要组成部分,因其建筑构件较多,尺寸繁杂,在小比例尺的平、剖面图中,不易标注清楚,在设计过程中要放大比例绘出平、剖面图。楼梯间尺寸和标高的标注,视设计阶段的要求而定。

(二)台阶与坡道

由于建筑物室内外存在高差,就须以台阶或坡道连接。随着社会的发展与进步,无障碍设计已被提上议事日程,坡道是必不可少的。

1. 台阶

台阶有室内台阶和室外台阶之分,室内台阶主要用于室内局部的高差联系,室外台阶主要用于联系室内外地面。由于室外台阶使用较多,这里主要介绍室外台阶。

为防潮、防水,一般要求首层室内地面至少要高于室外地坪 150mm。这部分高差要用台阶联系。

(1)台阶的形式

台阶由踏步和平台组成,其形式有单面踏步式、两面踏步式和三面踏步式等(图 9-40)。台阶坡度较楼梯平缓,每级踏步高为 100～150mm,踏面宽为 300～400mm,当台阶高度超过 1m时,宜设有护栏。在出入口和台阶之间设平台,平台应与室内地坪有一定高差,一般为40～50mm,且表面应向外倾斜 1％～3％坡度,避免雨水流向室内。

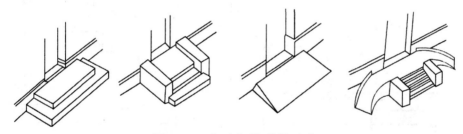

图 9-40　台阶与坡道的形式

(2)台阶的构造(图 9-41)

台阶主要由面层、结构层和基层构成。

面层应耐磨、光洁、易于清扫,一般采用耐磨、抗冻材料做成,常用的有水泥砂浆、水磨石、缸砖以及天然石板等。水磨石在冰冻地区容易造成滑跌,应慎用,如使用必须采取防滑措施。缸砖、天然石板等多用于大型公共建筑大门出入口处,但也应慎用表面光滑的材料。

结构层承受作用在台阶上的荷载,应采用抗冻、抗水性能好且质地坚实的材料,常用的有粘土砖、混凝土、天然石材等。普通粘土砖抗冻、抗水性能较差,砌做台阶整体性也不好,容易损坏,即使做了面层也会剥落,故除次要建筑或临时性建筑中使用外,一般很少用。大量的民用建筑多采用混凝土台阶。

基层是为结构层提供良好均匀的持力基础,一般较为简单,只要挖去腐殖土,做一垫层即可。在严寒地区如台阶下为冻胀土(粘土或亚粘土)可采用换土法(砂土)来保证台阶基层的稳定。

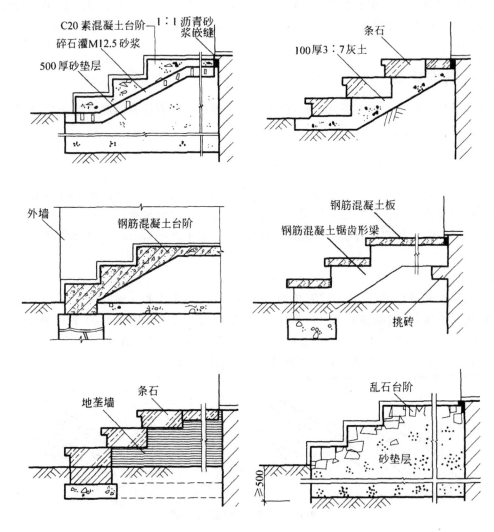

图 9-41　台阶的构造

　　为预防建筑物主体结构下沉时拉裂台阶,应将建筑主体结构与台阶分开,待主体结构有一定沉降后,再做台阶;或者把台阶基础和建筑主体基础做成一体,使二者一起沉降,这种情况多用于室内台阶或位于门洞内的台阶;也有将台阶与外墙连成整体,做成由外墙的挑出式结构。

　　2. 坡道

　　当室外门前有车辆通行及特殊的情况下,要求设置坡道,如医院、宾馆、幼儿园、行政办公楼以及工业建筑的车间大门等处。坡道多为单面坡形式。有些大型公共建筑,为考虑车辆能在出入口处通行,常采用台阶与坡道相结合的形式。供轮椅通行的坡道应设计成直线形、直角形或折返形,不宜设计成弧形。其设计要求见表9-4、表9-5。

表 9-4　不同位置的坡道其最大坡度和最小宽度表

坡道位置	最大坡度	最小宽度（m）
有台阶的建筑入口	1：12	≥1.2
只设坡道的建筑入口	1：20	≥1.5
室内走道	1：12	≥1.0
室外通路	1：20	≥1.5
困难地段	1：10～1：8	≥1.2

表 9-5　坡道不同坡度和高度相应的水平长度表

坡道坡度	1：20	1：16	1：12	1：10	1：8
坡道高度（m）	1.5	1.00	0.75	0.60	0.35
相应的水平长度（m）	30.00	16.00	9.00	6.00	2.80

坡道形式、起点、终点和休息平台的最小水平长度如图 9-42 所示。

坡道也是由面层、结构层和基层组成，要求材料耐久性、抗冻性好，表面耐磨。常用的结构层有混凝土或石块等，面层以水泥砂浆居多，基层也应注意防止不均匀沉降和冻胀土的影响。

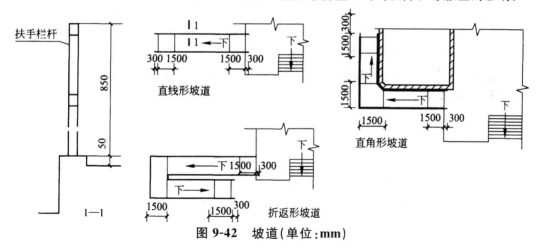

图 9-42　坡道（单位：mm）

六、屋顶

屋顶是房屋最上层的水平围护结构，主要功能是防雨雪、风沙对建筑物的侵袭，并起保温隔热作用，此外，还具有一定的承载能力，能承担风荷、雪荷和屋顶自重。

屋顶主要由屋面和支承结构组成，屋面应根据防水、保温、隔热、隔声、隔火、是否作为上人屋面等，设置不同的构造层次，选择合适的建筑材料，另外有时会在屋顶的下表面考虑各种形式的吊顶。

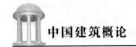

中国建筑概论

屋顶的建筑形式是多样的,常见的有平顶、坡顶、曲面屋顶等,如图 9-43 所示。中国古建筑屋顶造型更是类型多多。

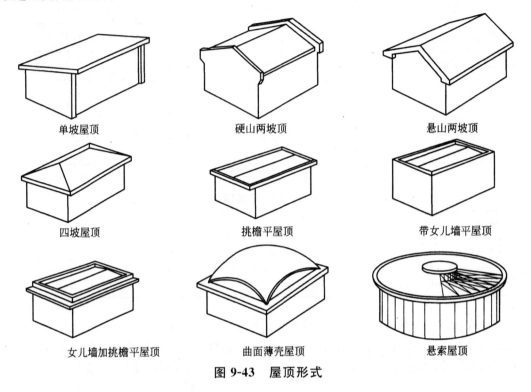

单坡屋顶	硬山两坡顶	悬山两坡顶
四坡屋顶	挑檐平屋顶	带女儿墙平屋顶
女儿墙加挑檐平屋顶	曲面薄壳屋顶	悬索屋顶

图 9-43　屋顶形式

按屋顶结构的受力状态可分为平面结构和空间结构。当屋顶由屋面板或瓦、椽、檩及梁(或屋架)组成的结构形式时,称为平面结构,常用于一般的建筑中。当屋顶的各构件,处于三向受力状态下的结构形式时,称为空间结构,常用于大空间、大跨度的建筑中,如网架、悬索和薄壳等屋顶形式均属于空间结构。

这里重点介绍平屋顶和坡屋顶。

(一)平屋顶

当屋面斜率≤1∶20 时称为平屋顶,有是否保温、是否架空隔热、是否上人之分。

1. 平屋顶的组成及排水

(1)平屋顶的组成

平屋顶设计中主要解决防水、排水、保温、隔热和结构承载等问题,一般做法是结构层在下,防水层在上,其他层次位置视具体情况而定。

①平屋顶的支承结构

平屋顶的结构层要承担屋面上的全部荷载,应具有足够的强度和刚度。现在主要采用钢筋混凝土结构,分现浇和预制两种,屋面板的结构形式与楼板通常相同。

②平屋顶的防水层

通常采用的防水层主要有刚性防水屋面和柔性防水屋面两大类,在寒冷地区以柔性防水屋面居多。现在研制出的新型防水材料,在其性能与施工方法上都有所改善,使屋面防水效果更好。

③平屋顶的保温层

在寒冷地区屋顶须设保温层,以使室内有一个便于人们生活和工作的热环境。保温层有铺于结构层上或吊于结构层下等不同构造方法,其厚度按热工计算而定。保温材料应选用轻质材料。屋面的找坡可利用保温层进行,也可以另设其他轻质材料。

(2)平屋顶的排水

平屋顶的屋面排水方式分为无组织排水和有组织排水两大类。

①无组织排水

无组织排水指雨水经檐口直接落至地面,屋面不设雨水口、天沟等排水设施,也称自由落水。该排水形式节约材料,施工方便,构造简单,造价低。当建筑物高时或在降雨多的地区均不宜采用。

①有组织排水

有组织排水指屋面设置排水设施,将屋面雨水有组织地疏导引至地面或地下排水管内的一种排水方式。这种排水方式构造复杂,造价高,但雨水不侵蚀墙面,不影响人行道交通。有组织排水分内排水和外排水两种。

内排水:大面积、多跨、高层以及特种要求的平屋顶常做成内排水方式,雨水经雨水口流入室内落水管,再排到室外排水系统(图 9-44a)。

外排水:雨水经雨水口流入室外排水管的排水方式。外排水又分女儿墙内檐沟排水和挑檐沟外排水。

女儿墙内檐沟排水:设有女儿墙的平屋顶,在女儿墙里面设内檐沟或垫坡。落水管可设在外墙外面,将雨水口穿过女儿墙(图 9-44b)。

挑檐沟外排水:设有檐沟的平屋顶,檐沟内垫出的纵向坡度将雨水引向雨水口,进入落水管(图 9-44c)。

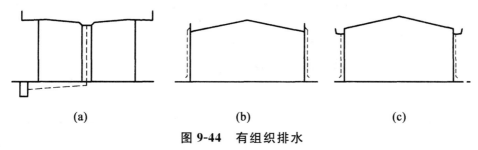

(a)   (b)   (c)

图 9-44 有组织排水

(a)内排水;(b)外排水——女儿墙内檐沟排水;(c)外排水——挑檐沟外排水

为使屋面排水路线简捷顺畅,快速将雨水排出屋面,就要进行平屋顶的排水组织设计。设计方法是:使雨水管负荷均匀,把屋面划分为若干排水区,一般一个雨水口负担 150～200m² (屋面水平投影面积)。排水坡面取决于建筑的进深,进深较大时采用双坡排水或四坡排水,进深较小的房屋和临街建筑常采用单坡排水。合理设置天沟,使其具有汇集雨水和排出雨水的功能,天沟的断面尺寸净宽应不小于 200mm,分水线处最小深度应大于 80mm,沿天沟底长度方向设纵向排水坡,称天沟纵坡,沟内最小纵坡:卷材防水面层大于 1%,雨水管常用直径 75～100mm,间距不宜超过 24m。雨水管有铸铁、镀锌铁皮、石棉水泥、塑料和陶土等几种。镀锌铁皮易锈蚀,不宜在潮湿地区使用;石棉水泥性脆,不宜在严寒地区使用(图 9-45)。

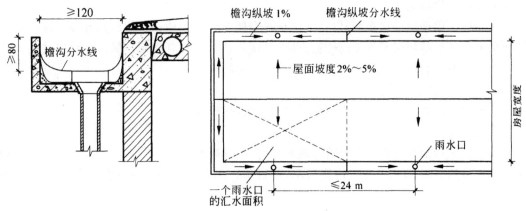

图 9-45　屋面排水组织设计

2. 平屋顶的保温、隔热构造

(1)保温屋面

多用于北方地区,由保护层、防水层、找平层、保温层、隔汽层(该层是否设置视屋顶下房间的使用性质而定)、结构层、顶棚层等构成(图 9-46)。

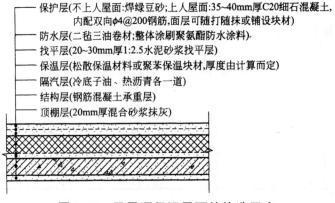

图 9-46　平屋顶保温屋面的构造层次

(2)架空隔热屋面

多用于南方地区,由架空盖板层、空气层、防水层、找平层、结构层、顶棚层等构成(图 9-47)。

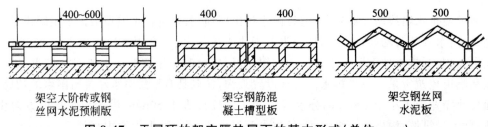

图 9-47　平屋顶的架空隔热屋面的基本形式(单位:mm)

（二）坡屋顶

屋面坡度大于10％的屋顶，称坡屋顶。坡屋顶是排水坡度较大的屋顶形式，由承重结构和屋面两个基本部分组成，根据使用功能的不同，有些还需设保温层、隔热层和顶棚等（图9-48）。坡面组织由房屋平面和屋顶形式决定，屋顶坡面交接形成屋脊、斜沟等（图9-49），对坡屋顶的结构布置和排水方式及造型均有一定影响。

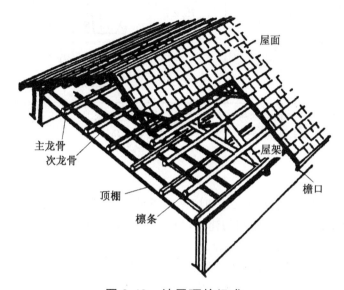

图9-48 坡屋顶的组成

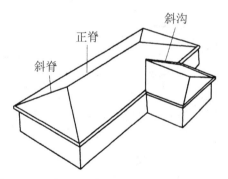

图9-49 坡屋顶坡面交接形成的各个名称

1. 坡屋顶的排水方式

坡屋顶的排水方式与平屋顶的排水方式相同。其中，女儿墙檐沟外排水中的檐沟一般用镀锌铁皮或钢筋混凝土制成；水斗、雨水管采用镀锌铁皮管、铸铁管、石棉水泥管、缸瓦管和玻璃钢管。镀锌铁皮雨水管、檐沟规格见表9-6。

表 9-6　镀锌铁皮落水管、檐沟规格

落水管				檐沟		
断面形式	断面尺寸/mm	展开宽度/mm	净面积/cm²	断面形式	展开宽度/mm	适用跨度/m
▭	80×60 93×67 99×73 128×90	300 333 360 450	48.0 62.3 799 72.2 115.1	⌒ φ120	225	跨度小于 6
				(断面图)	400	6～15
◯	φ65 φ90	225 300	33.2 70.8	(断面图)	450	跨度大于 15

注:1. 表中规格系按 900×1 800、1 000×2 000 的 24 号镀锌铁皮裁剪

　　2. 白铁皮容易锈蚀,需经常刷油漆,一般 10～15 年就要更换

2. 坡屋顶的支承结构

坡屋顶支承结构常用的有横墙承重和屋架承重两类。房屋开间较小的建筑,如住宅、宿舍等,常采用横墙承重;要求有较大空间的建筑,如食堂、礼堂、俱乐部等,采用屋架承重。

(1)横墙承重

按屋顶要求的坡度,横墙上部砌成三角形,在墙上直接搁置檩条,承受屋面重量,这种承重方式叫横墙承重,也叫硬山架檩。这种支撑结构可节约木材和钢材,做法简单、经济,房间之间隔声、防火效果均好;但平面布局受到一定的限制(图 9-50)。

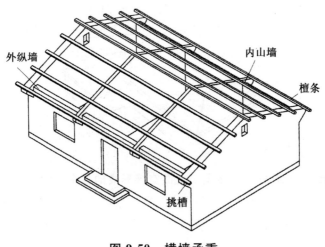

图 9-50　横墙承重

横墙的间距,即檩条的跨度应尽可能一致,檩条常用木材或钢筋混凝土制作。木檩条跨度在 4m 以内,截面为矩形或圆形;钢筋混凝土檩条跨度最大可达 6m,截面为矩形、L 形、T 形。檩条截面尺寸须经结构计算确定。檩条间距与屋面板的厚度或椽子截面尺寸有关。

设置檩条应预先在横墙上搁置木块或混凝土垫块,使荷载分布均匀。木檩条端头需涂刷沥

青以防腐。

(2)屋架承重

屋架承重是将屋架搁置在建筑物外纵墙或柱上,屋架上设檩条,传递屋面荷载,使建筑物内有较大的使用空间(图 9-51)。屋架间距通常为 3～4m,一般不超过 6m。

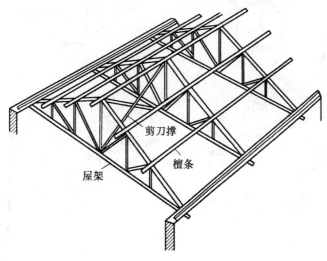

图 9-51 屋架承重

屋架是用木、钢木、钢筋混凝土或钢等材料制成,其高度和跨度的比值应与屋面的坡度一致。工程中常用三角形屋架,构造简单,施工方便,适用于各种瓦屋面(图 9-52)。

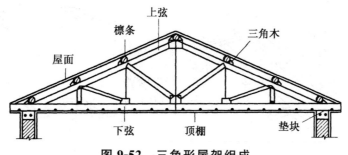

图 9-52 三角形屋架组成

当坡屋顶垂直相交时,屋架结构布置有两种方法,当插入屋顶跨度不大时,把插入屋顶的檩条搁在原来房屋檩条上;另一种做法是将斜梁或半屋架的一端搁在转角墙上,另一端搁在屋架上。其他转角和四坡屋顶端部的屋架布置基本上按此原则(图 9-53)。

3. 坡屋顶屋面的基本构造

(1)冷滩瓦屋面

这种屋面是平瓦屋面、小青瓦屋面中最简单的做法,也叫空铺平瓦屋面,即在椽子上钉挂瓦条后直接挂瓦(图 9-54)。挂瓦条尺寸视椽子间距而定。这种方法构造简单经济,但雨雪易飘入。小青瓦有俯铺、仰铺两种铺瓦方式,俯盖成陇,仰铺成沟。盖瓦与底瓦约搭接 1/3,上、下两片瓦搭接长度在少雨地区为搭六露四,多雨地区为搭七露三。露出长度不宜大于瓦长的 1/2。

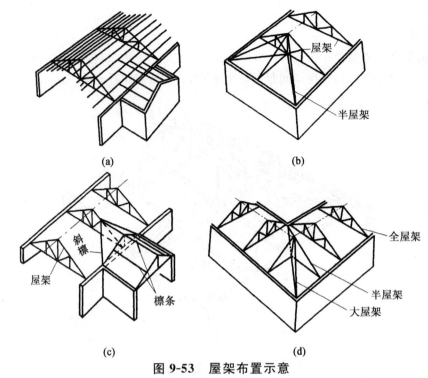

图 9-53 屋架布置示意

(a)房屋垂直相交,檩条相叠;(b)四坡屋顶端部,半屋架放在全屋架上面;

(c)房屋垂直相交,斜檩在屋架上;(d)转角处,半屋架放在全屋架上

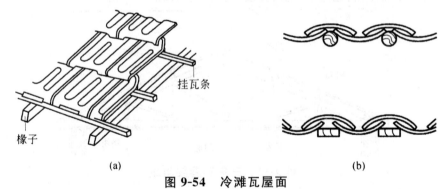

图 9-54 冷滩瓦屋面

(a)平瓦冷滩瓦屋面;(b)小青瓦冷滩瓦屋面

(2)实铺瓦屋面

实铺瓦屋面是在檩条或椽条上铺屋面板,然后在上面挂瓦。屋面板是木板的叫木望板瓦屋面,其构造方法是:采用 20mm 厚的平毛木板,板间留 10~20mm 的缝。在板上平行屋脊从檐口到屋脊铺一层油毡,上用 30×10mm 的板条垂直屋脊方向钉牢,称顺水条或压毡条;油毡搭接长度不小于 80mm;然后在顺水条上钉挂瓦条,上面挂瓦,如图 9-55(a)所示。这样可使瓦缝飘入的雨水挡在油毡之外,雨水通过挂瓦与油毡之间的空隙排出。这种做法不仅增强屋面的防水性能,而且加强保温隔热性能,但耗用木材多,造价偏高,适用于大量建筑中防水严格的建筑。望板也可采用钢筋混凝土屋面板,这种瓦屋面构造方法与木望板瓦屋面构造基本相同,现使用较多,如图 9-55(b)所示。小青瓦一般在木望板或芦席、苇箔上铺灰泥,然后铺瓦。在檐口瓦的尽头处铺

滴水瓦。小青瓦块小,易漏雨,需经常维修,现除旧房维修及少数民族地区民居外已不使用,如图9-55(c)所示。

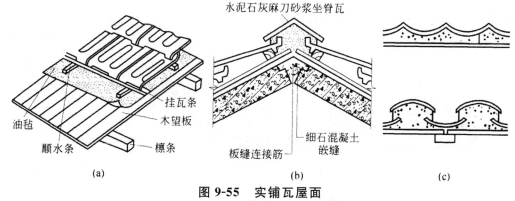

图 9-55 实铺瓦屋面

(a)木望板瓦屋面;(b)钢筋混凝土望板瓦屋面;(c)小青瓦实铺屋面

(3)钢筋混凝土挂瓦板平瓦屋面

这种屋面是用钢筋混凝土挂瓦板代替实铺平瓦屋面的檩条、望板、挂瓦条等,将其直接搁置在山墙或屋架上,上面挂瓦,挂瓦板屋面坡度不小于1:2.5。挂瓦板两端预留小孔套在砖墙或屋架上的预埋钢筋头上以固定,并用1:3水泥砂浆填实(图9-56)。这种方法的缺点是在挂瓦板的板缝处容易渗水,必须注意板缝的防水处理。

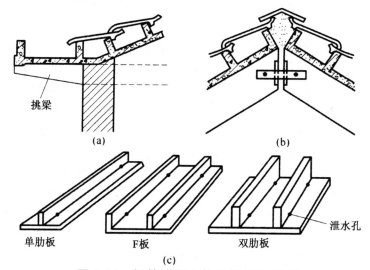

图 9-56 钢筋混凝土挂瓦板平瓦屋面

(4)钢筋混凝土大型屋面板

这种屋面是将钢筋混凝土槽形板垂直于屋脊方向单层或双层铺设,下面用檩条支撑。单层铺放时槽口向上,两块板肋之间的缝隙脊瓦盖住,以防板缝漏水;双层铺设时,将槽板正反搁置,互相搭盖,板面多采用防水砂浆或涂料防水,正反两块板之间形成通风孔道,从檐口进风,屋脊处设出风口,成为通风屋顶,在南方气候炎热地区常采用此种屋顶。F形板也可直接搭在屋架或檩条上,板按顺水方向互相搭接,板缝用砂浆嵌填(图9-57)。

(5)波瓦屋面

波瓦屋面是直接将瓦钉在檩条上,檩条间距视瓦长而定,每片瓦至少有三个固定点,固定瓦时应考虑温度变化而引起的变形,故钉孔直径应比钉直径大 2～3mm,并加装防水垫,孔设在波峰上,石棉水泥瓦上下搭接长度大于 100mm,左右两张之间,大波、中波瓦至少搭接半个波,小波瓦至少搭接一个波。瓦之间只能搭接而不能一钉二瓦。

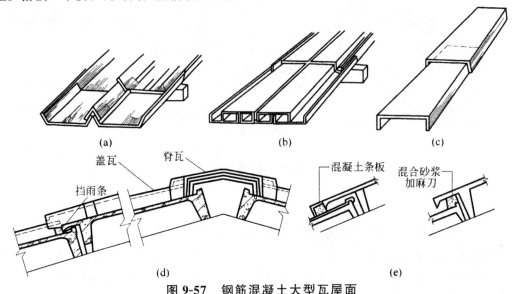

图 9-57　钢筋混凝土大型瓦屋面

(a)槽形板板缝脊瓦;(b)槽形板正反搁置;(c)槽形板搭接;(d)F 形屋面板的脊板;(e)F 形屋面板的搭接

(6)涂膜防水平屋面

涂膜防水屋面是采用刚度大的预制钢筋混凝土屋面板做结构层,屋面板的板缝处采用细石混凝土灌缝,留凹槽嵌填聚氯乙胶泥和建筑防水油膏,并采用 1∶3 水泥砂浆做找平层,板面采用刷防水涂料与玻璃纤维布交替铺刷,一般用一布四涂、二布六涂或三遍涂料的做法。涂膜防水是以沥青为基料配制而成的水乳型或溶剂型的防水涂料,或以石油沥青为基料,用合成高分子聚合物对其改性,加入适量助剂配制的防水涂料,或以合成橡胶或合成树脂为原料,加入适量的活性剂、改性剂、增塑剂、防霉剂及填充料等制成。板端易变形开裂,对防水层不利,应设分格缝,间距不宜大于 6m,缝宽宜为 20mm,内嵌密封材料,并应增设宽 200～300mm 带胎体增强材料的空铺附加层。对容易开裂渗水的部位和水落管周围等与屋面交接处应留凹槽嵌密封材料,并加铺一层或两层有胎体增强材料的附加层,涂膜深入雨水口不小于 50mm。涂膜防水层上应用细砂、云母、蛭石、浅色涂料、水泥砂浆或块材等做保护层。采用水泥砂浆或块材时,在涂膜和保护层之间应设置隔离层,水泥砂浆保护层厚度不小于 20mm。

这种屋面适用坡度大于 25% 的坡屋面,通常用于不设保温层的预制屋面板结构,在有较大震动的建筑物或寒冷地区不宜采用。

七、门窗

门窗的功能是采光、通风、分隔和联系空间。

(一)门、窗的组成及名称

门由门框、门扇等组成;窗由窗框、窗扇等组成。门窗的各部位名称如图 9-58 所示。

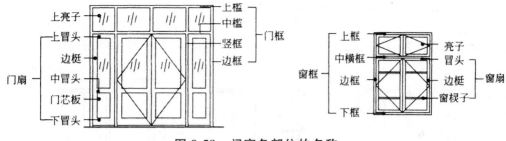

图 9-58 门窗各部位的名称

（二）门、窗的类型

1. 门的类型

门按开启方式分为：平开门、推拉门、弹簧门、转门、折叠门（多用于分隔室内空间）、提升和卷帘门（多用于车库、仓库、厂房），如图 9-59 所示。

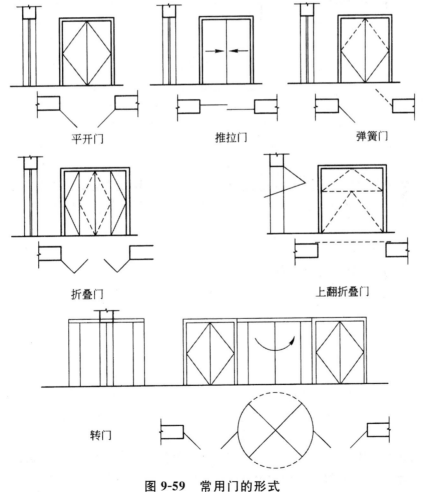

图 9-59 常用门的形式

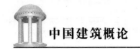

2. 窗的类型

窗按开启方式分为:平开窗、提拉窗、悬窗、立转窗、推拉窗等,如图 9-60 所示。

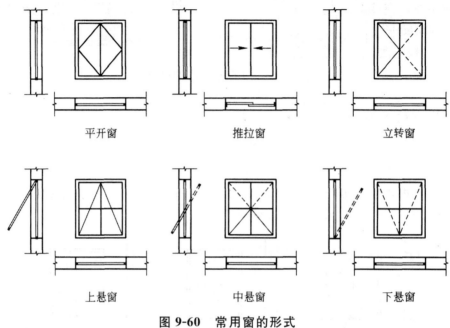

| 平开窗 | 推拉窗 | 立转窗 |

| 上悬窗 | 中悬窗 | 下悬窗 |

图 9-60　常用窗的形式

依据门窗材料的不同,可分为木门窗、钢门窗、铝合金门窗、塑钢门窗、断桥铝门窗。

木门窗的优点是材料易得、方便加工、造型灵活、保温性能好,但需消耗大量的木材,还要经常刷漆保护,否则会变形、腐朽、虫蛀,且不防火。

钢门窗有空腹、实腹之分,空腹钢窗比实腹钢窗自重轻、刚度大,便于运输及安装,但因壁厚薄,耐久性差,不宜用于海边腐蚀性强的环境中。比木门窗坚固耐久,断面小、少遮挡、透光性好,但保温性能差。

铝合金门窗的主要优缺点同钢门窗,但其强度不如钢门窗,耐腐蚀性优于钢门窗。

塑钢门窗的保温性能优于钢门窗,但会老化变色,密封性能差。

断桥铝门窗的保温性能和密封效果均优于上述门窗,是目前较为广泛采用的门窗。

(三)门窗的保温与遮阳

1. 门窗的保温

建筑外门窗是建筑保温的薄弱环节,我国寒冷地区外窗的传热系数较比发达国家的大 2～4 倍。在一个采暖周期内,我国寒冷地区住宅通过窗与阳台门的传热和冷风渗透引起的热损失,占房屋能耗的 45%～48%左右,因此门窗节能是建筑节能的重点。

造成门窗热损失的途径有两个,一是门窗面由于热传导、辐射以及对流造成的,二是冷风通过门窗各种缝隙渗透所造成的,所以门窗节能应从以上两个方面采取下列构造措施。

(1)缩小窗口面积

在满足室内采光和通风的前提下,我国寒冷地区的外窗尽量缩小窗口面积,以达到节能要求。

(2)采用密封和密闭措施

框和墙间的缝隙密封可用弹性软型材料(如毛毡)、聚乙烯泡沫、密封膏以及边框设灰口等。框与扇间的密闭可用橡胶条、橡塑条、泡沫密闭条,以及高低缝、回风槽等。扇与扇之间的密闭可用密闭条、高低缝及缝外压条等。窗扇与玻璃之间的密封可用密封膏、各种弹性压条等。

(3)增强门窗的保温

寒冷地区外窗可以通过增加窗扇层数和玻璃层数来提高保温性能,还可以采用特种玻璃,如中空玻璃、吸热玻璃、反射玻璃等达到节能要求。

(4)减少缝的长度

门窗缝隙是冷风渗透的根源,因此为减少冷风渗透,可采用大窗扇,扩大单块玻璃面积以减少门窗缝隙;合理减少可开窗扇的面积,在满足夏季通风的条件下,扩大固定窗扇的面积。

2.门窗的遮阳

遮阳是为了防止直射阳光照入室内,以减少太阳辐射热,避免夏季室内过热,保护室内物品不受阳光照射而采取的一种措施。用于遮阳的方法很多,如在窗口悬挂窗帘,利用门窗构件自身遮光以及窗扇开启方式的调节变化,利用窗前绿化,雨篷、挑檐、阳台、外廊及墙面花格也都可以达到一定的遮阳效果,如图 9-61 所示。

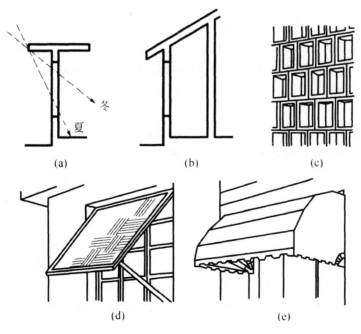

图 9-61 遮阳形式

(a)出檐;(b)外廊;(c)花格;(d)芦席遮阳;(e)布篷遮阳

一般房屋建筑,当室内气温在 29 摄氏度以上,太阳辐射强度大于 $240kcal/m^2 \cdot h$,阳光照射室内时间超过 1h,照射深度超过 0.5m 时,应采取遮阳措施,标准较高的建筑只要具备前两条即可考虑设置遮阳。在窗前设置遮阳板进行遮阳,对采光、通风都会带来不利影响。因此在设置遮阳设施时应慎重考虑采光、通风、日照、经济、美观,以达到功能、艺术的统一。

窗户遮阳板按其形状,可分为水平遮阳、垂直遮阳、综合遮阳及挡板遮阳四种形式,如图 9-62 所示。

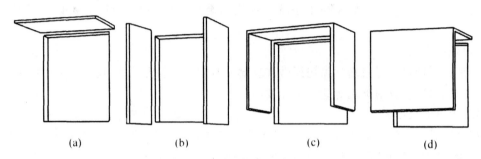

(a)　　　　　(b)　　　　　(c)　　　　　(d)

图 9-62　遮阳板基本形式

(a)水平遮阳;(b)垂直遮阳;(c)综合遮阳;(d)挡板遮阳

(1)水平遮阳

在窗两侧方设置一定宽度的水平方向遮阳板,能够遮挡高度角较大的、从窗口上方照射下来的阳光,适用于南向及其附近朝向的窗口。水平遮阳板可做成实心板式百叶板,较高大的窗口可在不同高度设置双层或多层水平遮阳板,以减少板的出挑宽度,如图 9-62(a)所示。

(2)垂直遮阳

在窗西侧方设置垂直方向的遮阳板,能够遮挡高度角较小的、从窗口两侧斜射过来的阳光。根据光线的来向和具体处理的不同,垂直遮阳板可以垂直于墙面,也可以与墙面形成一定的夹角,主要适用于偏南或偏西的窗口,如图 9-62(b)所示。

(3)综合遮阳

综合遮阳是水平遮阳和垂直遮阳的综合,能够遮挡从窗口左右两侧及前上方射来的阳光,遮阳效果比较均匀,主要适用于南向、东南、西向的窗口,如图 9-62(c)所示。

(4)挡板遮阳

在窗口前方离开窗口一定距离设置与窗户平行方向的垂直挡板,可以有效地遮挡高度较小的正射窗口的阳光,主要适用于东、西向及其附近的窗口。有利于通风,但遮挡了视线和光,可以做成棚栅式挡板,如图 9-62(d)所示。

以上四种基本形式可以组合成各种各样的形式,如图 9-63 所示。这些遮阳板可以做成固定的,也可以做成活动的,后者调节灵活,遮阳、通风、采光效果较好,但构造复杂,需经常维护。固定式则坚固、耐用、经济。设计时应根据不同的使用要求,采用不同的形式,满足不同的要求。

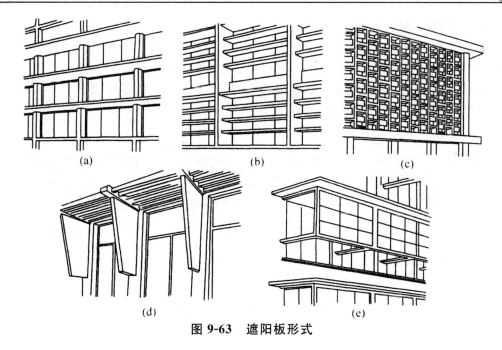

图 9-63　遮阳板形式

八、管线敷设

给水排水管线大多敷设于厨房、浴厕及需要用水的房间中。厨房和浴厕在建筑设计中要邻近外墙布置,便于采光和通风。以下主要介绍立管敷设、水平管道布置、基础与管线关系。

(一)立管敷设

为给水排水管线进出户方便,其立管尽可能靠外墙敷设。立管敷设有三种方式:墙体直埋、管线外露、管道井敷设。

1. 墙体直埋

墙体直埋也称走暗管,给水排水立管直接埋设于墙体内的优点是不占室内空间,便于家具摆设,方便墙面卫生清理;其缺点是会削弱墙体的承载能力,一旦墙上有梁时,走管就更加困难,管线维修要开凿墙体,会破坏墙面装修。

2. 管线外露

管线外露也称走明管,管线暴露墙体以外。其优点是,既不破坏墙体,又便于管线施工和维修;缺点是占用了室内空间,有碍于家具摆设,不便于墙面卫生清理。

3. 管道井敷设

设置管道井可使与给水排水工程专业有关的管线如暖气共用一个管道井(各类电气线路、燃气管除外),各层应设检修门,便于管线的检修。

(二)水平管道布置

水平管道最好布置在楼板下或梁下,这样可不占室内家具的布置空间,穿墙(或梁、板、柱)过管的构造一般布置在楼板下、梁下或窗台下(图 9-64)。

(1)当水平管道穿过墙体时,如管径不大,开凿孔洞后,只加设套管即可,大管径套管要预埋于墙体或留洞,防水套管必须埋于墙体中,套管直径应比拟穿管管径大 1~2 号。

(2)穿楼地板套管应预埋,并应高出完成面 $h=1\sim2$cm,厨房、洗手间、洗衣间等宜跑水地面的套管应高出完成面 $h=4\sim5$cm 为宜(图 9-65)。

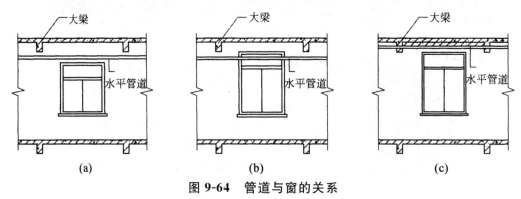

图 9-64　管道与窗的关系

(a)当梁的下缘与外墙门窗上缘之间有一段距离时,水平管道可布置于此;(b)当梁的下缘与外墙门窗上缘之间距离较小时,管道布置于此,会对门窗上部引起遮挡;(c)为避免遮挡门窗,管道须穿梁。此种做法须征得结构设计人的同意

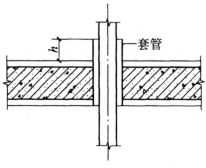

图 9-65　立管穿楼板构造

(3)穿钢筋混凝土梁柱的套管大小,以及穿过部位应征得结构设计师的同意。

(4)电线管敷设要以插座的位置为基准,一定要垂直或水平走线,以免墙上钉钉、打洞会打断电线(图 9-66)。

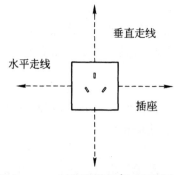

图 9-66　对墙体敷设线管的要求

（三）基础与管线关系

给水排水的水平干管要进出房屋就须穿越内、外墙的基础墙或基础。在穿越部位的图纸上标明管线留洞的位置和标高。预留孔洞的上皮,距管顶要有足够的空隙,以满足建筑物的沉降,一般 d 不宜小于 150mm（图 9-67）。

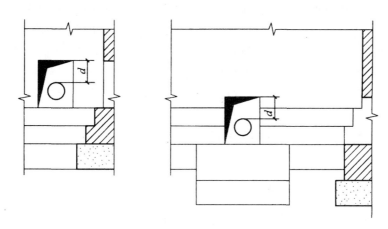

图 9-67　水平干管穿越基础做法图

管线穿越地下室侧壁时、应尽量避免穿越地下水位以下的防水层。若必须穿过时,要采取有效措施（图 9-68）,保证管道周围无渗漏。

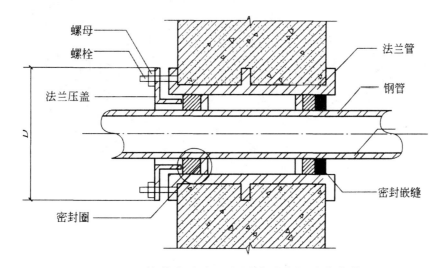

图 9-68　管道穿越地下室侧壁时应加防水套管

法兰管（套管）穿墙处若为非混凝土墙壁时,应局部改为混凝土墙,其范围应比翼环直径 D 大 200mm,而且必须将套管浇固于墙内。

穿管处混凝土墙不小于 300mm,否则应将墙壁一侧或两侧加厚到 D＋200mm（D 为法兰压盖的直径）。

第三节 工业建筑的构造

工业建筑通常按其建筑结构类型和施工工艺的特点来划分体系。工业建筑的结构类型主要是剪力墙结构、框架结构和框剪结构。施工工艺类型主要是按混凝土工程划分,可分为预制装配式、工具模板机械化现浇式以及预制与现浇相结合等几种。按结构类型和施工工艺综合特征划分,可分为砌块建筑、大板建筑、框架轻板建筑、大模板建筑、滑模建筑、升板建筑、盒子建筑和轻型钢结构骨建筑等,本节主要对装配式大型板材建筑、框架轻板建筑、大模板建筑、滑模建筑、升板建筑、盒子建筑、轻型钢结构骨架建筑这几种工业建筑的构造进行介绍。

一、装配式大型板材建筑的构造

(一)装配式大型板材建筑概述

装配式大型板材建筑是由预制的大型内、外墙板和楼板、屋面板等构件组合装配而成的建筑物,简称大板建筑,如图 9-69 所示。

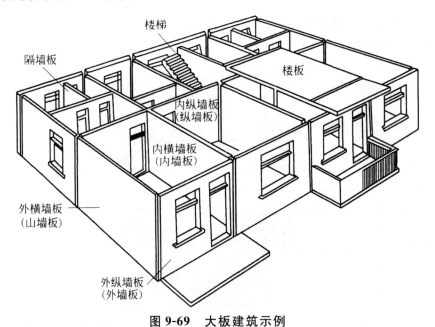

图 9-69 大板建筑示例

1. 大板建筑的特点

大板建筑的板材可由预制构件厂预制生产,也可在工地的临时构件厂预制生产,然后进行吊装。与传统做法的砖混建筑相比,大板建筑具有以下优点。

(1)不占农田,解决了与农业争地的矛盾。传统砖混建筑中的粘土砖主要从农田中取土,一亩良田只能烧砖 100 万块。而大板建筑则充分利用工业废料如粉煤灰、矿渣等。

（2）有利于提高劳动生产率，缩短工期。与砖混建筑相比，相同面积的房屋采用大板建筑工期可以缩短1/3以上。

（3）有利于长年均衡施工。大板建筑主要是在预制构件厂生产构件，施工现场吊装组接，这样，气候和季节对施工时的影响不大，能保证全年均衡施工。

（4）提高了使用面积利用系数。大板建筑的墙板厚度一般比砖混结构的砖墙厚度薄80～100mm，从而扩大了使用面积。

（5）有利于减轻结构自重。由于大板建筑墙体薄，并广泛采用轻质材料，因而每平方米的结构重量大大减轻。

（6）有利于抗震。大板建筑的强度大、自重轻，且具有较好的抵抗变形的能力，因此其抗震性能良好。

但大板建筑也存在一些缺点，如建筑设计的灵活性受到局限，外形有千篇一律之感，标准化与多样化的矛盾比较突出，用钢量较多，外墙板缝易出现渗漏现象。

2. 大板建筑的结构体系

常见的大板建筑结构体系有：横墙板承重、纵墙板承重、纵横双向墙板承重以及在建筑内增设梁柱的部分梁柱承重体系。

3. 大板建筑的主要构件

大板建筑的主要构件有外墙板、内墙板、楼板、屋面板，主要的辅助构件有楼梯、隔墙、阳台、檐口和勒脚等。稍后将对这些主要构件及相关的节点的构造设计进行介绍。

（二）墙板的构造设计

1. 外墙板的设计要求、类型

（1）外墙板的设计要求及划分

外墙板除应满足结构要求外，还需满足保温隔热、防潮防水、抗冻、耐久、美观等功能要求。

外墙板的划分应力求减少板型、外形简单，便于制作、运输及吊装。板的大小应与所采用的运输工具及吊装设备能力相适应，并尽量减少板缝数量和长度，便于施工，同时也要考虑内外墙面的建筑美观。外墙板的划分有如下几种。

①按层高每开间一块划分。适用于小开间建筑，采用最多。

②按层高每开间两块划分。适用于大开间建筑或山墙。

③按层高每两开间（或三开间）一块划分。适用于立面要求有横线条的建筑。扩大的墙板减少了吊装件数，减少了墙板接缝和构造上的麻烦，较为经济，但需要较大的运输及吊装设备，因此应与当地的制作、运输与吊装能力相适应。

④同样也可以按横向一个开间宽、纵向加高为二或三个层高一块划分。

由于山墙板不带窗洞，当横墙板承重时，山墙板既是承重墙又是围护墙，不仅要考虑承重要求，还要满足防风雨、保温、隔热及饰面等要求。因此，为使山墙板与其他构件的重量相适应，山墙板可划分得小一点，但要注意，尽量不要使板材类型增加太多。在不考虑保温地区的山墙板可同内承重墙，只是要加饰面。

(2)外墙板的类型

外墙板按受力情况不同分为承重墙板、自承重墙板;按板材本身构造分,有单一材料及复合材料的外墙板;按材料不同又可分为钢筋混凝土墙板、轻骨料混凝土墙板、振动砖墙板等。

2. 内墙板的设计要求、类型

(1)内墙板的设计要求及划分

内墙板是分隔室内空间的构件,它不仅应具有足够的强度,还要考虑隔声要求,卫生间等部位的内墙板还应满足防潮、防水要求。在墙承重的大板建筑中,一部分内墙板为承重墙,此时它一方面是隔离构件,另一方面又是承重构件。内墙板在结构方面要求制作简单,保证必要的强度,并能支承楼板。

内墙板的划分也应与运输及吊装机械设备能力相适应。可分为一间一块、一间两块或两间三块,墙板高度为层高减去楼板厚度。一间两块与两间三块划分在室内出现墙板接缝,施工时须进行处理;划分为一间一块时,纵横墙板接缝一致,构造较简单。

(2)内墙板的类型

内墙板按受力不同分为承重内墙板和隔墙板。

承重内墙板按构造形式有实心墙板、空心墙板、肋形墙板、框壁板等。

隔墙板主要用于内部空间的分间和隔断。它没有承重要求,因此它应较轻,具有一定的刚度,表面平整,有一定的隔声、防潮、防水等能力。对于分户墙,其隔声量应满足民用建筑隔声设计规范中的隔声标准。同时,预制生产和施工要方便,尽可能减少现场湿作业。用做隔墙板的材料很多,如钢筋混凝土薄板、加气混凝土板、陶粒混凝土板、石膏板以及钢丝网架苯板等。

大板建筑中,可以把壁橱、通风管道、烟道、垃圾管道等做成预制构件,在工地组装即可使用。有些还可以替隔墙做分室之用。

卫生间的管道可以组合在一块管道壁板内,吊装后,只要把卫生间和厨房设备的管道接装上去即可。

(三)楼板、阳台及屋顶的构造设计

1. 楼板

为了充分利用起重机械的吊装能力,提高装配化程度,楼板的大小常采用一间一块或一间两块,其重量应与墙板的重量相适应。这种大型楼板接缝少,可以在预制楼板时,做好面层,以减少现场的湿操作量。

(1)楼板的类型

根据大板建筑承重方式的不同,楼板分为单向承重和双向承重,这种分类只表现在板的配筋方式的不同,外表都是上下表面平整的钢筋混凝土楼板。

(2)楼板平面布置

①一间一块的平面布置(图9-70a)。楼板自重约3~4t,没有接缝、找平及抹面层等施工湿作业。但楼板尺寸较大,运输、堆放均需要一定条件。

②一间两块的平面布置(图9-70b)。楼板自重约2t,运输、堆放较方便,但房间中楼板与楼板的交接处有接缝,不易平整。缝的处理增加了现场的手工作业。

（3）楼板构造

①实心楼板

多为钢筋混凝土制作，主要受力钢筋一般为单向钢筋，当纵横墙均为承重墙板，楼板接近方形时，主要受力钢筋可四边搁置，即双向配筋。实心楼板混凝土用量较多，构件的单位重量大，多用于走廊等小面积、小跨度的楼板，以及卫生间、厨房等管线穿过较多的房间楼板。

②空心楼板

采用预应力钢筋混凝土制作，孔形有圆孔和椭圆孔。椭圆孔楼板孔隙率大，楼板自重轻，但抽芯比圆孔困难，因此通常采用圆孔形空心楼板。空心板均为单向受力板，其压入墙板内的空心部分应用混凝土垫块填实，以免端缝灌浆时漏浆，并保证板端能将上层荷载均匀传递至下层墙体。带阳台的空心楼板的悬臂部分可不抽孔；带管道孔的空心楼板的管道通过部分也可不抽孔。

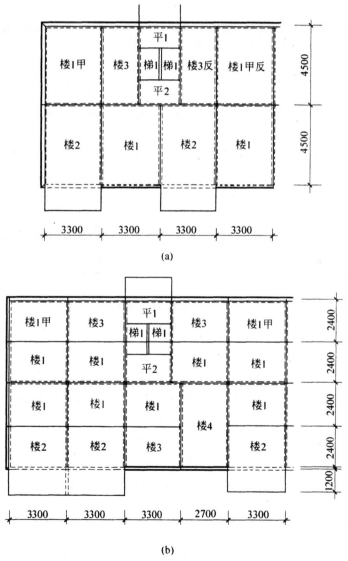

图 9-70　楼板平面布置示例（单位：mm）

（a）一间一块楼板；（b）一间两块楼板

③肋形楼板

肋形楼板分板下肋和板上肋两种。肋之间多填以块状轻质保温或隔声材料,如加气混凝土,这样可使上下表面均平整。肋形楼板在制作时,先浇捣底面,然后用填块作内模,并留出肋的位置,再浇捣肋和面层,混凝土凝固后填块就紧紧地与肋骨粘结在一起形成整体。这种楼板也称"肋形复合楼板"。也可以用塑料、水泥砂浆等预制的盒式模板,模板成型后不再拆除。

2. 阳台

阳台的设计与其他建筑相同,只是阳台板的布置有所不同,其布置形式主要有以下几种。

(1)整间大楼板带挑阳台板(图 9-71a)

结构整体性好,装配化程度高,但构件尺寸大,运输、堆放需要一定条件。

(2)部分楼板带挑阳台板(图 9-71b)

构件自重及尺寸比上述小,运输、堆放较方便,但在房间内有楼板接缝,接缝处理要求平整,不漏水,若采用预制面层,接缝处理不易美观。

(3)阳台搁在两侧外加的墙板上(图 9-71c)

阳台与楼板分开,两侧墙板可做花格漏窗,有利于通风,立面需处理。

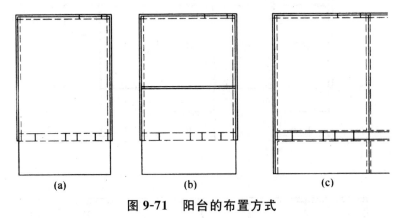

(a)　　　　　　　　(b)　　　　　　　　(c)

图 9-71　阳台的布置方式

(a)整间大楼板带挑阳台板;(b)部分楼板带挑阳台板;(c)阳台搁在两侧外加的墙板上

3. 屋顶设计

大板建筑屋顶的设计要求同其他建筑的屋顶一样,应有良好的保温、隔热和防水性能,其屋面板的类型和布置一般和楼板相同。

在挑檐的建筑中,可把屋面板与挑檐板做成一个构件,也可在檐口另加挑檐板。

女儿墙通常采用特制的墙板。板的侧边做出销键,预留套环;板底有凹槽与下层墙板结合。板的厚度可与主体墙板一致。女儿墙板内侧应设凹槽,预埋木砖,以便与屋面防水油毡的固定交接。

(四)楼梯的构造设计

1. 楼梯间平面布置及其外墙板处理

楼梯间平面布置应综合考虑使用合理,使纵横墙尽量拉通对直,有利于结构刚性,减少构件类型,并便于施工安装及管道设置等问题。

通常楼梯间外墙板的水平划分宜与外墙墙板水平划分同标高,以免产生错缝而带来结构处理的困难。由于楼梯平台标高与建筑层高相差半层,因此为躲开楼梯平台板,楼梯间外墙板的窗洞宜设在墙板的上方或下方。

2. 楼梯的构造

大板建筑的楼梯均采用预制楼梯。一般将楼梯平台与楼梯段均做成单个构件。常用的平台做成槽形板或空心板,楼梯段做成平板式,见图 9-72(a)。为减轻构件自重,可将梯段踏步做成空心的或折板式的,见图 9-72(b)、(c)。除了把平台及梯段分开各做一个构件外,也可以把梯段和平台联合成一个构件,见图 9-72(d)。构件类型虽然没有减少,但可以减少吊装的次数。楼梯休息平台一般搁置在楼梯间横墙钢筋混凝土支托(牛腿),或钢支托上,见图 9-72(e),也可在楼梯间横墙上预留洞,安装时将休息平台板插入其中。梯段与平台板的连接、平台板与横墙板的连接除搁置外,均需预埋钢板,安装后焊接固定,见图 9-72(f),同时抹水泥砂浆,以防锈蚀。

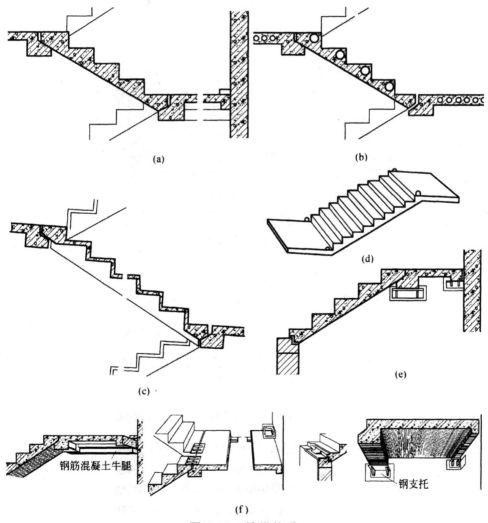

图 9-72　楼梯构造

(五)节点构造设计

大板建筑主要通过节点、接缝连接成整体。因此,其节点设计的好坏直接影响到建筑物的整体性、稳定性和使用效果与使用年限。节点构造设计应保证力的传递;保证构件连接的整体性;保证房屋结构整体刚度和稳定,在正常荷载作用下,连接不被破坏;保证节点有可靠的密封性;有一定的延性;力求简单,便于施工。

1. 板材等构件的连接

大板建筑主要是通过节点、接缝连接成整体。内、外墙板以及内横墙与内纵墙之间的连接,目前常采用焊接、混凝土整体连接、螺栓连接几种做法。这里主要介绍墙板之间的连接,以及楼板、墙板、楼梯等构件的连接。

(1)墙板的连接

通常大板建筑墙板上角预埋铁件,一般采用钢筋焊接,仅在外墙转角处采用钢板焊接,以增强刚度,如图 9-73(a)、图 9-74(a)所示。所有上角预埋铁件均要与墙板顶部埋设的水平钢筋焊牢,因此,当墙板吊装就位,上角焊接后,房屋在每个楼层顶部就可形成一道内外墙交圈的封闭圈梁。

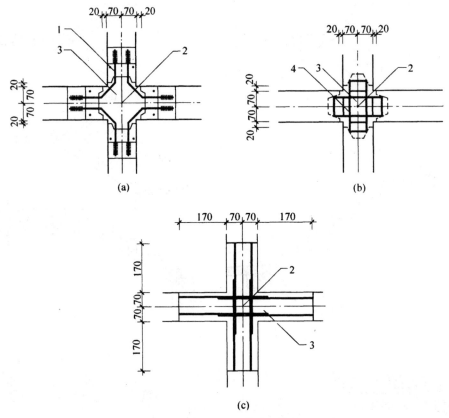

图 9-73　内墙板连接节点(单位:mm)

(a)上;(b)中;(c)下

1—Lϕ10;2—Lϕ22;3—C25 细石混凝土;4—预留钢筋

墙板中部侧边设置锚环,墙板吊装就位后,环与环互相搭接,并在环内穿设纵向钢筋,埋在垂直缝内,如图 9-73(b)、图 9-74(b)所示。这种做法不仅能连接同一楼层内的墙板,同时通过穿入环内的纵向钢筋和垂直缝内的现浇混凝土,可将上下楼层的墙板锚接成整体。墙板侧边均设有凹榫,通过垂直缝内现浇混凝土形成销键,利用混凝土销键传递剪力。垂直缝的截面尺寸不能太小,以利保证灌缝混凝土的质量。上下楼层之间,除在纵横墙交接的垂直缝内设置锚接筋外,还要在墙板上设置吊环,以将上下楼层的墙板连接成整体。吊环和垂直缝内楼层之间的锚接钢筋,还可以承受房屋在水平荷载作用下产生的剪力。

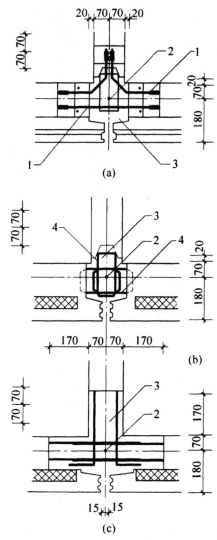

图 9-74 外墙板连接节点(单位:mm)

(a)上;(b)中;(c)下

1—Lϕ10;2—Lϕ22;3—C25 细石混凝土;4—预留钢筋

墙板下部预留钢筋,安装时将这些甩筋互相绑扎或焊接,通过垂直缝的现浇混凝土锚接成整体(图 9-73c、图 9-74c)。这样,通过采用这些连接,所有楼板的四周均形成现浇的圈梁,所有墙板垂直缝形成现浇的构造柱,增强了大板建筑的整体刚度,见图 9-75。

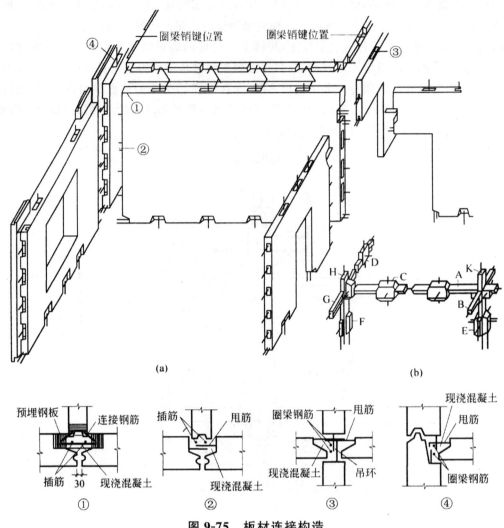

图 9-75　板材连接构造

(a)板材连接轴测图;(b)板材之间形成的现浇圈梁和构造柱

A. 横墙圈梁;B. 纵墙圈梁;C. 横墙圈梁销键;D. 外墙圈梁销键;E. 内墙销键;F. 外墙销键;

G. 外墙圈梁;H. 外墙立缝;K. 内墙立缝

横墙作为主要承重构件时,在纵横墙交接处,一般将横墙嵌入纵横接缝内,以纵墙作为横墙的稳定支撑。

(2)楼板、墙板、楼梯等构件的连接

楼板与墙板的连接主要采用装配整体式节点。上下楼层墙板的水平接缝设置在楼板板面标高处。当内墙支承楼板,外墙自承重时,外墙要比内墙高出一个楼板厚度。若把外墙板顶部做成高低口,上口与楼板板面平齐,下口与楼板板底平齐,并将楼板伸入外墙板下口,可使外墙板顶部焊接均在同一标高处,俯焊操作,容易保证焊接质量,同时,又可使整间大块楼板四边均伸入墙内,提高建筑的空间刚度,有利于抗震。另外,由于上下楼层的安装工序设在楼板板面,对铺设墙板坐浆操作方便,容易保证质量。墙板构件之间,通过水平缝坐垫砂浆,垂直缝浇灌混凝土,周边再加设一些锚接钢筋和焊接铁件连成整体。

楼梯间的构件,梯段和休息平台板都要互相焊接连成整体。休息平台板周边还要与相邻的内外墙板焊接。

2. 外墙板缝的节点构造

大板建筑外墙板的接缝有水平缝、垂直缝以及水平缝与垂直缝的相交部位——十字缝。大板建筑外墙板接缝是材料干缩、温度变形和施工误差的集中点。因此,设计板缝构造时,应考虑当地年温差、风雨大小、湿度状况等因素,同时应满足耐久、经济、美观、便于制作和施工等要求,也要注意材料选用、施工方便和经济合理等问题,采取措施达到防水、保温隔热,如处理不当将严重影响建筑物的质量和使用。

(1)板缝的防水

①材料防水

采用砂浆、油膏及塑性或弹性材料嵌缝使接缝密封,以阻止雨水侵入,达到防水的目的,这种做法叫材料防水。一般单用砂浆或细石混凝土,无论采用填、灌还是嵌缝的方式,日后均难免出现裂缝与毛细管渗水,因此,需在接缝外侧嵌填密封材料。密封材料必须具有粘结力强、耐久、高温不流淌、低温不脆裂及可塑性大的特性,并与混凝土、砂浆有良好的附着力,能经受拉伸、压缩,在长年气温变化下而不致老化,以保证防水的可靠性和耐久性。采用材料防水,墙板周边的外形比较简单,制作、运输、堆放、吊装和嵌缝也比较简单,但造价较高,施工操作要求严格,发生渗漏不易检查。常用的材料有聚乙烯胶泥、聚氨酯嵌缝膏、改性沥青胶膏、氯丁橡胶、聚硫橡胶密封条等。

②构造防水

构造防水是在接缝外口作适当的线型构造,或增加不同形式的挡水处理,使水流分散,减少接缝的雨水流量、流速和压力。如在墙板四边设置滴水、挡水台、凹槽等,利用水的重力作用,排出雨水,切断接缝处的毛细水通路,达到防水效果。构造防水允许少量雨水渗入,但接缝形状应能保证渗入的水必须很快地排出,使缝内无积水现象。这种方法的优点是经济、耐久、便于施工。但构件制作时模板比较复杂。在运输、堆放、吊装时必须注意防止墙板的边角损坏。同时它容易透风,对接缝保温不利。

常见的构造防水水平缝有滴水缝、高低缝、企口缝、暗槽缝等,如图 9-76。

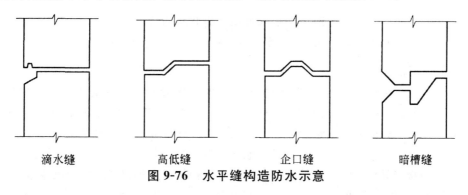

| 滴水缝 | 高低缝 | 企口缝 | 暗槽缝 |

图 9-76 水平缝构造防水示意

常见的构造防水垂直缝有企口缝、暗槽缝、减压空腔等,如图 9-77。

③材料防水与构造防水相结合

采用防水材料与防水构造相结合的做法,吸取了材料防水与构造防水的优点,防水效果优于前两种。因此实际工程中多采用此方法。

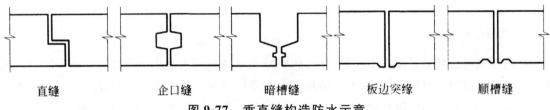

| 直缝 | 企口缝 | 暗槽缝 | 板边突缘 | 顺槽缝 |

图 9-77　垂直缝构造防水示意

此外,采用弹性条盖缝防水、压力平衡缝的做法也属于材料防水与构造防水相结合的方法。弹性条有金属弹性卡、氯丁橡胶盖缝条等。压力平衡缝的做法,是采用聚氯丁二烯软管作挡雨板(图 9-78)。

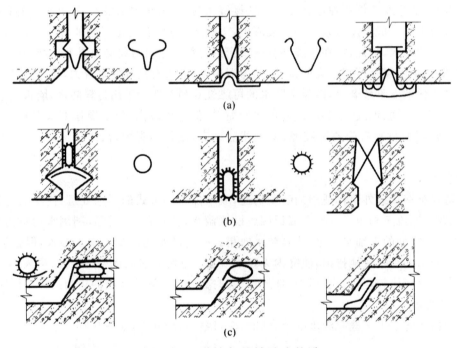

图 9-78　弹性条盖缝防水构造

(a)金属弹性卡盖缝;(b)塑料弹性条盖缝;(c)水平缝弹性物填缝

(2)板缝的保温

寒冷地区为了避免板缝处内墙面产生结露现象而影响使用,应加强保温措施。板缝的保温,一般要解决两个问题,即消灭热桥和防止冷风渗透。热桥主要位于两端山墙、板缝、顶层檐口水平缝、勒脚缝、复合墙板的四周的边肋等。因此设计时应在接缝处加一定厚度的高效轻质保温材料,如泡沫聚苯乙烯板、岩棉板、泡沫聚氨酯、泡沫聚氯乙烯条等(图 9-79),以避免在接缝处形成热桥。同时墙板接缝处应加强勾缝处理,并加设挡风材料,以避免板缝处的冷风渗透。

(3)板缝的节点构造设计

①水平缝

这里主要介绍水平缝中常见的滴水缝、高低缝、企口缝的构造设计。

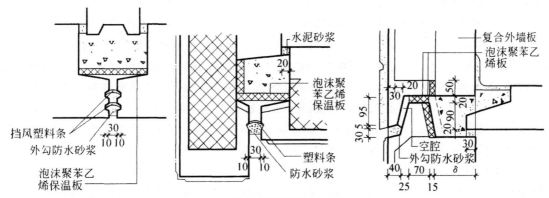

图 9-79　大板接缝保温构造(单位:mm)

滴水缝:墙板下部加滴水,上部加排水坡和挡水台的构造防水与勾抹防水砂浆相结合,如图 9-80 所示。

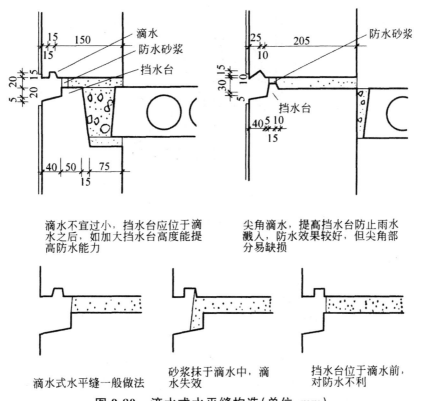

图 9-80　滴水式水平缝构造(单位:mm)

高低缝:在墙板上部设有泄水坡和一定高度的挡水台,墙板下部前沿设有凸起的"遮缝边坎",上下墙板错缝构成互相咬口的高低缝,缝内构成水平空腔,以破坏毛细管作用,使墙板面的挂流雨水不致侵入缝内,即使有少量雨水渗入,也不会立即突破边坎。如在墙板下部坎下加做一滴水槽,或做成向外的斜坡,可使墙面的挂流雨水尽量地靠墙的外侧落下,以利排水,更能增强水平缝的防水效果。此方案应注意墙板上部的挡水台须平整光洁,避免缺棱掉角。这种做法又分为敞开式高低缝和封闭式高低缝。高低缝的高低差 h 最好达到 60mm,挡水台的斜度角 α 不宜小于 60°,缝宽 t 应为 15~20mm。施工时,应防止空腔被砂浆填实产生毛细水现象。

企口缝:在下层墙板顶部做凸起的挡水台和泄水坡,正好嵌入上层墙板下部的凹槽中(图 9-81),缝内构成水平空腔,接缝外口勾水泥砂浆。为了保持高低缝的高低差有足够高度,及免除勾缝砂浆侵堵水平空腔,在勾缝砂浆前须用遮挡物填塞缝隙,然后再做勾缝砂浆。遮挡物可选用防水材料,如油毡卷、聚苯乙烯泡沫塑料条或浸沥青草绳等。为了减少或避免在空腔内聚存雨水,缝内应设置泄水孔,泄水孔的位置宜安排在两侧紧靠十字缝处,或与十字缝结合在一起。防水边坎的高度定在 60mm 以上,如能在下部做滴水,防水效果会更好。墙板下部边坎底面应略高(或平)于墙板承压底部。墙板在堆放或安装时,应支承在承压底部,使边坎不致碰坏。它的缺点是承压面积较少,这给设计厚度在 240mm 以下的承重墙板带来一些困难。为了防止接缝处出现结露,在缝内嵌入聚苯乙烯泡沫塑料保温层。实践证明采用这种构造防水方案,防水及保温均有良好的效果。

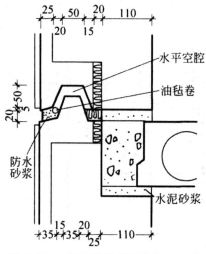

图 9-81　企口缝构造(单位:mm)

②垂直缝

外墙板垂直缝节点构造一般采用空腔构造。

垂直缝构造及其各部位的作用有如下几个方面。

第一,在空腔(图 9-82a)前壁立槽间嵌塞塑料或石棉毡挡雨条(单层或双层),并靠它本身弹性所产生的横向推力牢固地嵌在凹槽内。防水塑料条在墙板上下端可以采用分层搭接办法,以适应由于温差所引起的胀缩变形。防水塑料条的宽度应根据每条板缝的实际尺寸,加上一定的起拱来确定,即防水塑料条的宽度等于槽距(板缝宽加两侧沟槽深)加 5~10mm 的起拱。防水塑料条一方面可以起到良好的导水排水作用,同时在勾竖缝砂浆时也可起到模板作用(图 9-82b)。

第二,采用水泥砂浆勾缝,一部分砂浆挤入竖向凹槽内,干缩后不至于脱落。水泥砂浆勾缝的作用是保护防水塑料条的外侧不直接暴露在大气中,延缓防水塑料条的老化。为防止和减少砂浆表面开裂,可在砂浆中掺入 1% 的玻璃纤维。如为了强调墙面的划分,在勾缝完毕后可在板缝上涂刷色浆,也可在砂浆中掺色,一次勾成(图 9-82c)。

第三,空腔后面是灌缝混凝土(图 9-82f),起到整体连接作用。为了确保灌缝混凝土密实,又不致堵塞空腔内部,选择光洁柔软的防水材料做模板(例如油毡条等),灌缝后不再拆除(图 9-82d)。

第四，为了确保接缝具有良好的保温性能，不致造成接缝处结露，缝内可嵌入聚苯乙烯泡沫塑料保温层（图9-82e）。

第五，为了使空腔侧壁及凹槽平整光滑，须在墙板吊装前对破损部位进行修补，并在腔壁增涂一道稀释的胶油，以提高空腔的防水效果。

第六，外墙板由于风雨的袭击，一般表面会形成一层水膜，而垂直缝在风力作用下容易集中大量雨水，增加缝的排水负担，为此外墙板垂直缝的边缘常做成凸口或凹槽，以利排水，前者挡水效果显著，使从侧面来的雨水远离接缝密封点，但制作比较复杂；后者适用于较平整的墙面，制作简便。

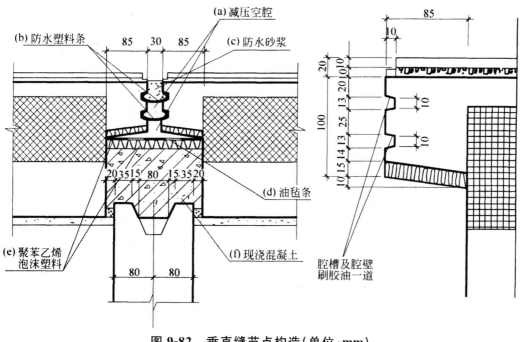

图 9-82　垂直缝节点构造（单位：mm）

③十字缝

十字缝位于外墙板垂直缝与水平缝相交处，是接缝防水最薄弱的地方。因此，在允许接缝开裂条件下，如何使渗入空腔的雨水顺利导出就显得格外重要。一般有以下三种处理方法。

第一，以楼层为单位的分层排水法。分层排水是在十字缝部位设置一金属或塑料排水器，俗称水簸箕，将空腔内的雨水排出。为了使流下的雨水不污染下层墙面，减少流量、流速和压力，排水器可稍挑出墙面一定距离。

第二，通腔排水。通腔排水是将上层空腔内雨水逐层导入下层空腔，在底层空腔下部勒脚处一次排出。这种方式要求施工精度高，上下墙板的板缝应对齐。但实际安装中由于墙板错缝现象不易避免，很难形成一条完整的通腔，而且底层流量大，万一中途堵塞，空腔的防水作用即遭破坏，因而在选用时，应根据墙板的生产质量及施工吊装水平而定。

第三，分层与通腔相结合。这种方法结合了分层排水法与通腔排水的优点，减少了分层排水对水平缝可能产生的不利影响，并简化十字缝施工，将排水口位置比十字缝适当提高，通过斜槽排水器使大部分雨水由排水口排出，少量雨水绕过排水器两侧进入下层空腔，由下层空腔排出，

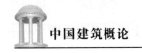

防水效果更为保险。

④勒脚

勒脚处的构造处理包括以下几个方面。

第一，为了建筑立面处理，延长排水器的使用年限，一般将底层空腔排水器埋设在勒脚线内。在排水器口的下面另设镀锌铁皮套筒将雨水导出墙外。排水器和铁皮套筒均经防锈处理，避免污染墙面。墙板吊装时应防止坐浆流淌，堵塞排水器，影响正常排水。镀锌铁皮套筒外口伸出勒脚墙面不宜过多，以免受外力损坏。

第二，底层空腔排水器的位置也可以适当提高，排水器以下的缝腔用砂浆封死并抹成斜坡。为了防止接缝砂浆可能出现的微细裂缝，须在砂浆表面增涂一道稀释的胶油。上面设置排水器，将上部竖缝塑料挡雨条插入排水器中，使少量进入空腔里的雨水顺此排出墙外。

第三，水平缝的防水处理采用防水油膏或聚氨酯等粘塑性材料或弹性材料嵌缝，把勒脚水平缝的防水处理封闭在勒脚线内。这样可以延缓嵌缝材料的使用年限。为了防止接缝处出现结露，在缝内可嵌入聚苯乙烯泡沫塑料保温层。

此外转角垂直缝、檐口、女儿墙、阳台处等部位均需根据具体情况进行处理。但不论怎样，其基本方法不变。

二、框架轻板建筑的构造

框架板材建筑是由框架和轻型板材组成的建筑。柱、梁、楼板是其承重构件，墙板仅起围护与分隔的作用。因此其外墙板可以是自承重的，也可以是悬挂的。除必要的抗剪墙板外，多数为轻质墙板。它可采用大开间、大进深，可利用工业废料，具有空间分隔灵活、节约材料、自重轻、结构面积小、有利于提高抗震性能、改善施工条件等优点。设计时，应注意柱网的合理布置，以便减少构配件制品类型规格，要能满足建筑设计中多种功能使用的要求，要有一定的灵活性。

(一)框架结构的类型

框架结构按其所用材料可分为钢结构和钢筋混凝土结构。钢框架自重轻，施工速度快，适用于高层、超高层建筑及大跨建筑。钢筋混凝土框架防火性能好，造价较低，材料供应容易保证，适于二三十层以下的建筑。目前我国多采用钢筋混凝土框架结构。

(二)框架体系类型

1. 梁板柱框架体系

梁板柱框架体系是由梁柱组成的横向或纵向框架，再由楼板或连梁将框架连接而成。这是通常采用的框架形式，如图9-83(a)所示。框架中的纵向梁和横向梁均为承重梁，共同起承重、联系、支撑作用。此外，还有框架的承重主梁为横向梁的横梁板柱框架体系(图9-83b)和框架的承重主梁为纵向梁的纵梁板柱框架体系(图9-83c)。横梁板柱框架体系在房屋进深方向上，平面布置灵活，房间上部空间完整；纵梁板柱框架体系在房屋纵向上，平面布置灵活，但结构稳定性较差。

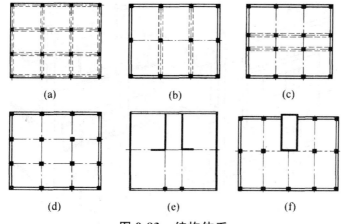

图 9-83 结构体系

(a)梁板柱体系;(b)横梁板柱体系;(c)纵梁板柱体系;(d)板柱体系;(e)框—剪体系;(f)框—简体系

2. 板柱框架体系

板柱框架体系是由楼板和柱组成的框架,板柱框架中不设梁,柱直接支承楼板的四个角,成为四角支承。楼板的平面形式为正方形或接近正方形,如图 9-83(d)所示。楼板可以是梁板合一的大型肋型楼板,也可以是实心大楼板。后者由于去掉了梁,室内顶棚表面没有突出物,增大了净高,空间体形规整。板柱框架建筑平面布置灵活,适用于楼层内大空间布置的需要。

3. 框—剪体系

为了保证结构在水平力作用下的空间刚度,常采用由框架和剪力墙共同组成承担水平力的结构,即框—剪体系。通过框架与剪力墙协同工作的刚性结构,剪力墙承担大部分水平荷载,框架主要承受垂直荷载,它综合了框架体系布置灵活和剪力墙体系刚度大的优点,因此这种结构体系在高层建筑中采用较为普遍,如图 9-83(e)所示。

4. 框—简体系

框架为板柱结构,利用现浇井筒加强结构整体性,如图 9-83(f)所示。该体系整体刚性好,简体几乎承担全部水平荷载,框架只需承担竖向荷载。

(三)框架轻板建筑的围护结构与框架的连接

在框架轻板建筑中,柱网的布置、外墙的划分和连接直接影响到建筑立面的处理,同时影响建筑的坚固安全以及施工的方便等问题。大型板材有各种形式及尺寸,主要是要解决外墙板的连接问题。外墙板除与柱子的预埋钢板互相焊接外,还必须与楼板或梁的预埋件焊接,以保证其稳固。

墙板可直接固定在承重结构(梁、板、柱)上,也可固定在附加的墙架上。后者安装精确,建筑立面形式丰富多样,但用钢量大。墙板设计必须考虑制作和安装的要求,最好能在室内安装,便于维修或更换,如图 9-84 所示。

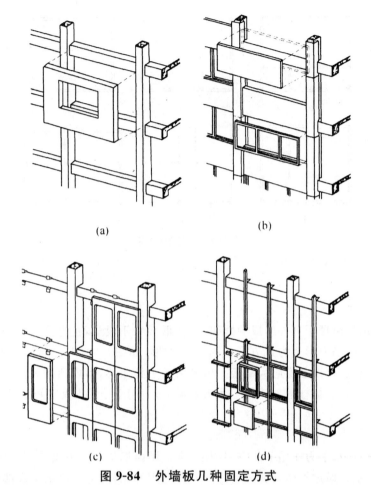

(a)
(b)
(c)
(d)

图 9-84　外墙板几种固定方式

（a）固定在框架外侧；（b）固定在柱间；（c）固定在边梁上；（d）固定在附加墙架上

墙板与框架的连接设计一般应注意以下几个问题。第一，墙板与主体结构之间应有牢固可靠的连接，整体性好。第二，节点设计应考虑施工顺序，一般应在主体结构完成后再安装墙板，也可以让主体结构与墙板逐层安装。第三，节点设计应充分考虑施工操作的方便和安全，应便于脱钩、就位、临时固定和灌缝等。第四，节点设计应考虑外墙板的承重体系，原则上应采用分层承托，如框架体系中由梁或板的叠合层承托。第五，妥善解决可能出现的热桥问题，采取切实的保温和防潮防水措施。

墙板的水平缝最方便的连接是将接缝布置在楼板层的水平面内，这种情况下，垂直墙板的一些连接金属都可以伸到楼板层中或梁中。在吊装和焊接完毕后，连接处再用混凝土灌满。

由于围护结构选材与大小的不同，与框架结构的连接做法也有所变化。当采用面积较大的挂板时，应考虑温度变形对墙板的影响。一般采用弹性连接，并使板间接缝有伸缩的余地。

三、大模板建筑的构造

大模板建筑通常是指用工具式大型模板现浇钢筋混凝土墙体或楼板的一种建筑形式，如图9-85所示。大模板建筑可适用于地震区和非地震区的多层和高层建筑。

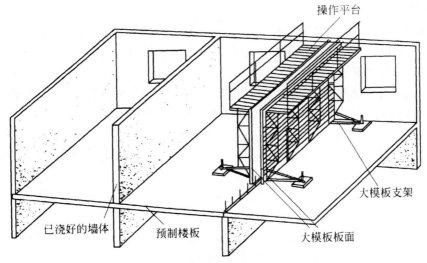

图 9-85　大模板(局部)施工示意图

(一)大模板建筑的优缺点

1. 优点

(1)由于墙体在现场现浇,预制构件比大板建筑用量少,可以节省一部分预制厂的投资,故一次性投资费用较少。

(2)大型构件少,现浇墙的工艺较简单,技术要求不高,故其适应性强。

(3)施工速度较快,劳动强度低。

(4)结构整体性好,刚度大,提高了结构的抗震与抗风能力。

(5)墙面平整,可减少装修工作量,减薄墙体。

2. 缺点

现浇混凝土工作量较大,水泥消耗量多,工地施工组织较为复杂。但由于大模板建筑技术条件要求不太高,适应性强,很适合我国国情。

(二)大模板建筑的构造类型

1. 楼板现浇、外墙预制

采用这种施工方法的建筑一般为横墙承重方式。为了拆除浇筑楼板的模板,它的承重结构成为横墙和楼板组成蜂窝状空格形式,这样使模板移位方便,外墙只好做成装配形式。在这种施工方法中,现浇楼板的模板目前有台模和隧道模两种。

(1)台模

台模是用于灌筑现浇混凝土楼板的大面积模板。做法是先用大模板浇灌墙板,达到一定强度时,拆去墙模,吊放楼板模。由于楼板模支立在下层楼板上下调节的腿状支架上,故称台模。台模支好后放置钢筋网,再浇注楼板,如此逐层组织流水施工。也有把这种施工方法称作飞模法的(图 9-86a)。

（2）隧道模

内墙和楼板同时浇筑，两者的模板连在一起，一般下层楼板上设有临时轨道，整个模板可以像抽屉一样，在拆模时利用临时轨道抽出运至下一个流水段组装（图9-86b）。这种模板的形状像隧道，所以称为隧道模。

隧道模笨重，用钢量大，一次投资大，不易推广，采用分段支模或半间支模，拆模较方便。

采用台模和隧道模这两种模板时，墙板与楼板都是采用现浇的方式，这使得建筑的整体性强。这两种模板均适用于防震及高层建筑，一般可达30层。为了组织流水施工，提高模板的使用周转率，现浇的楼板需要添加促凝剂或进行加热养护，如热拌及蒸汽、热水、电热和红外线等。

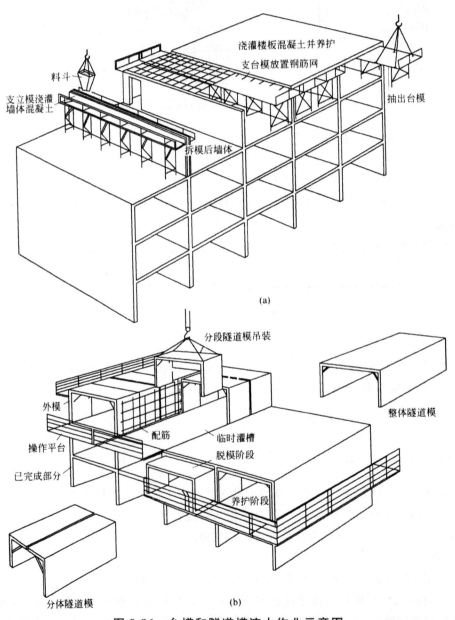

图 9-86 台模和隧道模流水作业示意图

（a）墙体用大模板，楼板用台模流水作业示意图；（b）隧道模流水作业示意图

2. 外墙现浇、楼板预制

采用大模板同时现浇内外墙,具有较好的整体性和较强的防震能力。现浇外墙的门窗布置较为灵活,且避免了预制外墙板接缝构造的复杂性。这里主要介绍现浇内承重墙预制楼板建筑中预制楼板的搁置、现浇外墙板的保温和现浇外墙的饰面这三个方面。

(1)预制楼板的搁置

预制楼板搁置在现浇的承重内墙上,使现浇上下墙的连续性遭到一定程度的破坏,也使上下墙体内的钢筋不能连贯。对此有以下解决方法:一种是将墙体加厚,楼板搁置宽度减小,楼板端头伸出受力钢筋,与墙体钢筋相结合,一起浇灌混凝土,使预制楼板与现浇墙体结合成整体,这种方法适用于墙体布置单层钢筋的建筑。另一种办法是把预制楼板端头做成犬齿交错的卡口形式,使现浇墙体的双层钢筋也可以从卡口缝中穿过,楼板搁置后,使得楼板板缝之间的墙体变薄,这时可以采用过渡钢筋将上下墙体连在一起。

(2)现浇外墙的保温

与承重墙同时现浇的外墙板如果采用与内墙同样的材料,施工浇灌时可以较为方便。但是,内墙以承重为主,采用高强度混凝土,而外墙以外围护为主,如采用同样混凝土,对北方的保温和南方的隔热来说,都不能满足要求。为了满足不同热工要求,一般有以下三种情况。

第一,保温要求不高的地区,可采用轻质砂浆在内部抹面,如膨胀珍珠岩砂浆之类,以做保温层。

第二,保温要求较高时,一般可采用轻质骨料混凝土来浇筑外墙,如陶粒混凝土、无砂陶粒混凝土、浮石混凝土以及大颗粒膨胀珍珠岩混凝土等。厚度要根据热工计算。内外墙采用两种材料,必须分开浇捣,为了使内外墙较好连接,交接处每隔300~500mm要设置一道拉接钢筋网片。门窗洞口的上部要增设过梁或圈梁配筋。

另外,还可以采用加气混凝土之类的轻质混凝土块或条板,作为现浇外墙的外模板的内衬,这样在施工中内外墙就可以同时现浇,而且可以采用同样强度的混凝土。

第三,为了施工方便,也可在现浇外墙内贴3mm厚的树脂珍珠岩保温板,表面再做粉刷;此外还有外加保温层的做法,保温层外侧再做空气层和饰面保护层。

(3)现浇外墙的饰面

如果在现浇外墙做饰面过程中还要再立脚手架做抹灰层,这对于多层特别是高层建筑是很不利的,也是不符合工业化施工要求的。为此,需要在现浇外墙的施工中寻找符合工业化施工要求的饰面方法,目前采用的有以下几种。

①涂料饰面

用涂料喷涂表面,使墙面有一层带色的薄膜保护层。喷刷涂料采用吊篮即可进行操作,无须搭设脚手架。缺点是光面墙板用涂料饰面后的墙面比较光滑,容易形成单调的感觉。

②衬模饰面

在外模板内表面衬马赛克、瓷砖、缸面砖、玻璃片以及塑料片之类的片状物,在外墙的混凝土浇捣拆模后,这些片状物就成为外墙的外饰面层,必要时可进行嵌缝和修正。采用这种方法,在混凝土振捣时,注意不要把衬模材料振落或振乱。

③模纹饰面

模纹饰面就是把外模板内表面另加衬模,形成各种饰面纹理。有时为了改变建筑物各层水泥或砂石自然形成颜色的不调和,同时也为了保护或造型选色的需要,还可再用涂料喷涂表面。

④外加预制板饰面

外加预制板饰面就是用带有饰面的预制板代替外模板来浇注外墙,必要时还可附加保温层,这种外饰面板一般用钢筋与现浇墙体联系,既解决了外墙的饰面和保温问题,又保持了外墙的整体作用,但是却增加了施工的复杂性。目前山墙采用这种方法饰面的较多。

3. 外墙预制、楼板预制

承重内墙采用大模板现浇,外墙、楼板和隔墙采用预制装配的做法,简称为"一模三板"或"内浇外挂"(图 9-87)。这种做法可以免去立外墙模板的复杂工序,同时预制外墙板可以事先做好保温层和饰面层。外墙板的构造一般先装内墙大模板,然后把预制外墙板吊装就位,使其与内墙模板临时固定,再浇筑内墙混凝土,并与外墙板侧边预留的环形钢筋、插筋连接,形成整体。这种建造方式的楼板和内隔墙的构造,基本上与预制装配式建筑类同。

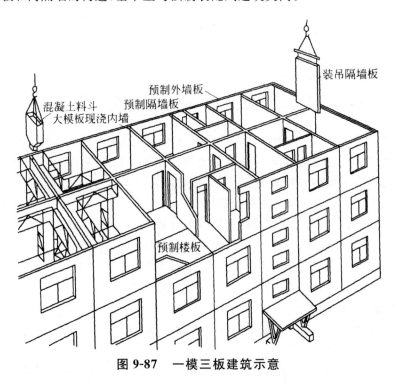

图 9-87 一模三板建筑示意

在大模板现浇承重内墙的建筑中,还出现有预制楼板、砖砌外墙的所谓"内浇外砌"的施工方式。

(三)大模板建筑构造设计中应注意的问题

大模板建筑多采用横墙承重,在构造设计时应注意以下几个方面的问题。

(1)建筑物体型力求简单,避免结构刚度突变,以利于抗震和抗风。

(2)进行房屋空间组合时,横墙应尽量对齐,内纵墙应拉通,以提高房屋的空间刚度。

(3)工具式大模板用钢制作,要尽量提高周转次数才能充分发挥经济效益,设计时应尽量统一开间和进深等参数,以减少大模板的规格,要用尽量少的几种模板满足所有墙体的施工需要,使模板的周转次数增多。

(4)加强各墙之间以及楼板与墙体之间的连接,提高结构的整体性。

四、滑模建筑的构造

滑模建筑系指用滑升模板现浇混凝土墙体的一种建筑。滑模现浇墙的原理是利用墙体内钢筋作支承杆,由液压千斤顶逐层提升模板,随升随浇混凝土,直至整个墙体完成连续浇筑(图 9-88)。

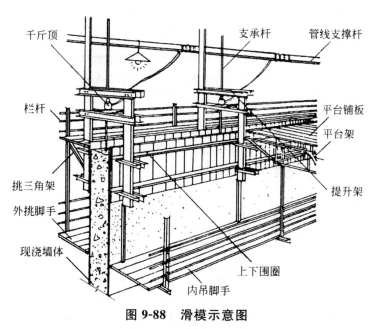

图 9-88 滑模示意图

(一)滑模建筑的优缺点

滑模建筑的优点是结构整体性好,机械化程度高,施工速度快,节约模板,施工占地少,改善了施工条件。缺点是操作困难,墙体垂直度易出现偏差,墙体厚度较大。

(二)滑模建筑施工的布置类型

采用滑模建筑施工一般有三种布置类型(图 9-89)。第一种是内外墙全用滑模施工;第二种是内墙用滑模施工,外墙用装配式墙板;第三种是仅用滑模浇筑楼梯、电梯等,形成筒体结构的交通核,而其余部分则采用框架或大板结构。

(三)滑模建筑的施工要求

为了适应滑模施工的特点,建筑平面设计应尽量简单平整,开间应适当大一些,不能有凸出的横线条。必要时外墙面可以利用模板滑升滑出竖向线条,也可做喷涂饰面,还可以在墙板上衬以加气混凝土块作为保温层,但需另加抹灰层。为了抵抗模板滑升时带来的侧摩擦力,墙体还需适当加厚。这种施工方法适用于外形简单整齐的垂直墙体,上下壁厚相同的建筑物或构筑物,如

5～20层的多、高层建筑物的内外墙,以及水塔、烟囱、筒仓等构筑物的施工。

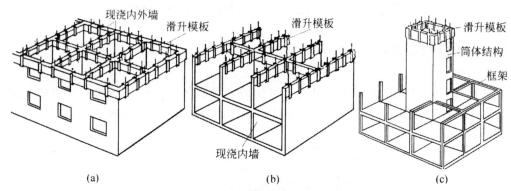

图 9-89　建筑物的不同滑模部位

(a)内外墙均为滑模施工;(b)纵横内墙为滑模施工,外墙用装配大板;(c)外框架核心筒体滑模

(四)滑模建筑的施工方法

滑模建筑中,由于墙体连续成型而不必拆模,墙体的施工速度很快,但楼板施工的速度较慢,在墙体滑升过程中需等待楼板施工而不得不放慢。其解决方法主要有以下几种(图 9-90)。

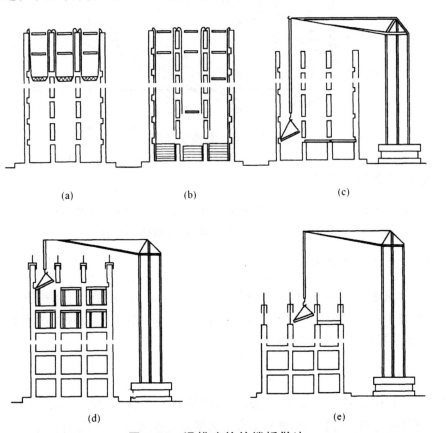

图 9-90　滑模建筑的楼板做法

(a)降模法;(b)室内预制法;(c)场外预制法;(d)分段滑升法;(e)空滑法

1. 降模法

降模法即等墙体全部滑升完毕后,从上至下逐层用悬挂台现浇钢混楼板,墙上应预留楼板的支承位置(图9-90a)。

2. 室内预制法

室内预制法即在屋内叠层制作楼板,待墙体滑升完后,用安设在屋顶的滑轮组将预制板从上至下逐层吊装(图9-90b)。

3. 场外预制法

场外预制法即在建筑外预制楼板,在墙体滑升完毕后,用起吊设备将预制楼板从下至上进行安装(图9-90c)。

4. 分段滑升法

分段滑升法即滑升几层墙体后,停下来从下至上支模板进行楼板现浇(图9-90d)。

5. 空滑法

空滑法即边滑墙体边安装楼板,滑完一层墙后将滑模空滑一段高度,待预制楼板安装到墙上后,再将模板空滑下来,继续浇筑墙体(图9-90e)。

以上施工方法有用预制的,有用现浇的,各有利弊,可根据各地条件和经验采取不同的做法。

五、升板建筑的构造

升板建筑是指利用房屋自身的柱子作导杆,将预制楼板和屋面板提升就位的一种建筑(图9-91)。升板建筑的主要施工设备是提升机,每根柱上安装一台,以使楼板在提升过程中均匀受力,并且同步上升。提升机悬挂在承重销上(图9-91a),承重销是用钢做的,可以临时穿入柱上预留的间歇孔中,施工时用它来临时支承提升机和楼板,提升完毕后承重销便永久地固定在柱帽中,提升机通过螺杆、提升架、吊杆将楼板吊住,当提升机开动时,螺杆转动,楼板便慢慢上升(图9-91b)。当楼板提升到间歇孔时,在楼板下将承重销穿入柱子间歇孔中,支承住楼板。当继续往上提升时,需将提升机移到更高的位置,并悬挂在柱上,如此往复数次,逐渐将各层楼板和屋面板提升到设计位置。

(一)升板建筑的优缺点

升板建筑有很多优点,首先由于楼板是在建筑物的地坪上叠层预制,不需要底模,可以大大节约模板,其次许多高空作业在地面上进行,不需占用更多的施工场地。升板建筑主要适用于隔墙少、楼面荷载大的多层建筑,如商场、书库、车库和其他仓储建筑,特别适合于施工场地狭小的地段建筑房屋。缺点是现场湿作业多、工期长。

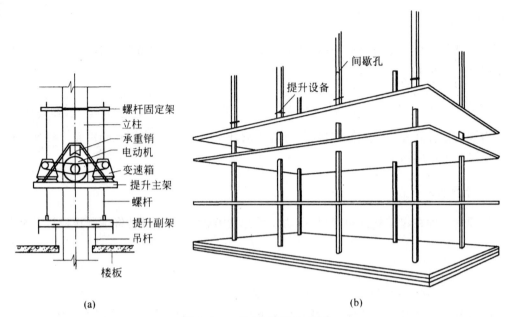

图 9-91　升板建筑示意图

（a）升板提升装置；（b）升板建筑的楼板提升

（二）升板建筑的施工顺序

第一，做基础：平整场地，开挖基槽，进行基础施工。

第二，在基础上立柱子，大多采用预制柱，立起的柱子作为提升楼板和屋盖的导杆，柱子可分段现浇或预制拼接。

第三，打地坪，先做室内地坪，目的是为了在上面预制楼板。

第四，叠层预制楼板和屋面板，板与板之间用隔离层隔开，并且柱子是套在屋面板和楼板的柱位中心，板与柱子之间交界处需留出必要的缝隙。

第五，逐层提升，将预制好的楼面板、屋面板自上而下逐层提升，为保证提升过程中柱不至于因失稳而倒塌，楼面、屋面板不能一次提升到设计位置，而应该分为若干次进行，并注意防止上重下轻。

第六，逐层就位，即从底层到顶层逐层将楼板和屋面板分别固定在自己的设计位置上。

上述几步关于升板建筑的施工顺序可用图 9-92 来表示。

（三）升板建筑的楼板、外墙构造及连接

1. 楼板构造

升板建筑的楼板通常采用三种形式的钢筋混凝土楼板。

第一种是平板，因上下表面均平整，制作简单，有利于脱模，适合于 6m 左右的柱网。板厚一般不小于柱网长边尺寸的 1/35，造价比较经济。

第二种是双向密肋板，其刚度较平板好，适合于 6m 以上的柱网。密肋板有预应力和非预应力板两种，较节省材料，适用于有集中荷载及开有孔洞的楼板，密肋间可填混凝土盒、加气混凝土块等，国外用钢板、聚丙烯或聚丙乙烯等填充。

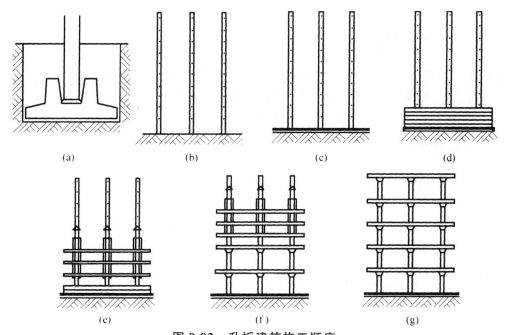

图 9-92　升板建筑施工顺序

(a)做基础;(b)立柱子;(c)打地坪;(d)叠层预制楼板;(e)逐层提升;(f)逐层就位;(g)全部就位

第三种是预应力混凝土板,特点是节约钢筋、水泥,板的刚度大。由于采用预应力结构,提高了板的受力性能,可适用于 9m 左右的柱网。

2. 外墙构造

升板建筑的外墙可以采用砖墙、砌块墙、预制墙板等。为减轻承重结构的荷载,最好选用轻质材料做外墙。

3. 楼板与外墙的连接

楼板与柱的连接通常有后浇柱帽、承重销剪力块等方法,后浇柱帽是我国常采用的板柱连接方法,当楼板提升到设计位置后,在其下穿承重销子柱的间歇孔,绑扎柱帽钢筋后从楼板的浇筑孔灌入混凝土,形成柱帽(图 9-93)。

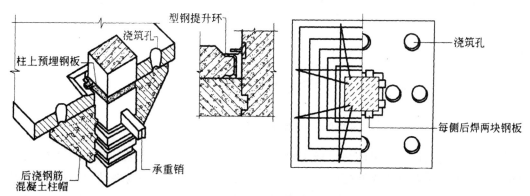

图 9-93　后浇柱帽构造

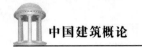
六、盒子建筑的构造

盒子建筑是以工厂化生产的盒子状构件为基础,运至施工现场吊装组合而成的建筑。这种盒子内一切设备、管线、装修、固定家具均已做好,外立面装修也可完成。现场仅需完成盒子就位,构件之间的连接,封缝,连接各种管线等总体工序。

(一)盒子建筑的优缺点

1. 优点

(1)施工速度快,同大板建筑相比可缩短工期50%~70%。

(2)装配化程度高,大部分工作均移到工厂完成,现场用工量仅占总量的20%左右,这比大板建筑减少10%~15%,比砖混建筑减少30%~50%。

(3)混凝土盒子构件本身就是空间薄壁结构,其刚度大、自重很轻,与砖混建筑相比,可减轻结构自重的一半以上。

2. 缺点

盒子尺寸大,工序多而复杂,对生产设备、运输设备、现场吊装设备要求高,投资大,技术复杂,建筑的单方造价也较高。

(二)盒子建筑结构材料及构件

盒子结构可采用各种材料,如钢材、钢筋混凝土、木材和塑料等。

盒子构件的高度与层高相同,长宽尺寸根据盒子内空间组合情况而定。盒子构件分为有骨架和无骨架盒子构件两种。有骨架的盒子构件通常用钢、铝、木、钢筋混凝土做骨架,用轻型板材围合而成(图9-94)。这种盒子构件的重量很轻,仅100~400kg/m²。

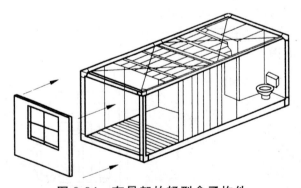

图 9-94 有骨架的轻型盒子构件

无骨架的盒子构件一般用钢筋混凝土制作,每个盒子可以分别由六块平板拼成(图9-95)。但目前最常用的是采取整浇成型的办法。整浇成型的盒子可视为空间薄壁结构,由于刚度很大,承载力强,壁厚一般仅为3~7cm,节约了材料,同时房间的使用空间也相对扩大了,故应用最广泛。生产整浇盒子时必须留1~2个面不浇筑,作为脱模之用,如图9-96所示,其中图9-96(a)为盒子在上面开口,底板单独预制成一块板,称为杯形盒子;图9-96(b)是在盒子的下面开口,底板单独预制,称为钟罩形盒子;图9-96(c)、图9-96(d)是在盒子的两端或一端开口,端墙板单独加工,称为隧道型或卧杯形盒子。这些单独预制加工的板材可在预制工厂或施工现场与开口盒子拼装成一个完整的盒子构件后再进行吊装。从实际效果来看,钟罩形盒子构件应用最广泛。

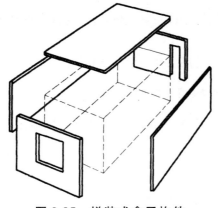

图 9-95 拼装式盒子构件

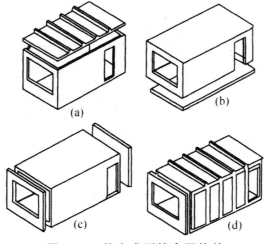

图 9-96 整浇成型的盒子构件

(三)盒子建筑的组装方式

1. 上下盒子重叠组装(图 9-97a)

用这种方式可建 12 层以下的房屋,因构造简单,得到广泛应用。在非地震区,5 层以下的房屋的盒子之间可不采取任何连接措施,依靠构件自重及摩擦力即可保证建筑物的整体稳定。当建于地震区或层数较多时,可在房屋的水平或垂直方向施加后张预应力,使盒子之间相互挤压,连成整体。或用现浇通长的阳台或走廊将各个盒子构件连成整体。也可在盒子之间用螺栓进行连接。还可以在盒子构件的墙肋或四角预留链槽和缺口,待盒子安装就位后形成竖向空腔,配以竖向钢筋,浇筑混凝土,成为连接盒子构件的现浇构造柱。

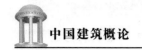

2. 盒子构件相互交错叠置(图 9-97b)

这种组合的优点是可避免盒子相邻侧面的重复,比较经济。

3. 盒子构件与预制板材组装(图 9-97c)

这种方式的优点是节约材料,设计布置比较灵活,设备管线多和装修工作量大的房间采用盒子构件,可减少现场工作量。

第二种、第三种组装方式的适用层数与第一种相同。

4. 盒子构件与框架结构组装(图 9-97d)

盒子构件可搁在框架结构的楼板上,或者通过连接件固定在框架的格子中,此时的盒子构件是不承重的,组装十分灵活。

5. 盒子构件与筒体结构组装(图 9-97e)

盒子构件可以支承在从筒体悬挑出来的平台上,或者将盒子构件直接从筒体上悬挑出来,形成悬臂式盒子建筑等各种形式。

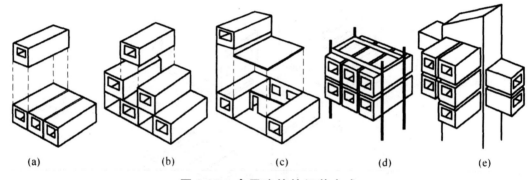

图 9-97 盒子建筑的组装方式

(a)重叠组装式;(b)交错组装式;(c)与大型板材联合组装式;(d)与框架结合组装式;(e)与筒体结合组装式

七、轻型钢结构骨架建筑的构造

轻型钢结构建筑简称轻钢建筑,系由轻型钢结构做骨架,由多层组合的轻体墙做围护结构,经装修和装饰而成的房屋。

(一)轻钢结构的材料及特点

1. 轻钢结构的材料

轻钢结构的支承构件,主要由厚度为 1.5～5mm 的薄钢板及带钢经冷弯或冷轧成型的薄壁型钢及其制品所构成。型钢的同一截面各部分的厚度都相同,截面各转角处呈圆弧形(图 9-98a)。与通常的热轧型钢的截面相比,在同样的截面积下,薄壁型钢截面具有较大的回转半径和惯性矩,用作受弯受压构件时,可提高构件的承载力和刚度,从而节约钢材。薄壁型材还包括厚度 1.2mm 以下的各种形式的压型薄钢板(图 9-98b),它的制品往往具有支承和围护两个方面的功能。另外,采用小断面型钢如角钢、管钢、槽钢、扁钢和圆钢等组成的小型构件(图 9-98c),或与薄壁型钢组成的构件,亦经常做轻钢结构的支承构件。

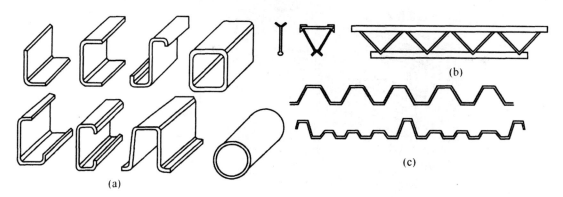

图 9-98　轻钢型材和制品

(a)薄壁型钢截面形式;(b)轻钢组合桁架;(c)压型薄钢铁

2. 轻钢结构的特点

(1)薄壁型钢成型较灵活,可根据需要设计出最佳截面形状,便于工业化生产及施工、安装。

(2)截面积相同的薄壁型钢比热轧型钢的回转半径大 50%～60%,惯性矩和截面抵抗矩常大 0.5～3 倍,能更充分地发挥材料的力学性质。

(3)由于结构重量轻,相应减少了运输和安装的费用,同时对基础承载力要求也较低,减少了建筑物的基础造价。

(4)用钢量一般比普通热轧钢结构省 25% 左右,有时还可能比同等条件下的钢筋混凝土结构屋面的用量还少。

(5)用于高层或大跨建筑时,需另设承重结构,此时轻钢仅作围护结构。

(6)防腐要求严,维修费用高。

(二)轻钢结构的结构体系

轻钢结构除了承受全部竖向荷载以外,还应具有抵抗水平荷载和振动的能力。下列为常见的几种结构体系。

1. 柱梁式

柱梁式系采用轻钢结构的柱子、梁和桁架组合的房屋支承骨架,节点多用结点板和螺栓进行连接。为了加强整体骨架的稳定性和抗风能力,在墙体、楼层及屋顶层的必要部位,须设置斜向支撑或剪刀式可调节的拉杆。

2. 隔扇式

隔扇式系将承重墙、外围护墙租楼板层按模数划分为许多单元的轻钢隔扇,组合而成的房屋支承骨架。隔扇采用轻钢材料做框,内设墙筋或搁栅,再用螺栓把隔扇装配成整体骨架(图 9-99)。整个房屋的组合如同板材装配式建筑,隔扇的内外层次可以在工厂与骨架同时安装好,也可以先在工厂安装好骨架,再在现场进行其他各层次的施工安装。

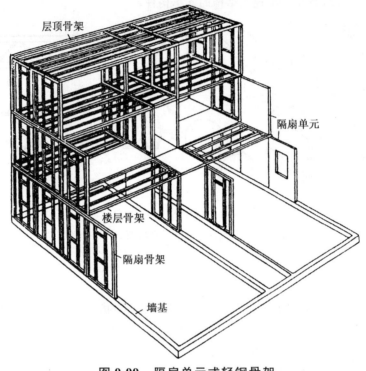

图 9-99　隔扇单元式轻钢骨架

3. 混合式

混合式系外墙采用隔扇,内部采用柱梁,混合组合而成的骨架体系。这种组合方式的外墙隔扇有利于外围护各个层次的安装,内部柱梁有利于内部空间的灵活分隔。这种体系也应注意在适当部位设置抗侧向力的剪力撑。

4. 盒子式

盒子式系在工厂把轻钢型材组装成盒型框架构件,再运到工地装配成建筑的支承骨架(图9-100)。以这个骨架为基础,最后安装楼板、内外墙、屋顶、顶棚和其他内外装修构配件。与前述几种体系相比,盒子式骨架可节省工地装配骨架的时间。

如果在工厂预先在盒子式框架上安装好内外装修和设备,在工地只要吊装,接通管线和处理好接缝即可使用。

(三)墙体构造

轻钢建筑与一般建筑的墙的不同处主要在于外墙,通常有湿作业和干作业之分,所以有钢丝网水泥墙和复合墙两种。

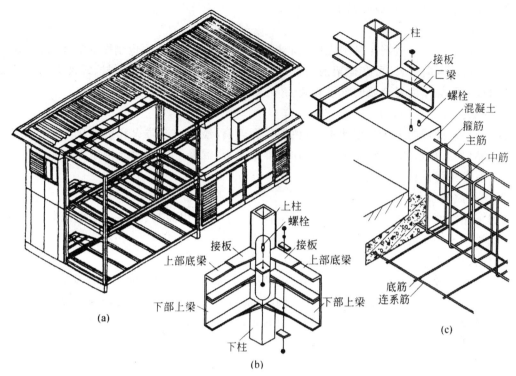

图 9-100 盒子式框架轻钢骨架
(a)盒子框架组装形式;(b)上下框架连接;(c)框架与基础连接

1. 钢丝网水泥墙

钢丝网水泥墙常见的有两种构造方式。

(1)轻钢龙骨钢丝网水泥墙

在前述隔扇式轻钢骨架的外侧,两面绑扎钢丝网片,或用专用卡具卡住钢丝网片,喷水泥砂浆。隔扇常填以泡沫或纤维质保温材料。

(2)钢筋网架水泥墙

钢筋网架水泥墙又称泰柏板,用直径 3～4mm 钢丝点焊成间距为 100mm 的双向网片,制成空间网架,在内部插入泡沫塑料,对于防火要求高的建筑,可在钢筋网架中填入岩棉,成为质地较轻的装配单元。运到工地,把它安装在轻钢骨架的外围部分,双面喷抹 20～30mm 的水泥砂浆,即可成为有一定保温能力的外墙。

钢丝网水泥浆喷抹的墙自重轻,具有一定的保温和隔声能力,整体性、防水性和防火性均较好。缺点是现场出现大量的湿作业。

2. 复合墙

轻钢建筑的多层材料组合外墙,在组合中要考虑防风雨、保温隔热、防止产生表面及内部的凝结水、防火要求以及立面造型等,同时还要考虑材料的选择、各个层次的构造、节点和接缝的处理以及制作和安装的条件等。

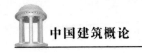

复合外墙板的组成,一般有以下几个层次。

（1）骨架

通常多用槽形薄壁型钢龙骨制成单元墙板的外形框架,内部视面板刚度的需要,适当设置横档或竖筋。需承侧向力者,可在框架内设置斜撑。除轻钢外其他尚可有木材、纤维水泥板以及混凝土饰面板的肋等作为复合墙的支承骨架。

（2）外层面板

有表面经过处理的金属压型薄板,有色或镜面玻璃,经过一定防火和抗老化处理的塑料,以及水泥制品(如石棉水泥板、纤维水泥板、加气混凝土板、混凝土板或钢丝网水泥面层等)。节点多用油膏或专用弹性材料嵌缝。

（3）内层面板

普遍采用纸面石膏板、胶合板和木质纤维板等。表面常用涂料、油漆或贴壁纸装饰,接缝可用腻子刮平或另加压缝条。

（4）保温层

常设置在内外面层之间,采用的材料有玻璃棉、矿棉、岩棉等制成的毡毯以及加气混凝土等。为了防止蒸汽渗透,常在保温层内部加一层油纸、油毡或铝箔的隔蒸汽层,有些还增加一层蜂窝板或封闭的空气层,以提高保温效能。轻质材料蓄热性较差,为了减少太阳辐射对墙体的影响,使夏季的墙板蓄热散发,最好外面设置一层通气的空气层。

（四）楼板层构造

轻钢建筑的楼板层通常有湿作业和干作业两种做法。湿作业的楼板层的房屋的整体性、稳定性、防水性和防火性均较好,缺点是现场有大量的湿作业;干作业的楼板层一般为多层装配的,可充分发挥各层次的功能作用。

1. 现浇式轻钢楼板

一般有下列两种构造方式。

（1）波形薄钢板现浇楼板

一般多在工字形或桁架式大梁上铺波形薄钢板,现浇 40mm 以上厚度的细石混凝土。这种楼板中的底层薄钢板,在低层小开间建筑中既是模板,又可代替楼板的受拉钢筋,一举两得,但楼板下常需设吊顶棚。

（2）纤维板现浇楼板

在工字式或倒 T 式小梁的翼缘上搁置防水纤维板,如木质纤维厚板、层压板或纤维水泥波形板等,铺以钢筋网片,再现浇细石混凝土的楼板,下部也要设吊顶棚。

2. 装配式轻钢楼板

轻钢建筑的装配式楼板,一般多为在钢结构的梁或肋的上面铺设预制加筋纤维水泥板或较厚的硬质纤维板等,然后再铺设面层。钢肋的间距约 600～1 200mm,采用加筋水泥板者可达 2m。为了隔声,板缝多做企口缝,并在预制板上先铺软质纤维板,再铺硬质面板。楼板的底面须另设吊顶棚,并在吊顶上加铺矿棉毡,以加强隔声效果。

（五）屋顶构造

　　轻钢建筑的屋顶可做成平屋顶，也可做成坡屋顶。平屋顶的做法即在轻钢楼板层的上面把面层换成卷材防水层，并设置一定的排水坡度和排水天沟。

　　坡屋顶的构造多用轻钢屋架架设檩条，上铺纤维板作为屋面板，再如其他坡面一样铺油毡和瓦片。为了减轻自重，轻钢房屋宜铺设大张薄型的瓦。

参考文献

[1]何宝通. 中国古代建筑及历史演变. 北京:北京大学出版社,2010.

[2]刘敦桢. 中国古代建筑史(第二版). 北京:中国建筑工业出版社,2005.

[3]孙大章. 彩画艺术. 北京:中国建筑工业出版社,2012.

[4]刘致平. 中国建筑类型及结构. 北京:中国建筑工业出版社,2000.

[5]梁思成. 中国建筑史. 天津:百花文艺出版社,2003.

[6]张东月等. 中国古代建筑与园林. 北京:旅游教育出版社,2011.

[7]宋其加. 解读中国古代建筑. 广州:华南理工大学出版社,2009.

[8]侯幼彬等. 中国古代建筑历史图说. 北京:中国建筑工业出版社,2002.

[9]中国建筑史编写组. 中国古代建筑史. 北京:中国建筑工业出版社,1986.

[10]张文忠. 公共建筑设计原理(第四版). 北京:中国建筑工业出版社,2008.

[11]鲍家声. 建筑设计教程. 北京:中国建筑工业出版社,2009.

[12]王付全. 建筑概论. 北京:水利水电出版社,2007.

[13]王蔚,恩隶. 中国建筑文化. 北京:时事出版社,2009.

[14]杨木旺. 建筑概论. 上海:华东师范大学出版社,2012.

[15]杨永祥,杨海. 建筑概论(第三版). 北京:中国建筑工业出版社,2011.

[16]沈福煦. 建筑概论(第二版). 北京:中国建筑工业出版社,2012.

[17]李必瑜. 杨真静. 建筑概论. 北京:人民交通出版社,2009.

[18]潘谷西. 中国建筑(第六版). 北京:中国建筑工业出版社,2009.

[19]刘祥顺. 建筑材料. 北京:中国建筑工业出版社,2011.

[20]张君,阎培渝,覃维祖. 建筑材料. 北京:清华大学出版社,2008.

[21]金虹. 建筑构造. 北京:清华大学出版社,2005.

[22]颜宏亮. 建筑构造. 上海:同济大学出版社,2010.

[23]王文思. 中国建筑. 长春:时代文艺出版社,2009.

[24]季振元. 建筑是什么——关于当今中国建筑的思考. 北京:清华大学出版社,2011.

[25]吴良镛. 东方文化集成——中国建筑与城市文化. 北京:昆仑出版社,2009.

[26]张家骥. 简明中国建筑论. 南京:江苏人民出版社,2012.

[27]徐怡涛. 蓝珊瑚人文通识读本——中国建筑. 北京:高等教育出版社,2010.

[28]侯幼彬. 中国建筑之道. 北京:中国建筑工业出版社,2011.

[29]钱正坤. 中国建筑艺术史(第二版). 长沙:湖南大学出版社,2010.

[30]邹德侬,王明贤,张向炜. 中国建筑 60 年(1949—2009)历史纵览. 北京:中国建筑工业出版社,2009.

[31]毛心一,王壁文. 中国建筑史. 北京:东方出版社,2008.

[32]魏鸿汉.建筑材料.北京:中国建筑工业出版社,2010.

[33]李宏斌,任淑霞.建筑材料.北京:中国水利水电出版社,2013.

[34]纪士斌.建筑材料.北京:清华大学出版社,2012.

[35]赵宇晗,李生勇.建筑材料.北京:中国水利水电出版社,2011.

[36]黎志涛.建筑设计方法.北京:中国建筑工业出版社,2010.

[37]王崇杰,崔艳秋.建筑设计基础.北京:中国建筑工业出版社,2002.

[38]李延龄.建筑设计原理.北京:中国建筑工业出版社,2011.

[39]邢双军.建筑设计原理.北京:机械工业出版社,2012.

[40]周波.建筑设计原理.成都:四川大学出版社,2007.

[41]杨鸿勋.建筑考古学论文集.北京:文物出版社,1987.

[42]曾琳,杨振.建筑构造.北京:中国计量出版社,2012.